新文京開發出版股份有限公司

NEW WCDP

新世紀．新視野．新文京－精選教科書．考試用書．專業參考書

New Wun Ching Developmental Publishing Co., Ltd.

New Age · New Choice · The Best Selected Educational Publications — NEW WCDP

附隨書光碟
DVD-ROM

FPGA
晶片設計實務

張義和．程兆龍　編著

編輯大意

傳統的教學方式可能是由老師講解電路設計，學生再按課本上的電路設計輸入碼、燒錄、驗證。在上課時間有限之下，學生大概都忙於輸入碼與接線，而老師不是指導學生除錯，就是忙著指責學生。老師與學生都不高興，所以希望書本內容少一點、簡單一點，趕快下課去！

創新的教學方式採取引起興趣與快速成就，將重心放在電路區塊功能的認知，而不花太多時間在碼上打轉，直接將基本的電路設計碼交給學生。只要讓學生知道每個區塊的功能，讓學生動腦筋去想「從何改」、「如何用」，即可快速回饋，學生就會有興趣、建立成就感。至於低價值的接線問題，在 KTM-6262 多功能 FPGA 開發平台裡，大多已內接無誤。如此一來，老師與學生都不必害怕做不來、不會成功，教與學的效率大增，並能實際應用。當然就希望範例多一點，所謂「站在巨人的肩膀上」，看得高、看得遠，更有成就感，所以「好例好多」是好事！這就是近年來暢行的開源(open source)精神，也就是共享的年代。

本書之目的是培養學生具有職場競爭能力，並可用以訓練學生參加檢定與技藝競賽，*就是例多！*

在此依據職場需求與電路設計趨勢，規劃 13 個單元，特別是串列式介面電路設計(包括 SPI、I^2C、one-wire、UART 等)、PWM、ADC/DAC、USB 與藍牙等，其中第 1 章是設計環境之簡介與實作；第 2 章到第 8 章介紹各式輸出裝置的應用；第 9 章到第 12 章介紹各式感測器與輸入裝置的應用，包含 ADC/DAC，並步入類比與數位混合的領域；第 14 章介紹跨平台控制與整合輸出入裝置與感測器，進行多功能控制設計。而大部分裝置(電路)之接腳已內接到 FPGA，讓教學更順暢。簡介如下：

1 設計環境簡介與實作

在第 1 章裡介紹設計環境，包括硬體與軟體。在硬體設計環境方面，採用料多實在的 KTM-626 多功能 FPGA 開發平台，其中的 FPGA 晶片採用 EP3C10Q240，其容量大、接腳多，非常適合於數位邏輯實習之教學，以及技藝競賽之選手培訓。當然，KTM-626 多功能 FPGA 開發平台提供的各式裝置，無人能出其右，讓學習資源不虞匱乏、設備管理更有效率。

在軟體設計環境(Quartus II)方面，採用工業標準的 VHDL 語言，讓教者輕鬆、學者愉快，並養成直接就業的實力。

2 各式輸出裝置之應用

在第 2 章到第 8 章裡，分別介紹各式輸出裝置，簡介如下：

- LED：在此提供 16 個單色 LED，可以展現很多動態的花樣展示。另外，30 個串列式 RGB LED，不但是光彩炫麗，還可訓練特定串列式介面電路設計。
- LED 陣列：在此提供的 16×16 RGB LED 陣列電路，可做為廣告看板，並可訓練串列式介面(SPI)電路設計，以及掃瞄技巧。
- 七段顯示器：在此提供的四位數七段顯示器附有閃秒點，特別適用於數位時鐘的設計。
- LCD 顯示器：在此提供的中文 LCD 顯示器，讓我們能學習中文 LCD 之驅動方式及其應用。
- OLED 顯示器：在此提供的 OLED 顯示器為外接式模組，可直接插在 KTM-626 FPGA 開發平台上的麵包板，只要連接 4 條線即可使用。而在 OLED 顯示器的應用裡，將可學習到串列式介面(I^2C)電路設計。

- 蜂鳴器與音樂 IC：在此提供的兩個脈波式蜂鳴器，一個直接由 FPGA 驅動，產生提示性的聲音，也可透過自己設計的音樂播放電路，以播放音樂。另一個蜂鳴器則是由音樂 IC 驅動，而 FPGA 提供開關音樂 IC 的信號即可。

3 各式感測器與輸入裝置之應用

在第 9 章到第 12 章裡，分別介紹各式感測器與輸入裝置，簡介如下：

- 旋轉編碼器：在此提供的旋轉編碼器，具有兩個接點與一個按鈕，可用來增減數值、切換選擇等功能，就像是選擇開關，但沒有邊界。我們將可學習到如何在 FPGA 裡，辨識旋轉編碼器的動作。
- 4×4 鍵盤：在此提供的 4×4 鍵盤是由 16 個按鈕，排成 4×4 陣列，為常見的數值輸入或基本人機介面。我們將可學習到如何在 FPGA 裡操控 4×4 鍵盤。
- 數位式溫濕度感測器：在此提供常用的 DHT11 溫濕度感應器，而此感測器採單線式(one-wire)串列式介面，我們將可學習到這種串列式介面電路的設計。
- ADC 與 DAC：不管是 CPLD 還是 FPGA，很少有提供 ADC(類比信號轉換成數位信號)裝置與 DAC(數位信號轉換成類比信號)裝置。KTM-626 多功能 FPGA 開發平台裡內建雙通道 12 位元的 ADC 晶片(MCP3202)與雙通道 12 位元的 DAC 晶片(MCP4822)，讓 FPGA 的功能大增。而 MCP3202 或 MCP4822 採串列式介面(SPI)，因此，我們將可學習到 SPI 串列式介面電路的設計。
- 類比式溫度感測器：在此提供常用的 LM35 溫度感應器為類比式溫度感應器，我們可應用 ADC 晶片，將溫度資料傳輸到 FPGA，以進一步應用。
- 搖桿：在此提供的搖桿，具有雙軸電位計與按鈕，屬於類比輸入裝

置，我們可應用 ADC 晶片，將位置資料傳輸到 FPGA，以進一步應用。另外還有垂直電位計與水平電位計，其功能與搖桿類似。

- 伺服機：在此提供兩個伺服機，並裝置在雙軸機械臂的雲台上。基本上，伺服機採特定的 PWM(脈波寬度調變)控制，我們可學習到 PWM 的產生與控制技巧。

4 跨平台控制

在第 13 章裡，分別應用 USB 電路與藍牙模組，以延伸 FPGA 的觸角，簡介如下：

- USB 電路：在此提供的 USB 電路可直接連接 PC 或其他具有 USB 埠的微電腦。當然，USB 也屬於串列式信號，而藉由 UART(非同步串列式接收與傳輸)傳入 FPGA，所以 UART 介面是不可或缺的。因此，我們可學習 UART 介面電路設計，以及藉由 USB 埠的跨平台控制。
- 藍牙模組：在此提供一個藍牙模組(HC-06)，以延伸 FPGA 的無線功能。因此，我們可學習藉由藍牙模組的無線跨平台控制，以及 USB 與藍牙模組連結。分別應用前面各章所學到的輸入裝置與跨平台控制裝置，同時控制 KTM-626 多功能 FPGA 開發平台上的感測器與各式裝置，以充分發揮 FPGA 的功能。

在這個年代裡，充滿驚喜與選擇，教學與學習更是如此！

- 您可以選擇老掉牙、沒有實用性、沒有未來性的新課程綱要，玩一玩邏輯閘、加/減法器、正反器或計數器，交差了事。
  亦或是聰明選擇本書裡，實用的創意導向式邏輯設計、主宰現在與未來的串列式介面電路設計、導入類比信號的 FPGA 設計、好好玩的跨平台設計，並讓學生認知職場需求。

- 您可以選擇傳統的教學法，累死學生、累死老師、整天埋怨教學時間不夠，還不能保證學生能就業。
  亦或是聰明選擇創新的教學法，讓教與學都輕鬆愉快，並引導學生自我學習、自我肯定，面向充滿陽光的未來。
- 您可以選擇傳統的數位邏輯實習教具，操作與現實脫節的裝置，無法滿足需求；而低階的接線與檢查接線更會累死學生、累死老師。
  亦或是聰明選擇 KTM-626 多功能 FPGA 開發平台，料多實在，每樣裝置都指向未來，並提供完整教材與堃喬公司的快速服務，還有張老師教學研習服務。

光碟內容簡介

在隨書光碟片裡提供各式教學資源，簡要說明如下：

- **投影片**資料夾內含全書之 PowerPoint 教學投影片檔，即可在其中指定所要使用的章節，透過教學廣播系統或投影機進行教學，以輔助教學。
- **電路設計**資料夾內含各單元之範例(含 PC 程式與 Android APP)，請複製到硬碟再使用。
- **其他**資料夾內含 Quartus II V9.1、黃國倫編碼程式、驅動程式，以及即時練習之參考解答。

付梓之際，首先感謝所有協助編輯本書的所有先進們，還有提供所有資源的堃喬股份有限公司(02-29992993，www.LTC.com.tw)。當然，更期待先進前輩們不吝指正，讓本書隨時更新。

張義和、程兆龍 謹識

yiher.chang@gmail.com

KTM-626 FPGA 開發平台

目錄

第 1 章 瞧！KTM-626 與 FPGA 開發環境

第 2 章 基本 LED 展示與應用

第 3 章 串列式 RGB LED 控制

第 4 章 彩色看板

第 5 章 七段顯示器之應用

第 6 章 LCD 顯示器之應用

第 7 章 OLED 顯示器之應用

第 8 章 聲音與音樂播放

第 9 章 旋轉編碼器與 4×4 鍵盤之應用

第13章 USB與藍牙跨平台整合控制實習

CH 01

瞧！KTM-626 與 FPGA 開發環境

1-1 KTM-626 多功能 FPGA 開發平台之架構

1-2 Quartus II 簡介

1-3 電路設計架構與基本指令簡介

1-4 實例演練

1-5 即時練習

1-1 KTM-626 多功能 FPGA 開發平台之架構

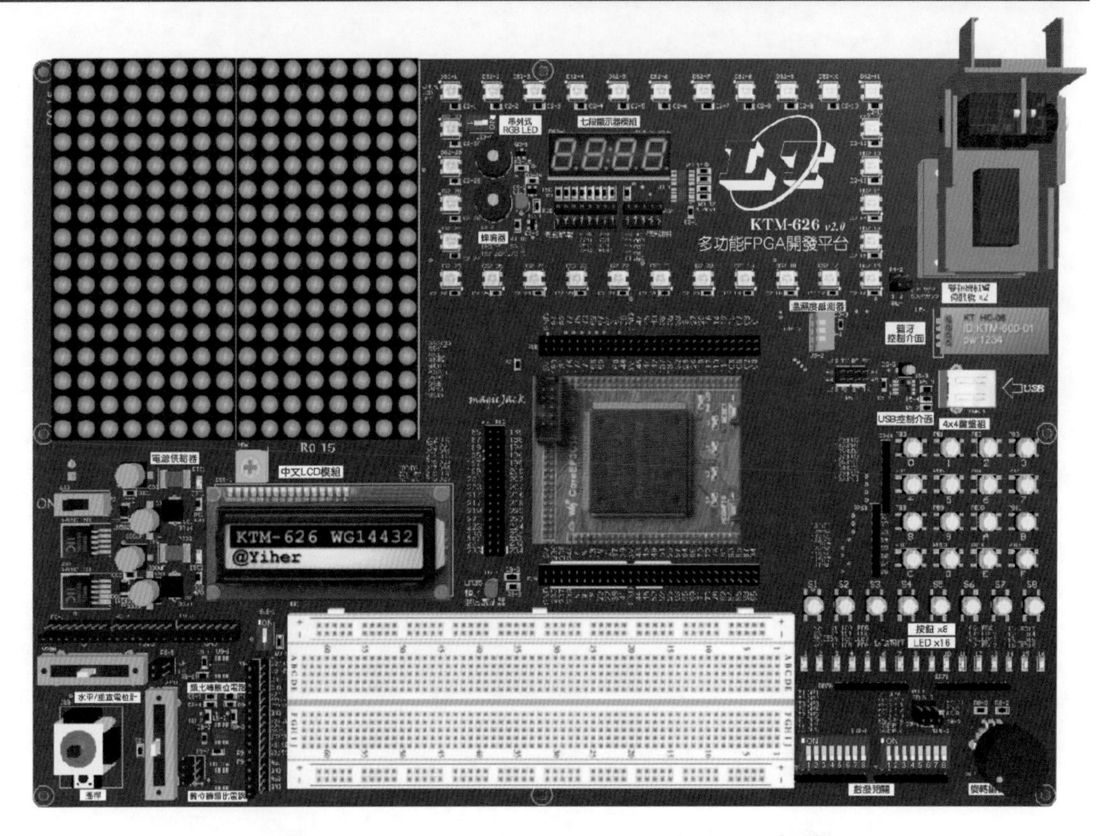

圖1　KTM-626 多功能 FPGA 開發平台架構

KTM-626 多功能 FPGA 開發平台突破傳統 FPGA 教學的框架，讓 FPGA 的教與學更符合現代的需求，如圖 1 所示，整個開發平台區分為核心、輸入裝置、輸出裝置、感測器、ADC/DAC、無線與跨平台裝置，以及其他裝置等。從此 FPGA 的教學，將跨出數位的限制，結合感測器、ADC 與 DAC，讓 FPGA 的應用範圍大為提升。再透過藍牙、USB 等裝置，達到跨平台的控制。在 2018 年之前，幾乎看不到任何書籍涉及這些課題，但我們知道，若要讓 FPGA 更實用、更生活化，這些課題是無可避免的！

1-1-1 EP3C16Q240 核心簡介

在 KTM-626 多功能 FPGA 開發平台裡，使用 EP3C16Q240 晶片，這是 Altera(現在已併入 Intel)的晶片，這顆 FPGA 晶片可滿足大部分使用者的需求，不只在職業學校適用，就算是科大，也綽綽有餘。當然，若要訓練選手，這個晶片也沒問題。

這個晶片的基本規格如下：

- 15,408 個 LE(Logic Element)。
- 516,096 RAM。
- 66 個 18×18 Multipliers。
- 4 個 PLL。
- 20 個 Global Clock Networks。
- 160 個輸出入埠(User I/O)。
- 47 個 Differentail channels。

其中較吸引人的，不外乎約 15K 個 LE(即容量)與 160 個輸出入埠，幾乎可以滿足我們所有的需求。當然，由於這顆晶片的接腳很多(240 支)，採用四邊扁形封裝(Plastic Quad Flat Pack, PQFP)，腳間距為 0.5mm，不是一般人所能焊接。

為了讓我們的設計能實現，在此採用 EP3C16Q240 模組板，將 EP3C16Q240 焊在模組板上，除引接出所有可用接腳外，還內建三組穩壓電路(在背面)、重置(RESET)電路、記憶體電路、時鐘脈波電路(50MHz)，以及 JTAG 電路，形成一塊可獨立運作的 FPGA 模組，可再獨立購買，並可轉移到其他數位電路之中。

圖2　EP3C16Q240 模組

1-1-2 輸入裝置簡介

在 KTM-626 多功能 FPGA 開發平台裡，內建的輸入裝置可區分為數位輸入裝置與類比輸入裝置，如下說明：

- 數位輸入裝置集中在 KTM-626 多功能 FPGA 開發平台右下方，包括 4×4 鍵盤組(圖 3)、8 個獨立按鍵(圖 4)、兩組 8 位元指撥開關與旋轉編碼器(圖 5)，而每個裝置都已內接到 FPGA 的 IO 接腳，同時在裝置附近標示該裝置所連接的 IO 接腳編號。如此貼心的設計，讓可程式邏輯設計實習更輕鬆愉快，學生也更有成就感。

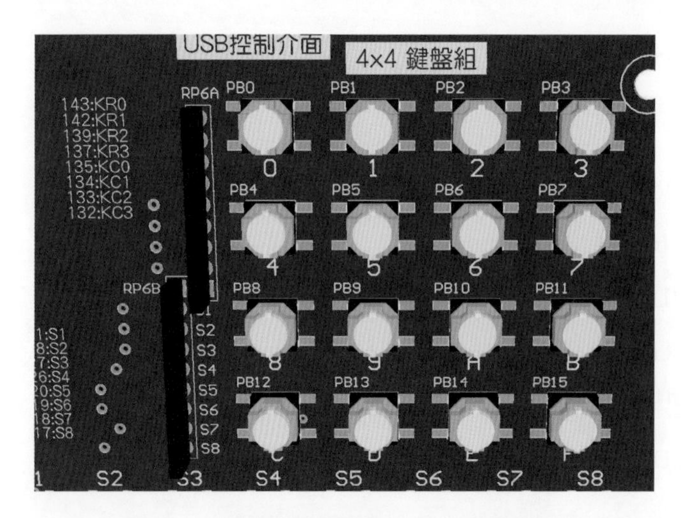

圖3　　數位輸入裝置：4×4 鍵盤組

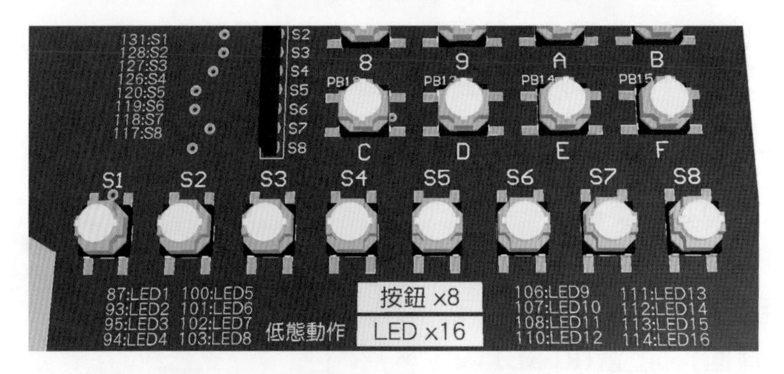

圖4　　數位輸入裝置：8 個獨立按鍵

圖5　　數位輸入裝置：指撥開關與旋轉編碼器

- 類比輸入裝置集中在 KTM-626 多功能 FPGA 開發平台左下方，包括水平電位計、垂直電位計及搖桿(圖 6)，而在此區塊右邊提供 ADC 與 DAC 功能，可讓類比輸入裝置可就近連接 ADC，並將轉換後的信號連接到 FPGA 的 IO 接腳。如此貼心的設計，讓可程式邏輯設計實習輕鬆連接類比裝置。

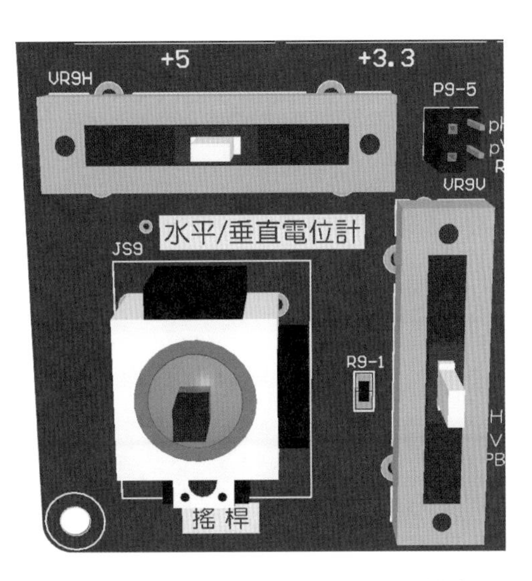

圖6　　類比輸入裝置(電位計與搖桿)

1-1-3 輸出裝置簡介

在 KTM-626 多功能 FPGA 開發平台裡，內建的輸出裝置分布於上方，可區分為顯示裝置(會亮)、發聲裝置(會叫)與機械裝置(會動)，如下說明：

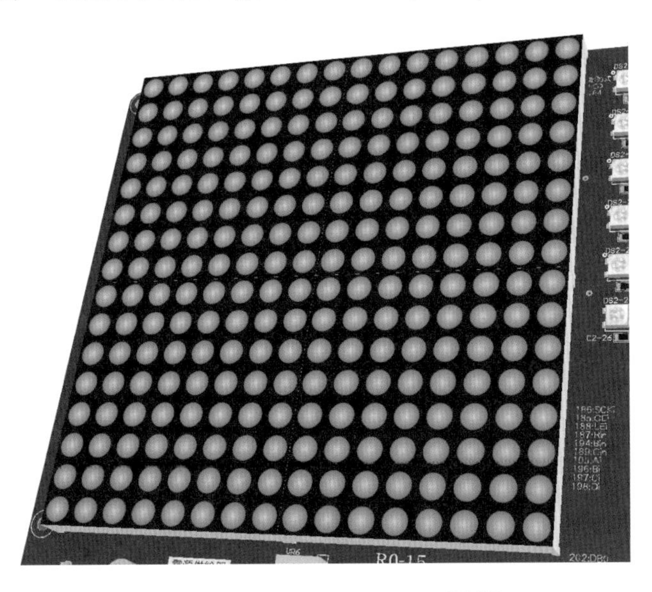

圖7　　16×16 RGB LED 看板

- 顯示裝置包括左邊一大片 16×16 RGB LED 看板(圖 7)、中文 LCD 模組(圖 8)、四位數七段顯示器與 30 個串列式 RGB LED(圖 9)，還有右下方的 16 個 LED(圖 10)。同樣的，這些顯示裝置都已內接到 FPGA 的 IO 接腳，同時在裝置附近標示該裝置所連接的 IO 接腳編號。大量應用亮麗的顯示裝置，讓可程式邏輯設計實習更精采。

圖8　　中文 LCD 模組

圖9　　四位數七段顯示器與 30 個串列式 RGB LED

- 發聲裝置在 KTM-626 多功能 FPGA 開發平台的上方，如圖 9 所示，其中包括兩個蜂鳴器(LS3-1 與 LS3-2)，這兩個都是脈波式蜂鳴器，而在 LS3-2 蜂鳴器上，還附有音樂 IC，可由 FPGA 控制音樂的播放。同樣的，這些顯示裝置都已內接到 FPGA 的 IO 接腳，同時在裝置附近標示該裝置所連接的 IO 接腳編號。基於這些發聲裝置，讓可程式邏輯設計實習再也不沉默，學生也將以愉悅的心情面對精采的 FPGA 設計。

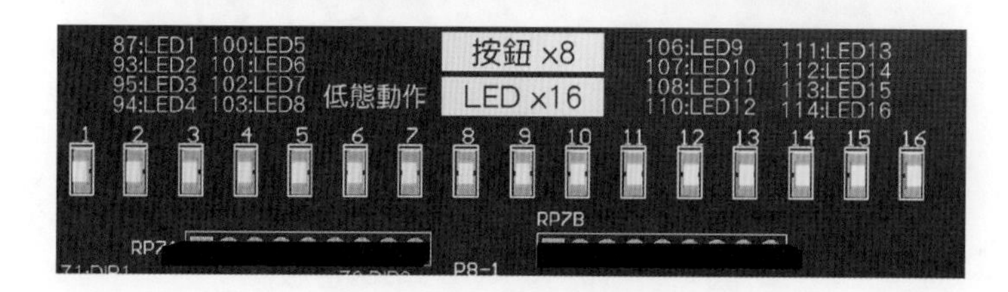

圖10　　16 個 LED

- 機械裝置在 KTM-626 多功能 FPGA 開發平台右上方，如圖 11 所示，這是一個由兩組伺服機與雙軸機械臂雲台所構成，如此一來，讓可程式邏輯設計實習更動感。

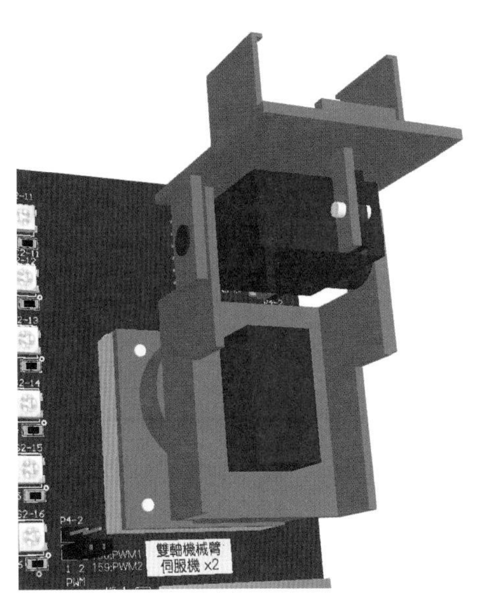

圖11　雙軸機械臂

1-1-4 感測器簡介

在 KTM-626 多功能 FPGA 開發平台裡，當然內建感測器！包括數位介面感測裝置與類比介面感測裝置，如下說明：

- 數位介面感測裝置在 FPGA 核心板的右上方，如圖 12 之左圖所示，這是常用的數位溫度與濕度感測器 DHT11，並直接連接 FPGA 的 IO 接腳。

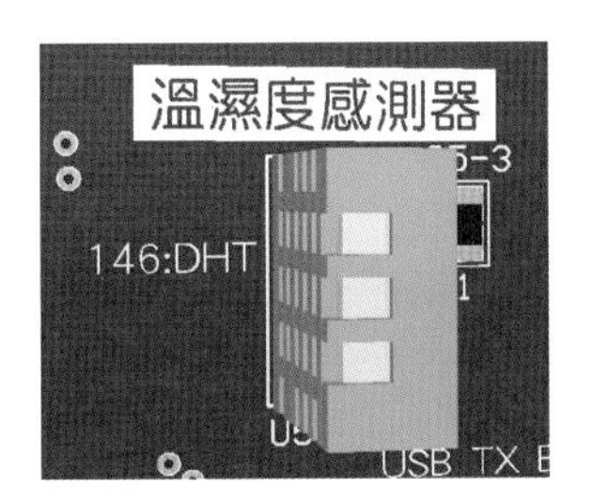

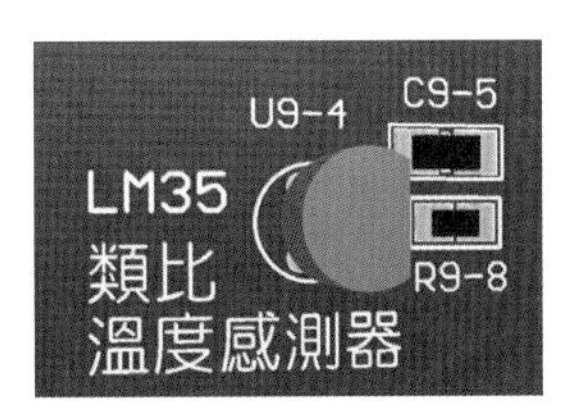

圖12　感測器

- 類比介面感測裝置在 FPGA 核心板的左下方，如圖 12 之右圖所示，這是常用的類比溫度感測器 LM35，只要透過其左下方的 ADC 電路，即可連接到 FPGA。

1-1-5 ADC/DAC 簡介

在 KTM-626 多功能 FPGA 開發平台裡內建類比轉數位電路(**A**nalog to **D**igital **C**onverter, **ADC**)與數位轉類比電路(**D**igital to **A**nalog **C**onverter, **DAC**)，放置在 FPGA 核心板的左下方，如圖 13 所示。其中的 ADC 電路提供 12 位元解析度、兩個通道，以做為 FPGA 的輸入裝置；而 DAC 電路也提供 12 位元解析度、兩個通道，以做為 FPGA 的輸出裝置。

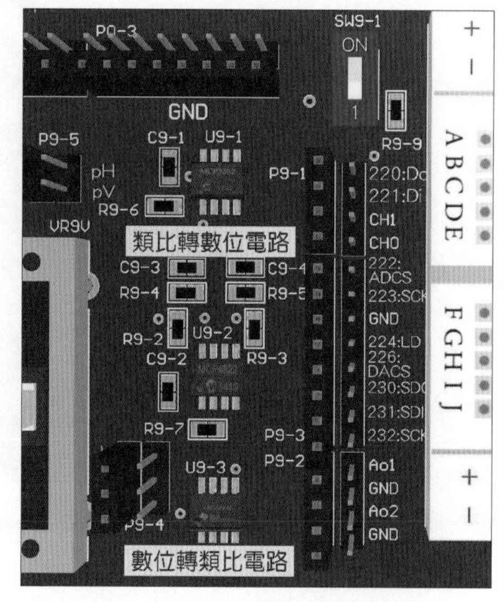

圖13　ADC/DAC 電路區塊

1-1-6 無線與跨平台裝置簡介

不管是透過有線還是無線，跨平台控制是不可或缺的！在 KTM-626 多功能 FPGA 開發平台裡，內建無線與有線的跨平台裝置。在無線跨平台裝置方面，內建藍牙電路，以做為 FPGA 的無線跨平台裝置，如圖 14 所示。在有線跨平台裝置方面，內建 USB 介面電路，以做為 FPGA 的有線跨平台裝置，如圖 14 所示。

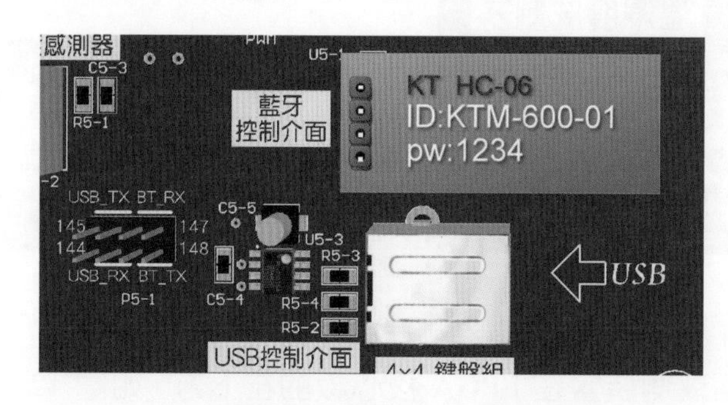

圖14　跨平台裝置

1-1-7 其他裝置簡介

在 KTM-626 多功能 FPGA 開發平台裡，內建穩定的電源供給電路，以及擴充裝置，如下說明：

圖15　電源電路與擴充電源引接器

- 電源供給：內建穩定的電源，包括+5V/3A 與+3.3V/3A 的穩定電源，如圖 15 所示。不但內接到每個電路與裝置上，還建置連接器，以提供擴充電路或實驗之用。

- 麵包板：KTM-626 多功能 FPGA 開發平台具有高度擴充能力，除了已內接到各裝置的接腳外，還有 33 支尚未使用的接腳，可供應用；還提供快速擴充用的麵包板，如圖 16 所示，讓學生能隨心所欲，盡情發揮。

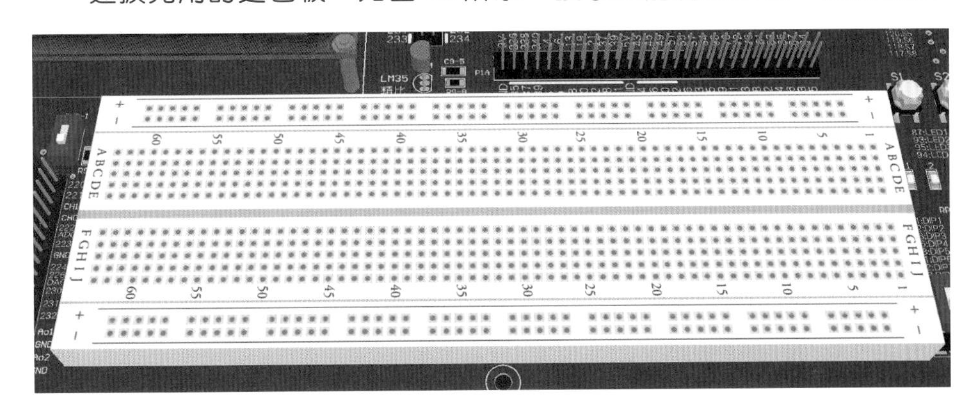

圖16　麵包板

- 擴充模組：KTM-626 多功能 FPGA 開發平台備有需多選購的擴充模組，例如 OLED 模組(第七章裡將詳細介紹與應用)，如圖 17 所示。此外，如顏色辨識模組、RS232/RS422/RS485 介面，超過 30 種感測器、介面電路與裝置等選購的擴充模組。

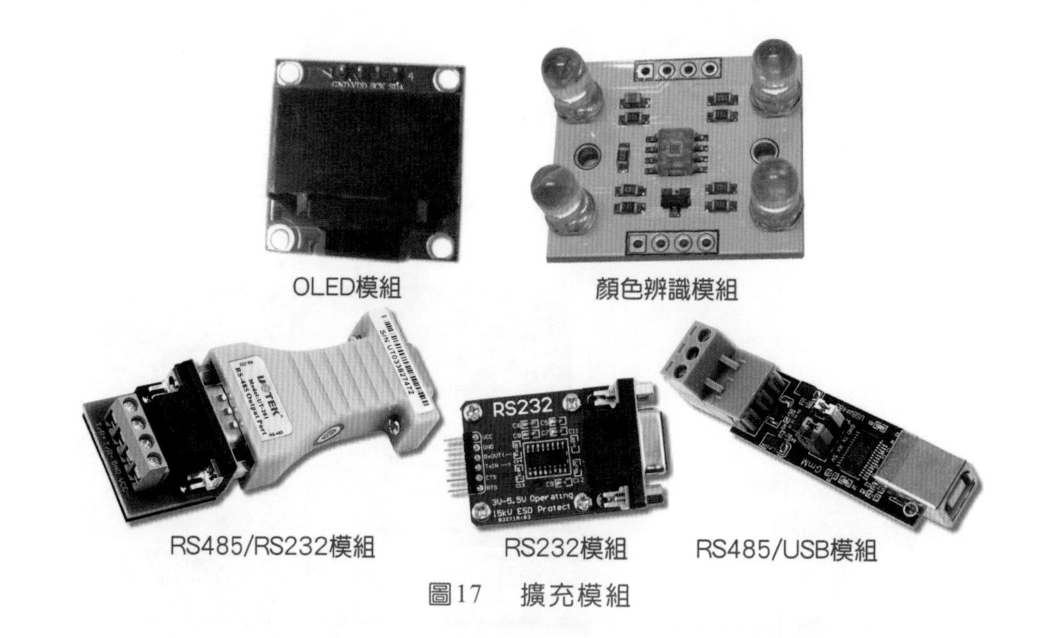

圖17　擴充模組

1-2 Quartus II 簡介

通常提供 FPGA 晶片的廠商，都會為其 FPGA 晶片提供開發軟體。EP3C 晶片是 Altera 公司所出品的晶片。當然，他們也提供開發軟體，也就是 Quartus II。隨著新晶片的推出，Quartus II 也會更新版本。而版本的更新，除新增支援的新晶片外，對於原本功能，變化不大，只是程式檔案越更新越大而已。對於使用者而言，最關心的不外兩件事：

- 有沒有支援我所使用的晶片？
- 要不要錢？

只要有支援我們所採用的晶片，版本新舊並不重要。另外，Altera 提供兩種不同版本，第一種是給產業界使用的，稱為 **Subscription Edition**，這是付費版本。第二種是非商業用途的，稱為 **Web Edition**，這是免費版本，主要是提供個人學習或教學之用，沒有時間限制。

在此採用 Quartus II v9.1(Web Edition)，這個版本支援 EP3C 系列晶片，也內建模擬器，而且是最後一個內建模擬器的版本。之後的版本，必須安裝 Module SIM 之類的付費版模擬器(很貴)。或許，這就是為什麼選用 Quartus II v9.1 的原因吧？我們可直接在下列網址下載此軟體(約 1.8GB)：

https://www.altera.com/downloads/download-center.html

下載後，即可得到 91sp2_quartus_free.exe，只要執行這個安裝程式，然後在隨即出現的對話盒裡，按 OK、Next 或 Finish 鈕，即可快速安裝成功。而在桌面上，產生一個捷徑，快按此捷徑即可開啟 Quartus II。

歡迎畫面

在 FPGA 設計之初，並先建立專案。當開啟 Quartus II 視窗後，將出現歡迎畫面，如圖 18 所示。

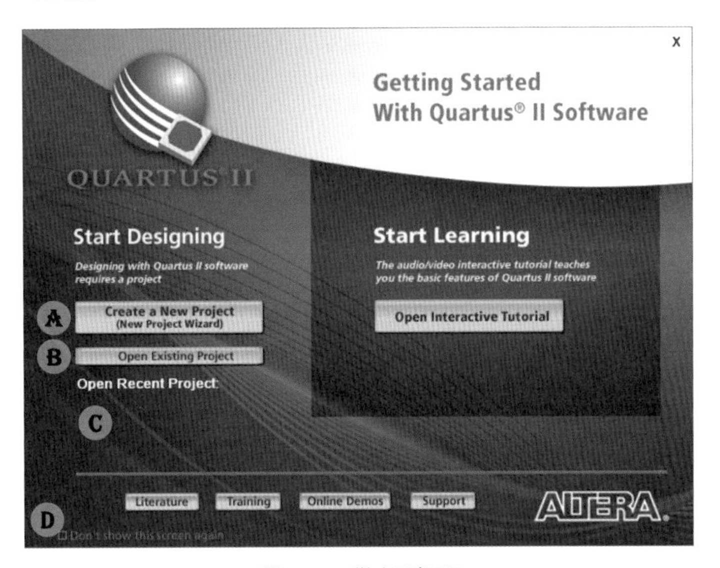

圖18　歡迎畫面

這個畫面裡有幾個小竅門，可幫我們建立或開啟專案，簡介如下：

A Create a New Project (New Project Wizard) 鈕的功能是新建專案，按此鈕後，將開啟專案精靈，在專案精靈的引導之下，即可快速建立專案。

B Open Existing Project 鈕的功能是開啟暨有專案，按此鈕後，即可在隨即出現的開專案對話盒中，指定所要開啟的專案，即可開啟之。

C **Open Recent Project** 下方列出先前所編輯過的專案，直接點選，即可開啟之。若 Quartus II 剛安裝完成，尚未編輯過任何專案，則不會列出專案。

D **Don't show this screen again** 選項設定下次開啟專案精靈時，不要再顯示專案精靈。

建立專案

KTM-626

在歡迎畫面裡按 Create a New Project (New Project Wizard) 鈕，或啟動 File/New Project Wizard 命令，即可開啟專案精靈，如圖 19 所示。

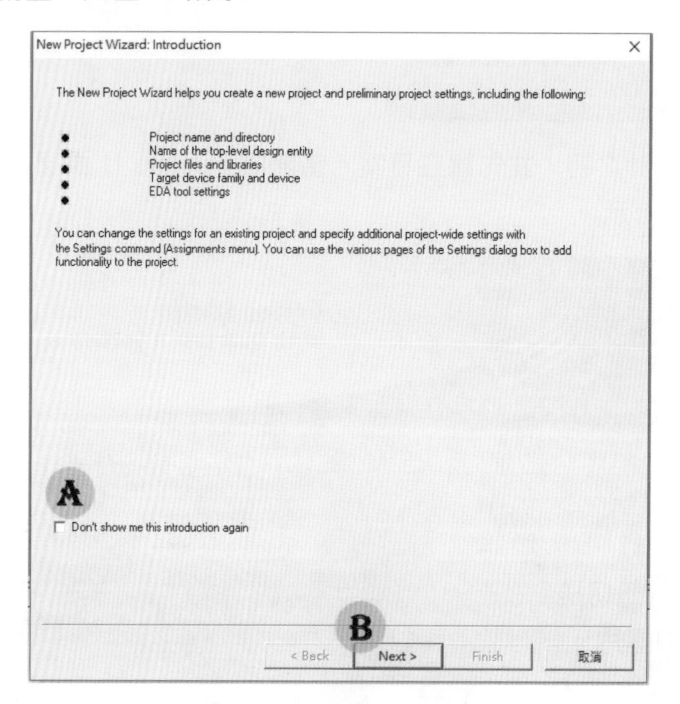

圖19　專案精靈之簡介

在圖 19 中的對話盒之功能是說明專案精靈的功能，通常不會仔細看，其必要不高，我們也可選取 **Don't show me this introduction again** 選項(A)，以後使用專案精靈時，就不會顯示這個對話盒。按 Next > 鈕(B)切換到下一個對話盒，如圖 20 之左圖所示。

在圖 20 之左圖裡，專案精靈要求我們指定專案所要存放的資料夾(最上方欄位 A)，也就是專案資料夾；專案名稱(第二個欄位 B)，以及頂層設計名稱(第三個欄位 C)，其中專案名稱必須與頂層設計名稱相同，只要在這兩個欄位其中之一個欄位輸入名稱，另一個欄位將同步出現相同的名稱。

完成輸入後，按 Next > 鈕切換到下一個對話盒，如圖 20 之右圖所示。這個對話盒示可讓我們外掛檔案如 Library 等，對於初學者而言，通常不需要外掛檔案。

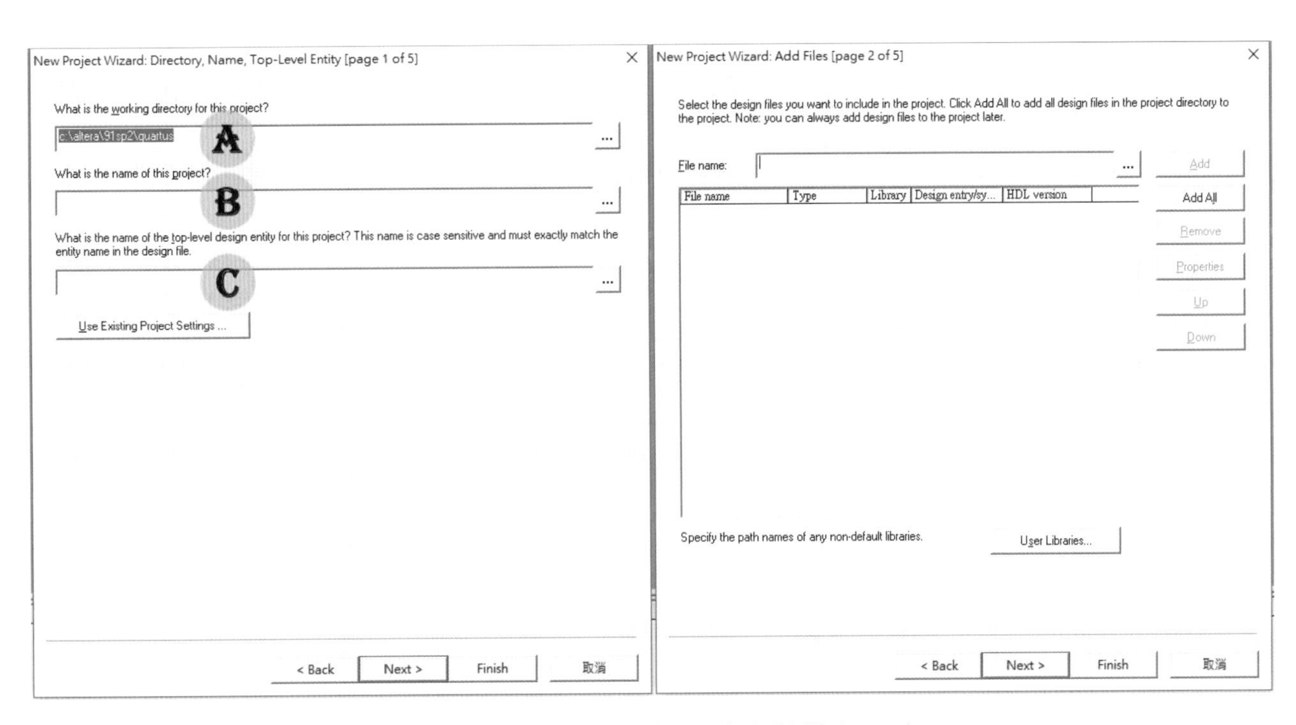

圖20　專案精靈之一(左)與專案精靈之二(右)

按 Next > 鈕切換到下一個對話盒，如圖 21 之左圖所示。在這個對話盒裡指定所要採用的晶片。

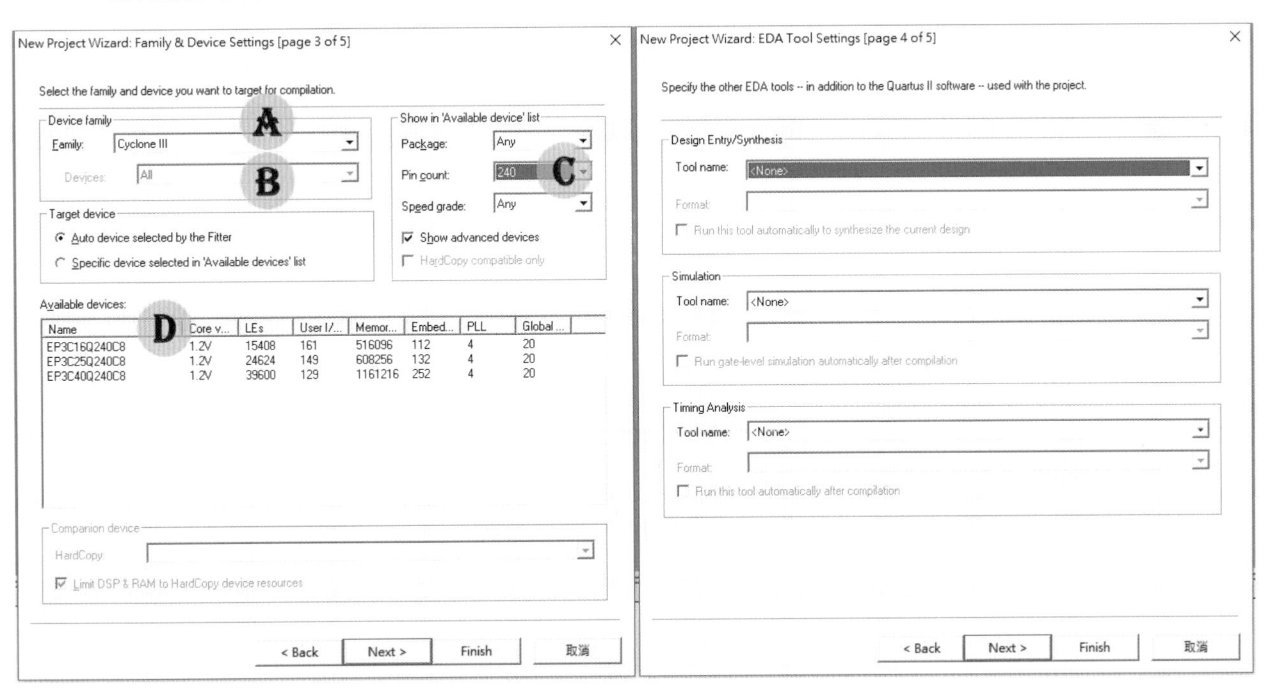

圖21　專案精靈之三(左)與專案精靈之四(右)

先在 **Family** 欄位(A)裡指定哪種晶片族系(EP3C 屬於 Cyclone III 族系)，在

其下的 **Device** 欄位裡，選取 **All** 選項(**B**)，以顯示該族系的所有晶片。在 **Pin count** 欄位裡(**C**)指定該晶片的接腳數(比較容易找到所要使用的晶片)，在此的 EP3C16Q240 晶片為 240 之接腳。經此篩選後的晶片，將列在下方 **Available devices** 欄位(**D**)以供選取。

在 **Available devices** 欄位指定晶片後，按 Next > 鈕切換到下一個對話盒，如圖 21 之右圖所示。而此對話盒的功能是指定所要採用的外掛工具程式，在此並不需要任何外掛工具程式，所以按 Next > 鈕切換到下一個對話盒，如圖 22 所示。

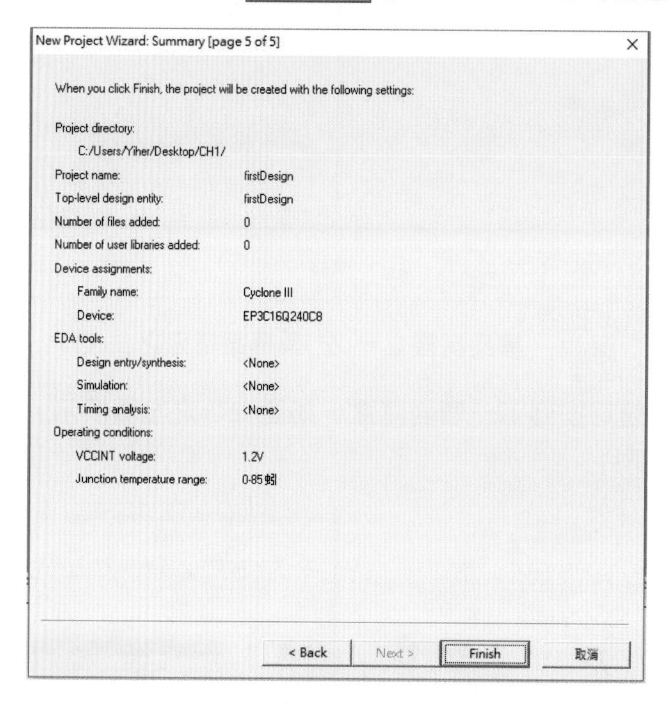

圖22　專案資料完成設定

在圖 22 裡，列出所設定的資料，最後按 Finish 鈕關閉對話盒，即可產生一個新專案。

新增設計檔案

KTM-626

若要在專案中新增設計檔，則啟動 File/New 命令，或按 Ctrl + N 鍵，開啟如圖 23 所示之對話盒。

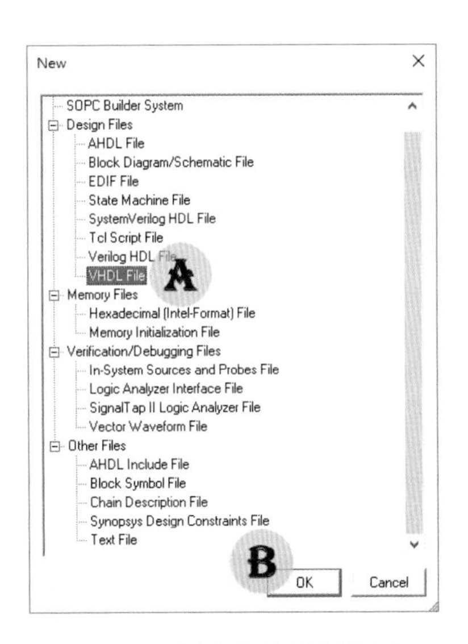

圖23　開新設計檔對話盒

在此要使用 VHDL 設計電路，所以選擇 **VHDL File** 選項(A)，再按 OK 鈕(B)關閉對話盒，並產生一個空白的設計檔。緊接著，啟動 File/Save As 命令，在隨即出現的對話盒裡，指定檔案名稱(預設與專案名稱相同)，再按 存檔(S) 鈕即可。

預設IO設定

每個 FPGA 晶片預設的未使用接腳(Unused Pins)之模式，可能不是我們所預期的，若晶片都預設為輸出模式，或前次設計設定為輸出模式(Quartus II 會按前次設計的設定模式)。在 KTM-626 多功能 FPGA 開發平台裡，大部分接腳都內接到外部裝置，若 FPGA 之 IO 接腳預設為輸出模式(特別是預設輸出接地模式)，可能會使沒有用到的接腳，也會驅動其所連接的裝置。例如我們在做蜂鳴器的實驗時，並沒有用到 LED，內接到 LED 的接腳，就是未使用接腳，所以 LED 會非預期的亮起來。最好養成習慣，在設計之初，先查看未使用接腳模式，若不符合外接電路的需求，則修訂未使用接腳模式的設定。

若要查看/設定未使用接腳模式，則啟動 Assignments/Device...命令，開啟如圖 24 所示之對話盒。按 Device and Pin Options... 鈕(A)開啟未使用接腳設定對話盒，如圖 25 所示。

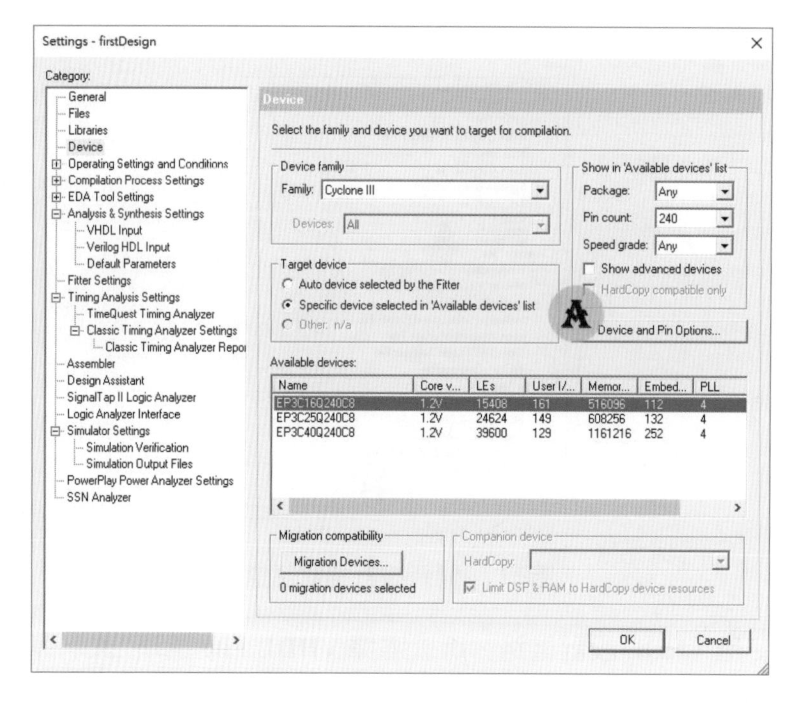

圖24　晶片設定對話盒

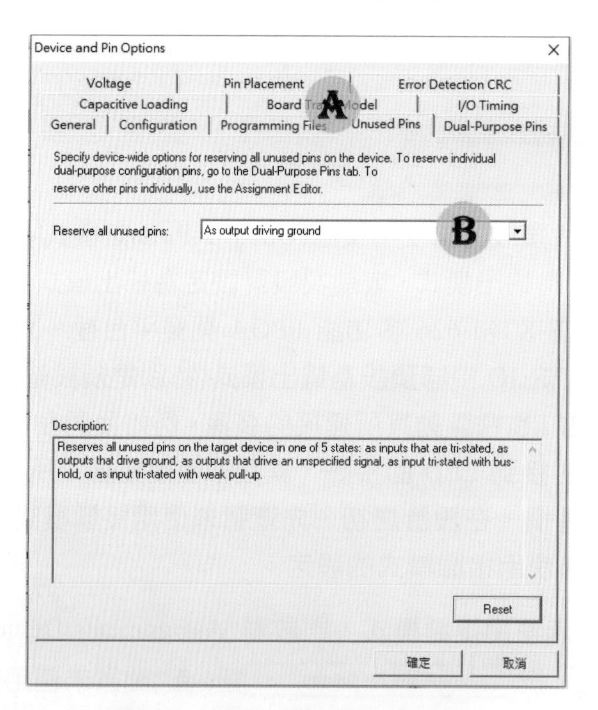

圖25　未使用接腳設定對話盒

切換到 **Unused Pins** 頁(A)，然後在 **Reserve all unused pins** 欄位裡(B)，選取 **As input tri-stated** 選項，再按 確定 鈕關閉對話盒，完成設定。

1-3 電路設計架構與基本指令簡介

VHDL 是個很嚴謹的硬體描述語言，除了少數特殊狀況外，並不區分字母大小寫(大寫、小寫都一樣)，但為了整體的閱讀順暢，同一個指令、信號名稱等，盡可能的在其出現的地方，保持前後一致，例如有個信號名稱為 SEG7，則出現在整個設計之中，都是 SEG7，不要有些地方為 Seg7、有些地方為 SeG7 等。在命名時，最好要有意義，最好能一眼就看出其所代表的意義，即使名稱長一點也沒關係，以「SEG7」為例，雖然很多人都能看出這是一個七段顯示器的信號，若能改為「SEGMENT7」或「Segment7」更理想。當然，命名也有規矩，如下：

- 不可使用保留字，如指令名稱等關鍵字。
- 可使用字母、數字與底線。
- 第一個字不可使用數字。

1-3-1 電路設計架構

在 VHDL 電路設計裡，其基本架構包括三部分，如下說明：

- 第一部分是宣告區(declaration)，其功能是記載所要使用的函數庫(Library)，包括取用函數庫的路徑，以及哪個函數庫？例如：

  ```
  Library IEEE;
  ```

  其中的「Library」就是宣告函數庫路徑的關鍵字(或稱為指令)，而其右邊的「IEEE」就是路徑。在這一列之後，就是從這個路徑所找尋到的函數庫，例如：

  ```
  Use IEEE.std_logic_1164.all;
  ```

  其中的「Use」就是掛載其右邊函數庫的指令，而其右包括函數庫所在的資料夾、函數庫檔案名稱、套件與結束符號。

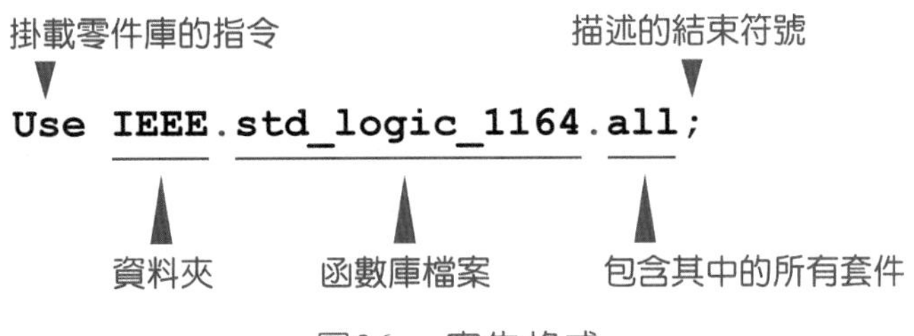

圖26　宣告格式

常用的函數庫如表 1 所示。

表 1　常用的 IEEE 函數庫

資料夾	函數庫檔案	說 明
IEEE	std_logic_1164	定義 std_logic(標準邏輯)與 std_logic_vector(標準邏輯匯流排)信號類型，並提供邏輯運算函數與信號類型轉換函數等。
IEEE	std_logic_signed	std_logic 或 std_logic_vector 信號類型之有號算術運算函數與比較函數等。
IEEE	std_logic_unsigned	std_logic 或 std_logic_vector 信號類型之無號算術運算函數與比較函數，以及 std_logic_vector 信號類型轉換成 integer(整數)之轉換函數。
IEEE	std_logic_arith	提供算術運算函數，包含 integer 之算數運算，另外也提供位元寬度轉換函數、unsinged/signed 轉成 integer 之轉換函數等。

● 第二部分是實體區(entity)，或稱為接腳區，如圖 27 所示。

```
                                          輸出入
                                          方向    資料型態
Entity 設計名稱 is                           ▼        ▼
  Port ( 接腳名稱1,接腳名稱2,... : in std_logic;
         接腳名稱3,接腳名稱4,... : out std_logic;
               ⋮                                  ▲
                                                  分號
         接腳名稱n,... : out std_logic );
End 設計名稱;          ▲
                      冒號
```

圖27　實體區格式

輸出入方向有四種：

1. **in**：輸入型接腳。
2. **out**：輸出型接腳。
3. **inout**：輸出與輸入雙向接腳。
4. **buffer**：緩衝器型接腳(信號可回授到內部電路)。

資料型態可分為邏輯信號與數值信號兩類，如表 2 所示。

表 2　常用的資料型態

資料型態		適用範圍
邏輯信號	boolean	true、false
	bit	'1'、'0'
	bit_vector	bit 陣列
	std_logic	'U' (大寫)：未初始化 'X' (大寫)：浮接未知 '0'：低電位 '1'：高電位 'Z' (大寫)：高阻抗 'W' (大寫)：弱浮接 'L' (大寫)：弱低電位 'H' (大寫)：弱高電位 '_'：忽略
	std_logic_vector	std_logic 陣列
數值信號	Integer	範圍：$-(2^{31}-1)\sim(2^{31}-1)$
	real	範圍：$-1\times10^{38}\sim1\times10^{38}$
	time	範圍：$-(2^{31}-1)\sim(2^{31}-1)$ 例如 3ms,5us,7ns,10ps
	character	包括 A～Z,a～z,0～9
	string	character 陣列

- 第三部分是架構區(architecture)，這部分的功能是描述/定義電路的動作，其中第一列如圖 28 說明。

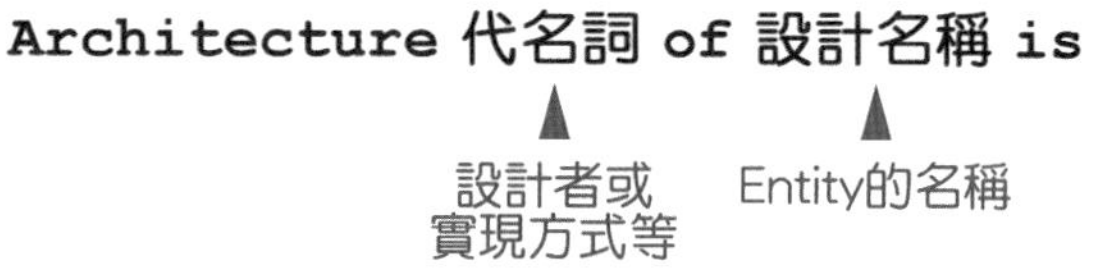

Architecture 代名詞 of 設計名稱 is

設計者或實現方式等　　Entity的名稱

圖28　Architecture 的第一列

例如設計名稱(即檔案名稱)為 myFirst，而設計者為 Jack，如下：

```
Architecture Jack of myFirst is
```

電路設計內容，可在 begin 到最後一列 end 之間描述。若宣告信號或常數，則在架構區的第一列與 begin 之間宣告。

1-3-2 運算子

VHDL 的運算子可分為邏輯運算子、關係運算子與算術運算子等，如表 3 所示，按其優先等級由下而上排列(not 運算子的優先等級最高)。

表 3　常用的運算子

類 型	運算子	說 明
邏輯運算子	and	及運算
	or	或運算
	nand	反及運算
	nor	反或運算
	xor	互斥或運算
	xnor	互斥反或運算
關係運算子	=	等於比較
	/=	不等於比較
	<	小於比較
	>	大於比較
	< =	小於等於比較
	> =	大於等於比較
算術運算子	+	加運算
	−	減運算
	&	連接運算
	+	正運算
	−	負運算
	*	乘運算
	/	除運算
	mod	取餘數
	rem	取餘數
	**	指數運算
	abs	取絕對值
邏輯運算子	not	反相運算

1-3-3 共時性指令

共時性指令或共時性敘述(Concurrent Statement)是指同時動作的指令或敘述，典型的共時性敘述為指定敘述，而指定敘述可分為三種，如下說明：

基本指定敘述

在共時性敘述裡之指定運算子為「<=」，若要把 A 指定給 B，如下：

```
B <= A;
```

其中 A 為來源運算元，可為常數、信號、接腳等；B 為目的運算元，可為信號、接腳等。若是信號必須事先宣告。

> 上述的運算，可視為把 A 連接到 B，而整個電路裡，同一個目的運算元(B)，只能被指定一次，否則就是錯誤！這是大部分初學者最容易出現的錯誤。

條件式指定敘述

條件式指定敘述(Conditional Signal Assignment)是按指定條件進行指定，可分為**單條件**與**多條件**兩種，單條件之格式如下：

條件成立時

當條件成立時，把 A 指定給 C；否則把 B 指定給 C。

多條件之格式如下：

```
F <= A0 when 條件0 else
     A1 when 條件1 else
      •
      •
     An;
```

當條件 0 成立時，把 A0 指定給 F；當條件 1 成立時，把 A1 指定給 F；以此類推，若都不符合，則把 An 指定給 F。

選擇式指定敘述

KTM-626

選擇式指定敘述(Selected Signal Assignment)是根據指定條件，選擇符合條件的項目，指定給目的運算元，其格式如下：

```
with 選擇條件 select
F <= A0 when 選項0,
     A1 when 選項1,
          :
          .
     An when others;
```

1-3-4 時序性指令

Process區塊

KTM-626

時序性指令或時序性敘述(Sequential Statement)與一般程式設計類似，都是循序逐行執行。而在 VHDL 裡，時序性敘述必須在 Process 區塊中陳述，而整個電路設計之中，隨需要可以有多個 Process 區塊，每個 Process 區塊都同時各自獨立工作，而其內部則是循序動作，就像是一個獨立的 IC。因此，Process 區塊又稱為內建 IC。Process 區塊的格式如圖 29 所示。

```
A                         B
Freq_Div:Process(rstP99,gckP31)
C   variable  FD:std_logic_vector(25 downto 0);
begin
    if rstP99='0' then
       FD:=(others=>'0');
D   elsif rising_edge(gckP18) then
       FD:=FD+1;
    end if;
    scanF <= FD(13);
end Process Freq_Div;
    F          G
```

圖29　Process 區塊

其中各項如下說明：

A 在第一列的最左邊，可標示該 Process 區塊的名稱，並於名稱右邊加入冒號 (:)，緊接著為 Process 關鍵字。

B 在 Process 右邊的一對小括號內為敏感信號，或稱為觸發信號，當其中的信號有變動時，才會跳入 Process 區塊內循序執行。

C 在第一列與 begin 之間，可宣告變數(variable)，而其中所宣告的變數，只適用於該 Process 區塊裡。

D 從 begin 到最後一列之間，描述此 Process 的電路結構，而且是循序執行。

E 在最後一列裡，必須使用 end Process 關鍵字，為了清楚起見，在其右邊可以會加註此 Process 區塊的名稱(**F**)。當然，所加註的 Process 區塊名稱，必須與該 Process 區塊第一列的名稱相同才可以。

在 Process 區塊裡，若要指定敘述，而其操作的對象是變數，所採用的指定運算符號為「:=」，而不是「<=」，例如：

```
FD := FD+1:
```

另外，不管是信號、常數還是變數，若要指定初值，也是使用「:=」，例如要為信號指定初值，則在宣告信號時指定之，如下：

```
Signal LED1:std_logic := '0';
```

例如要為變數指定初值，則在宣告變數時指定之，如下：

```
Variable minutes:integer range (0 to 59) := 0;
```

當然變數只能在 Process 區塊裡使用，而無法傳到 Process 區塊以外的地方。

條件判斷

KTM-626

時序性敘述裡的條件判斷，類似一般程式語言裡的條件判斷，分為不完整條件判斷、完整條件判斷與多重條件判斷，如下說明：

不完整條件判斷只處理符合條件的部分，而不處理不符合條件的部分，例如符合條件時，把 Fx 變數反相，如下：

```
if SW='0' then
   Fx := not Fx;
end if;
```

第二種是完整條件判斷，當符合條件時，進行一項處理動作；否則(不符合條件)進行另一項處理動作，如下：

```
if SW='0' then
   Sel := A and B;
else
   Sel := not C;
end if;
```

第三種是多重條件判斷，當符合條件 1 時，執行動作 1；若不符合條件 1，再判斷是否符合條件 2，若符合，則執行動作 2；若也不符合條件 2，再判斷是否符合條件 3，若符合，則執行動作 3，以此類推，如下：

```
if SW1='1' then
   動作1;
elsif SW2='1' then
   動作2;
elsif SW3='1' then
   動作3;
else
   動作4;
end if;
```

1-4 實例演練

設計目標

KTM-626

在此我們要玩單燈左右移，使用 16 個單色 LED，當指撥開關 SW 切到 ON 時(即 0)，由左而右(LED1~LED16)，單一個 LED 亮，循環不停。當指撥開關 SW 切到 OFF 時(即 1)，由右而左(LED16~LED1)，單一個 LED 亮，循環不停。

線路連接

KTM-626

在此要使用 LED1~LED16 與 DIP16，另外，也會使用 50MHz 系統時脈(gckP31)

與系統重置(rstP99)。在 KTM-626 多功能 FPGA 開發平台裡，都已內接完成，不必要浪費我們的時間去做較低價值的接線工作。不過，在 FPGA 設計裡，還是必須指定接腳，在此將接腳收集在 4 表裡。

表 4　接腳配置表

信號	LED1	LED2	LED3	LED4	LED5	LED6	LED7	LED8
接腳	87	93	95	94	100	101	102	103
信號	LED9	LED10	LED11	LED12	LED13	LED14	LED15	LED16
接腳	106	107	108	110	111	112	113	114
信號	rstP99	gckP31						
接腳	99	31						

新增專案與設計檔案

KTM-626

開啟 Quartus II，並按 1-2 節的說明，新增專案與設計檔案，相關資料如下：

- 專案資料夾：D:\firstDesign
- 專案名稱：firstDesign
- 晶片族系(Family)：Cycolne III
- 接腳數(Pin count)：240
- 晶片名稱：EP3C16Q240C8
- VHDL 設計檔：firstDesign.vhd

電路設計

KTM-626

在新建的 myFirst.vhd 編輯區裡按下列設計電路，再按 Ctrl + S 鍵。

```
------ firstDesign.vhd ------
-- 宣告函數庫
Library IEEE;
Use IEEE.std_logic_1164.all;
-- 定義接腳
entity firstDesign is
  port( rstP99,gckP31:in std_logic;     -- 系統重置、系統時脈
        LED:buffer std_logic_vector(16 downto 0); -- LED
        -- 87,93,95,94,100,101,102,103
        -- 106,107,108,110,111,112,113,114
        SW:in std_logic);               -- 指撥開關(56)
end entity firstDesign;
```

```
-- 描述電路
architecture Albert  of firstDesign is
  signal FD:std_logic_vector(25 downto 0);
begin

Freq_Div:process(rstP99,gckP31)     -- 除頻器
begin
  if rstP99= '0' then
    FD<=(others=>'0');              -- 除頻器歸零
  elsif rising_edge(gckp31) then    -- 當系統脈波升緣時
    FD<=FD+1;                       -- 計數器加 1
  end if;
end process Freq_Div;

scanLED:process(FD(20))             -- FD(20)約 24Hz
begin
  if rstP99='0' then
    LED<="0111111111111111";        -- 關閉 LED(高態動作)
  elsif rising_edge(FD(20)) then
    if SW='1' then
        LED <=LED(0) & LED(15 downto 1); --右移
    else
        LED <=LED(14 downto 0) & LED(15); -- 左移
    end if;
  end if;
end process scanLED;

end Albert;
```

後續工作

KTM-626

電路設計完成後，按 Ctrl + S 鍵存檔，再按 Ctrl + L 鍵進行初始編譯。若編譯有錯誤，可循下方紅色錯誤訊息(直接快按兩下)，跳到錯誤處修改之。若編譯成功，在隨即出現的訊息對話盒中，按 確定 鈕關閉之。

緊接著進行接腳配置，按 Ctrl + Shift + N 鍵，開啟接腳配置視窗，如圖 30 所示。

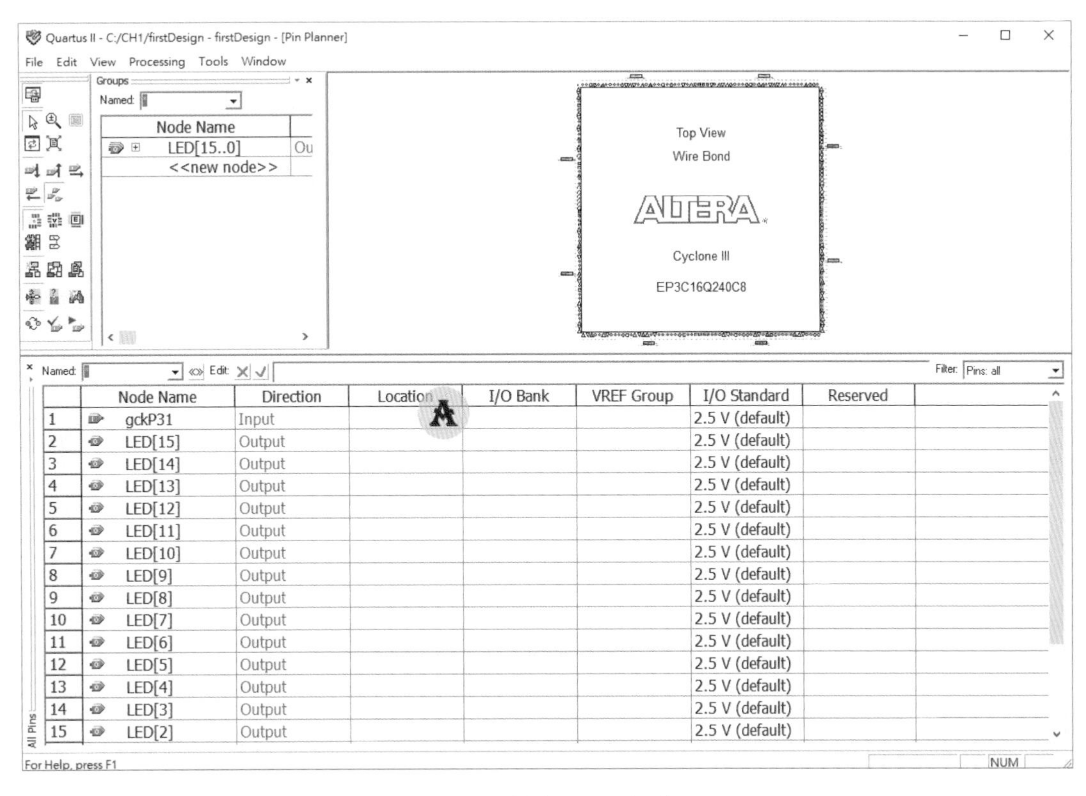

圖30　接腳配置視窗

當我們要指定接腳時，則指向該信號的 **Location** 欄位，以 gckP31 信號為例，指向其 **Location** 欄位(A)，按一下滑鼠左鍵選取之，該欄位將變成藍色，直接輸入所要配置的接腳編號，再按 Enter 鍵，即完成其接腳配置。請按表 4 所示(1-25 頁)，分別為每個信號配置接腳。

完成接腳配置後，按 Ctrl + L 鍵即進行二次編譯，並退回原 Quartus II 編譯視窗。同樣的，完成二次編譯後，在隨即出現的訊息對話盒中，按 確定 鈕關閉之。

燒錄與測試

首先備妥 USB Blaster 下載線，一端插入電腦 USB 埠，另一段插入 EP3C 板上的 JTAG 埠，然後開啟 KTM-626 多功能 FPGA 開發平台之電源。

按 Alt 、 T 、 P 鍵即可開啟燒錄視窗，如圖 31 所示，如下說明：

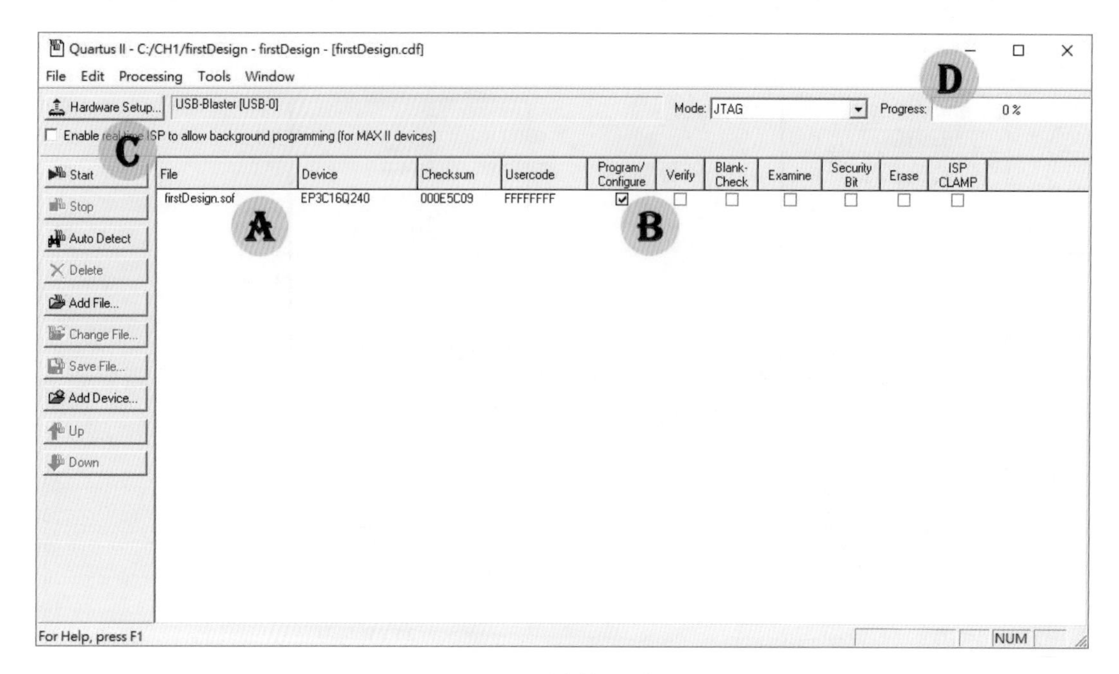

圖31　燒錄視窗

A 確認燒錄視窗裡，已載入所要燒錄的檔案。

B 確認已選取 **Program/Configure** 選項。

C 按 Start 鈕即進行燒錄，而燒錄進度將在展示在 **Progress** 欄位(**D**)。在此使用的是 FPGA，燒錄只是檔案傳輸，動作非常快。**Progress** 欄位一下子就達到 100%，也就是燒錄完畢。

完成燒錄後，觀察 LED 是否如預期？切換 DIP16，看看 LED 的移動方向是否改變？

1-5 即時練習

本章屬於設計前的準備動作，有好的準備與基礎概念，之後的設計與創作才會輕鬆愉快。請試著回答下列問題，*看看你準備好了沒？*

1 簡述 EP3C16Q240 晶片的規格？

2 簡述 KTM-626 多功能 FPGA 系統開發平台裡，提供哪些數位輸入裝置？哪些類比輸入裝置？

3 在 KTM-626 多功能 FPGA 系統開發平台裡，提供的 ADC 之解析度是多少位元？DAC 之解析度是多少位元？

4 Quartus II 可分為哪兩種不同的版本？哪一種適合學校教學與個人學習之用？

5 試問最後一個內建模擬器的 Quartus II，是哪個版本？

6 試述 Quartus II 的專案精靈，有哪幾個步驟？

7 在 Quartus II 的 VHDL 設計裡，那些名稱必須與專案名稱一樣？

8 試簡述共時性敘述與時序性電路？

9 在 VHDL 電路設計裡，指定敘述有哪幾種？

10 試述 Process 區塊的用途？以及其基本架構？

notes
www.LTC.com.tw
筆記

CH 02

基本 LED 展示與應用

2-1 認識 LED 電路

2-2 除頻電路設計

2-3 循環展示 LED 動作實習

2-4 強生環 LED 動作展示實習

2-5 即時練習

2-1 認識 LED 電路

LED(**L**ight **E**miting **D**oide)是好用又省電的指示裝置，在 KTM626 多功能 FPGA 開發平台上提供多種 LED 的驅動電路，可讓我們快速有效的應用 LED。在此從最單純單色 LED 開始，如圖 1 所示，KTM-626 的右下方為單色 LED 驅動電路，其中包括 16 個 LED。

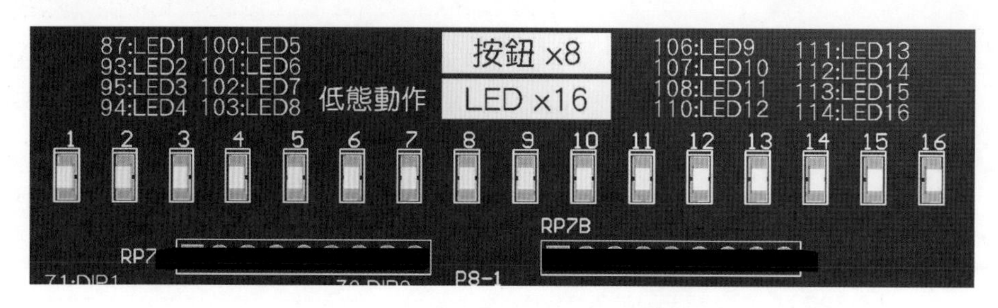

圖1　KTM-626 的 LED 區塊

這 16 個 LED 低態驅動，若加入低態電壓，LED 將會亮；若加入高態電壓，LED 將不亮，如圖 2 所示為其電路。

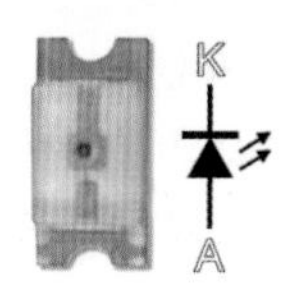

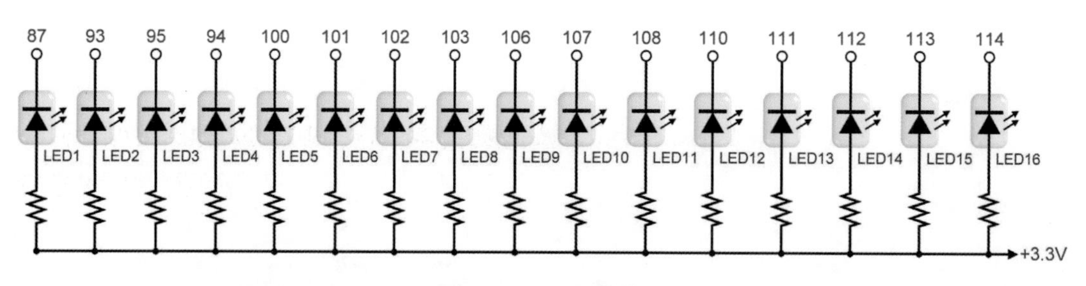

圖2　LED 電路

這 16 個 LED 已連接到 FPGA 接腳，如表 1 所示為其接腳表。

表 1　LED 接腳表

LED1	LED2	LED3	LED4	LED5	LED6	LED7	LED8
87	93	95	94	100	101	102	103
LED9	LED10	LED11	LED12	LED13	LED14	LDE15	LED16
106	107	108	110	111	112	113	114

2-2 除頻電路設計

在 KTM-626 多功能 FPGA 開發平台裡，系統頻率採用 50MHz，足以應付大部分數位電路的需求。當然，系統頻率越高，所能處理的事務越多、越精細。不過，對於新手或學生而言，頻率太高會是個麻煩！我們必須不怕麻煩的面對，方能享用頻率高所帶來的好處！

日常生活所操作的頻率，如切換燈具或顯示裝置、操作開關等，其頻率都很少大於 1KHz。因此，降低頻率是常見的操作，而除頻器是最簡單的數位降頻裝置，例如要產生 100KHz 頻率，可使用一個除 500 的除頻器，就可把 50MHz 的頻率降低為 100KHz；想要產生 1KHz 頻率，可使用一個除 50000 的除頻器，就可把 50MHz 的頻率降 1KHz 頻率，以此類推。

基本上，除頻器(Frequency Divider)就是計數器，依除頻器內部所採用的計數器可分為除 n 計數器與二進位除頻器。如下說明：

除n計數器為基礎的除頻器

KTM-626

前述的除 500、除 50000 等除頻器，就是除 n 計數器，這種除頻器所使用的電路比較複雜，大多做為特定用途。例如要設計一個除 10 的除頻器，可先把目標除 2，以作為計數量(即 5)，每計數到 5 時，將輸出信號反相。然後重新計數，則輸出信號就是除 10 的頻率，如圖 3 所示。

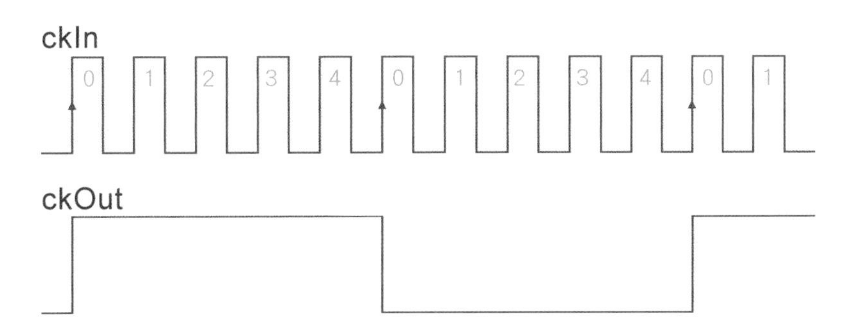

圖3　　除 10 除頻器之概念

若要實現這個除頻器，可使用升緣或降緣偵測指令，如下：

- 升緣偵測指令：**rising_edge**(ckIn)
- 降緣偵測指令：**falling_edge**(ckIn)

其中的 ckIn 就是輸入的計數脈波信號。完整的除頻器如下：

```
Freq_Div10:process(rst,ckIn)                    --除 10 除頻器
variable FD0:std_logic_vector(2 downto 0);  --000~111
begin
    if rst='0' then                             --重置信號
        FD0:= "000";                            --計數器歸零
    elsif rising_edge(ckIn) then
        FD0:=FD0+1;                             --計數器加 1
        if FD0="101" then                       --計數到 5 時
            FD0:= "000";                        --計數器歸零
            ckOut<= not ckOut;                  --輸出信號反相
        end if;
    end if;
end process Freq_Div10;
```

上列之 ckOut 為事先宣告之信號(signal)，ckOut 之頻率將為 ckIn 之十分之一。另外，在此的 FD0 之資料型態為 std_logic_vector(2 downto 0)，也可以採用整數資料型態，如下：

```
Freq_Div10:process(rst,ckIn)                --除 10 除頻器
variable FD0:integer range 0 to 5;          --0~5
begin
    if rst='0' then                         --重置信號
        FD0:= 0;                            --計數器歸零
    elsif rising_edge(ckIn) then
        FD0:=FD0+1;                         --計數器加 1
        if FD0=5 then                       --計數到 5 時
            FD0:= 0;                        --計數器歸零
            ckOut<= not ckOut;              --輸出信號反相
        end if;
    end if;
end process Freq_Div10;
```

如果除頻數不是偶數，也沒關係，例如要除 25，只要在 0~24 之間，任意找兩個變換輸出信號狀態的點即可，如下例，當 0 時，輸出信號切換為 1；當 1 時，輸出信號切換為 0，則可產生除 25 的頻率，而這個信號並非對稱的方波，只是個週期性的脈波。

```
Freq_Div25:process(rst,ckIn)                --除 25 除頻器
variable FD0:integer range 0 to 25;         --0~25
begin
```

```
    if rst='0' then                            --重置信號
        FD0:= 0;                               --計數器歸零
    elsif rising_edge(ckIn) then
        FD0:=FD0+1;                            --計數器加 1
        if FD0=25 then                         --計數到 25 時
            FD0:= '0';                         --計數器歸零
            ckOut<= '1';                       --輸出信號轉高態
        elsif FD0=1 then
            ckOut<= '0';                       --輸出信號轉低態
        end if;
    end if;
end process Freq_Div25;
```

除2計數器為基礎的除頻器

KTM-626

以除 2 計數器為基礎的除頻器(或稱為二進位除頻器)，在電路上採用正反器串接而成，可同時產生多種頻率。例如把 n 個 T 型正反器(或 JK 型正反器)串接，如圖 4 所示，第 0 個正反器的輸出端可輸出除 2(即 2^1)的頻率、第 1 個正反器的輸出端可輸出除 4(即 2^2)的頻率、第 2 個正反器的輸出端可輸出除 8(即 2^3)的頻率，以此類推，第 n 個正反器的輸出端可輸出除 $2^{(n+1)}$的頻率。

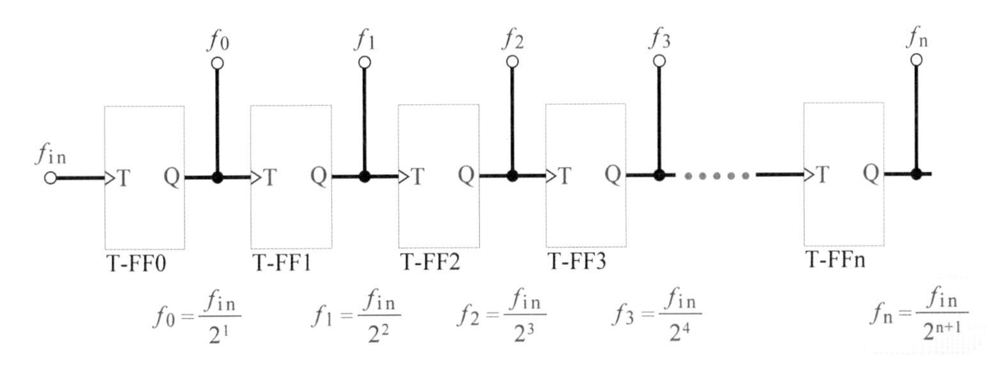

圖4　以除 2 為基礎的除頻器之概念

若要實現這類型的除頻器，通常是在 architecture 與 begin 之間宣告一個 std_logic_vector 類型的 signal，以做為計數器之用。同樣的，這是一個時序性裝置，封裝在 process 區塊裡的內建 IC，如下：

```
Freq_Div2:process(rst,ckIn)                    --除 2 除頻器
begin
    if rst='0' then                            --重置信號
        FD <= (others =>'0');                  --計數器歸零
```

```
    elsif rising_edge(ckIn) then
        FD <= FD+1;                              --計數器加 1
    end if;
end process Freq_Div2;
```

若輸入頻率(ckIn)為 50MHz，則由 FD(10)所取出之頻率為：

$$FD(10)=\frac{50000000}{2^{(10+1)}}=\frac{50000000}{2048}=24414\ \text{Hz}\ (\text{約 } 24.4\text{KHz})$$

同理，FD(11)的頻率為 12207Hz、FD(9)的頻率為 48828Hz，以此類推。雖然沒辦法得到一個剛剛好的頻率，但還是很容易取得適用的頻率。

2-3 循環展示 LED 動作實習

實習目的

KTM-626

```
0000 0001 1000 0000
0000 0011 1100 0000
0000 0111 1110 0000
0000 1111 1111 0000
0001 1111 1111 1000
0011 1111 1111 1100
0111 1111 1111 1110
1111 1111 1111 1111
1111 1110 0111 1111
1111 1100 0011 1111
1111 1000 0001 1111
1111 0000 0000 1111
1110 0000 0000 0111
1100 0000 0000 0011
1000 0000 0000 0001
0000 0000 0000 0000
0000 0000 0000 0001
0000 0000 0000 0101
0000 0000 0001 0101
0000 0000 0101 0101
0000 0001 0101 0101
0000 0101 0101 0101
0001 0101 0101 0101
0101 0101 0101 0101
0101 0101 0101 0111
0101 0101 0101 1111
0101 0101 0111 1111
0101 0101 1111 1111
0101 1111 1111 1111
0111 1111 1111 1111
1111 1111 1111 1111
1011 1111 1111 1111
1010 1111 1111 1111
1010 1011 1111 1111
1010 1010 1111 1111
1010 1010 1011 1111
1010 1010 1010 1111
```

```
1010 1010 1010 1011
1010 1010 1010 1010
1010 1010 1010 1010
0010 1010 1010 1010
0000 1010 1010 1010
0000 0010 1010 1010
0000 0000 1010 1010
0000 0000 0010 1010
0000 0000 0000 1010
0000 0000 0000 0010
0000 0000 0000 0000
1000 0000 0000 0001
1100 0000 0000 0011
1110 0000 0000 0111
1111 0000 0000 1111
1111 1000 0001 1111
1111 1100 0011 1111
1111 1110 0111 1111
1111 1111 1111 1111
1111 1111 1111 1111
1111 1110 0111 1111
1111 1100 0011 1111
1111 1000 0001 1111
1111 0000 0000 1111
1110 0000 0000 0111
1100 0000 0000 0011
1000 0000 0000 0001
0000 0000 0000 0000
0000 0000 1111 1111
1111 1111 0000 0000
0000 0000 1111 1111
1111 1111 0000 0000
0000 0000 1111 1111
1111 1111 0000 0000
0000 0000 1111 1111
1111 1111 0000 0000
0000 0000 0000 0000
```

```
1111 1111 1111 1111
0000 0000 0000 0000
1111 1111 1111 1111
0000 0000 0000 0000
1111 1111 1111 1111
0000 0000 0000 0000
1111 1111 1111 1111
1111 0000 0000 1111
0000 1111 1111 0000
1111 0000 0000 1111
0000 1111 1111 0000
1111 0000 0000 1111
0000 1111 1111 0000
1111 0000 0000 1111
0000 1111 1111 0000
0000 0000 0000 0000
0000 0000 0000 0001
0000 0000 0000 0011
0000 0000 0000 0111
0000 0000 0000 1111
0000 0000 0001 1111
0000 0000 0011 1111
0000 0000 0111 1111
0000 0000 1111 1111
0000 0001 1111 1111
0000 0011 1111 1111
0000 0111 1111 1111
0000 1111 1111 1111
0001 1111 1111 1111
0011 1111 1111 1111
0111 1111 1111 1111
1111 1111 1111 1111
0000 1111 1111 1111
0000 0000 1111 1111
0000 0000 0000 1111
0000 0000 0000 0000
```

圖5　128 個花樣

在本單元裡將設計一個有點複雜的 LED 展示功能，但非常好看！其動作簡介如下：

1. 128 個動作變化：應用樣板編碼，循序展示，如圖 5 所示。其中包括兩個變化順序方向，以及反相顯示。
2. 明亮度變化(PWM)：設計 16 位元的 PWM(2^{16} 階)調光，並採用一個灰階樣板，左右移動變化。

注意

LED很亮，不要看太久
也不要直視
以免傷及眼睛

新增專案與設計檔案

KTM-626

開啟 Quartus II，並按 1-2 節的說明，新增專案與設計檔案，相關資料如下：

- 專案資料夾：D:\CH2\CH2_LED_1
- 專案名稱：CH2_LED_1
- 晶片族系(Family)：Cycolne III
- 接腳數(Pin count)：240
- 晶片名稱：EP3C16Q240C8
- VHDL 設計檔：CH2_LED_1.vhd

電路設計

KTM-626

在新建的 CH2_LED_1.vhd 編輯區裡按下列設計電路，再按 Ctrl + S 鍵。

```
--LED 霹靂燈 1:查表法
--EP3C16Q240C8 50MHz LEs:15,408 PINs:161 ,gckP31 ,rstP99

Library IEEE;                               --掛載零件庫
Use IEEE.std_logic_1164.all;                --使用套件
Use IEEE.std_logic_unsigned.all;            --使用套件

entity CH2_LED_1 is
port(   gckp31,rstP99:in std_logic;         --系統時脈、系統重置
```

```
        LED16:buffer std_logic_vector(15 downto 0) --LED
        87,93,95,94,100,101,102,103
        106,107,108,110,111,112,113,114
    );
end entity CH2_LED_1; --或 end CH2_LED_1; 或 or end;

architecture Albert of CH2_LED_1 is
    signal FD:std_logic_vector(24 downto 0);    --除頻器
    type LED_T is array(0 to 127) of std_logic_vector(15 downto 0);
    --LED 樣板格式
    constant LED_Tdata:LED_T:= (    --LED 樣板資料
X"0000",X"8001",X"C003",X"E007",X"F00F",X"F81F",X"FC3F",X"FE7F",
X"FFFF",X"7FFE",X"3FFC",X"1FF8",X"0FF0",X"07E0",X"03C0",X"0180",
X"0000",X"0180",X"03C0",X"07E0",X"0FF0",X"1FF8",X"3FFC",X"7FFE",
X"FFFF",X"FE7F",X"FC3F",X"F81F",X"F00F",X"E007",X"C003",X"8001",
X"0000",X"0001",X"0005",X"0015",X"0055",X"0155",X"0555",X"1555",
X"5555",X"5557",X"555F",X"557F",X"55FF",X"57FF",X"5FFF",X"7FFF",
X"FFFF",X"BFFF",X"AFFF",X"ABFF",X"AAFF",X"AABF",X"AAAF",X"AAAB",
X"AAAA",X"2AAA",X"0AAA",X"02AA",X"00AA",X"002A",X"000A",X"0002",
X"0000",X"8001",X"C003",X"E007",X"F00F",X"F81F",X"FC3F",X"FE7F",
X"FFFF",X"FE7F",X"FC3F",X"F81F",X"F00F",X"E007",X"C003",X"8001",
X"0000",X"00FF",X"FF00",X"00FF",X"FF00",X"00FF",X"FF00",X"00FF",
X"FF00",X"0000",X"FFFF",X"0000",X"FFFF",X"0000",X"FFFF",X"0000",
X"FFFF",X"F00F",X"0FF0",X"F00F",X"0FF0",X"F00F",X"0FF0",X"F00F",
X"0FF0",X"0000",X"0001",X"0003",X"0007",X"000F",X"001F",X"003F",
X"007F",X"00FF",X"01FF",X"03FF",X"07FF",X"0FFF",X"1FFF",X"3FFF",
X"7FFF",X"FFFF",X"0FFF",X"00FF",X"000F",X"0000",X"FFFF",X"0000"
        );
    signal LED_T_p:integer range 0 to 127;             --LED_指標
    signal LED_case:std_logic_vector(1 downto 0);  --執行選項

    signal PWM_reset:std_logic;                        --PWM 開關
    type PWM_T is array(0 to 15) of integer range 0 to 31;
    --制定 PWM 格式
    signal LED_PWM:PWM_T;
    signal LED_PWM_data,not_LED:std_logic_vector(15 downto 0);
    --PWM,反相控制

    signal speeds:integer range 0 to 3;--速度選擇
    signal speed:std_logic;               --執行 clk
```

```
begin

    --LED輸出運算:  原表格資料          反相          PWM
    LED16<=(LED_Tdata(LED_T_p) xor not_LED) or LED_PWM_data;
    --速度選項
    speed<= FD(19) when speeds=0 else   --47.7Hz
            FD(20) when speeds=1 else   --23.8Hz
            FD(21) when speeds=2 else   --11.9Hz
            FD(22);                     --6Hz

--LED_P 主控器--
LED_P:process (speed,rstP99)
    variable N:integer range 0 to 511; --執行次數
    variable LED_T_ps,LED_T_pe:integer range 0 to 127;
    --起點,終點
    variable dir_LR:std_logic;          --PWM轉動方向
begin
    if rstP99='0' then                  --系統重置
        N:=0;                           --行選項已結束
        LED_case<="00";                 --執行選項預設
        speeds<=0;                      --速度0
    elsif rising_edge(speed) then
        if N=0 then                     --執行選項已結束
            LED_case<=LED_case+1;       --執行選項調整
            case LED_case is            --執行選項預設值
                when "00"=>
                    N:=1;               --執行選項
                    LED_T_p<=0;         --指標由0開始
                    LED_T_ps:=0;        --由0開始
                    LED_T_pe:=127;      --由127結束
                    not_LED<=(others=>'0');--不反相
                    PWM_reset<='0';     --PWM off
                when "01"=>
                    N:=1;               --執行選項
                    LED_T_p<=0;         --指標由0開始
                    LED_T_ps:=0;        --由0開始
                    LED_T_pe:=127;      --由127結束
                    not_LED<=(others=>'1');--反相
                    PWM_reset<='0';     --PWM off
                when "10"=>
                    N:=1;               --執行選項
```

```
          LED_T_p<=127;          --指標由 127 開始
          LED_T_ps:=127;         --由 127 開始
          LED_T_pe:=0;           --由 0 結束
          not_LED<=(others=>'0');--不反相
          PWM_reset<='0';        --PWM off
      when "11"=>
          N:=127;                --執行選項
          LED_T_p<=0;            --指標由 0 開始
          LED_T_ps:=0;           --由 0 開始
          LED_T_pe:=0;           --由 0 結束
          not_LED<=(others=>'0');--不反相
          dir_LR:='0';           --PWM 轉動方向
LED_PWM<=(0,0,1,2,3,4,5,7,10,12,15,17,20,24,28,31);
          --PWM 預設值
          PWM_reset<='1';        --PWM on
          speeds<=speeds+1;      --速度調整
    end case;
else    --執行選項
    if LED_T_ps=LED_T_pe then    --PWM 預設值移位
        if dir_LR='0' then
            for i in 0 to 14 loop
                LED_PWM(i)<=LED_PWM(i+1);
            end loop;
            LED_PWM(15)<=LED_PWM(0);
        else
            for i in 0 to 14 loop
                LED_PWM(i+1)<=LED_PWM(i);
            end loop;
            LED_PWM(0)<=LED_PWM(15);
        end if;
        if (N mod 16)=0 then
            dir_LR:=not dir_LR; --調整 PWM 轉動方向
        end if;
        N:=N-1;                  --次數-1
    elsif LED_T_ps<LED_T_pe then
        LED_T_p<=LED_T_p+1;      --遞增
        if (LED_T_p+1)=LED_T_pe then
            N:=0;                --結束
        end if;
    else
        LED_T_p<=LED_T_p-1;      --遞減
```

```
                if (LED_T_p-1)=LED_T_pe then
                    N:=0;                  --結束
                end if;
            end if;
        end if;
    end if;
end process LED_P;

--PWM_P--
PWM_P:process(FD(0))
    variable PWMc:integer range 0 to 31;--PWM 計數器
begin
    if PWM_reset='0' then
        PWMc:=0;                          --PWM 計數器
        LED_PWM_data<=(others=>'0');      --all on
    elsif rising_edge(FD(0)) then
        for i in 0 to 15 loop
            if LED_PWM(i)>PWMc then
                LED_PWM_data(i)<='0';     --on
            else
                LED_PWM_data(i)<='1';     --off
            end if;
        end loop;
        PWMc:= PWMc+1;                    --PWM 計數器上數+1
    end if;
end process PWM_P;

--除頻器--
Freq_Div:process(gckP31)                  --系統頻率 gckP31:50MHz
begin
    if rstP99='0' then                    --系統重置
        FD<=(others=>'0');                --除頻器:歸零
    elsif rising_edge(gckP31) then        --50MHz
        FD<=FD+1;          --除頻器:2 進制上數(+1)計數器
    end if;
end process Freq_Div;

end Albert;
```

設計動作簡介

在此電路架構(architecture)裡，包括一個共時性(concurrent statements)電路與三個時序性(sequence statements)電路，如下說明：

共時性電路

在共時性電路裡，建構輸出電路與動作速度，如圖 6 所示。

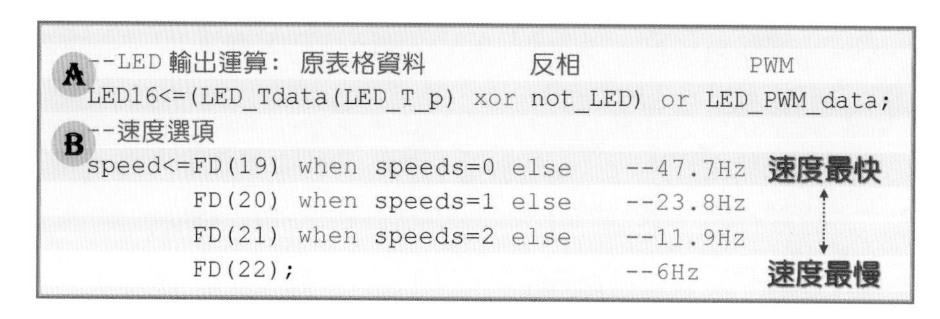

```
--LED 輸出運算： 原表格資料          反相              PWM
LED16<=(LED_Tdata(LED_T_p) xor not_LED) or LED_PWM_data;
--速度選項
speed<=FD(19) when speeds=0 else      --47.7Hz
       FD(20) when speeds=1 else      --23.8Hz
       FD(21) when speeds=2 else      --11.9Hz
       FD(22);                        --6Hz
```


圖6　　輸出方式與動作速度控制

A LED16 為輸出接腳，直接連接到外部的 16 個 LED。

- 根據 LED 樣板指標(LED_T_p)，從 LED 樣板庫(LED_Tdata)裡取出所要顯示的樣板。
- 應用 not_LED 操控是否反相輸出，當 not_LED=0000000000000 時，LED 正常顯示；當 not_LED=1111111111111111 時，LED 反相顯示。
- 將亮度資料(LED_PWM_data)套用到輸出的 LED 上。

B 根據 speeds 設定顯示的速度。

主控器

整個電路的動作變化由 LED_P 主控器處理。其中可分為兩部分：

- 設定(N=0)：當 N=0(初始狀態)，進入設定狀態，而由 LED_case 決定設定成何種 LED 顯示模式，如下：
  - LED_case=00：設定順序顯示 LED 樣板庫中的所有樣板(0~127)，正常顯示(不反相)，但不加入 PWM 灰階效果。
  - LED_case=01：設定順序顯示 LED 樣板庫中的所有樣板

(0~127)，反相顯示，但不加入 PWM 灰階效果。

- LED_case=10：設定反序顯示 LED 樣板庫中的所有樣板 (127~0)，正常顯示(不反相)，但不加入 PWM 灰階效果。
- LED_case=11：樣板庫開始指標(LED_T_ps)與結束指標(LED_T_pe)都設定為 0，並設定好顯示速度，準備執行 PWM 特效(灰階效果)。

● 執行(N>0)：N 的範圍為 0~511，當 N=0 時設定好所要執行的顯示模式後，就依據開始指標與結束指標執行 LED 的顯示動作，如下：

- 當開始指標與結束指標相等時，執行 LED 的漸層移動包括由左往右移動、由右往左移動。
- 當結束指標大於開始指標時，執行順序顯示樣板庫中的 LED 樣板(沒有 PWM 調光)。
- 當結束指標小於開始指標時，執行反序顯示樣板庫中的 LED 樣板(沒有 PWM 調光)。

PWM控制器

PWM(Pulse Width Modulation)脈波寬度調變是高效率的數位仿類比輸出，在此使用一個 32 階的 PWM 計數器(PWMc)，以做為產生 32 階的 PWM 準位。PWMc 計數器所計數的脈波是 FD(0)，也就是系統時脈的一半(25MHz)，頻率非常高。因此，PWM 的輸出很細緻。

PWM 控制器的工作原理很簡單，當所要輸出的數位值，也就是 LED 所要點亮的灰階(LED_PWM(i))，大於 PWMc 值時，LED_PWM_data 輸出 on，讓其所驅動的 LED 亮；當所要輸出的數位值小於 PWMc 值時，LED_PWM_data 輸出 off，讓其所驅動的 LED 不亮。而 PWMc 值持續在計數(0~31)，如此一來，所要輸出的數位值將被劃分為 32 階。

除頻器

在此採用以除 2 計數器為基礎的除頻器，而所計數的是系統時脈(50MHz)。在 2-2 節裡，已介紹過以除 2 計數器為基礎的除頻器，在此不贅述。

後續工作

KTM-626

電路設計完成後，按 Ctrl + S 鍵存檔，再按 Ctrl + L 鍵進行初始編譯。若編譯有錯誤，可循下方紅色錯誤訊息(直接快按兩下)，跳到錯誤處修改之。若編譯成功，在隨即出現的訊息對話盒中，按 確定 鈕關閉之。

緊接著進行接腳配置，按 Ctrl + Shift + N 鍵，開啟接腳配置視窗，如圖7所示。除了 gckP31 與 rstP99 外，其餘接腳請按表 1(2-2 頁)配置。

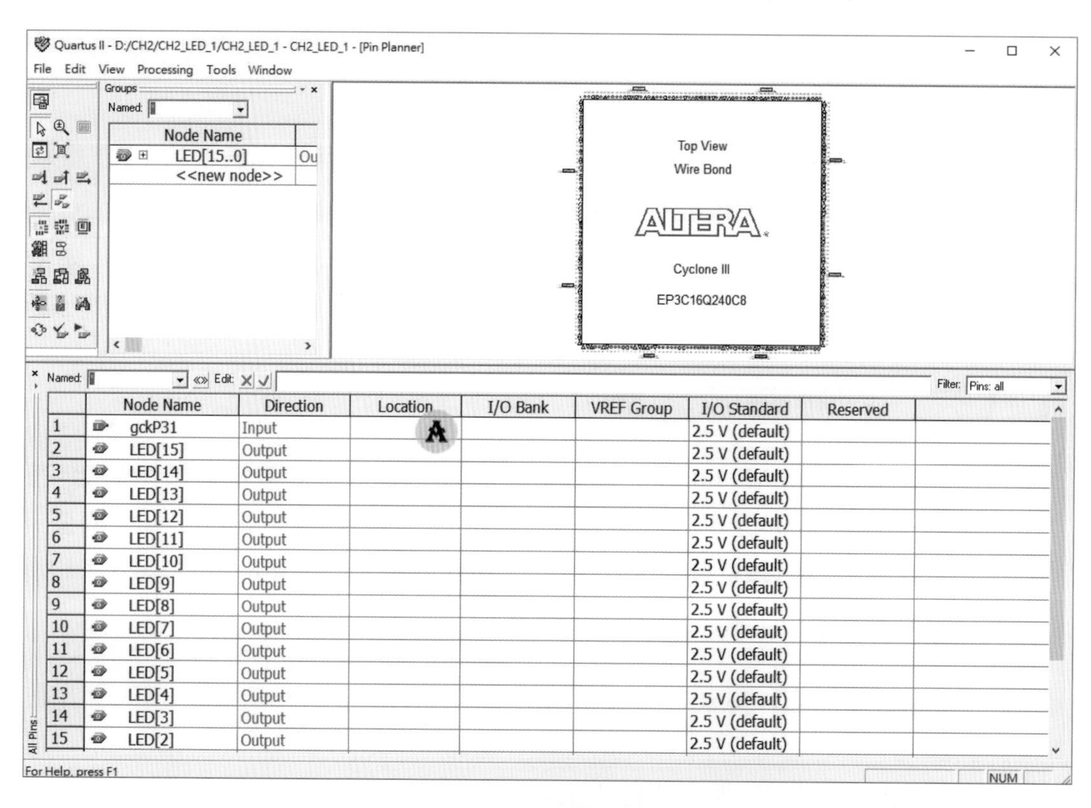

圖7　接腳配置視窗

當我們要指定接腳時，則指向該信號的 **Location** 欄位，以 gckP31 信號為例，指向其 **Location** 欄位(A)，按一下滑鼠左鍵選取之，該欄位將變成藍色，直接輸入所要配置的接腳編號，再按 Enter 鍵，即完成其接腳配置。

完成接腳配置後，按 Ctrl + L 鍵即進行**二次編譯**，並退回原 Quartus II 編譯視窗。同樣的，完成二次編譯後，在隨即出現的訊息對話盒中，按 確定 鈕關閉之。

燒錄與測試

KTM-626

首先備妥 USB Blaster 下載線，一端插入電腦 USB 埠，另一段插入 EP3C 板上的 JTAG 埠，然後開啟 KTM-626 多功能 FPGA 開發平台之電源。

按 Alt 、 T 、 P 鍵即可開啟燒錄視窗，如圖 8 所示，如下說明：

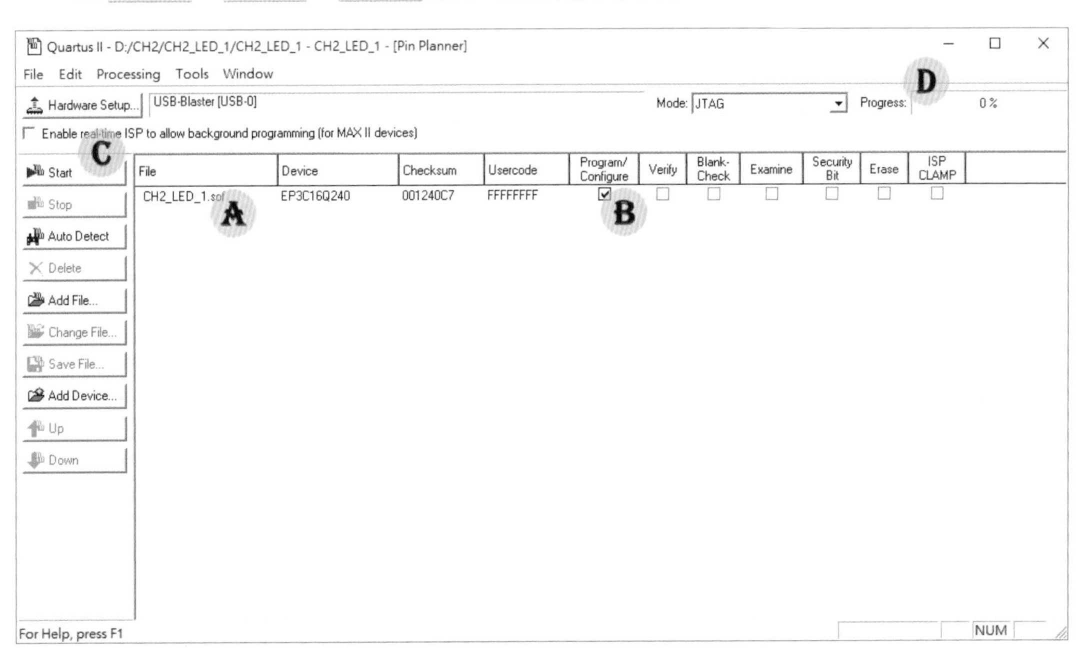

圖8　燒錄視窗

A 確認燒錄視窗裡，已載入所要燒錄的檔案。

B 確認已選取 **Program/Configure** 選項。

C 按 Start 鈕即進行燒錄，而燒錄進度將在展示在 **Progress** 欄位(**D**)。在此使用的是 FPGA，燒錄只是檔案傳輸，動作非常快。**Progress** 欄位一下子就達到 100%，也就是燒錄完畢。

完成燒錄後，即可觀察 LED 的動作展示。

2-4 強生環 LED 動作展示實習

實習目的

KTM-626

在本單元裡將設計一個有點變化的強生環計數器(Johnson ring counter)，又稱為扭環計數器，以此信號驅動 16 個 LED，如圖 9 所示，此為基本的強生環動作，當由上而下執行時，其中好像有 16 個亮著的 LED，由右而左移動(資料是由左而右移動)。

在此的強生環之變化更多，剛開始時以 16 個 LED 亮的模式移動。移動兩圈後(64 個動作)，改為 15 個 LED 亮的模式移動，再執行兩圈後，改為 14 個 LED 亮的模式移動，以此類推，直到隔 1 個 LED 亮的模式移動。

同樣的，進階隔 1 個 LED 亮的模式移動兩圈後，改變移動方向。而從隔 1 個亮的移動開始，然後 2 個亮的移動、3 個亮的移動，到 16 個亮，如此循環不止。

```
00000000 00000000
10000000 00000000
11000000 00000000
11100000 00000000
11110000 00000000
11111000 00000000
11111100 00000000
11111110 00000000
11111111 00000000
11111111 10000000
11111111 11000000
11111111 11100000
11111111 11110000
11111111 11111000
11111111 11111100
11111111 11111110
11111111 11111111
00111111 11111111
00011111 11111111
00001111 11111111
00000111 11111111
00000011 11111111
00000001 11111111
00000000 11111111
00000000 01111111
00000000 00111111
00000000 00011111
00000000 00001111
00000000 00000111
00000000 00000011
00000000 00000001
```

圖9　基本強生環(16 位元)

注意

LED很亮，不要看太久
也不要直視
以免傷及眼睛

新增專案與設計檔案

KTM-626

開啟 Quartus II，並按 1-2 節的說明，新增專案與設計檔案，相關資料如下：

- 專案資料夾：D:\CH2\CH2_LED_2
- 專案名稱：CH2_LED_2

- 晶片族系(Family)：Cycolne III
- 接腳數(Pin count)：240
- 晶片名稱：EP3C16Q240C8
- VHDL 設計檔：CH2_LED_2.vhd

電路設計

KTM-626

在新建的 CH2_LED_2.vhd 編輯區裡按下列設計電路，再按 Ctrl + S 鍵。

```
--LED 霹靂燈 2:強生計數器演算法
--EP3C16Q240C8 50MHz LEs:15,408 PINs:161 ,gckP31 ,rstP99

Library IEEE;                           --連結零件庫
Use IEEE.std_logic_1164.all;            --引用套件
Use IEEE.std_logic_unsigned.all;        --引用套件

entity CH2_LED_2 is
port(gckP31,rstP99:in std_logic;        -- 系統時脈、系統重置
     LEDs:buffer std_logic_vector(15 downto 0) --LED
     -- 87,93,95,94,100,101,102,103
     -- 106,107,108,110,111,112,113,114
    );
end entity CH2_LED_2;

architecture Albert of CH2_LED_2 is
    signal FD:std_logic_vector(24 downto 0);--除頻器

begin

--LED_P 主控器--
LED_P:process (FD(16))
    variable N:integer range 0 to 127;            --執行次數
    variable LED_point:integer range 0 to 15;  --LED_指標
    variable dir_LR,set10,incDec:std_logic;
    --dir_LR:資料移動方向(0:右移、1:左移)，資料移動方向與 LED 移動方向相反
    --set10:全設值,incDec:LED_指標_遞增遞減
begin
    if rstP99='0' then                              --系統重置
        N:=64;                                      --次數由 64 開始
        LED_point:=0;                               --LED_指標由 0 開始
```

```
        dir_LR:='0';                                --資料移動方向:右移
        set10:='0';                                 --全設 0
        incDec:='1';                                --遞增
        LEDs<=(others=>'0');                        --LED 全亮
    elsif rising_edge(FD(21)) then                  --約 12Hz
        if N=0 then                                 --次數已結束
            if LEDs/=(LEDs'range=>set10) then   --恢復原狀
                if dir_LR='0' then                  --資料方向右移
                    LEDs<=set10 & LEDs(15 downto 1);
                else                                --資料方向左移
                    LEDs<=LEDs(14 downto 0) & set10;
                end if;
            else                                    --重設參數
                N:=64;                              --次數由 64 開始
                if LED_point=0 and incDec='0' then
                    dir_LR:=not dir_LR;             --改變資料方向
                    incDec:='1';                    --指標遞增
                    set10:=set10 xor dir_LR;--全設:0<-->1
                elsif  LED_point=15 and incDec='1' then
                    incDec:='0';                    --指標遞減
                elsif incDec='1' then               --遞增
                    LED_point:=LED_point+1; --LED_指標遞增
                else                                --遞減
                    LED_point:=LED_point-1; --LED_指標遞減
                end if;
                LEDs<=(others=>set10);              --LED 全亮
            end if;
        else                                        --次數未結束
            if dir_LR='0' then                      --資料方向右移
                LEDs<=not LEDs(LED_point) & LEDs(15 downto 1);
            else                                    --資料方向左移
                LEDs<=LEDs(14 downto 0) & not LEDs(LED_point);
            end if;
            N:=N-1;                                 --次數-1
        end if;
    end if;
end process LED_P;

--除頻器--
Freq_Div:process(gckP31)                        --系統頻率 gckP31:50MHz
begin
```

```
    if rstP99='0' then                  --系統重置
        FD<=(others=>'0');              --計數器歸零
    elsif rising_edge(gckP31) then      --50MHz
        FD<=FD+1;                       --以除 2 計數器為基礎的除頻器
    end if;
end process Freq_Div;

end Albert;
```

設計動作簡介

在此電路架構(architecture)裡，包括兩個時序性電路所構成，如下說明：

在主控器裡，主要區分為兩部分，如圖 10 所示。

```
B   if N=0 then                                  --次數已結束
        if LEDs/=(LEDs'range=>set10) then  --恢復原狀
H           if dir_LR='0' then                   --資料方向右移
                LEDs<=set10 & LEDs(15 downto 1);
            else                                 --資料方向左移
                LEDs<=LEDs(14 downto 0) & set10;
            end if;
        else                                     --重設參數
            N:=64;                               --次數由 64 開始
E           if LED_point=0 and incDec='0' then
                dir_LR:=not dir_LR;              --改變資料方向
                incDec:='1';                     --指標遞增
                set10:=set10 xor dir_LR;--全設:0<-->1
D           elsif  LED_point=15 and incDec='1' then
                incDec:='0';                     --指標遞減
C           elsif incDec='1' then                --遞增
                LED_point:=LED_point+1;--LED_指標遞增
            else                                 --遞減
F               LED_point:=LED_point-1;--LED_指標遞減
            end if;
G           LEDs<=(others=>set10);               --LED 全亮
        end if;
    else                                         --次數未結束
A       if dir_LR='0' then                       --資料方向右移
            LEDs<=not LEDs(LED_point) & LEDs(15 downto 1);
        else                                     --資料方向左移
            LEDs<=LEDs(14 downto 0) & not LEDs(LED_point);
        end if;
        N:=N-1;                                  --次數-1
    end if;
end if;
```

圖10　輸出方式與動作速度控制

A 當 N 大於 0 時，執行移位動作。在電路初始化時，N 被設定為 64，也就是執行 64 次移位動作。因此，跳到 **A** 區塊，在此區塊裡所執行的移位動作，根據資料方向指標(dir_LR)決定左移還是右移。當電路初始化時，dir_LR 等於 0，執行資料右移，如圖 11 所示。

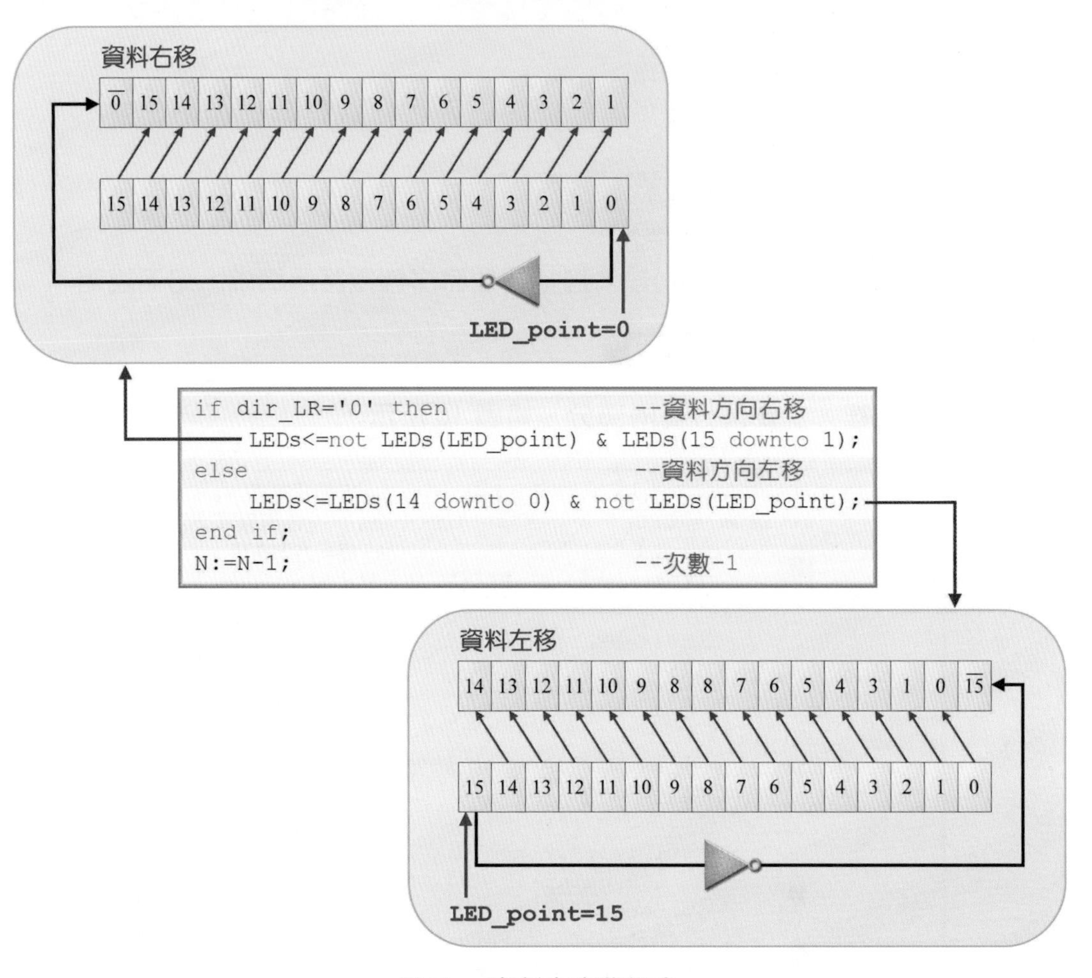

圖11　資料左右移概念

資料的編碼是由右而左，LEDs(15)在最左邊、LEDs(0)在最右邊，而 LEDs(15)輸出到電路板上的 LED16，LEDs(0)輸出到電路板上的 LED1。在 KTM-626 裡，LED16 在右邊、LED1 在左邊，很明顯的，資料移動方向與 LED 移動方向相反。若要讓資料移動方向與 LED 移動方向一致，可在配置接腳時，依序將 LEDs(15)~LEDs(0)配置到 LED1~LED16 的接腳上。

B 當 N 等於 0 時，執行調整動作。此電路的初始狀態如下：

- LED_point=0。

- dir_LR=0。
- set10=0。
- incDec=1。
- LEDs=0000000000000000。

當第一次執行完畢 64 次的移位後，N=0、incDec=1，將跳至 **C** 處執行，使 LED_point 加 1，使 LED_point=1。

```
00000000 00000000
10000000 00000000
11000000 00000000
11100000 00000000      00111111 11111111
11110000 00000000      00011111 11111111
11111000 00000000      00001111 11111111
11111100 00000000      00000111 11111111
11111110 00000000      00000011 11111111
11111111 00000000      00000001 11111111
11111111 10000000      00000000 11111111
11111111 11000000      00000000 01111111
11111111 11100000      00000000 00111111
11111111 11110000      00000000 00011111
11111111 11111000      00000000 00001111
11111111 11111100      00000000 00000111
11111111 11111110      00000000 00000011
01111111 11111111      00000000 00000001 ◀ 最多15個0
              ▲        10000000 00000000
     LED_point=1                      ▲
                            LED_point=1
```

圖12　當 LED_point=1 時

當 LED_point=1 後，再執行移位輸出時，其輸出最多只有 15 個 0(即 16-LED_point 個 0)，也就是最多 15 個 LED 會亮。以此類推，每執行一圈(64 個動作)所顯示的 LED 就少一個。

當 LED_point=15 後，將跳至 **D** 處，incDec 由 1 變 0。LED 顯示的數量，轉為逐漸增加、LED_point 逐漸減少。

當 LED_point=0 後，將跳至 **E** 處，dir_LR 由 0 變 1，改變為資料右移(LED 左移)，而 incDec 由 0 變 1。LED 顯示的數量，轉為逐漸增加、LED_point 逐漸增加。

當 LED_point=15 後，將跳至 **F** 處，LED 顯示的數量，轉為逐漸增加、LED_point 逐漸減少。

每次調整動作後，先將 LED 全亮一下(**G**)。

在此採用以除 2 計數器為基礎的除頻器，而所計數的是系統時脈(50MHz)。在 2-2 節裡，已介紹過以除 2 計數器為基礎的除頻器，在此不贅述。

後續工作

KTM-626

電路設計完成後，按 Ctrl + S 鍵存檔，再按 Ctrl + L 鍵進行初始編譯。若編譯有錯誤，可循下方紅色錯誤訊息(直接快按兩下)，跳到錯誤處修改之。若編譯成功，在隨即出現的訊息對話盒中，按 確定 鈕關閉之。

緊接著進行接腳配置，按 Ctrl + Shift + N 鍵，開啟接腳配置視窗。分別在每個信號的 **Location** 欄位，指定其所要連接的接腳，其中 `gckP31` 信號連接 31 腳、`rstP99` 信號連接 99 腳。其他信號，請按 1-25 頁的表 4 所示(第 1 章)配置之。

完成接腳配置後，按 Ctrl + L 鍵即進行二次編譯，並退回原 Quartus II 編譯視窗。同樣的，完成二次編譯後，在隨即出現的訊息對話盒中，按 確定 鈕關閉之。

燒錄與測試

KTM-626

首先備妥 USB Blaster 下載線，一端插入電腦 USB 埠，另一段插入 EP3C 板上的 JTAG 埠，然後開啟 KTM-626 多功能 FPGA 開發平台之電源。

按 Alt 、 T 、 P 鍵即可開啟燒錄視窗，首先確認已選取 **Program /Configure** 選項，再按 Start 鈕即進行燒錄。

完成燒錄後，請慢慢觀察 LED 的動作，但，眼睛不要直視。

2-5 即時練習

本章屬於*練腦力* 的設計準備動作，腦筋將逐漸靈活，之後的玩樂與創作才會輕鬆愉快。請試著回答下列問題，*看看你準備好了沒？*

1　試述在 VHDL 裡，如何偵測信號的邊緣？

2　試簡述如何設計一個以除 n 計數器為基礎的除 1000 的除頻器？

3　若系統頻率為 20MHz，則 FD 二進位除頻器的 bit 7 可輸出多少 Hz 頻率？

4　在 KTM-626 多功能 FPGA 開發平台裡，系統頻率為何？由哪支接腳引入？

5　試簡述強生環計數器？

notes
筆記
www.LTC.com.tw

CH 03

串列式 RGB LED 控制

3-1 認識串列式 RGB LED

近年來吹起一股串列式 RGB LED 的颶風！這是一種集鮮明、省電、耐用、容易使用於一身的顯示裝置，也讓 LED 只是指示燈的印象，改走向看板、廣告燈、電視牆，具高度商業價值的角色。

基本上，串列式 RGB LED 內部包含三個 LED(紅色、綠色、藍色)與一個控制器，而其外部只有四支接腳(WS2812B)，分別是信號輸入(Din)、信號輸出(Dout)、VCC 與 GND，如圖 1 所示。

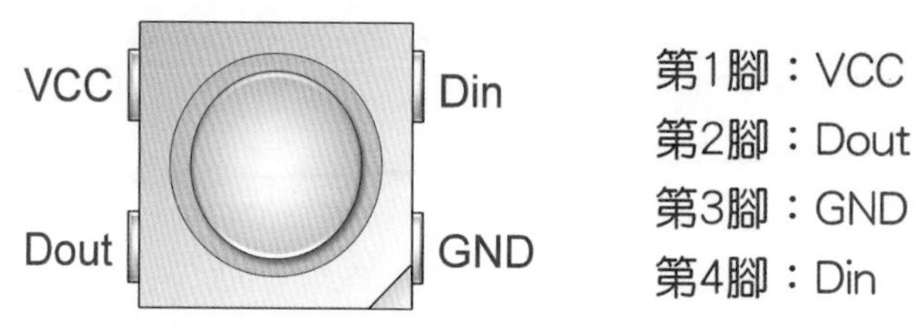

圖1　WS2812B 串列式 RGB LED

WS2812B 串列式 RGB LED 的顏色採 24 位元編制，其中紅色(R)、綠色(G)、藍色(B)各以 8 位元編碼(256 個色階)。每個 LED 的顏色資料為 24 位元，可定義出 256×256×256 個顏色，也就是 True Color。

每個 LED 的色彩定義資料，透過 Din 與 Dout 腳依序傳輸。其硬體電路非常簡單，只要按「信號串接、電源(VCC 與 GND)並接」的原則即可。另外，還有一些注意事項，如下：

- WS2812B 的電源可使用+5V 或+3.3V。
- WS2812B 的信號傳輸頻率最高為 800KHz，Din 接腳串接到下一個 LED 的 Dout，最多可串接 1024 個 LED。
- 為避免雜訊干擾，可在每個 WS2812B 的 VCC 接腳與 GND 接腳上，並接一個 0.1μF 的旁路電容器。當然，沒有並接旁路電容器的話，還是可以正常運作，但有雜訊干擾的風險。
- 在 WS2812B 內部有暫存器，即使沒有新的顏色(顯示)信號輸入，LED 仍可保持顯示前一個狀態的顏色。因此，可在電路上裝設一個電源開關，若不想顯示，就把這個電源關閉，以免刺眼，畢竟 WS2812B 蠻亮的。

在 KTM-626 多功能 FPGA 開發平台上方的區塊裡，提供 30 個串列式 RGB LED，如圖 2 所示，在其左上方的指撥開關為串列式 RGB LED 的電源開關，而

DS2-1(左上角的串列式 RGB LED)連接到 FPGA 的 184 腳。

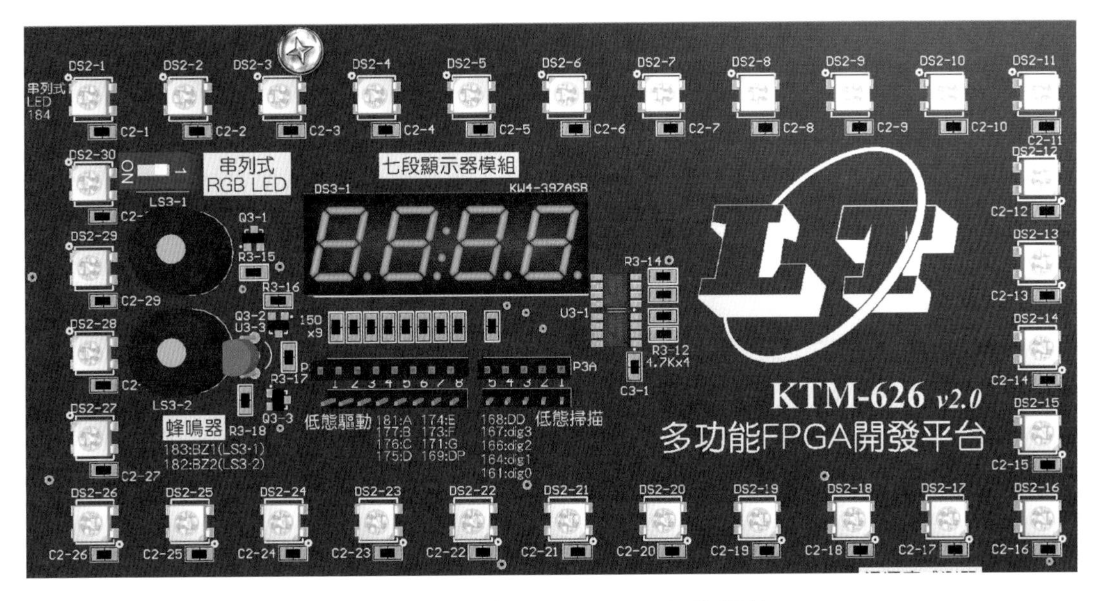

圖2　　串列式 RRGB LED 電路區塊

3-2 WS2812B 介面設計

現代電路設計的趨勢就是「簡化硬體、強化韌體」，這才是省成本，並可快速有效率地更新。串列式 RGB LED 就是一個典型範例，其硬體簡單，只要改變韌體，即可創造出新的顯示變化。隨著裝置通信方式的不同，就必須有不同的介面，也就是俗稱的「驅動程式」。WS2812B 所採用的通信協定如下：

重置信號

當低態信號超過 50μs 時，即為重置信號，而資料傳輸由重置信號開始，重置信號就是準備開始傳輸的信號。

0與1信號

WS2812B 的通信協定裡，定義 0.4μs 高態再 0.8μs 低態為 1；而 0.85μs 高態再 0.45μs 低態為 0。其容許的誤差很大(150ns)，若是 0.8μs 高態再 0.4μs 低態，也是在誤差範圍內。在此將以 0.4μs 為刻度(使用 0.4μs 的時脈)，以連續三個 0.4μs 時脈定義 0 或 1 的信號。其中第 1 個時脈恆為高態，第 3 個時脈恆為低態。若第 2 個時脈為高態，則此筆資料為 1；第 2 個時脈為低態，則此筆資料為 0，如圖 3 所示。

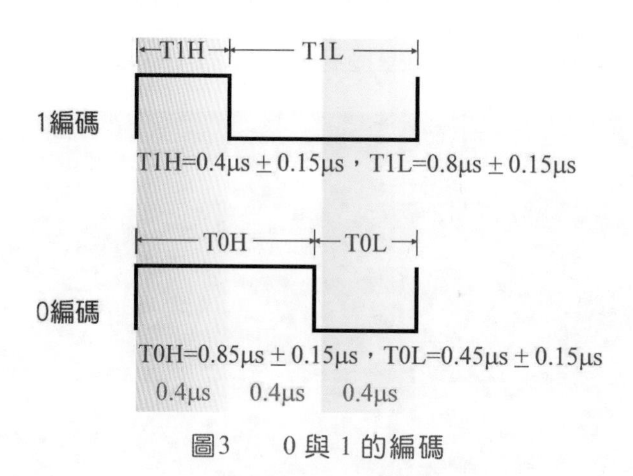

圖3　0 與 1 的編碼

在此所要設計的 WS2812B 系列驅動電路(WS2812B_Driver.vhd)，其基本架構如圖 4 所示。

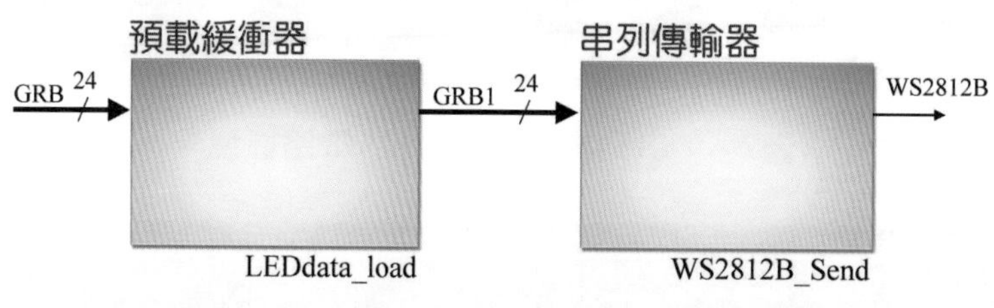

圖4　WS2812B 驅動電路之基本架構

在預載緩衝器裡預載所要傳輸的顏色資料，並存入緩衝器，而不會影響串列資料傳輸。串列傳輸器的功能是依序將每個顏色資料位元編碼成三個位元，再傳輸到外部的 WS2812B。

電路設計

KTM-626

完整 WS2812B 之驅動電路設計如下：

```
--WS2812BCLK .=. 0.4us
--WS2812B 驅動器

Library IEEE;                          --連結零件庫
Use IEEE.std_logic_1164.all;           --引用套件
Use IEEE.std_logic_unsigned.all;       --引用套件

entity WS2812B_Driver is
    port(   WS2812BCLK,WS2812BRESET,loadck:in std_logic;
            --操作頻率,重置,載入 ck
            LEDGRBdata:in std_logic_vector(23 downto 0);
```

```
            --色彩資料
            reload,emitter,WS2812Bout:out std_logic
            --要求載入,發射狀態,發射輸出
        );
end entity WS2812B_Driver;

architecture Albert of WS2812B_Driver is
    signal load_clr,reload1:std_logic:='0';--載入信號操作
    signal LEDGRBdata0,LEDGRBdata1:std_logic_vector(23 downto 0);
    --色彩資料載入
    signal DATA01:std_logic_vector(2 downto 0):="000";
    --編碼位元:bit out=>0:100,1:110
    signal DATAn:integer range 0 to 31:=0; --色彩資料位元指標
    signal bitn:integer range 0 to 3:=0;   --編碼位元發射數

begin
WS2812Bout<=DATA01(2);--LED 色彩資料位元輸出
reload<=not (reload1 or load_clr) and WS2812BRESET;
--緩衝器要求載入資料脈衝

--預載緩衝器--
LEDdata_load:process(loadck,WS2812BRESET)
begin
    if WS2812BRESET='0' or (load_clr='1' and reload1='1') then
        reload1<='0';   --緩衝器空
    elsif rising_edge(loadck) then --色彩資料載入 ck
        LEDGRBdata1<=LEDGRBdata;    --色彩資料載入緩衝器
        reload1<='1';   --緩衝器滿
    end if;
end process LEDdata_load;

--串列傳輸器--
WS2812B_Send:process(WS2812BCLK,WS2812BRESET)
begin
    if WS2812BRESET='0' then
        DATA01<="000";  --輸出停止位元
        load_clr<='0';  --允許緩衝器動作
        emitter<='0';   --停止發射
        DATAn<=0;       --等待發射位元數
        bitn<=0;        --編碼位元發射剩 0 位元
    elsif rising_edge(WS2812BCLK) then
```

```
        load_clr<='0';                        --允許緩衝器動作
        if bitn/=0 then                       --尚有編碼位元未發射
            DATA01<=DATA01(1 downto 0) & "0";--發射位元
            bitn<=bitn-1;                     --編碼位元發射位元減 1
        elsif DATAn/=0 then                   --尚有資料位元未編碼
            DATA01<='1' & LEDGRBdata0(DATAn-1) & '0';
            --發射位元編碼(等待發射位元編碼成 3 位元)
            DATAn<=DATAn-1;                   --等待發射位元數減 1
            bitn<=2;                          --編碼位元發射剩 2 位元
        elsif reload1='1' then                --緩衝器已有色彩資料進來
            LEDGRBdata0<=LEDGRBdata1;         --色彩資料載入
            DATAn<=23;                        --等待發射位元數
            DATA01<='1' & LEDGRBdata1(23) & '0';
            --發射位元編碼(等待發射位元編碼成 3 位元)
            bitn<=2;                          --編碼位元發射剩 2 位元
            load_clr<='1';                    --已載入發射中,清除緩衝器
            emitter<='1';                     --發射中
        else                                  --緩衝器無色彩資料
            emitter<='0';                     --停止發射
        end if;
    end if;
end process WS2812B_Send;

end Albert;
```

設計動作簡介

圖5　WS2812B_Driver 驅動 IC

如圖 5 所示，這個驅動 IC 包括 WS2812BCLK、WS2812BRESET、loadck 與 LEDGRBdata 等三組輸入接腳，reload、emitter 與 WS2812Bout 等三組輸出接腳，除 LEDGRBdata 為 24 支接腳外，其餘皆為單支接腳。

在主電路裡，將信號編碼 DATA01 的最左邊碼，即 DATA01(2) 輸出，即

```
WS2812Bout<=DATA01(2);
```

每次傳輸時，串列傳輸器裡會將 DATA01 左移。另外也處理預載動作，也就是產生一個預載通知信號(reload)，已通知主機可預載 24 位元的顏色資料，即

```
reload<=not (reload1 or load_clr) and WS2812BRESET;
```

預載緩衝器

預載緩衝器的動作，靠主機送來的預載時脈(loadck)與系統重置信號(WS2812BRESET)所控制。當預載時脈的升緣時，24 位元的顏色資料將載入到緩衝器(LEDGRBdata1)。

串列傳輸器

串列傳輸器的動作，靠主機送來的 WS2812B 時脈(WS2812BCLK)與系統重置信號(WS2812BRESET)所控制，其中 WS2812BCLK 的週期為 0.4μs。在此應用 3 個控制信號來操作資料編碼與移位傳出，如下：

- bitn 為編碼資料移位傳出控制信號，當 bitn=0 時，表示編碼資料已全部移位傳出；當 bitn 不為 0 時，表示尚有編碼資料未傳出。
- DATAn 為顏色資料控制信號，當 DATAn=0 時，表示顏色資料已全部編碼；當 DATAn 不為 0 時，表示尚有顏色資料未編碼。
- reload1 為預載緩衝器裡有無顏色資料，當 reload1=0 時，表示預載緩衝器裡沒有顏色資料；當 reload1=1 時，表示預載緩衝器裡有顏色資料等待處理。

整個動作流程，如圖 6 所示，首先允許預載緩衝器可以動作，然後檢查是否有尚未傳出之編碼位元，若有尚未傳出之編碼位元，則進行移位傳出。若無尚未傳出之編碼位元，則檢查是否有尚未編碼之顏色資料，若有尚未編碼之顏色資料，則進行編碼。若無尚未編碼之顏色資料，則檢查緩衝器裡有顏色資料，若有，則載入顏色資料，並編碼；若無，則停止傳輸。

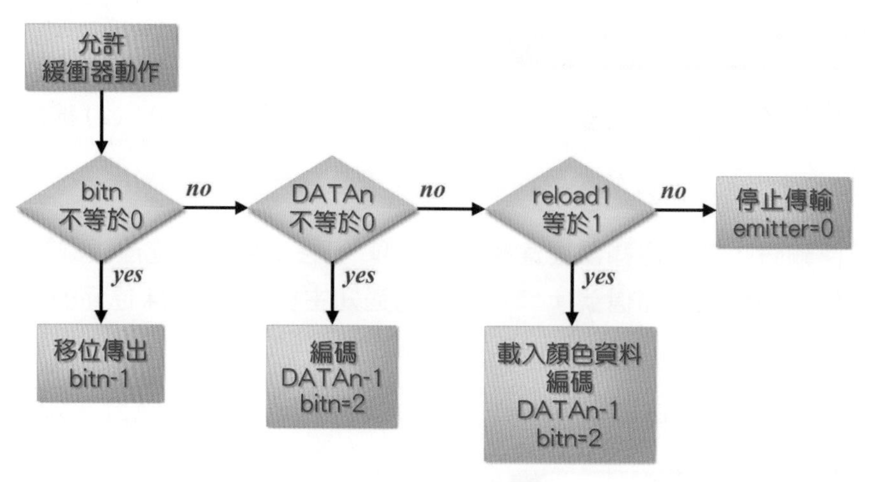

圖6　　串列傳輸流程

這個檔案(WS2812B_Driver.vhd)就是一個軟體 IC，可重複使用，就像真的 IC 一樣。

3-3 淡入/淡出展示實習

實習目的

KTM-626

在本單元裡將設計一個具有切換展示顏色的功能，30 個串列式 RGB LED 同時展示顏色功能，而切換的方式包括淡入(fade in)/淡出(fade out)等，另外，在此要應用 3-2 節所介紹的 WS2812B_Driver.vhd 驅動電路，務必把該檔案放入本單元的專案資料夾裡。

注意

LED很亮，不要看太久
也不要直視
以免傷及眼睛

新增專案與設計檔案

KTM-626

開啟 Quartus II，並按 1-2 節的說明，新增專案與設計檔案，相關資料如下：

- 專案資料夾：D:\CH3\CH3_WS2812B_1

- 專案名稱：CH3_WS2812B_1
- 晶片族系(Family)：Cycolne III
- 接腳數(Pin count)：240
- 晶片名稱：EP3C16Q240C8
- VHDL 設計檔：CH3_WS2812B_1.vhd

電路設計

KTM-626

在新建的 CH3_LED_1.vhd 編輯區裡按下列設計電路，再按 Ctrl + S 鍵。

```
--Ws2812B RGB_LED 霹靂燈 1
--EP3C16Q240C8 50MHz LEs:15,408 PINs:161 ,gckP31 ,rstP99

Library IEEE;                          --連結零件庫
Use IEEE.std_logic_1164.all;           --引用套件
Use IEEE.std_logic_unsigned.all;       --引用套件

entity CH3_WS2812B_1 is
    port(gckP31,rstP99:in std_logic;--系統時脈,系統重置
         WS2812Bout:out std_logic); --WS2812B_Di 信號輸出(184)
end entity CH3_WS2812B_1;

architecture Albert of CH3_WS2812B_1 is
    --WS2812B 驅動器--
    component WS2812B_Driver is
        port(   WS2812BCLK,WS2812BRESET,loadck:in std_logic;
                --操作頻率,重置,載入 ck
                LEDGRBdata:in std_logic_vector(23 downto 0);
                --色彩資料
                reload,emitter,WS2812Bout:out std_logic
                --要求載入,發射狀態,發射輸出
            );
    end component;
    signal WS2812BCLK,WS2812BRESET:std_logic;
    --操作頻率,重置
    signal loadck,reload,emitter:std_logic;
    --載入 ck,要求載入,發射狀態
    signal LEDGRBdata:std_logic_vector(23 downto 0);
    --色彩資料
```

```
    signal FD:std_logic_vector(24 downto 0);
    --系統除頻器
    signal FD2:std_logic_vector(3 downto 0);
    --WS2812B_Driver 除頻器
    signal SpeedS,WS2812BPCK:std_logic;
    --WS2812BP 操作頻率選擇,WS2812BP 操作頻率
    signal delay:integer range 0 to 127;--停止時間
    signal LED_WS2812B_N:integer range 0 to 127;
    --WS2812B 個數指標
    constant NLED:integer range 0 to 127:=29;
    --WS2812B 個數:61 個(0~60)
    signal RC,GC,BC:std_logic_vector(7 downto 0);
    --紅,綠,藍色

begin

--WS2812B 驅動器--
WS2812BN:WS2812B_Driver port map(
        WS2812BCLK,WS2812BRESET,loadck,LEDGRBdata,
        reload,emitter,WS2812Bout);
WS2812BRESET<=rstP99;    --系統重置

--色彩資料--
LEDGRBdata<=GC & RC & BC;

--WS2812BP 操作頻率選擇
WS2812BPCK<=FD(8) when SpeedS='0' else FD(16);--最慢速率

--WS2812BP 主控器--
WS2812BP:process(WS2812BPCK)
variable cc:integer range 0 to 15;                   --色階
variable RGBcase:std_logic_vector(3 downto 0); --色盤種類
variable RA,GA,BA:std_logic_vector(1 downto 0);
--紅,綠,藍調色狀態
begin
    if rstP99='0' then
        LED_WS2812B_N<=NLED;            --從頭開始
        RGBcase:=(others=>'0');         --色盤種類預設
        cc:=0;                          --色階預設
        loadck<='0';                    --等待載入
        SpeedS<='1';                    --加快操作速率
```

```
elsif rising_edge(WS2812BPCK) then
    if loadck='0' then          --等待載入
        loadck<=reload;         --是否載入
    elsif LED_WS2812B_N=NLED then--輸出個數完成
        SpeedS<='1';            --放慢操作速率
        if emitter='0' then     --已停止發射
            if delay/=0 then    --點亮時間&變化速率
                delay<=delay-1; --時間遞減
            else
                loadck<='0';    --reemitter
                LED_WS2812B_N<=0;--從頭開始
                SpeedS<='0';    --加快操作速率
                if cc=0 then
                    cc:=8;      --8 色階數
                    case RGBcase is
                        when "0000"=>
                            RC<=(others=>'0');  --紅全暗
                            GC<=(others=>'0');  --綠全暗
                            BC<=(others=>'0');  --藍全暗
                            RA:="10";   --8 段遞增
                            GA:="00";   --不變
                            BA:="00";   --不變
                        when "0001"=>
                            RC<=(others=>'0');
                            GC<=(others=>'0');
                            BC<=(others=>'0');
                            RA:="00";   --不變
                            GA:="10";   --8 段遞增
                            BA:="00";   --不變
                        when "0010"=>
                            RC<=(others=>'0');
                            GC<=(others=>'0');
                            BC<=(others=>'0');
                            RA:="00";   --不變
                            GA:="00";   --不變
                            BA:="10";   --8 段遞增
                        when "0011"=>
                            RC<=(others=>'0');
                            GC<=(others=>'0');
                            BC<=(others=>'0');
                            RA:="10";   --8 段遞增
```

```
        GA:="10";    --8 段遞增
        BA:="00";    --不變
    when "0100"=>
        RC<=(others=>'0');
        GC<=(others=>'0');
        BC<=(others=>'0');
        RA:="10";    --8 段遞增
        GA:="00";    --不變
        BA:="10";    --8 段遞增
    when "0101"=>
        RC<=(others=>'0');
        GC<=(others=>'0');
        BC<=(others=>'0');
        RA:="00";    --不變
        GA:="10";    --8 段遞增
        BA:="10";    --8 段遞增
    when "0110"=>
        RC<=(others=>'0');
        GC<=(others=>'0');
        BC<=(others=>'0');
        RA:="10";    --8 段遞增
        GA:="10";    --8 段遞增
        BA:="10";    --8 段遞增
    when "0111"=>
        RC<=(others=>'1');  --紅全亮
        GC<=(others=>'1');  --綠全亮
        BC<=(others=>'1');  --藍全亮
        RA:="01";    --8 段遞減
        GA:="00";    --不變
        BA:="00";    --不變
    when "1000"=>
        RC<=(others=>'1');
        GC<=(others=>'1');
        BC<=(others=>'1');
        RA:="00";    --不變
        GA:="01";    --8 段遞減
        BA:="00";    --不變
    when "1001"=>
        RC<=(others=>'1');
        GC<=(others=>'1');
        BC<=(others=>'1');
```

```
        RA:="00";    --不變
        GA:="00";    --不變
        BA:="01";    --8 段遞減
    when "1010"=>
        RC<=(others=>'1');
        GC<=(others=>'1');
        BC<=(others=>'1');
        RA:="01";    --8 段遞減
        GA:="01";    --8 段遞減
        BA:="00";    --不變
    when "1011"=>
        RC<=(others=>'1');
        GC<=(others=>'1');
        BC<=(others=>'1');
        RA:="01";    --8 段遞減
        GA:="00";    --不變
        BA:="01";    --8 段遞減
    when "1100"=>
        RC<=(others=>'1');
        GC<=(others=>'1');
        BC<=(others=>'1');
        RA:="00";    --不變
        GA:="01";    --8 段遞減
        BA:="01";    --8 段遞減
    when "1101"=>
        RC<=(others=>'1');
        GC<=(others=>'1');
        BC<=(others=>'1');
        RA:="01";    --8 段遞減
        GA:="01";    --8 段遞減
        BA:="01";    --8 段遞減
    when "1110"=>
        RC<=(others=>'0');  --紅全暗
        GC<=(others=>'1');  --綠全亮
        BC<=(others=>'1');  --藍全亮
        RA:="10";    --8 段遞增
        GA:="01";    --8 段遞減
        BA:="01";    --8 段遞減
    when others=>
        RC<=(others=>'1');  --紅全亮
        GC<=(others=>'0');  --綠全暗
```

```
                    BC<=(others=>'1');  --藍全亮
                    RA:="01";    --8 段遞減
                    GA:="10";    --8 段遞增
                    BA:="01";    --8 段遞減
                end case;
                RGBcase:=RGBcase+1;
            else
                if RA="10" then
                    RC<=RC(6 downto 0) & '1';   --遞增
                elsif RA="01" then
                    RC<='0' & RC(7 downto 1);   --遞減
                end if;
                if GA="10" then
                    GC<=GC(6 downto 0) & '1';   --遞增
                elsif GA="01" then
                    GC<='0' & GC(7 downto 1);   --遞減
                end if;
                if BA="10" then
                    BC<=BC(6 downto 0) & '1';   --遞增
                elsif BA="01" then
                    BC<='0' & BC(7 downto 1);   --遞減
                end if;
                cc:=cc-1;             --色階數 遞減
            end if;
        end if;
    end if;
  else
    loadck<='0';
    LED_WS2812B_N<=LED_WS2812B_N+1;--輸出個數遞增
    delay<=80;
  end if;
 end if;
end process WS2812BP;

--除頻器--
Freq_Div:process(gckP31)
begin
 if rstP99='0' then                --系統重置
    FD<=(others=>'0');
    FD2<=(others=>'0');
    WS2812BCLK<='0';               --WS2812BN 驅動頻率
```

```
    elsif rising_edge(gckP31) then --50MHz
        FD<=FD+1;                  --除頻器:2 進制上數(+1)計數器
        if FD2=9 then              --7~12
            FD2<=(others=>'0');
            WS2812BCLK<=not WS2812BCLK;
            --50MHz/20=2.5MHz T.=. 0.4us
        else
            FD2<=FD2+1;            --除頻器 2:2 進制上數(+1)計數器
        end if;
    end if;
end process Freq_Div;

end Albert;
```

設計動作簡介

KTM-626

在此電路架構(architecture)裡，除宣告一些必要信號外，還導入 WS2812B_Driver 零件、包括一個共時性電路與兩個時序性電路，如下說明：

導入零件

KTM-626

當我們要使用軟體 IC，例如 3-2 節裡所介紹的 WS2812B_Driver.vhd，則須做兩個動作：

一、 在 architecture 與 begin 之間宣告此零件，如下：

```
architecture Albert of CH3_WS2812B_1 is
    --WS2812B 驅動器----------------------
    component WS2812B_Driver is
        port(   WS2812BCLK,WS2812BRESET,loadck:in std_logic;
                --操作頻率,重置,載入 ck
                LEDGRBdata:in std_logic_vector(23 downto 0);
                --色彩資料
                reload,emitter,WS2812Bout:out std_logic
                --要求載入,發射狀態,發射輸出
            );
    end component;
```

上述框起來的部分，最好是可直接從 WS2812B_Driver.vhd 裡的 Entity 部分複製過來，以避免錯誤。

二、 連接零件

這個軟體 IC，就是一個零件可重複使用。例如有個比較簡單的 IC(名為 newIC，檔案名稱為 myComp1.vhd)，其接腳名稱為 A、B、C 及 D，而在主電路裡，X1 信號要連接到此 IC 的 A 腳，X2 信號要連接到此 IC 的 B 腳，X3 信號要連接到此 IC 的 C 腳，X4 信號要連接到此 IC 的 D 腳，如圖 7 所示。

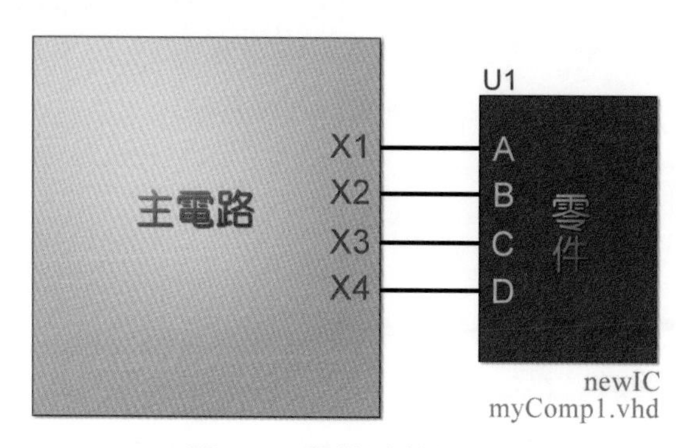

圖7　零件連接概念

應用 port map 指令完成圖 7 的連接，如下：

```
U1:newIC  port map (
        A=>X1,B=>X2,C=>X3,D=>X4
    );
```

其中的 U1、newIC 可自行定義名稱。如果在 myComp1.vhd 裡的 entity，接腳宣告的順序為 A、B、C、D，則可直接按順序指定其所要連接的信號，如下：

```
U1:newIC  port map (
        X1,X2,X3,X4
    );
```

另外，所要連接的信號之名稱，也可與 IC 接腳名稱一樣。而在此的 WS2812B 之零件連接如下：

```
--WS2812B 驅動器----------
WS2812BN:WS2812B_Driver port map(
        WS2812BCLK,WS2812BRESET,loadck,LEDGRBdata,
        reload,emitter,WS2812Bout);
```

在本電路設計的共時性電路裡，處理三件事，如下：

一、 將重置接腳(rstP99)連接到 WS2812BRESET 信號，如下：

```
WS2812BRESET<=rstP99;   --系統重置
```

二、 將三組 8 位元的顏色(GC、RC、BC)連接成 24 位元的顏色資料，如下：

```
--色彩資料 ----------------
LEDGRBdata<=GC & RC & BC;
```

三、 調整顯示速度

根據 SpeedS 切換速度，當 SpeedS 為 0 時，操作頻率約為 97.7KHz；當 SpeedS 為 1 時，操作頻率約為 381Hz，如下：

```
--WS2812BP 操作頻率選擇
WS2812BPCK<=FD(8) when SpeedS='0' else FD(16);--最慢速率
```

主控器(WS2812BP)與 WS2812_Driver 零件之間的信號傳輸，如圖 8 所示。

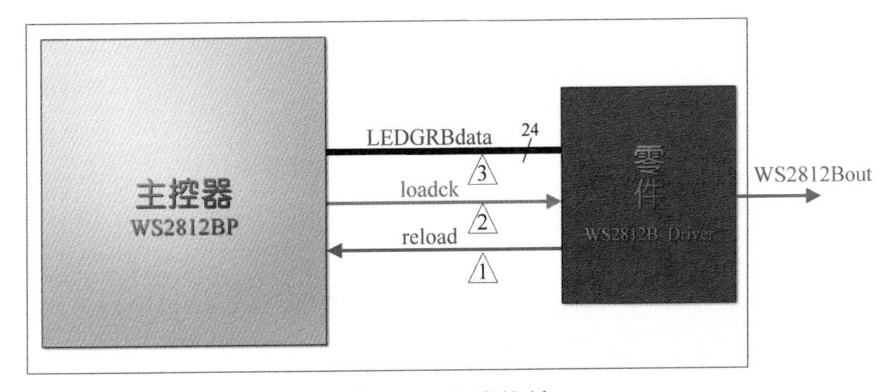

圖8　　信號傳輸

顏色資料的傳輸流程如下：

1. WS2812B_Driver 零件送出一個高態的 reload 信號。
2. 主控器收到高態的 reload 信號後，即送出一個 loadck 由低態變高態的信號。
3. WS2812B_Driver 零件收到 loadck 由低態變高態的信號，即載入 LEDGRBdata 顏色資料信號。

在主控器裡除了控制上述流程外，還安排展示顏色的變化與淡入/淡出的效果。其中包括兩部分，如下：

一、設定初始顏色區塊

在此提供 16 種初始顏色與淡入/淡出變化之預設，如表 1 所示，應用 RGBcase 變數(由 0000 到 1111)安排執行順序。cc 變數為淡入/淡出計數器，當 cc 變數為 0 時，即進入本區塊，cc 變數設定為 8。

表 1　顏色變化表

RGBcase	0000	0001	0010	0011
初始顏色	無	無	無	無
變化	紅漸增	綠漸增	藍漸增	黃漸增
RGBcase	0100	0101	0110	0111
初始顏色	無	無	無	白
變化	洋紅漸增	青漸增	白漸增	紅漸減
RGBcase	1000	1001	1010	1011
初始顏色	白	白	白	白
變化	綠漸減	藍漸減	黃漸減	洋紅漸減
RGBcase	1100	1101	1110	1111
初始顏色	白	白	青	洋紅
變化	青漸減	白漸減	紅漸增 青漸減	綠漸增 洋紅漸減

二、設定淡入/淡出效果

當設定好初始顏色與淡入/淡出變化之預設後，cc 變數將為 8，即進入設定淡入/淡出效果，然後輸出顏色信號，而每執行一次 cc 減 1；當 cc=0 時，重新進入設定下一個初始顏色。所以每個初始顏色各執行 8 次淡入/淡出變化，RGB LED 上將會有 16×8 種變化。

除頻器

KTM-626

在除頻器(Freq_Div)裡，應用兩個計數器做為除頻器，其中 FD2 為專用除頻器，以產生週期為 0.4μs 時脈，供 WS2812B 之串列傳輸用。而 FD 為一般用途之二進位計數器，可隨需要取用不同頻率。

後續工作

KTM-626

電路設計完成後，按 Ctrl + S 鍵存檔，再按 Ctrl + L 鍵進行初始編譯。若編譯有錯誤，可循下方紅色錯誤訊息(直接快按兩下)，跳到錯誤處修改之。若編譯成功，在隨即出現的訊息對話盒中，按 確定 鈕關閉之。

緊接著進行接腳配置，按 Ctrl + Shift + N 鍵，開啟接腳配置視窗。除了 gckP31 與 rstP99 外，還有 WS2812Bout 信號連接 184 接腳，請配置這三支接腳。

完成接腳配置後，按 Ctrl + L 鍵即進行**二次編譯**，並退回原 Quartus II 編譯視窗。同樣的，完成二次編譯後，在隨即出現的訊息對話盒中，按 確定 鈕關閉之。

燒錄與測試

KTM-626

首先備妥 USB Blaster 下載線，一端插入電腦 USB 埠，另一段插入 EP3C 板上的 JTAG 埠，然後開啟 KTM-626 多功能 FPGA 開發平台之電源。

按 Alt 、 T 、 P 鍵即可開啟燒錄視窗，按 Start 鈕即進行燒錄。很快的，完成燒錄後，即可觀察 LED 的動作展示。

3-4 色彩轉盤實習

實習目的

KTM-626

本單元將配置 8 個顏色，在 30 個 RGB LED 上旋轉，包括順時鐘轉與逆時鐘轉。另外，旋轉速度也會改變。

注意

LED很亮，不要看太久
也不要直視
以免傷及眼睛

新增專案與設計檔案

KTM-626

開啟 Quartus II，並按 1-2 節的說明，新增專案與設計檔案，相關資料如下：

- 專案資料夾：D:\CH3\CH3_WS2812B_2
- 專案名稱：CH3_WS2812B_2
- 晶片族系(Family)：Cycolne III

- 接腳數(Pin count)：240
- 晶片名稱：EP3C16Q240C8
- VHDL 設計檔：CH3_WS2812B_2.vhd

電路設計

KTM-626

在新建的 CH3_WS2812B_2.vhd 編輯區裡按下列設計電路，再按 Ctrl + S 鍵。

```
--Ws2812B RGB_LED 霹靂燈 2
--EP3C16Q240C8 50MHz LEs:15,408 PINs:161 ,gckP31 ,rstP99

Library IEEE;                              --連結零件庫
Use IEEE.std_logic_1164.all;               --引用套件
Use IEEE.std_logic_unsigned.all;           --引用套件

entity CH3_WS2812B_2 is
    port(gckP31,rstP99:in std_logic;       --系統重置、系統時脈
        WS2812Bout:out std_logic);         --WS2812B_Di 信號輸出(184)
end entity CH3_WS2812B_2;

architecture Albert of CH3_WS2812B_2 is
    --WS2812B 驅動器--
    component WS2812B_Driver is
        port(
            WS2812BCLK,WS2812BRESET:in std_logic;--操作頻率,重置
            loadck:in std_logic;--載入 ck
            LEDGRBdata:in std_logic_vector(23 downto 0);--色彩資料
            reload,emitter,WS2812Bout:out std_logic
            --要求載入,發射狀態,發射輸出
            );
    end component;
    signal WS2812BCLK,WS2812BRESET:std_logic;
            --操作頻率,重置
    signal loadck,reload,emitter:std_logic;
            --載入 ck,要求載入,發射狀態
    signal LEDGRBdata:std_logic_vector(23 downto 0);--色彩資料

    signal FD:std_logic_vector(24 downto 0);--系統除頻器
    signal FD2:std_logic_vector(3 downto 0);--WS2812B_Driver 除頻器
    signal SpeedS,WS2812BPCK:std_logic;
```

```
    --WS2812BP 操作頻率選擇,WS2812BP 操作頻率
    signal delay:integer range 0 to 127;        --停止時間
    signal LED_WS2812B_N:integer range 0 to 127;--WS2812B 個數指標
    constant NLED:integer range 0 to 127:=29;  --30 個 RGB LED
    --WS2812B 個數:61 個(0~60)
    signal LED_WS2812B_shiftN:integer range 0 to 7;
    --WS2812B 移位個數指標
    signal dir_LR:std_logic_vector(15 downto 0);    --方向控制
    type LED_T is array(0 to 7) of std_logic_vector(23 downto 0);
    --圖像格式

    --圖像
    signal LED_WS2812B_T8:LED_T:=(--G       R       B
                                  "000000001111111100000000",--紅
                                  "111111110000000000000000",--綠
                                  "000000000000000011111111",--藍
                                  "000000000000000000000000",--黑
                                  "111111111111111100000000",--黃
                                  "000000001111111111111111",--青
                                  "111111110000000011111111",--洋紅
                                  "111111111111111111111111" --白
                                  );

begin

--WS2812B 驅動器--
WS2812BN: WS2812B_Driver port map(
            WS2812BCLK,WS2812BRESET,
            loadck,LEDGRBdata,reload,emitter,WS2812Bout);
WS2812BRESET<=rstP99;   --系統 reset

--色彩資料--
LEDGRBdata<=LED_WS2812B_T8((LED_WS2812B_N+LED_WS2812B_shiftN) mod 8);

--WS2812BP 操作頻率選擇
WS2812BPCK<=    FD(8) when SpeedS='0' else      --約 97.7KHz
                FD(16)when dir_LR(7)='0' else   --約 381Hz
                FD(18);--最慢速率(約 95Hz)
WS2812BP:process(WS2812BPCK)
begin
    if rstP99='0' then
```

```
        LED_WS2812B_N<=0;                --從頭開始
        LED_WS2812B_shiftN<=0;           --移位 0
        dir_LR<=(others=>'0');
        loadck<='0';
        SpeedS<='0';                     --加快操作速率
    elsif rising_edge(WS2812BPCK) then
        if loadck='0' then               --等待載入
            loadck<=reload;
        elsif LED_WS2812B_N=NLED then
            SpeedS<='1';                 --放慢操作速率
            if emitter='0' then          --已停止發射
                if delay/=0 then         --點亮時間&變化速率
                    delay<=delay-1;      --時間遞減
                else
                    loadck<='0';         --reemitter
                    LED_WS2812B_N<=0;--從頭開始
                    dir_LR<=dir_LR+1;--方向控制
                    if dir_LR(4)='1' then
                        LED_WS2812B_shiftN<=LED_WS2812B_shiftN+1;
                        --移位遞增
                    else
                        LED_WS2812B_shiftN<=LED_WS2812B_shiftN-1;
                        --移位遞減
                    end if;
                    SpeedS<='0';         --加快操作速率
                end if;
            end if;
        else
            loadck<='0';
            LED_WS2812B_N<=LED_WS2812B_N+1;--調整輸出色彩
            delay<=20;
        end if;
    end if;
end process WS2812BP;

--除頻器--
Freq_Div:process(gckP31)
begin
    if rstP99='0' then                   --系統重置
        FD<=(others=>'0');
        FD2<=(others=>'0');
```

```
        WS2812BCLK<='0';                --WS2812BN 驅動頻率
    elsif rising_edge(gckP31) then --50MHz
        FD<=FD+1;                       --除頻器:2 進制上數(+1)計數器
        if FD2=9 then                   --7~12
            FD2<=(others=>'0');
            WS2812BCLK<=not WS2812BCLK;--50MHz/20=2.5MHz T.=. 0.4us
        else
            FD2<=FD2+1;                 --除頻器 2:2 進制上數(+1)計數器
        end if;
    end if;
end process Freq_Div;

end Albert;
```

設計動作簡介

KTM-626

在本電路設計裡，包括顯示樣板的定義、導入 WS2812B_Driver 零件、輸出指定顏色、主控器的操作頻率切換，當然主要的動作是由主控器所控制，還有一個除頻器，以產生時脈，如下說明：

關鍵信號與自定資料格式

KTM-626

本設計之中所要採用的顏色是由 24 位元(G、R、B 個 8 位元)，為了使用方便，在此應用 type 指令定義一個陣列(array)的自定資料型，其中包括 8 個元素，每個元素都是 24 位元的 std_logic_vector，如下：

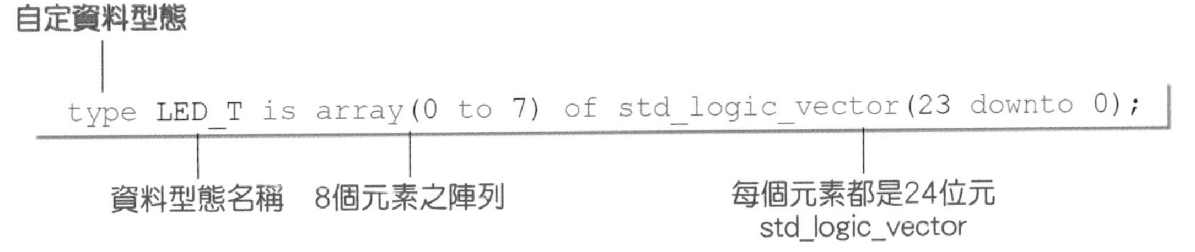

圖9 自定資料型態

定義完成後，就可以使用這個資料型態(LED_T)，如圖 10 所示，其中 LED_WS2812B_T8(0)就是紅色編碼、LED_WS2812B_T8(1)就是綠色編碼、LED_WS2812B_T8(2)就是藍色編碼，以此類推。

宣告一個名為LED_WS2812B_T8的信號
採用LED_T資料型態

```
signal LED_WS2812B_T8:LED_T:=(--G        R        B
        LED_WS2812B_T8(0) ——→ "000000001111111100000000",--紅
        LED_WS2812B_T8(1) ——→ "111111110000000000000000",--綠
        LED_WS2812B_T8(2) ——→ "000000000000000011111111",--藍
        LED_WS2812B_T8(3) ——→ "000000000000000000000000",--黑
        LED_WS2812B_T8(4) ——→ "111111111111111100000000",--黃
        LED_WS2812B_T8(5) ——→ "000000001111111111111111",--青
        LED_WS2812B_T8(6) ——→ "111111110000000011111111",--洋紅
        LED_WS2812B_T8(7) ——→ "111111111111111111111111" --白
                              );
```

圖10　宣告 LED_WS2812B_T8 信號

除了顏色陣列外，還有幾個與取用顏色相關的信號，如圖 11 所示。

```
① signal LED_WS2812B_N:integer range 0 to 127;--WS2812B 個數指標
② constant NLED:integer range 0 to 127:=29;   --30 個 RGB LED
  --WS2812B 個數:61 個(0~60)
③ signal LED_WS2812B_shiftN:integer range 0 to 7;
  --WS2812B 移位個數指標
④ signal dir_LR:std_logic_vector(15 downto 0);   --方向控制
```

圖11　宣告顏色相關信號

① LED_WS2812B_N 為讀取顏色之初始指標，也就是從顏色陣列裡讀取哪個位置的顏色資料。

② NLED 為所要驅動串列式 LED 的個數，在此為 30 個(0~29)。

③ LED_WS2812B_shiftN 為移位指標，應用這個指標，即可達到 LED 上的顏色移動效果。

④ dir_LR 為移動方向的控制暫存器，在此宣告 16 位元的信號，其中 dir_LR(4) 為移動方向控制位元，而 dir_LR(7) 為速度控制位元。

色彩資料輸出

本設計的重點是從 LED_WS2812B_T8 陣列中，讀取顏色資料，並輸出到 RGB LED。而在此的讀取顏色之初始指標，每執行一個迴圈，將遞增/減，讓陣列中的顏色，依序放入外部的 30 個 RGB LED。另外，還應用 LED_WS2812B_shiftN 移位指標，讓顏色可在 30 個 RGB LED 移動，如圖 12 所示為讀取顏色的指令。

從LED_WS2812B_T8陣列中讀取顏色

```
LEDGRBdata<=LED_WS2812B_T8((LED_WS2812B_N+LED_WS2812B_shiftN) mod 8);
```

LED_WS2812B_N：讀取顏色指標　　除8取餘數
LED_WS2812B_shiftN：移位指標　　(限制在0~7之間)

圖12　色彩資料輸出

導入零件

在此要使用 WS2812B_Driver 軟體 IC，必須宣告此零件，並進行連接動作，詳見 3-3 節(3-15 頁)。

主控器頻率選擇

主控器的操作頻率 WS2812BPCK 可由 SpeedS 與 dir_LR(7) 來控制，如圖 13 所示。

```
--WS2812BP 操作頻率選擇
WS2812BPCK<= ① FD(8)  when SpeedS='0' else      --約 97.7KHz
             ② FD(16) when dir_LR(7)='0' else   --約 381Hz
             ③ FD(18);--最慢速率(約 95Hz)
```

圖13　頻率選擇

① 若 SpeedS 為 0，主控器的操作頻率約 97.7KHz，速度最快。

② 若 SpeedS 為 1，且 dir_LR(7) 為 0，主控器的操作頻率約 381Hz。

③ 若 SpeedS 為 1，且 dir_LR(7) 為 1，主控器的操作頻率約 95Hz，速度最慢。

主控器

主控器(WS2812BP)與 WS2812_Driver 零件之間的信號傳輸，靠 reload、loadck 與 LEDGRBdata，詳見 3-3 節(3-17 頁)。在此的主控器，主要是應用雙迴圈的概念，將顏色陣列中的顏色資料，依序(重複)輸出到外部的 RGB LED 上，如圖 14 所示，如下說明：

① 外迴圈主要是操作讀取顏色指標(LED_WS2812B_N)，也就是讀取顏色的起始點，每一次迴圈後，LED_WS2812B_N 增加 1，其範圍為 0~7。

```
if loadck='0' then              --等待載入
①   loadck<=reload;
elsif LED_WS2812B_N=NLED then
    SpeedS<='1';                --放慢操作速率
    if emitter='0' then         --已停止發射
        if delay/=0 then        --點亮時間&變化速率
②           delay<=delay-1; --時間遞減
        else
            loadck<='0';        --reemitter
            LED_WS2812B_N<=0;--從頭開始
            dir_LR<=dir_LR+1;--方向控制
            if dir_LR(4)='1' then
                LED_WS2812B_shiftN<=LED_WS2812B_shiftN+1;
                --移位遞增
            else
                LED_WS2812B_shiftN<=LED_WS2812B_shiftN-1;
                --移位遞減
            end if;
            SpeedS<='0';        --加快操作速率
        end if;
    end if;
else
    loadck<='0';
    LED_WS2812B_N<=LED_WS2812B_N+1; --調整輸出色彩
    delay<=20;
end if;
```

圖14　取色雙迴圈

② 內迴圈操作移位指標 LED_WS2812B_shiftN，而由 dir_LR(4) 控制移動方向，當 dir_LR 的低 5 位元從 00000 變化到 10000，即改變一次移位方向；從 10000 變化到 00000 時，又改變一次移位方向。每執行一次內迴圈，dir_LR 增加 1，不管是從 00000 變化到 10000，還是從 10000 變化到 00000，都是 16 個迴圈。換言之，每移動 16 次，就改變一次移動方向。

在除頻器(Freq_Div)裡，應用兩個計數器做為除頻器，其中 FD2 為專用除頻器，以產生週期為 0.4μs 時脈，供 WS2812B 之串列傳輸用。而 FD 為一般用途之二進位計數器，可隨需要取用不同頻率。與 3-3 節的專案中，所使用的除頻器相同。

後續工作

KTM-626

電路設計完成後，按 Ctrl + S 鍵存檔，再按 Ctrl + L 鍵進行初始編譯。若編譯有錯誤，可循下方紅色錯誤訊息(直接快按兩下)，跳到錯誤處修改之。若編譯成功，在隨即出現的訊息對話盒中，按 確定 鈕關閉之。

緊接著進行接腳配置，按 Ctrl + Shift + N 鍵，開啟接腳配置視窗。除了 gckP31 與 rstP99 外，還有 WS2812Bout 信號連接 184 接腳，請配置這三支接腳。

完成接腳配置後，按 Ctrl + L 鍵即進行**二次編譯**，並退回原 Quartus II 編譯視窗。同樣的，完成二次編譯後，在隨即出現的訊息對話盒中，按 確定 鈕關閉之。

燒錄與測試

KTM-626

首先備妥 USB Blaster 下載線，一端插入電腦 USB 埠，另一段插入 EP3C 板上的 JTAG 埠，然後開啟 KTM-626 多功能 FPGA 開發平台之電源。

按 Alt 、 T 、 P 鍵即可開啟燒錄視窗，按 Start 鈕即進行燒錄。很快的，完成燒錄後，即可觀察 LED 的動作展示。

3-5 即時練習

本章屬於*精彩* 的設計遊戲，我們將逐漸放開束縛，靈活的玩樂與創作。請試著回答下列問題，*看看你準備好了沒？*

1 試述 WS2812B 有哪些接腳？

2 試簡述應用 WS2812B 時，有哪些注意事項？

3 試述 WS2812B 的顏色編碼？WS2812B 的通信協定？

4 試述在 VHDL 裡，如何引用軟體 IC？

5 在 FPGA 設計裡，驅動 WS2812B 的時鐘脈波之頻率與週期各為多少？

CH 04

串列式 RGB LED 控制

4-1 認識 16×16 RGB LED 陣列

16x16 RGB LED陣列電路概念

KTM-626

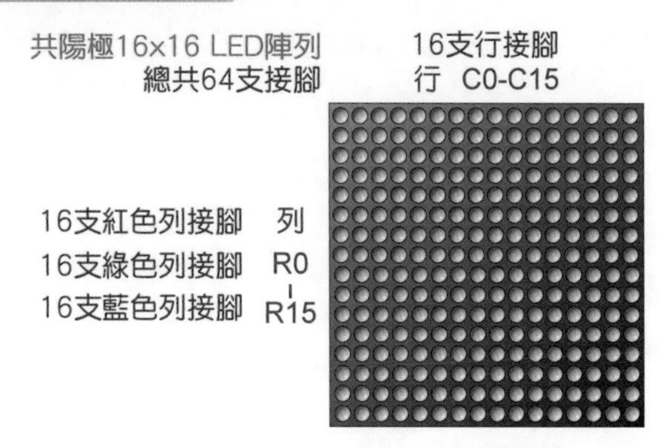

圖1　16×16 RGB LED 陣列

如圖 1 所示為 KTM-626 上所採用的 16×16 RGB LED 陣列，此為共陽極式 LED 陣列，每個單元內含紅色 LED、綠色 LED 與藍色 LED，這三個 LED 的陽極接在一起，而接到該行的行接腳，三個 LED 的陰極分別接到該列的紅接腳、綠接腳與藍接腳，總共有 64 支接腳。若要某個 LED 亮，則需由有電流流入其行接腳，而將其列接腳接低態信號即可。

當然，「64 支接腳」是一個很龐大的數量，會讓整個硬體驅動電路之線路很複雜，在此應用兩個方法以減少線路之複雜度，如下：

1. 使用 74HC154 解碼 IC 與 16 個 PMOS FET，74HC154 提供 4 對 16 解碼功能，能讓原本 16 支行接腳，減少為 4 支。而 16 個 PMOS FET 將提供每行足夠的電流。
2. 使用三個 DM13A IC，以提供 16 個通道的低態驅動定電流源，而 DM13A 之介面，採移位暫存器之串列式介面，其通信方式採類 **SPI**(Serial Peripheral Interface Bus)協定。因此，只要 6 支接腳，就可取代 48 支列接腳。

經上述電路(4 個 IC)後，原本 64 支接腳的 16×16 RGB LED 陣列，現在只要 10 支接腳即可。不過，在 FPGA 設計裡，必須設計一個 16 位元轉 SPI 的介面 IC，讓 16×16 RGB LED 陣列的 R、G、B 驅動信號(各 16 位元)，轉成串列信號，再傳輸到外部的 DM13A，而 DM13A 比較靠近 16×16 RGB LED 陣列，DM13A 再把串列信號轉成 16 位元的並列信號，以驅動 16×16 RGB LED 陣列支列接腳，如圖 2

所示。

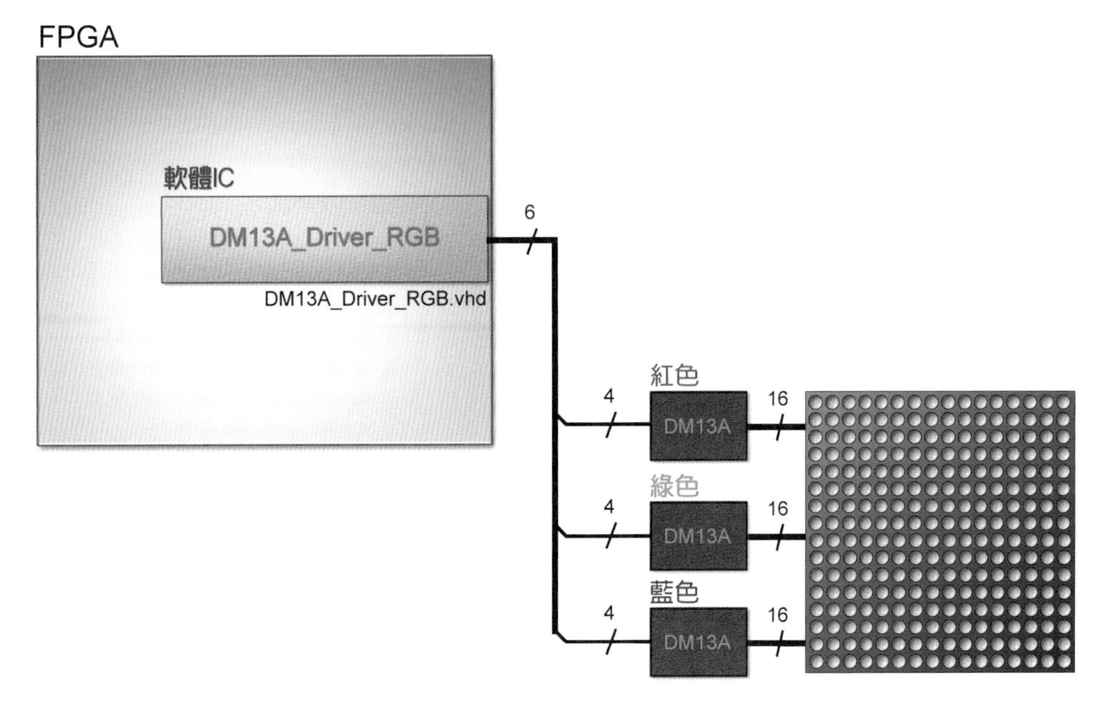

圖2　　DM13A 應用概念

DM13A簡介

KTM-626

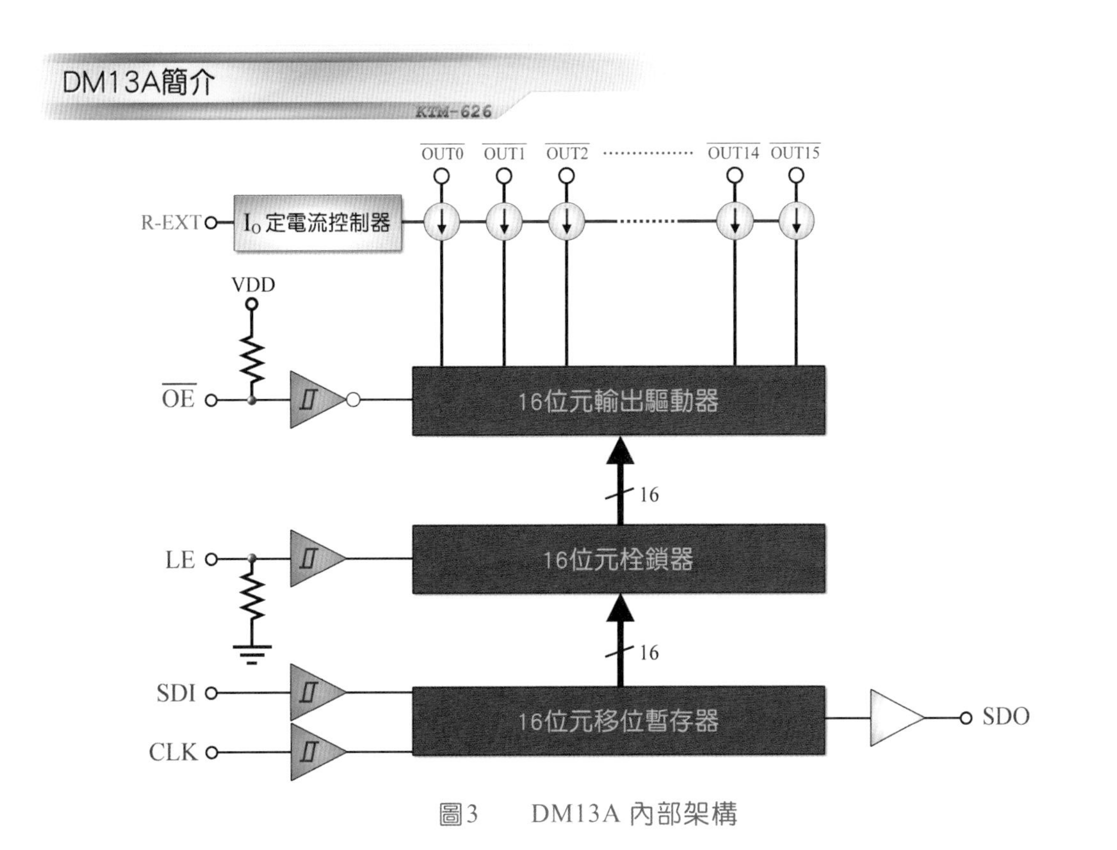

圖3　　DM13A 內部架構

DM13A 系列為點晶科技所提供的定電流 LED 驅動 IC，其內部架構圖，如圖 3 所示。

基本特性

1. 定電流可達 60mA，可由 R-EXT 接腳連接外部電阻至地，而改變此電阻值即可調整定電流之大小，可控制亮度。
2. DM13A 之電源為+3.3V~+5V，在此使用+3.3V。
3. DM13A 之輸出接腳所操作的負載電源最高可達 17V，在此採用+3.3V。

動作簡介

1. 此 IC 之內部由兩層暫存器所組成，第 1 層為移位暫存器提供資料為串進並出及串出功能，當操作此部分時，則先將資料放入 SDI 接腳，然後隨 CLK 接腳的升緣觸發信號，即可使 SDI 接腳的資料及原移位暫存器的資料一起移動一個位元，而此暫存器的最後一個位元，將由 SDO 接腳移出。
2. 第 2 層暫存器為栓鎖器，由 LE 接腳控制移位暫存器之並列 16 位元資料是否可進入栓鎖器，LE 接腳是具閃控(Strobe)功能。當 LE 接腳為低態時(栓鎖)，來自移位暫存器之最新資料無法存入栓鎖器；當 LE 接腳為高態時(開鎖)，則移位暫存器之最新資料，將存入栓鎖器。
3. 栓鎖器的輸出，將透過定電流驅動器，以驅動其所連接的 LED。而定電流驅動器還須由 $\overline{OE}$ 輸出致能(Output Enable)接腳，控制是否輸出電流(汲入電流)。當 $\overline{OE}$ 接腳為 0 時，則來自栓鎖器之資料為 1 者，將可允許電流由外部正電源提供電流，經由 LED 而流入(Sink)定電流驅動器之電流輸出接腳，構成迴路，以點亮該 LED；若資料為 0，則關閉此通路(LED 將不亮)。

動作時序

DM13A 的運作時序如圖 4 所示，在 CLK 時脈的升緣觸發，SDI 接腳的資料將被傳入 DM13A 內的移位暫存器。持續 16 個 CLK 時脈後，16 個位元資料已備妥於移位暫存器，則送一個正脈波給 LE 接腳，將 DM13A 內的栓鎖器。緊接著，將 $\overline{OE}$ 接腳變為低態，即可顯示這些資料，而 $\overline{OE}$ 接腳變為高態時，又將不顯示。

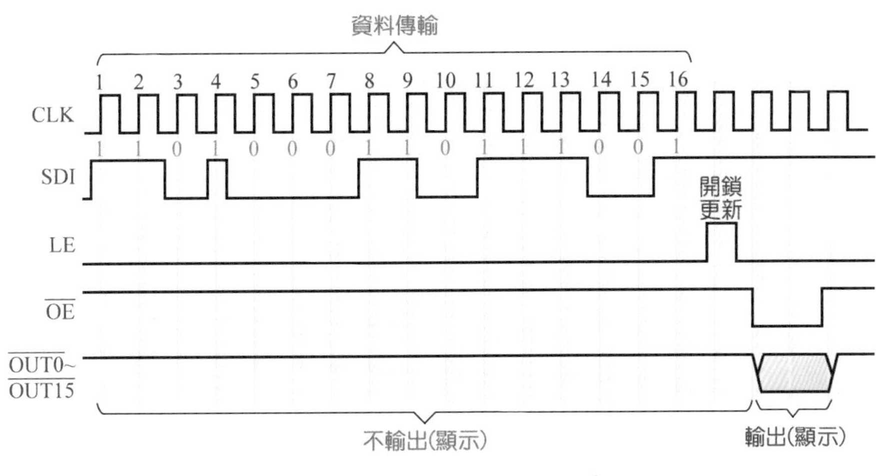

圖4　DM13A 之動作時序

KTM-626的RGB LED陣列

在 KTM-626 多功能 FPGA 開發平台裡的 16×16 RGB LED 陣列，整個陣列逆時鐘旋轉 90 度，如圖 5 所示，R0、C0 在左下角。

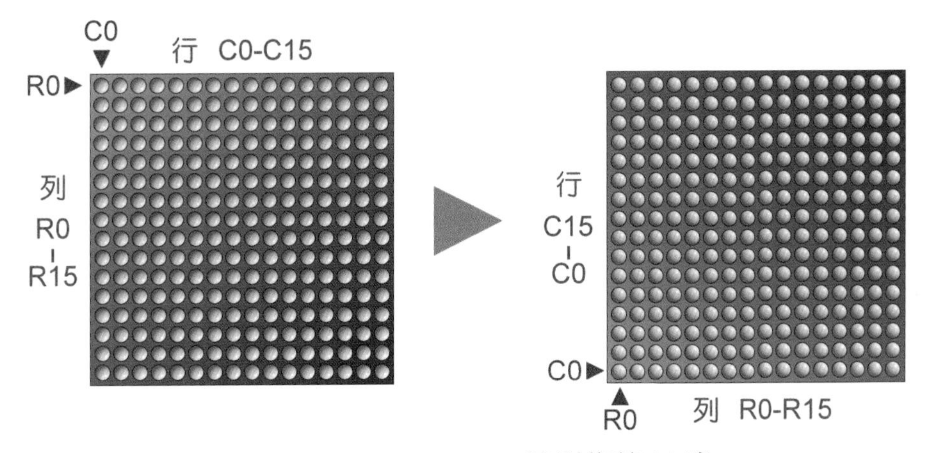

圖5　16×16 RGB LED 陣列旋轉 90 度

整個 16×16 RGB LED 陣列的接線，如表 1 所示，而在電路板上也有標示，如圖 6 所示。

表 1　16×16 RGB LED 陣列接腳表

行	Di	Ci	Bi	Ai		
	198	197	196	195		
列	SCKi	OEi	LEi	Rin	Gin	Bin
	186	185	188	187	189	194

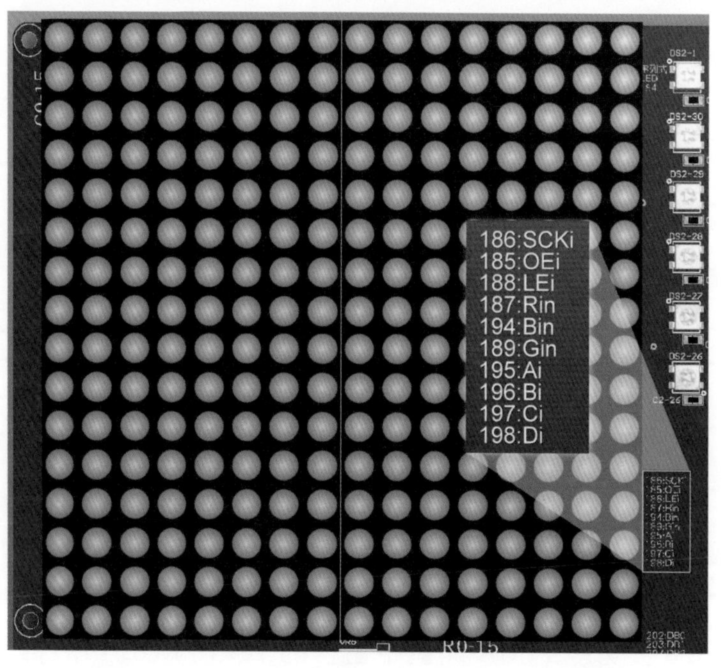

圖6　　KTM-626 上的 16×16 RGB LED 陣列

4-2 DM13A 介面電路設計

在此將設計一個 DM13A 的驅動電路，並儲存為 DM13A_Driver_RGB.vhd，就是一個軟體 IC。之後的設計專案裡，都需要使用這個檔案。

電路設計

KTM-626

完整 DM13A_Driver_RGB 之驅動電路設計如下：

```
--DM13A 驅動器
Library IEEE;                          --連結零件庫
Use IEEE.std_logic_1164.all;           --引用套件
Use IEEE.std_logic_unsigned.all;       --引用套件

entity DM13A_Driver_RGB is
   port(--DM13A_Driver_RGB 操作頻率,重置
        DM13ACLK,DM13A_RESET:in std_logic;
        -- ALE 控制,OE 控制,方向控制,反相控制
        DM13ALE,DM13AOE,BIT_R_L,not01:in std_logic;
        sbit:in integer range 0 to 15;      --開始操作位元
        MaskRGB:in std_logic_vector(5 downto 0);
```

```
        --罩蓋操作位元
        --mask (5):0:disable 1:enable
        --(4..3)00:load,01:xor:10:or,11:and RGB

        LED_R,LED_G,LED_B:in std_logic_vector(15 downto 0);
        --R G B 圖形位元
        DM13ACLKo,DM13ASDI_Ro,DM13ASDI_Go,DM13ASDI_Bo:out std_logic;
        DM13ALEo,DM13AOEo:out std_logic;--DM13A 硬體操作位元
        DM13A_Sendok:out std_logic);--DM13A_Driver_RGB 完成操作位元
end DM13A_Driver_RGB;

architecture Albert of DM13A_Driver_RGB is
    signal DM13A_CLK:std_logic;            --DM13A CLK 內部操作位元
    signal i:integer range 0 to 31;        --輸出位元數控制
    constant databitN:integer range 0 to 31:=16;
    --輸出位元數參數:16 bit
    signal sbits:integer range 0 to 15;--內部開始操作位元控制
    signal R,G,B:std_logic;                --內部圖形位元取出

begin

--R,G,B 圖形位元取出罩蓋運算
R<= LED_R(sbits)when MaskRGB(5)='0' else   --nop
    MaskRGB(2)  when BIT_R_L='1' and sbits>sbit
                and MaskRGB(4 downto 3)="00" else--load
    MaskRGB(2)  when BIT_R_L='0' and sbits<sbit
                and MaskRGB(4 downto 3)="00" else--load
    MaskRGB(2) xor LED_R(sbits)when BIT_R_L='1' and
                sbits>sbit and
                MaskRGB(4 downto 3)="01" else--xor
    MaskRGB(2) xor LED_R(sbits)when BIT_R_L='0' and
                sbits<sbit and
                MaskRGB(4 downto 3)="01" else--xor
    MaskRGB(2) or  LED_R(sbits) when BIT_R_L='1' and
                sbits>sbit and
                MaskRGB(4 downto 3)="10" else--or
    MaskRGB(2) or  LED_R(sbits) when BIT_R_L='0' and
                sbits<sbit and
                MaskRGB(4 downto 3)="10" else--or
    MaskRGB(2) and LED_R(sbits)when BIT_R_L='1' and
                sbits>sbit and
```

```
                MaskRGB(4 downto 3)="11" else--and
    MaskRGB(2) and LED_R(sbits) when BIT_R_L='0' and
                sbits<sbit and
                MaskRGB(4 downto 3)="11" else--and
    LED_R(sbits);

G<= LED_G(sbits)when MaskRGB(5)='0' else   --nop
    MaskRGB(1)  when BIT_R_L='1' and sbits>sbit
                and MaskRGB(4 downto 3)="00" else--load
    MaskRGB(1)  when BIT_R_L='0' and sbits<sbit
                and MaskRGB(4 downto 3)="00" else--load
    MaskRGB(1) xor LED_G(sbits)  when BIT_R_L='1' and
                sbits>sbit and
                MaskRGB(4 downto 3)="01" else   --xor
    MaskRGB(1) xor LED_G(sbits)  when BIT_R_L='0' and
                sbits<sbit and
                MaskRGB(4 downto 3)="01" else   --xor
    MaskRGB(1) or  LED_G(sbits)  when BIT_R_L='1' and
                sbits>sbit and
                MaskRGB(4 downto 3)="10" else   --or
    MaskRGB(1) or  LED_G(sbits)  when BIT_R_L='0' and
                sbits<sbit and
                MaskRGB(4 downto 3)="10" else   --or
    MaskRGB(1) and LED_G(sbits)  when BIT_R_L='1' and
                sbits>sbit and
                MaskRGB(4 downto 3)="11" else   --and
    MaskRGB(1) and LED_G(sbits)  when BIT_R_L='0' and
                sbits<sbit and
                MaskRGB(4 downto 3)="11" else   --and
    LED_G(sbits);

B<= LED_B(sbits)when MaskRGB(5)='0' else   --nop
    MaskRGB(0)  when BIT_R_L='1' and sbits>sbit
                and MaskRGB(4 downto 3)="00" else--load
    MaskRGB(0)  when BIT_R_L='0' and sbits<sbit
                and MaskRGB(4 downto 3)="00" else--load
    MaskRGB(0) xor LED_B(sbits)  when BIT_R_L='1' and
                sbits>sbit and
                MaskRGB(4 downto 3)="01" else   --xor
    MaskRGB(0) xor LED_B(sbits)  when BIT_R_L='0' and
                sbits<sbit and
```

```
                MaskRGB(4 downto 3)="01" else   --xor
    MaskRGB(0) or  LED_B(sbits)  when BIT_R_L='1' and
                sbits>sbit and
                MaskRGB(4 downto 3)="10" else   --or
    MaskRGB(0) or  LED_B(sbits)  when BIT_R_L='0' and
                sbits<sbit and
                MaskRGB(4 downto 3)="10" else   --or
    MaskRGB(0) and LED_B(sbits)  when BIT_R_L='1' and
                sbits>sbit and
                MaskRGB(4 downto 3)="11" else   --and
    MaskRGB(0) and LED_B(sbits)  when BIT_R_L='0' and
                sbits<sbit and
                MaskRGB(4 downto 3)="11" else   --and
    LED_B(sbits);

--DM13A 硬體操作位元輸出
DM13ASDI_Ro<=R xor not01;   --R SDI 輸出運算(反相控制)
DM13ASDI_Go<=G xor not01;   --G SDI 輸出運算(反相控制)
DM13ASDI_Bo<=B xor not01;   --B SDI 輸出運算(反相控制)
DM13ACLKo<=DM13A_CLK;       --CLK
DM13ALEo<=DM13ALE;          --ALE
DM13AOEo<=DM13AOE;          --OE

DM13A_Send:process(DM13ACLK,DM13A_RESET)
begin
    if DM13A_RESET='0' then      --重置
        i<=0;                    --輸出位元數個數預設 0
        sbits<=sbit;             --載入開始操作位元
        DM13A_CLK<='0';          --預設 Low
        DM13A_Sendok<='0';       --預設未完成
    elsif rising_edge(DM13ACLK) then
        if i=databitN then       --判斷輸出位元數是否完成
            DM13A_Sendok<='1';  --完成
        else
            if DM13A_CLK='0' then
                DM13A_CLK<='1'; --啟動載入 CLK
            else
                i<=i+1;          --輸出位元數完成 1 個
                DM13A_CLK<='0'; --預備載入 CLK
                if BIT_R_L='1' then --取樣方向
                    sbits<=sbits-1; --向低位元
```

```
                        else
                            sbits<=sbits+1; --向高位元
                        end if;
                    end if;
                end if;
            end if;
end process DM13A_Send;

end Albert;
```

設計動作簡介

KTM-626

在此所設計的 DM13A_Driver_RGB 驅動 IC，如圖 7 所示，左邊為輸入信號接腳，右邊為輸出信號接腳，看起來有點複雜。主要是因為此驅動 IC 可同時處理三組顏色的並列轉串列輸出，所以信號接腳很多。

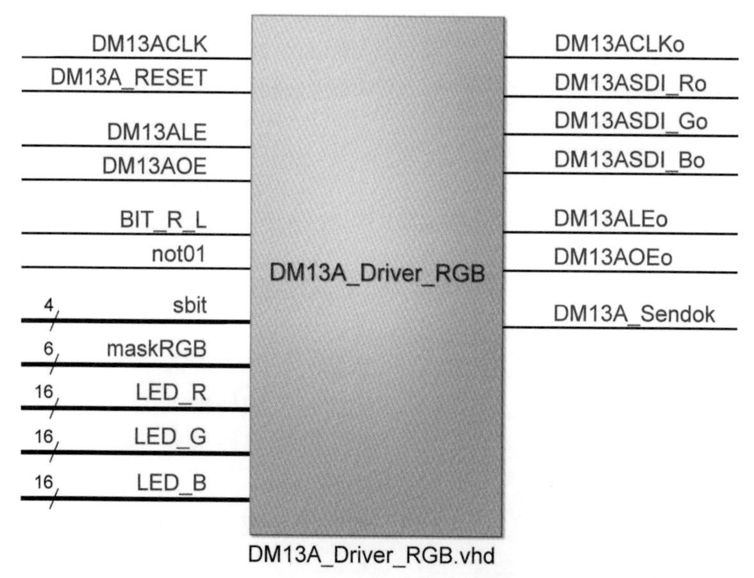

圖7　DM13A_Driver_RGB 驅動 IC 之信號

雖然信號很多，但此驅動 IC 的架構不難，功能卻很多！如圖 8 所示，此電路主要包括兩部分，如下：

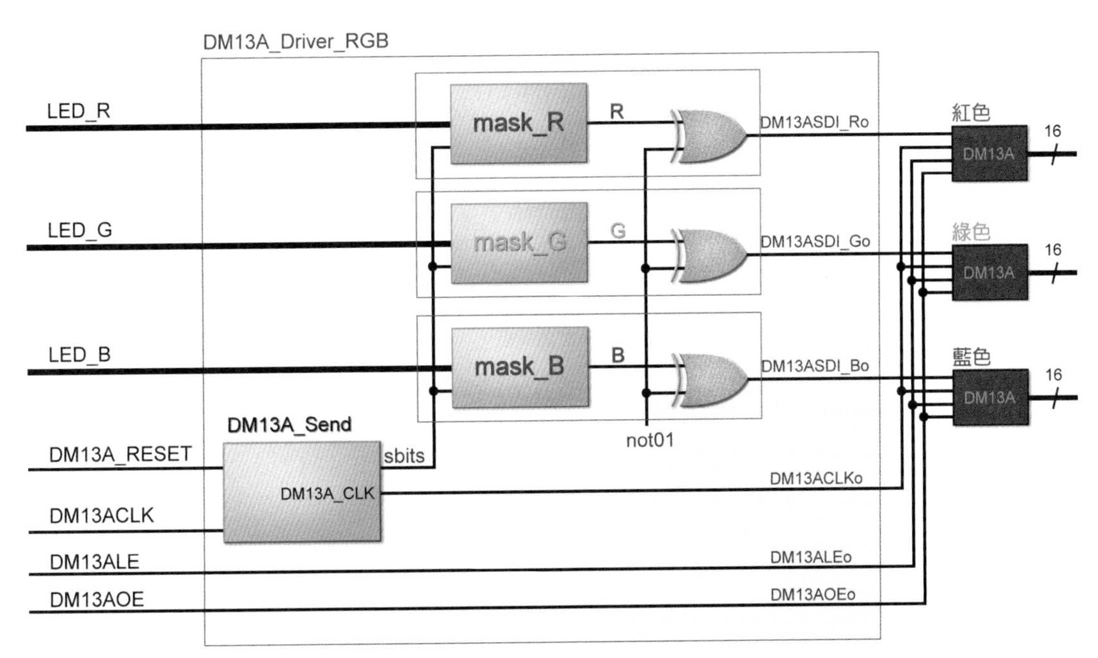

圖 8　　DM13A_Driver_RGB 驅動 IC 之內部架構

傳輸信號產生器

DM13A_Send 是個傳輸信號產生器，其主要功能是產生兩個重要的信號：

1. DM13A_CLK 信號為串列傳輸的控制時脈，每個 DM13A_CLK 信號的升緣，將可傳輸一個位元。DM13A_Send 所產生的 DM13A_CLK 信號將透過 DM13ACLKo 接腳輸出，以控制外部的三個實體 DM13A 晶片。
2. sbits 信號為所要傳輸的顏色位元指標，以指定三個遮罩電路所要操作的顏色信號位元。

另外，在 DM13A_Send 電路裡，將按 dir_L_R 信號來控制 sbits 顏色位元指標遞增或遞減，以達到移位方向的改變。

信號調變電路

在 DM13A_Driver_RGB 驅動 IC 的信號調變電路，採用共時性敘述，針對三個顏色，提供三個相同的電路。而由一個 6 位元的暫存器(maskRGB)控制其變化，如圖 9 所示為 maskRGB 的功能規劃，如下說明：

圖9　maskRGB 暫存器

- maskRGB(5)位元設定是否要有顏色特效，若 maskRGB(5)=0，則直接把主控器送來的信號，轉為串列信號，並傳到外部的 DM13A。若 maskRGB(5)=1，則主控器送來的信號，將過特效處理後，才傳到外部的 DM13A。
- maskRGB(4 downto 3)兩個位元設定所要處理的特效，如下說明：
  - 00：直接以主控器傳入顏色開關，做為該位元的輸出值。
  - 01：將顏色資料與主控器傳入顏色開關進行 XOR 運算後，做為該位元的輸出值。
  - 10：將顏色資料與主控器傳入顏色開關進行 OR 運算後，做為該位元的輸出值。
  - 11：將顏色資料與主控器傳入顏色開關進行 AND 運算後，做為該位元的輸出值。
- maskRGB(2)、maskRGB(1)與 maskRGB(0)分別為主控器傳入之紅、綠、藍的顏色開關。

此外，還有一個可控制反相輸出的輸出電路。

```
--DM13A 硬體操作位元輸出
DM13ASDI_Ro<=R xor not01;     --R SDI 輸出運算(反相控制)
DM13ASDI_Go<=G xor not01;     --G SDI 輸出運算(反相控制)
DM13ASDI_Bo<=B xor not01;     --B SDI 輸出運算(反相控制)
DM13ACLKo<=DM13A_CLK;         --CLK
DM13ALEo<=DM13ALE;            --ALE
DM13AOEo<=DM13AOE;            --OE
```

圖10　輸出電路

4-3 廣告看板實習

實習目的

KTM-626

在本單元裡將設計一個千變萬化、色彩豐富的廣告看板，很難使用文字或語言表示，最好是欣賞，而準備一張 A4 影印紙，蓋住 16×16 RGB LED 陣列，看起來更棒。當然，在此要應用 4-2 節所介紹的 DM13A_Driver_RGB.vhd 驅動電路，務必把該檔案放入本單元的專案資料夾裡。

注意

LED很亮，不要看太久
也不要直視
以免傷及眼睛

A4影印紙

新增專案與設計檔案

KTM-626

開啟 Quartus II，並按 1-2 節的說明，新增專案與設計檔案，相關資料如下：

- 專案資料夾：D:\CH4\CH4_RGB16x16_1
- 專案名稱：CH4_RGB16x16_1
- 晶片族系(Family)：Cycolne III
- 接腳數(Pin count)：240
- 晶片名稱：EP3C16Q240C8
- VHDL 設計檔：CH4_RGB16x16_1.vhd

電路設計

KTM-626

在新建的 CH4_RGB16x16_1.vhd 編輯區裡按下列設計電路，再按 Ctrl + S 鍵。

```
--RGB16x16 廣告看板
--106.12.30 版
--EP3C16Q240C8 50MHz LEs:15,408 PINs:161 ,gckp31 ,rstP99

Library IEEE;                                --連結零件庫
```

```
Use IEEE.std_logic_1164.all;        --引用套件
Use IEEE.std_logic_unsigned.all;    --引用套件

entity CH4_RGB16x16_1 is
port(gckp31,rstP99:in std_logic;    --系統頻率,系統 reset
    --DM13A 輸出
    DM13ACLKo,DM13ASDI_Ro,DM13ASDI_Go,DM13ASDI_Bo:out std_logic;
    DM13ALEo,DM13AOEo:out std_logic;
    --186,187,189,194,188,185
    --Scan 輸出
    Scan_DCBAo:buffer std_logic_vector(3 downto 0)
    --198,197,196,195
   );
end entity CH4_RGB16x16_1;

architecture Albert of CH4_RGB16x16_1 is
   component DM13A_Driver_RGB is
   port(--DM13A_Driver_RGB 操作頻率,重置,ALE 控制,
        DM13ACLK,DM13A_RESET,DM13ALE:in std_logic;
        -- OE 控制,方向控制,反相控制
        DM13AOE,BIT_R_L,not01:in std_logic;
        sbit:in integer range 0 to 15;          --開始操作位元
        maskRGB:in std_logic_vector(5 downto 0);--罩蓋操作位元
        --mask (5):0:disable 1:enable,
        -- (4..3)00:load,01:xor:10:or,11:and RGB
        LED_R,LED_G,LED_B:in std_logic_vector(15 downto 0);
        --R G B 圖形位元
        DM13ACLKo:out std_logic;
        DM13ASDI_Ro,DM13ASDI_Go,DM13ASDI_Bo:out std_logic;
        DM13ALEo,DM13AOEo:out std_logic;--DM13A 硬體操作位元
        DM13A_Sendok:out std_logic);
       --DM13A_Driver_RGB 完成操作位元
   end component;
          --DM13A_Driver_RGB 操作頻率,重置
   signal DM13ACLK,DM13A_RESET:std_logic;
          --ALE 控制,OE 控制,方向控制,反相控制
   signal DM13ALE,DM13AOE,BIT_R_L,not01:std_logic;
   signal sbit:integer range 0 to 15; --開始操作位元
   signal maskRGB:std_logic_vector(5 downto 0):="000000";
          --罩蓋操作位元
   signal LED_R,LED_G,LED_B:std_logic_vector(15 downto 0);
```

```
        --R G B 圖形位元
    signal DM13A_Sendok:std_logic;--DM13A_Driver_RGB完成操作位元

    signal FD:std_logic_vector(24 downto 0);    --系統除頻器
    signal cn:std_logic_vector(10 downto 0);    --變換計時
    signal T:integer range 0 to 2047;           --顯示計時
    signal color:integer range 0 to 15;         --圖形取樣指標
    signal S:std_logic_vector(4 downto 0);      --操作模式
    signal LED_R1,LED_G1,LED_B1:std_logic_vector(15 downto 0);
        --R,G,B 樣板圖形
    signal LED_R2,LED_G2,LED_B2:std_logic_vector(15 downto 0);
        --R,G,B 捲動圖形

begin

--DM13A_Driver_RGB
 DM13ACLK<=FD(2);
 U1: DM13A_Driver_RGB
    port map(   DM13ACLK,DM13A_RESET,DM13ALE,DM13AOE,BIT_R_L,
                not01,sbit,maskRGB,LED_R,LED_G,LED_B,
                DM13ACLKo,DM13ASDI_Ro,DM13ASDI_Go,DM13ASDI_Bo,
                DM13ALEo,DM13AOEo,DM13A_Sendok);

--除頻器
Freq_Div:process(gckP31)                --系統頻率gckP31:50MHz
begin
    if rstP99='0' then                  --系統重置
        FD<=(others=>'0');              --除頻器:歸零
    elsif rising_edge(gckP31) then      --50MHz
        FD<=FD+1;                       --除頻器:2進制上數(+1)計數器
    end if;
end process Freq_Div;

BIT_R_L<=S(1);  --方向變換
not01<=S(2);    --反相變換

main:process(FD(0),rstP99) --主控器
begin
if rstP99='0' then
    Scan_DCBAo<="0000"; --掃瞄預設
    DM13A_RESET<='0';   --重置DM13A_Driver_RGB
```

```
    DM13ALE<='0';         --無更新資料預設
    DM13AOE<='1';         --DM13A off
    cn<=(others=>'0');    --計時計次預設
    S<=(others=>'0');     --操作模式預設
    color<=0;             --圖形取樣重新開始
    sbit<=15;             --從 15 位元開始
elsif rising_edge(FD(0)) then                --操作頻率 25MHz
    if DM13ALE='0' and DM13AOE='1' then--無更新資料且顯示已關閉
        if DM13A_RESET='0' then              --尚未啟動 DM13A_Driver_RGB
            DM13A_RESET<='1';                --啟動 DM13A_Driver_RGB
            Scan_DCBAo<=Scan_DCBAo-1;        --調整掃瞄
        elsif DM13A_Sendok='1' then          --傳送完成
            DM13A_RESET<='0';                --重置 DM13A_Driver_RGB
            DM13ALE<='1';                    --更新顯示資料
            LED_R2<=LED_R2(14 downto 0)&LED_R2(15);--R 圖形捲動 1 位元
            LED_G2<=LED_G2(14 downto 0)&LED_G2(15);--G 圖形捲動 1 位元
            LED_B2<=LED_B2(14 downto 0)&LED_B2(15);--B 圖形捲動 1 位元
            if Scan_DCBAo=0 then             --已完成一個畫面
                cn<=cn+1;                    --計時
                if cn=1800 then              --計時到
                    cn<=(others=>'0');       --計時歸零
                    color<=color+1;          --圖形取樣遞增
                    if color=13 then         --最後一個了
                        S<=S+1;              --改變操作模式
                        color<=0;            --圖形取樣重新開始
                    end if;
                    LED_R2<=LED_R1;          --載入 R 預設圖形
                    LED_G2<=LED_G1;          --載入 G 預設圖形
                    LED_B2<=LED_B1;          --載入 B 預設圖形
                elsif cn(7 downto 0)=0 and S(3)='1' then
                    --計時到 & 允許圖形捲動
                    LED_R2<=LED_R2(13 downto 0)&LED_R2(15 downto 14);
                    --R 圖形捲動 2 位元
                    LED_G2<=LED_G2(13 downto 0)&LED_G2(15 downto 14);
                    --G 圖形捲動 2 位元
                    LED_B2<=LED_B2(13 downto 0)&LED_B2(15 downto 14);
                    --B 圖形捲動 2 位元
                end if;
                if S(4)='1' then                     --允許控制開始位元
                    if cn(7 downto 0)=0 then--計時到
                        sbit<=sbit+1;                --往高位元移動開始
```

```
                    end if;
                else
                    sbit<=15;                --固定從 15 位元開始
                end if;
            end if;
        end if;
        T<=0;                   --顯示計時歸零
    else
        DM13ALE<='0';           --顯示資料不更新
        DM13AOE<='0';           --顯示
        T<=T+1;                 --顯示計時
        if T=100 then           --顯示計時到
            DM13AOE<='1';       --不顯示
        end if;
    end if;
end if;
end process;

LED_R<=LED_R1 when S(0)='0' else LED_R2;    --R 圖案選擇
LED_G<=LED_G1 when S(0)='0' else LED_G2;    --G 圖案選擇
LED_B<=LED_B1 when S(0)='0' else LED_B2;    --B 圖案選擇

--圖形樣板取樣
with color select
LED_R1<="0000000000000000" when 0, --暗
        "1111111111111111" when 1, --R
        "0000000000000000" when 2, --G
        "0000000000000000" when 3, --B
        "1111111111111111" when 4, --RG
        "1111111111111111" when 5, --RB
        "0000000000000000" when 6, --GB
        "1111111111111111" when 7, --RGB
        "0011000000110000" when 8, --00RRGGBB00RRGGBB
        "0000111100001111" when 9, --R0000111100001111
        "0101010101010101" when 10,--G0101010101010101
        "0101010101010101" when 11,--B0101010101010101
        "0011000011110011" when 12,--0011000011110011
        "1010101010101010" when others;

with color select
LED_G1<="0000000000000000" when 0, --暗
```

```
      "0000000000000000" when 1,  --R
      "1111111111111111" when 2,  --G
      "0000000000000000" when 3,  --B
      "1111111111111111" when 4,  --RG
      "0000000000000000" when 5,  --RB
      "1111111111111111" when 6,  --GB
      "1111111111111111" when 7,  --RGB
      "0000110000001100" when 8,  --00RRGGBB00RRGGBB
      "0101010101010101" when 9,  --R0101010101010101
      "0000111100001111" when 10,--G0000111100001111
      "0011001100110011" when 11,--B0011001100110011
      "0000110011001111" when 12,--0000110011001111
      "0101010101010101" when others;

with color select
LED_B1<="0000000000000000" when 0, --暗
      "0000000000000000" when 1,  --R
      "0000000000000000" when 2,  --G
      "1111111111111111" when 3,  --B
      "0000000000000000" when 4,  --RG
      "1111111111111111" when 5,  --RB
      "1111111111111111" when 6,  --GB
      "1111111111111111" when 7,  --RGB
      "0000001100000011" when 8,  --00RRGGBB00RRGGBB
      "0011001100110011" when 9,  --R0011001100110011
      "0011001100110011" when 10,--G0011001100110011
      "0000111100001111" when 11,--B0000111100001111
      "0000001100111111" when 12,--0000001100111111
      "1100110011001100" when others;

end Albert;
```

設計動作簡介

KTM-626

在此電路架構(architecture)裡，除宣告一些必要信號外，還導入 DM13A_Driver_RGB 零件、包括除頻器、主控器與讀取圖形電路，如下說明：

當我們要使用 DM13A_Driver_RGB 零件，必須宣告此零件，並進行連接動作，如下：

一、 在 architecture 與 begin 之間宣告此零件，如圖 11 所示。

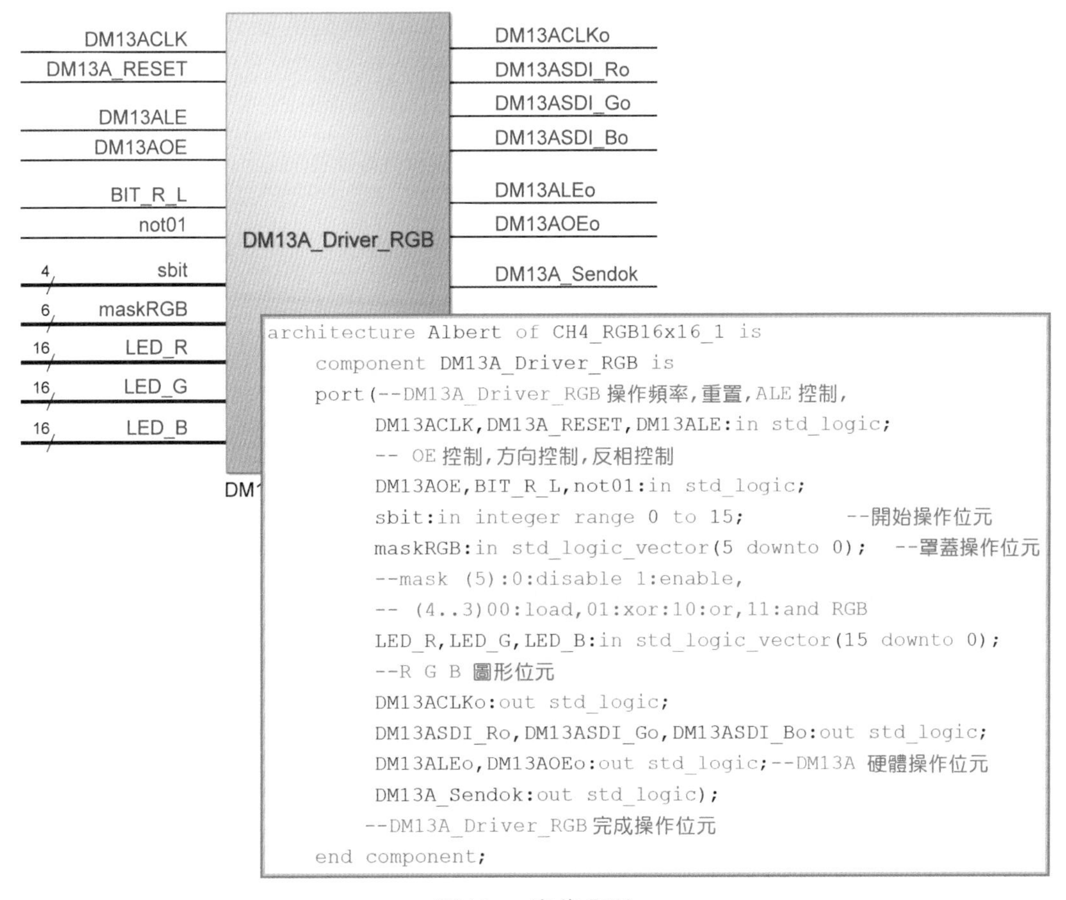


```
architecture Albert of CH4_RGB16x16_1 is
    component DM13A_Driver_RGB is
    port(--DM13A_Driver_RGB 操作頻率,重置,ALE 控制,
         DM13ACLK,DM13A_RESET,DM13ALE:in std_logic;
         -- OE 控制,方向控制,反相控制
         DM13AOE,BIT_R_L,not01:in std_logic;
         sbit:in integer range 0 to 15;          --開始操作位元
         maskRGB:in std_logic_vector(5 downto 0);  --罩蓋操作位元
         --mask (5):0:disable 1:enable,
         -- (4..3)00:load,01:xor:10:or,11:and RGB
         LED_R,LED_G,LED_B:in std_logic_vector(15 downto 0);
         --R G B 圖形位元
         DM13ACLKo:out std_logic;
         DM13ASDI_Ro,DM13ASDI_Go,DM13ASDI_Bo:out std_logic;
         DM13ALEo,DM13AOEo:out std_logic;--DM13A 硬體操作位元
         DM13A_Sendok:out std_logic);
        --DM13A_Driver_RGB 完成操作位元
    end component;
```

圖11　宣告零件

二、 在 begin 之後連接零件，如圖 12 所示。

```
----DM13A_Driver_RGB
 DM13ACLK<=FD(2);
 U1: DM13A_Driver_RGB
    port map(   DM13ACLK,DM13A_RESET,DM13ALE,DM13AOE,BIT_R_L,
                not01,sbit,maskRGB,LED_R,LED_G,LED_B,
                DM13ACLKo,DM13ASDI_Ro,DM13ASDI_Go,DM13ASDI_Bo,
                DM13ALEo,DM13AOEo,DM13A_Sendok);
```

圖12　連接零件

在此並不需要很精確的時間，所以使用一個簡單的二進位除頻器，提供整電路所需之時鐘脈波，而二進位除頻器在 2-2 節裡已介紹過，在此不贅述。

主控器

在此的 main 主控器提供整個 16×16 RGB LED 陣列的操作，並產生所要展示的圖形(色彩)，其動作流程，如圖 13 所示。

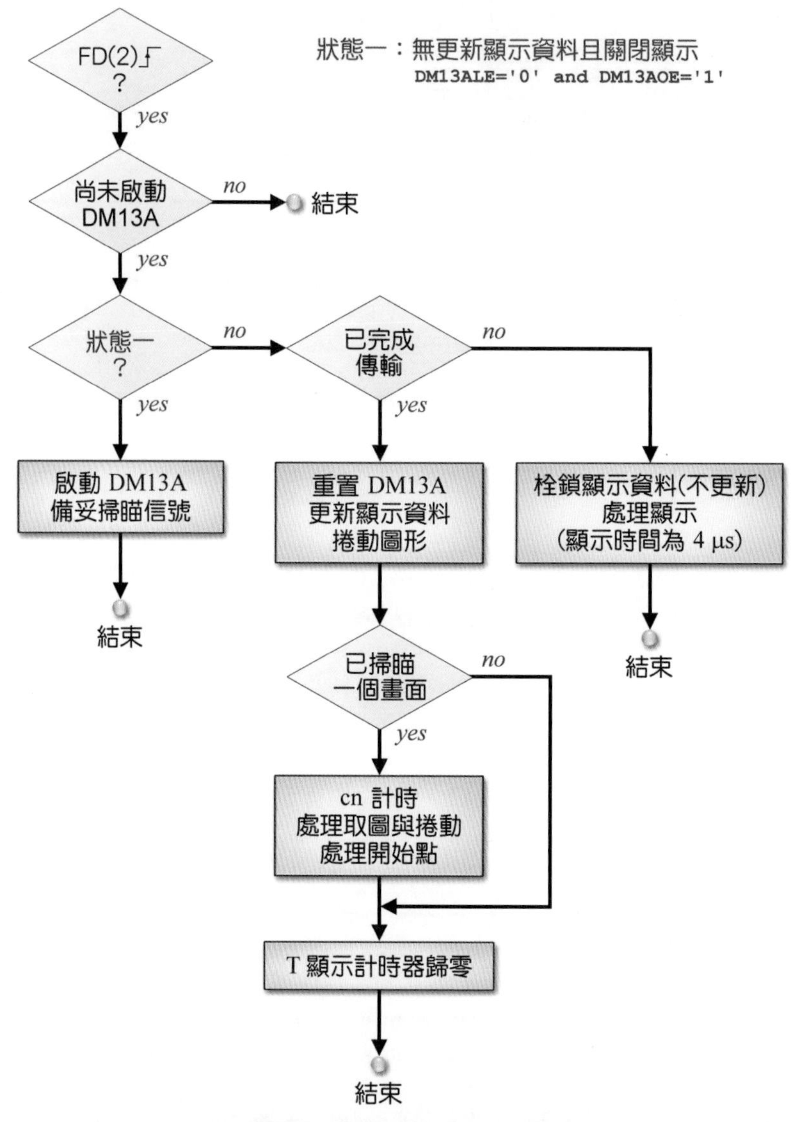

圖13　主控器之動作流程

讀取圖形電路

在此應用 color 讀圖指標，分別讀取 LED_R1、LED_G1 與 LED_B1 的顏色設定，如圖 14 所示。例如 color=0 時，讀取到的 LED_R1、LED_G1 與 LED_B1 都為 0，所以顯示的顯示黑色(全不亮)；color=1 時，讀取到的 LED_R1 全部為 1、讀取到的 LED_G1 與 LED_B1 都為 0，所以顯示的顯示紅色；color=2

時，讀取到的 LED_G1 全部為 1、讀取到的 LED_R1 與 LED_B1 都為 0，所以顯示的顯示綠色(全不亮)，以此類推，就可產生各式顏色。

```
with color select
LED_R1<="0000000000000000" when 0, --暗
        "1111111111111111" when 1, --R
        "0000000000000000" when 2, --G
        "0000000000000000" when 3, --B
        "1111111111111111" when 4, --RG
```

```
with color select
LED_G1<="0000000000000000" when 0, --暗
        "0000000000000000" when 1, --R
        "1111111111111111" when 2, --G
        "0000000000000000" when 3, --B
        "1111111111111111" when 4, --RG
```

```
with color select
LED_B1<="0000000000000000" when 0, --暗
        "0000000000000000" when 1, --R
        "0000000000000000" when 2, --G
        "1111111111111111" when 3, --B
        "0000000000000000" when 4, --RG
        "1111111111111111" when 5, --RB
        "1111111111111111" when 6, --GB
        "1111111111111111" when 7, --RGB
        "0000001100000011" when 8, --00RRGGBB00RRGGBB
        "0011001100110011" when 9, --R0011001100110011
        "0011001100110011" when 10,--G0011001100110011
        "0000111100001111" when 11,--B0000111100001111
        "0000001100111111" when 12,--0000001100111111
        "1100110011001100" when others;
```

圖14　讀取顏色電路

後續工作

KTM-626

電路設計完成後，按 Ctrl + S 鍵存檔，再按 Ctrl + L 鍵進行初始編譯。若編譯有錯誤，可循下方紅色錯誤訊息(直接快按兩下)，跳到錯誤處修改之。若編譯成功，在隨即出現的訊息對話盒中，按 確定 鈕關閉之。

緊接著進行接腳配置，按 Ctrl + Shift + N 鍵，開啟接腳配置視窗。除了 gckP31 與 rstP99 外，還有 DM13A 相關信號的連接，請按表 1(4-5 頁)配置這些接腳。

完成接腳配置後，按 Ctrl + L 鍵即進行二次編譯，並退回原 Quartus II

編譯視窗。同樣的，完成二次編譯後，在隨即出現的訊息對話盒中，按 確定 鈕關閉之。

燒錄與測試

KTM-626

首先備妥 USB Blaster 下載線，一端插入電腦 USB 埠，另一段插入 EP3C 板上的 JTAG 埠，然後開啟 KTM-626 多功能 FPGA 開發平台之電源。

按 Alt 、 T 、 P 鍵即可開啟燒錄視窗，按 Start 鈕即進行燒錄。很快的，完成燒錄後，即可觀察 LED 的動作展示。

4-4 路口小綠人實習

實習目的

KTM-626

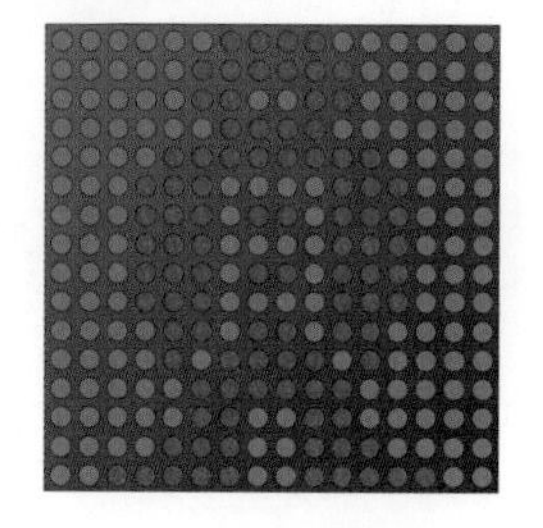

圖15　小紅人圖案(停止)

在本單元裡將設計一個動態的路口小綠人，依據行人穿越道上的號誌變化，一開始紅燈時，顯示靜態的紅色人圖像(圖 15)；轉為綠燈時，紅色人圖像轉為動態的綠色圖像(一個人在走路，圖 16)，越接近轉紅燈之前，綠色圖像走的速度變快。紅燈時，又改為靜態的紅色人圖像。另外，紅色轉綠色或綠色轉紅色，都會有轉場變化。同樣的，在此也要應用 4-2 節所介紹的 DM13A_Driver_RGB.vhd 驅動電路，務必把該檔案放入本單元的專案資料夾裡。

圖16　動態小綠人圖案(四幅)

新增專案與設計檔案

KTM-626

開啟 Quartus II，並按 1-2 節的說明，新增專案與設計檔案，相關資料如下：

- 專案資料夾：D:\CH4\CH4_RGB16x16_2
- 專案名稱：CH4_RGB16x16_2
- 晶片族系(Family)：Cycolne III
- 接腳數(Pin count)：240
- 晶片名稱：EP3C16Q240C8
- VHDL 設計檔：CH4_RGB16x16_2.vhd

電路設計

KTM-626

在新建的 CH4_RGB16x16_2.vhd 編輯區裡按下列設計電路，再按 Ctrl + S 鍵。

```
--RGB16x16 人行道小綠人
--106.12.30 版
--EP3C16Q240C8 50MHz LEs:15,408 PINs:161 ,gckp31 ,rstP99

Library IEEE;                          --連結零件庫
Use IEEE.std_logic_1164.all;           --引用套件
Use IEEE.std_logic_unsigned.all;       --引用套件

entity CH4_RGB16x16_2 is
port(gckp31,rstP99:in std_logic;       --系統頻率,系統 reset
     --DM13A 輸出
     DM13ACLKo,DM13ASDI_Ro,DM13ASDI_Go:out std_logic;
     --186,187,189
     DM13ASDI_Bo,DM13ALEo,DM13AOEo:out std_logic;
     --194,188,185
     --Scan 輸出
     Scan_DCBAo:buffer std_logic_vector(3 downto 0)
     --198,197,196,195
    );
end entity CH4_RGB16x16_2;

architecture Albert of CH4_RGB16x16_2 is
    component DM13A_Driver_RGB is
    port(--DM13A_Driver_RGB 操作頻率,重置,ALE 控制
```

```
        DM13ACLK,DM13A_RESET,DM13ALE:in std_logic;
        --OE 控制,方向控制,反相控制
        DM13AOE,BIT_R_L,not01:in std_logic;
        startbit:in integer range 0 to 15; --開始操作位元
        maskRGB:in std_logic_vector(5 downto 0);
        --罩蓋操作位元
        --(5):0:disable 1:enable,
        --(4..3)00:load,01:xor:10:or,11:and RGB
        LED_R,LED_G,LED_B:in std_logic_vector(15 downto 0);
        --R G B 圖形位元
        DM13ACLKo,DM13ASDI_Ro,DM13ASDI_Go:out std_logic;
        DM13ASDI_Bo,DM13ALEo,DM13AOEo:out std_logic;
        --DM13A 硬體操作位元
        DM13A_Sendok:out std_logic);
        --DM13A_Driver_RGB 完成操作位元
end component;
        --DM13A_Driver_RGB 操作頻率,重置,ALE 控制
signal DM13ACLK,DM13A_RESET,DM13ALE:std_logic;
        -- OE 控制,方向控制,反相控制
signal DM13AOE,BIT_R_L,not01:std_logic;
signal startbit:integer range 0 to 15; --開始操作位元
signal maskRGB:std_logic_vector(5 downto 0):="000000";
        --罩蓋操作位元
signal LED_R,LED_G,LED_B:std_logic_vector(15 downto 0);
        --R G B 圖形位元
signal DM13A_Sendok:std_logic;
        --DM13A_Driver_RGB 完成操作位元

signal FD:std_logic_vector(24 downto 0);--系統除頻器
signal G_step:integer range 0 to 3;      --圖形取樣指標
signal RGB_point:integer range 0 to 15;--圖形取樣指標
signal RG,RGB16X16_SCAN_reset,scan_1T,:std_logic;
signal RGB16X16_TP_clk,RGB16X16_P_clk:std_logic;
signal RGB16X16_SCAN_p_clk:std_logic;
signal T_runstep:integer range 0 to 7; --執行階段
type RGB16x16_T1 is array(0 to 15) of std_logic_vector(15 downto 0);
--自定資料型態
signal RGB16x16_R,RGB16x16_G:RGB16x16_T1;            --1 維陣列
--圖像
type RGB16x16_T2 is array(0 to 3) of RGB16x16_T1;  --2 維陣列
--圖像:請參考小綠人編碼.doc
```

```
    constant RGB16x16_GD:RGB16x16_T2:=(
        (X"0000",X"0000",X"0000",X"0000",X"0003",X"060F",
         X"6F3F",X"DFF9",X"DFF0",X"DFFF",X"DF3E",X"6606",
         X"4004",X"0000",X"0000",X"0000"),          --小綠人1
        (X"0000",X"0000",X"0000",X"0180",X"03E3",X"676F",
         X"D63F",X"DFF9",X"DFF8",X"DFBD",X"69CF",
         X"40C7",X"40C1",X"0080",X"0000",X"0000"), --小綠人2
        (X"0004",X"018C",X"03CE",X"07E6",X"0E47",X"0C0E",
         X"6C3C",X"DFF8",X"DFF8",X"DFB9",X"D39B",
         X"61CF",X"40ED",X"41C1",X"0180",X"0080"), --小綠人3
        (X"0000",X"0000",X"0000",X"0180",X"03E3",X"676F",
         X"D63F",X"DFF9",X"DFF8",X"DFBD",X"69CF",
         X"40C7",X"40C1",X"0080",X"0000",X"0000") );--小綠人4

begin

--DM13A_Driver_RGB
 DM13ACLK<=FD(2);
 U1: DM13A_Driver_RGB port map(
        DM13ACLK,DM13A_RESET,DM13ALE,DM13AOE,BIT_R_L,
        not01,startbit,maskRGB, LED_R,LED_G,LED_B,
        DM13ACLKo,DM13ASDI_Ro,DM13ASDI_Go,DM13ASDI_Bo,
        DM13ALEo,DM13AOEo,DM13A_Sendok);

--除頻器
Freq_Div:process(gckP31)            --系統頻率gckP31:50MHz
begin
    if rstP99='0' then              --系統重置
        FD<=(others=>'0');          --除頻器:歸零
    elsif rising_edge(gckP31) then  --50MHz
        FD<=FD+1;                   --除頻器:2進制上數(+1)計數器
    end if;
end process Freq_Div;

RGB16X16_TP_clk<=FD(22);            --約6Hz ,0.167s

--時間配置管理器
RGB16X16_TP:process(RGB16X16_TP_clk,rstP99)
variable TT:integer range 0 to 511;--階段計時器
variable T_step:integer range 0 to 7;  --階段
begin
```

```
if rstP99='0' then
    RG<='1';                            --選圖來源1
    TT:=40;                             --階段時間設定
    T_runstep<=0;                       --R 階段預設 0
    T_step:=0;                          --R 階段
elsif rising_edge(RGB16X16_TP_clk) then
     TT:=TT-1;                          --階段時間倒數
    if TT=0 then                        --階段時間到
        if T_step=6 then                --已完成最後階段
            T_step:=0;                  --階段重新開始
        else
            T_step:=T_step+1;           --下一階段
        end if;
        T_runstep<=T_step;              --交付執行階段
        case T_step is                  --階段參數設定
            when 0=>                    --R
                TT:=40;                 --階段時間設定
            when 1=>                    --R->G,G 靜置
                TT:=25;                 --階段時間設定
            when 2=>                    --gGgG:正常步行
                RG<='0';                --選圖來源 0
                TT:=120;                --階段時間設定
            when 3=>                    --gGgG:快步行
                TT:=30;                 --階段時間設定
            when 4=>                    --gGgG:急步行
                TT:=30;                 --階段時間設定
            when 5=>                    --G 靜置
                RG<='1';                --選圖來源 1
                TT:=15;                 --階段時間設定
            when others=>               --6:G->R,R 靜置
                TT:=15;                 --階段時間設定
        end case;
    end if;
end if;
end process RGB16X16_TP;

--RGB16X16_P 執行速度變換--
RGB16X16_P_clk<= FD(7) when T_runstep=4 else  --急步行速度(195.3kHz)
                 FD(8) when T_runstep=3 else  --快步行速度(97.7kHz)
                 FD(9);                       --正常步行速度(48.8kHz)
```

```
RGB16X16_P:process(RGB16X16_P_clk,rstP99)
variable frames:integer range 0 to 31;      --停留時間控制
variable i:integer range 0 to 31;           --紅轉綠次數
begin
if rstP99='0' then
    RGB16X16_SCAN_reset<='0';--掃瞄 off
    --靜止圖形預設:請參考小紅人編碼.doc
    RGB16x16_R<=(X"0000",X"0000",X"0001",X"07C1",  --靜態小紅人
                 X"0FF3",X"6FEF",X"F81F",X"DAB8",X"DAB8",
                 X"F81F",X"6FEF",X"0FF3",X"07C1",X"0001",
                 X"0000",X"0000");
    RGB16x16_G<=((others=>'0'),(others=>'0'),(others=>'0'), --清空
                 (others=>'0'),(others=>'0'),(others=>'0'),
                 (others=>'0'),(others=>'0'),(others=>'0'),
                 (others=>'0'),(others=>'0'),(others=>'0'),
                 (others=>'0'),(others=>'0'),(others=>'0'),
                 (others=>'0'));
elsif rising_edge(RGB16X16_P_clk) then
    RGB16X16_SCAN_reset<='1';   --啟動掃瞄
    case T_runstep is           --階段執行
        when 0=>                --紅靜置
            i:=16;              --紅轉綠次數預設
            frames:=3;          --停留時間預設
        when 1=>                --紅轉綠
            if i=0 then         --綠靜置
                G_step<=0;      --步行圖 0
                frames:=10;     --停留時間預設
            elsif scan_1T='1' then  --RGB16X16_SCAN_p 回信號
                frames:=frames-1;   --停留時間次數遞減
                if frames=0 then    --frame 停留時間到
                    RGB16x16_R(i-1)<=RGB16x16_G(i-1);--左至右轉換
                    RGB16x16_G(i-1)<=RGB16x16_R(i-1);
                    frames:=3;          --停留時間預設
                    i:=i-1;             --紅轉綠次數遞減
                end if;
            end if;
        when 2|3|4=>                    --動態
            if scan_1T='1' then         --RGB16X16_SCAN_p 回信號
                frames:=frames-1;       --掃瞄 frame 次數遞減
                if frames=0 then        --frame 停留時間到
                    G_step<=G_step+1;   --調整步行圖 0123
```

```
                    if T_runstep=2 then        --正常步行
                        frames:=10;            --停留時間預設
                    elsif T_runstep=3 then     --快步行
                        frames:=10;            --停留時間預設
                    else                       --急步行
                        frames:=10;            --停留時間預設
                    end if;
                end if;
            end if;
        when 5=>                --綠靜置
            frames:=3;          --停留時間預設
        when others=>           --綠轉紅
            if i=16 then        --紅靜置
                null;
            elsif scan_1T='1' then  --RGB16X16_SCAN_p 回信號
                frames:=frames-1;   --停留時間次數遞減
                if frames=0 then    --frame 停留時間到
                    RGB16x16_R(i+1)<=RGB16x16_G(i+1);--右至左轉換
                    RGB16x16_G(i+1)<=RGB16x16_R(i+1);
                    frames:=3;          --停留時間預設
                    i:=i+1;             --綠轉紅次數遞增
                end if;
            end if;
    end case;
end if;
end process;

BIT_R_L<='0';           --方向變換
not01<='0';             --反相變換
startbit<=0;            --從 15 位元開始
maskRGB<="000000";      --直接輸出

RGB_point<=conv_integer(Scan_DCBAo);     --轉換圖形取樣指標
LED_G<= RGB16x16_G(RGB_point) when RG='1'
        else RGB16x16_GD(G_step)(RGB_point);--G 圖案選擇取圖
LED_R<= RGB16x16_R(RGB_point) when RG='1'
        else (others=>'0');         --R 圖案選擇取圖
LED_B<=(others=>'0');               --B 圖案選擇取圖

--RGB16X16_SCAN_p 執行速度變換--
RGB16X16_SCAN_p_clk<=FD(6) when T_runstep=4 else--急步行速度
```

```
                    FD(7) when T_runstep=3 else--快步行速度
                    FD(8);                      --正常步行速度

RGB16X16_SCAN_p:process(RGB16X16_SCAN_p_clk,RGB16X16_SCAN_reset)
variable frame:integer range 0 to 15;  --15~0:1 frame
variable T:integer range 0 to 255;      --每一掃瞄停留時間計時器
begin
if RGB16X16_SCAN_reset='0' then
    Scan_DCBAo<="0000";       --掃瞄預設
    DM13A_RESET<='0';         --重置 DM13A_Driver_RGB
    DM13ALE<='0';             --無更新資料預設
    DM13AOE<='1';             --DM13A off
    frame:=0;                 --frame 數預設 0
    scan_1T<='0';             --未完成 1 次掃瞄
elsif rising_edge(RGB16X16_SCAN_p_clk) then
    if DM13ALE='0' and DM13AOE='1' then--無更新資料且顯示已關閉
        if DM13A_RESET='0' then           --尚未啟動 DM13A_Driver_RGB
            DM13A_RESET<='1';             --啟動 DM13A_Driver_RGB
            Scan_DCBAo<=Scan_DCBAo-1;     --調整掃瞄
            scan_1T<='0';
        elsif DM13A_Sendok='1' then       --傳送完成
            DM13A_RESET<='0';             --重置 DM13A_Driver_RGB
            DM13ALE<='1';                 --更新顯示資料
        end if;
        T:=0;                             --顯示計時歸零
    else
        DM13ALE<='0';                     --顯示資料不更新
        DM13AOE<='0';                     --顯示
        T:=T+1;                           --顯示計時
        if T=50 then                      --顯示計時到
            DM13AOE<='1';                 --不顯示
        elsif T=49 then
            if Scan_DCBAo=0 then          --完成 15~0 掃瞄
                if frame=4 then
                    scan_1T<='1';         --完成 5frame
                    frame:=0;             --重新數 frame
                else
                    frame:=frame+1;       --完成 1frame
                end if;
            end if;
        end if;
```

```
    end if;
end if;
end process RGB16X16_SCAN_p;

end Albert;
```

設計動作簡介

KTM-626

在此的電路設計有點複雜架構，除了導入 DM13A_Driver_RGB 零件、除頻器等外，其餘各項，如下說明：

在本單元的編碼，包括 1 個小紅人、4 個小綠人與空白(清空)，為了操作與管理方便，編碼之前先自定資料型態，如圖 17 所示，如下說明：

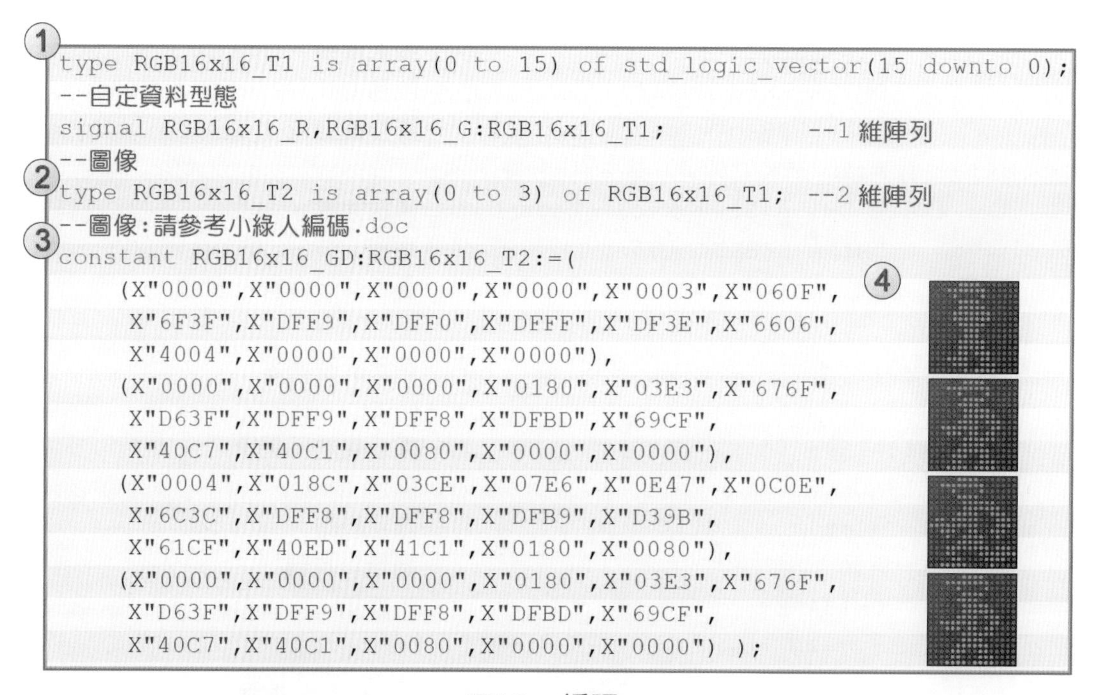

```
①
type RGB16x16_T1 is array(0 to 15) of std_logic_vector(15 downto 0);
--自定資料型態
signal RGB16x16_R,RGB16x16_G:RGB16x16_T1;              --1 維陣列
--圖像
②
type RGB16x16_T2 is array(0 to 3) of RGB16x16_T1;  --2 維陣列
--圖像:請參考小綠人編碼.doc
③
constant RGB16x16_GD:RGB16x16_T2:=(
    (X"0000",X"0000",X"0000",X"0000",X"0003",X"060F",     ④
     X"6F3F",X"DFF9",X"DFF0",X"DFFF",X"DF3E",X"6606",
     X"4004",X"0000",X"0000",X"0000"),
    (X"0000",X"0000",X"0000",X"0180",X"03E3",X"676F",
     X"D63F",X"DFF9",X"DFF8",X"DFBD",X"69CF",
     X"40C7",X"40C1",X"0080",X"0000",X"0000"),
    (X"0004",X"018C",X"03CE",X"07E6",X"0E47",X"0C0E",
     X"6C3C",X"DFF8",X"DFF8",X"DFB9",X"D39B",
     X"61CF",X"40ED",X"41C1",X"0180",X"0080"),
    (X"0000",X"0000",X"0000",X"0180",X"03E3",X"676F",
     X"D63F",X"DFF9",X"DFF8",X"DFBD",X"69CF",
     X"40C7",X"40C1",X"0080",X"0000",X"0000") );
```

圖17　編碼

① 定義一維陣列的資料型態，使用於單一個圖案(畫面)的編碼，如靜態的小紅人畫面。

② 定義二維陣列的資料型態，使用於多個圖案的編碼，如動態小綠人的 4 個畫面。

③ 應用二維陣列的資料型態，動態小綠人的 4 個畫面。

④ 第 1 個小綠人畫面的編碼，在編碼上，採由右而左，由上而下的編碼順序，如圖 18 所示。

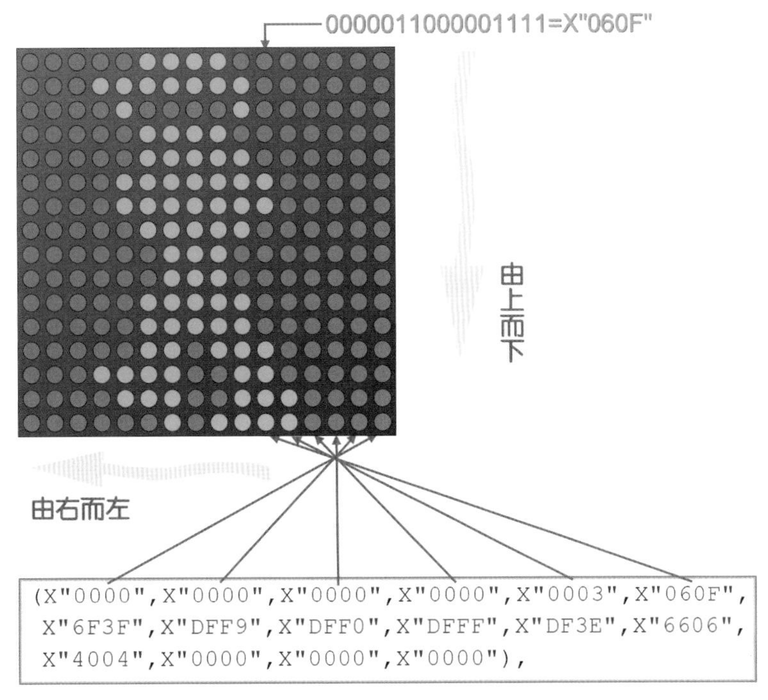

圖18 單一個畫面的編碼

時間配置管理器

在小綠人的展示部分，使用一個時間配置管理器(RGB16X16_TP)來管控動畫的展示時間，已造成可變速度的動態展示。此為時序性電路，其操作頻率 RGB16X16_TP_clk 為 6Hz(週期約 0.167 秒)，在此將整個動態畫面分為 6 個步驟(T_runstep)，同時使用 TT 計數器來計數停滯時間。

- T_runstep=0 時，展示靜態小紅人，展示時間為 40(TT 計數值)。
- T_runstep=1 時，由靜態小紅人轉為靜態小綠人，展示時間為 25。
- T_runstep=2 時，展示正常速度的動態小綠人，展示時間為 120。
- T_runstep=3 時，展示快速的動態小綠人，展示時間為 30。
- T_runstep=4 時，展示急速的動態小綠人，展示時間為 30。
- T_runstep=5 時，展示靜態小綠人，展示時間為 15。

動畫執行速度控制

在時間配置管理器裡，只規劃六個階段的執行時間長度，而沒有指定執行(動態畫面切換)的速度。在此電路裡，將根據 T_runstep 來設定執行速度，如下：

- T_runstep=4 時，動態小綠人的執行頻率約為 195KHz(即 FD(7))。
- T_runstep=3 時，動態小綠人的執行頻率約為 97.7KHz(即 FD(8))。
- 其他狀態，執行頻率約為 48.8KHz(即 FD(9))。

主控器

在主控器 RGB16X16_P 裡，應用 frames 變數做為畫面停留時間的計數器、i 變數做為小紅人畫面與小綠人畫面切換次數。而整個動作程序如下：

- 當系統重置(即初始狀態)時，進行下列設定：
  - 重置掃瞄控制器(RGB16x16_SCAN_reset=0)。
  - 紅色 LED 填入小紅人編碼。
  - 清空綠色 LED。
- 當 T_runstep=0 時，設定 i=0、frames=16，準備開始動作。
- 當 T_runstep=1 時，先設定(i=0)採用綠色的第 1 個畫面，而停留時間設定為 10(即 frames=10)。
  然後執行小紅人轉變為小綠人的動作，也就是原本的小紅人之右邊，一步一步由小綠人(第 1 個畫面)移入準備開始動作，16 次後將變為小綠人(其實不用)，如圖 19 所示。

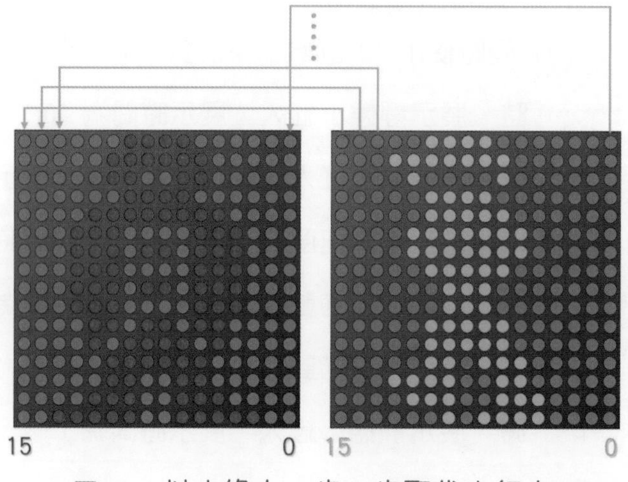

圖19　以小綠人一步一步取代小紅人

- 當 T_runstep=2、3、4 時，依序(G_step)顯示小綠人的畫面 1~4，並

設定每個畫面的停留時間，在此暫時都設為 frames=10，可隨著需要與感覺修改之。

- 當 T_runstep=5 時，將只顯示小綠人的畫面 1，呈現靜態停留時間為 frames=3。
- 當 T_runstep=6 時，將執行小綠人轉變為小紅人，而其動作與 T_runstep=1 時的動作類似，但改變由右邊往左邊進入。

由於 DM13A_Driver_RGB.vhd 是個泛用型驅動 IC，可移位、可反相，還可進行各式邏輯運算。在本單元並不使用這些特異功能，所以分別將控制方向的 BIT_R_L 信號固定為 0、將控制反相的 not01 信號固定為 0、將控制方向的 maskRGB 信號固定為直接輸出(不做特異功能)，如圖 20 所示。

```
BIT_R_L<='0';         --方向變換
not01<='0';           --反相變換
startbit<=0;          --從 15 位元開始
maskRGB<="000000";  --直接輸出

RGB_point<=conv_integer(Scan_DCBAo);    --轉換圖形取樣指標
LED_G<= RGB16x16_G(RGB_point) when RG='1'
        else RGB16x16_GD(G_step)(RGB_point);--G 圖案選擇取圖
LED_R<= RGB16x16_R(RGB_point) when RG='1'
        else (others=>'0');      --R 圖案選擇取圖
LED_B<=(others=>'0');            --B 圖案選擇取圖
```

圖20　輸出圖案

在顏色方面，本設計只使用紅與綠，而不使用藍色，所以將紅色與綠色的顏色資料輸出，藍色部分，則全部輸出 0(不亮)。取圖的指標，則與掃瞄指標同步。

```
--RGB16X16_SCAN_p 執行速度變換-----------
RGB16X16_SCAN_p_clk<=FD(6) when T_runstep=4 else--急步行速度
                     FD(7) when T_runstep=3 else--快步行速度
                     FD(8);                     --正常步行速度
```

圖21　掃瞄速度控制電路

為因應小綠人的動作，16×16 RGB LED 陣列的掃瞄速度，將採不同的掃瞄頻率(相當於掃瞄速度)，如圖 21 所示，當正常顯示時，採用 FD(8)的掃瞄頻率(約 195KHz)；當小綠人快步行進時，採用 FD(7)的掃瞄頻率(約 97.7KHz)；當小綠人急步行進時，採用 FD(6)的掃瞄頻率(約 48.8KHz)。

RGB16X16_SCAN_p 掃瞄控制器的動作與 4-3 節(4-20 頁)的主控器動作類似，在此不贅述。

後續工作

電路設計完成後，按 Ctrl + S 鍵存檔，再按 Ctrl + L 鍵進行初始編譯。若編譯有錯誤，可循下方紅色錯誤訊息(直接快按兩下)，跳到錯誤處修改之。若編譯成功，在隨即出現的訊息對話盒中，按 確定 鈕關閉之。

緊接著進行接腳配置，按 Ctrl + Shift + N 鍵，開啟接腳配置視窗。除了 gckP31 與 rstP99 外，還有 DM13A 相關信號的連接，請按表 1(4-5 頁)配置這些接腳。

完成接腳配置後，按 Ctrl + L 鍵即進行**二次編譯**，並退回原 Quartus II 編譯視窗。同樣的，完成二次編譯後，在隨即出現的訊息對話盒中，按 確定 鈕關閉之。

燒錄與測試

首先備妥 USB Blaster 下載線，一端插入電腦 USB 埠，另一段插入 EP3C 板上的 JTAG 埠，然後開啟 KTM-626 多功能 FPGA 開發平台之電源。

按 Alt 、 T 、 P 鍵即可開啟燒錄視窗，按 Start 鈕即進行燒錄。很快的，完成燒錄後，即可觀察 LED 的動作展示。

4-5 中文跑馬燈實習

實習目的

KTM-626

在本單元裡將設計一個中文字與符號(圖案)的跑馬燈功能。其中中文字的編碼，若採用手工編碼，將會很辛苦！在此可採用黃國倫老師所提供的編碼程式(在光碟片中可找到)，則輕鬆愉快。同樣的，在此要應用 4-2 節所介紹的 DM13A_Driver_RGB.vhd 驅動電路，務必把該檔案放入本單元的專案資料夾裡。

新增專案與設計檔案

KTM-626

開啟 Quartus II，並按 1-2 節的說明，新增專案與設計檔案，相關資料如下：

- 專案資料夾：D:\CH4\CH4_RGB16x16_3
- 專案名稱：CH4_RGB16x16_3
- 晶片族系(Family)：Cycolne III
- 接腳數(Pin count)：240
- 晶片名稱：EP3C16Q240C8
- VHDL 設計檔：CH4_RGB16x16_3.vhd

電路設計

KTM-626

在新建的 CH4_RGB16x16_3.vhd 編輯區裡按下列設計電路，再按 Ctrl + S 鍵。

```
--RGB16x16 跑馬燈(大家恭喜)
--106.12.30 版
--EP3C16Q240C8 50MHz LEs:15,408 PINs:161 ,gckp31 ,rstP99

Library IEEE;                          --連結零件庫
Use IEEE.std_logic_1164.all;           --引用套件
Use IEEE.std_logic_unsigned.all;       --引用套件

entity CH4_RGB16x16_3 is
port(gckp31,rstP99:in std_logic;       --系統頻率,系統 reset
     --DM13A 輸出
     DM13ACLKo,DM13ASDI_Ro,DM13ASDI_Go,:out std_logic;
```

```
    --186,187,189
    DM13ASDI_Bo,DM13ALEo,DM13AOEo:out std_logic;
    --194,188,185
    --Scan 輸出
    Scan_DCBAo:buffer std_logic_vector(3 downto 0)
    --198,197,196,195
   );
end entity CH4_RGB16x16_3;

architecture Albert of CH4_RGB16x16_3 is
    component DM13A_Driver_RGB is
    port(--DM13A_Driver_RGB 操作頻率,重置,ALE 控制
         DM13ACLK,DM13A_RESET,DM13ALE:in std_logic;
         --OE 控制,方向控制,反相控制
         DM13AOE,BIT_R_L,not01:in std_logic;
         startbit:in integer range 0 to 15; --開始操作位元
         maskRGB:in std_logic_vector(5 downto 0);
         --罩蓋操作位元
         --(5):0:disable 1:enable
         --(4..3)00:load,01:xor:10:or,11:and RGB
         LED_R,LED_G,LED_B:in std_logic_vector(15 downto 0);
         --R G B 圖形位元
         DM13ACLKo,DM13ASDI_Ro,DM13ASDI_Go:out std_logic;
         DM13ASDI_Bo,DM13ALEo,DM13AOEo:out std_logic;
         --DM13A 硬體操作位元
         DM13A_Sendok:out std_logic);
         --DM13A_Driver_RGB 完成操作位元
    end component;
         --DM13A_Driver_RGB 操作頻率,重置,ALE 控制
    signal DM13ACLK,DM13A_RESET,DM13ALE:std_logic;
         --OE 控制,方向控制,反相控制
    signal DM13AOE,BIT_R_L,not01:std_logic;
    signal startbit:integer range 0 to 15; --開始操作位元
    signal maskRGB:std_logic_vector(5 downto 0):="000000";
    --罩蓋操作位元
    signal LED_R,LED_G,LED_B:std_logic_vector(15 downto 0);
    --R G B 圖形位元
    signal DM13A_Sendok:std_logic;
    --DM13A_Driver_RGB 完成操作位元

    signal FD:std_logic_vector(24 downto 0);    --系統除頻器
```

```
signal Gspeed:integer range 0 to 3;      --圖形取樣速度
signal RGB_point1:integer range 0 to 15; --圖形取樣指標(掃瞄範圍)
signal RGB_point0:integer range 0 to 127;  --圖形取樣指標(起點)
signal RGB16X16_SCAN_p_clk:std_logic;        --clk
type RGB16x16_T1 is array(0 to 127) of std_logic_vector(15 downto 0);
--圖像格式
--圖像:請參考 R.docx,G.docx,B.docx  8 個字或圖
constant RGB16x16_RD:RGB16x16_T1:=(
    X"FFFF",X"FFFF",X"FFFF",X"FFFF",X"FFFF",X"FFFF",
    X"FFFF",X"FFFF",X"FFFF",X"FFFF",X"FFFF",
    X"FFFF",X"FFFF",X"FFFF",X"FFFF",X"FFFF",--大
    X"0000",X"0000",X"0000",X"0000",X"0000",X"0000",
    X"0000",X"0000",X"0000",X"0000",X"0000",
    X"0000",X"0000",X"0000",X"0000",X"0000",--家
    X"FBBF",X"DBB7",X"DB67",X"DACF",X"01FB",X"5BF9",
    X"DB03",X"DB7F",X"DBEF",X"03F3",X"59DF",
    X"DAEF",X"9B67",X"D33F",X"FB7F",X"FFFF",--恭
    X"FFFF",X"FFFF",X"FFFF",X"FFFF",X"FFFF",X"FFFF",
    X"FFFF",X"FFFF",X"FFFF",X"FFFF",X"FFFF",
    X"FFFF",X"FFFF",X"FFFF",X"FFFF",X"FFFF",--喜
    X"FFFF",X"FFFF",X"C003",X"C003",X"C003",X"C7E3",
    X"C7E3",X"C663",X"C663",X"C7E3",X"C7E3",
    X"C003",X"C003",X"C003",X"FFFF",X"FFFF",
    X"0000",X"77DC",X"745C",X"729C",X"0920",X"6440",
    X"72C8",X"79D8",X"73C8",X"67C0",X"0820",
    X"701C",X"501C",X"701C",X"0000",X"0000",
    X"FFFE",X"BFFE",X"7FFE",X"A0FE",X"FFFE",X"A0FE",
    X"7FFE",X"A1FE",X"FFFE",X"A77E",X"7FFE",
    X"B87E",X"FFFE",X"FFFE",X"FFFE",X"FFFE",
    X"0000",X"7FFC",X"7FFC",X"7FFC",X"7FFC",X"7FFC",
    X"7FFC",X"7FFC",X"7FFC",X"7FFC",X"7FFC",
    X"7FFC",X"7FFC",X"7FFC",X"7FFC",X"0000");

constant RGB16x16_GD:RGB16x16_T1:=(
    X"F7FD",X"F7FD",X"F7FB",X"F7F7",X"F7EF",X"F79F",
    X"F67F",X"00FF",X"777F",X"F79F",X"F7EF",
    X"F7F7",X"F7FB",X"E7F9",X"F7FB",X"FFFF",--大
    X"F7D7",X"8ED7",X"D6B7",X"D5AF",X"D56B",X"52DB",
    X"94B9",X"D703",X"D77F",X"D6BF",X"D5DF",
    X"DDDF",X"D7EF",X"8FE7",X"DFEF",X"FFFF",--家
    X"0440",X"2448",X"2498",X"2530",X"FE04",X"A406",
```

```
    X"24FC",X"2480",X"2410",X"FC0C",X"A620",
    X"2510",X"6498",X"2CC0",X"0480",X"0000",--恭
    X"FFBF",X"BFBF",X"AFBF",X"A8A1",X"AAAB",X"AA2B",
    X"AAAB",X"0AAB",X"AAAB",X"AA2B",X"AAAB",
    X"A8A1",X"AFBF",X"BF3F",X"FFBF",X"FFFF",--喜
    X"0000",X"7FFE",X"7FFE",X"6006",X"6FF6",X"6816",
    X"6BD6",X"6A56",X"6A56",X"6BD6",X"6816",
    X"6FF6",X"6006",X"7FFE",X"7FFE",X"0000",
    X"0000",X"0000",X"2380",X"0100",X"0000",X"638C",
    X"551C",X"4E3C",X"551C",X"638C",X"0100",
    X"0280",X"2448",X"07C0",X"0000",X"0000",
    X"C001",X"C001",X"DF7D",X"DF3D",X"DF0D",X"DF0D",
    X"DF0D",X"DE1D",X"DC7D",X"D8FD",X"D3FD",
    X"C7FD",X"C001",X"8001",X"3FFF",X"7FFF",
    X"FFFF",X"8003",X"8003",X"BFDB",X"B39B",X"A19B",
    X"A01B",X"BC3B",X"B83B",X"B01B",X"B19B",
    X"B3DB",X"BBDB",X"8003",X"8003",X"FFFF");

constant RGB16x16_BD:RGB16x16_T1:=(
    X"0000",X"0000",X"0000",X"0000",X"0000",X"0000",
    X"0000",X"0000",X"0000",X"0000",X"0000",
    X"0000",X"0000",X"0000",X"0000",X"0000",--大
    X"0828",X"7128",X"2948",X"2A50",X"2A94",X"AD24",
    X"6B46",X"28FC",X"2880",X"2940",X"2A20",
    X"2220",X"2810",X"7018",X"2010",X"0000",--家
    X"FBBF",X"DBB7",X"DB67",X"DACF",X"01FB",X"5BF9",
    X"DB03",X"DB7F",X"DBEF",X"03F3",X"59DF",
    X"DAEF",X"9B67",X"D33F",X"FB7F",X"FFFF",--恭
    X"FFFF",X"FFFF",X"FFFF",X"FFFF",X"FFFF",X"FFFF",
    X"FFFF",X"FFFF",X"FFFF",X"FFFF",X"FFFF",
    X"FFFF",X"FFFF",X"FFFF",X"FFFF",X"FFFF",--喜
    X"0000",X"0000",X"0000",X"1FF8",X"1FF8",X"1FF8",
    X"1FF8",X"1E78",X"1E78",X"1FF8",X"1FF8",
    X"1FF8",X"1FF8",X"0000",X"0000",X"0000",
    X"0000",X"07C0",X"0448",X"0280",X"0100",X"038C",
    X"0154",X"00E4",X"0054",X"000C",X"0000",
    X"0100",X"2388",X"0000",X"0000",X"0000",
    X"FFFF",X"BFFF",X"7F83",X"A0C3",X"FFF3",X"A0F3",
    X"7FF3",X"A1E3",X"FF83",X"A703",X"7F83",
    X"B803",X"FFFF",X"FFFF",X"FFFF",X"FFFF",
    X"FFFC",X"FFFC",X"FFFC",X"FFE4",X"FFE4",X"FFE4",
```

```
        X"FFE4",X"FFC4",X"FFC4",X"FFE4",X"FFE4",
        X"FFE4",X"FFE4",X"FFFC",X"FFFC",X"FFFC");

begin
----DM13A_Driver_RGB
 DM13ACLK<=FD(2);
 U1: DM13A_Driver_RGB port map(
        DM13ACLK,DM13A_RESET,DM13ALE,DM13AOE,BIT_R_L,
        not01,startbit,maskRGB, LED_R,LED_G,LED_B,
        DM13ACLKo,DM13ASDI_Ro,DM13ASDI_Go,DM13ASDI_Bo,
        DM13ALEo,DM13AOEo,  DM13A_Sendok);

--除頻器
Freq_Div:process(gckP31)        --系統頻率 gckP31:50MHz
begin
    if rstP99='0' then          --系統重置
        FD<=(others=>'0');      --除頻器:歸零
    elsif rising_edge(gckP31) then --50MHz
        FD<=FD+1;               --除頻器:2 進制上數(+1)計數器
    end if;
end process Freq_Div;

BIT_R_L<='0';           --方向變換
startbit<=0;            --從 15 位元開始
maskRGB<="000000";      --直接輸出

RGB_point1<=15-conv_integer(Scan_DCBAo);
--轉換圖形取樣指標
LED_R<=RGB16x16_RD(RGB_point1+RGB_point0); --R 圖案選擇取圖
LED_G<=RGB16x16_GD(RGB_point1+RGB_point0); --G 圖案選擇取圖
LED_B<=RGB16x16_BD(RGB_point1+RGB_point0); --B 圖案選擇取圖

--RGB16X16_SCAN_p 執行速度變換--
RGB16X16_SCAN_p_clk<=FD(8) when Gspeed=0 else
                     FD(7) when Gspeed=1 else
                     FD(6) when Gspeed=2 else
                     FD(5);

RGB16X16_SCAN_p:process(RGB16X16_SCAN_p_clk,rstP99)
variable frame:integer range 0 to 31;--15~0:1 frame
variable T:integer range 0 to 255; --每一掃瞄停留時間計時器
```

```
begin
if rstP99='0' then
    Scan_DCBAo<="0000"; --掃瞄預設
    RGB_point0<=0;       --移位 0
    not01<='0';          --反相變換
    DM13A_RESET<='0';    --重置 DM13A_Driver_RGB
    DM13ALE<='0';        --無更新資料預設
    DM13AOE<='1';        --DM13A off
    Gspeed<=0;           --速度預設
    frame:=0;            --frame 數預設 0
elsif rising_edge(RGB16X16_SCAN_p_clk) then
    if DM13ALE='0' and DM13AOE='1' then--無更新資料且顯示已關閉
        if DM13A_RESET='0' then       --尚未啟動 DM13A_Driver_RGB
            DM13A_RESET<='1';         --啟動 DM13A_Driver_RGB
            Scan_DCBAo<=Scan_DCBAo-1;   --調整掃瞄
        elsif DM13A_Sendok='1' then     --傳送完成
            DM13A_RESET<='0';           --重置 DM13A_Driver_RGB
            DM13ALE<='1';               --更新顯示資料
        end if;
        T:=0;                           --顯示計時歸零
    else
        DM13ALE<='0';                   --顯示資料不更新
        DM13AOE<='0';                   --顯示
        T:=T+1;                         --顯示計時
        if T=50 then                    --顯示計時到
            DM13AOE<='1';               --不顯示
            if Scan_DCBAo=0 then        --完成 15~0 掃瞄
                if frame=15 then
                    frame:=0;           --重新數 frame
                    RGB_point0<=RGB_point0+1;--移位
                    if RGB_point0=127 then
                        not01<=not not01;   --反相變換
                        if not01='1' then
                            Gspeed<=Gspeed+1;--執行速度
                        end if;
                    end if;
                else
                    frame:=frame+1; --完成 1frame
                end if;
            end if;
        end if;
```

```
    end if;
end if;
end process RGB16X16_SCAN_p;

end Albert;
```

設計動作簡介

KTM-626

本單元的電路設計屬於簡單的看板展示功能，可直接從 4-3 節裡的電路設計中，刪除動畫部分即可。編碼部分，採一維陣列的自定資料型態，而連續編碼。至於導入零件、除頻器與掃瞄控制器等，則完全一樣，在此不贅述。在電路設計中之信號的設定與連接，如下說明：

```
①BIT_R_L<='0';            --方向變換
startbit<=0;              --從 15 位元開始
maskRGB<="000000";        --直接輸出

②RGB_point1<=15-conv_integer(Scan_DCBAo);
--轉換圖形取樣指標
③LED_R<=RGB16x16_RD(RGB_point1+RGB_point0); --R 圖案選擇取圖
LED_G<=RGB16x16_GD(RGB_point1+RGB_point0); --G 圖案選擇取圖
LED_B<=RGB16x16_BD(RGB_point1+RGB_point0); --B 圖案選擇取圖

--RGB16X16_SCAN_p 執行速度變換---------------
④RGB16X16_SCAN_p_clk<=FD(8) when Gspeed=0 else
                      FD(7) when Gspeed=1 else
                      FD(6) when Gspeed=2 else
                      FD(5);
```

圖22　信號的設定與連接

① 在此有三項基本設定，如下：

- 設定不改變傳輸之移動方向，所以將 BIT_R_L 設定為 0。
- 設定從 bit 15 開始傳輸，所以將 startbit 設定為 0，傳輸前會先把 startbit 減 1，startbit 的範圍為 0~15，不管減 1 的結果是 15。
- 設定直接輸出，不做邏輯運算，所以將 maskRGB 設定為 0。

② 在此設定採用與掃瞄指標(Scan_DCBAo)相反方向的取碼方式。

③ 分別將取讀的三項顏色資料，放入 LED_R、LED_G 與 LED_B，以提供 DM13A_Driver_RGB 使用。

④ 根據 Gspeed 設定掃瞄控制器的操作頻率。

後續工作

KTM-626

電路設計完成後，按 Ctrl + S 鍵存檔，再按 Ctrl + L 鍵進行初始編譯。若編譯有錯誤，可循下方紅色錯誤訊息(直接快按兩下)，跳到錯誤處修改之。若編譯成功，在隨即出現的訊息對話盒中，按 確定 鈕關閉之。

緊接著進行接腳配置，按 Ctrl + Shift + N 鍵，開啟接腳配置視窗。除了 gckP31 與 rstP99 外，還有 DM13A 相關信號的連接，請按表 1(4-5 頁)配置這些接腳。、

完成接腳配置後，按 Ctrl + L 鍵即進行**二次編譯**，並退回原 Quartus II 編譯視窗。同樣的，完成二次編譯後，在隨即出現的訊息對話盒中，按 確定 鈕關閉之。

燒錄與測試

KTM-626

首先備妥 USB Blaster 下載線，一端插入電腦 USB 埠，另一段插入 EP3C 板上的 JTAG 埠，然後開啟 KTM-626 多功能 FPGA 開發平台之電源。

按 Alt 、 T 、 P 鍵即可開啟燒錄視窗，按 Start 鈕即進行燒錄。很快的，完成燒錄後，即可觀察 LED 的動作展示。

4-6 即時練習

本章屬於*複雜* 的設計，必須很有耐性地體驗，其中充滿技巧。在此開始要學會如何站在巨人的肩膀上，應用既有設計檔(驅動電路)，以及如何修改原本設計，以快速調整為我們想要的目標。請試著回答下列問題，*看看你準備好了沒？*

1 試述 DM13A 的功能？
2 試問一個 16×16 RGB LED 陣列有哪些接腳？
3 試問 74HC154 的功能為何？
4 試簡述 DM13A 的工作時序？
5 請在 KTM-626 多功能 FPGA 開發平台裡，16×16 RGB LED 陣列的擺設角度，與編碼的角度，有何差異？

notes
www.LTC.com.tw
筆記

CH 05

七段顯示器之應用

5-1 認識七段顯示器

七段顯示器是由七個矩形 LED 與一個圓形 LED，所構成的顯示器，其中七個矩形 LED 排列成日字形，而圓形 LED 在右下角，做為小數點，如圖 1 之左圖所示。日字形排列的 LED 分別編號為 A~G，圓形 LED(小數點)則編號為 P。如此將可依各段 LED 顯示的不同而展示 0~9 等數字。

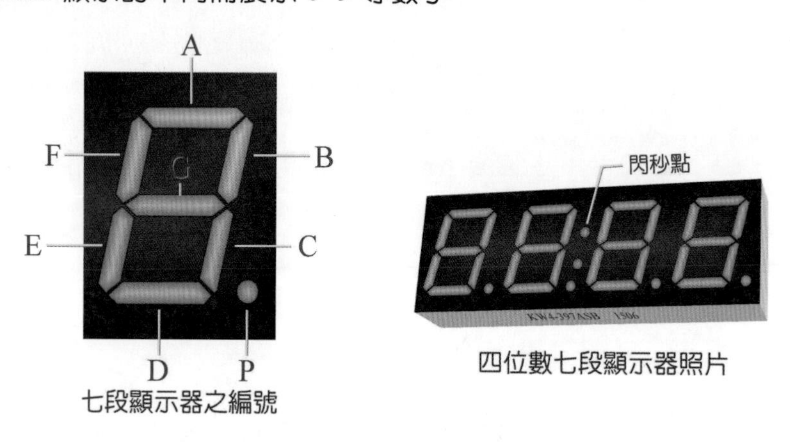

圖1　七段顯示器

如圖 1 之右圖所示為 KTM-626 多功能 FPGA 開發平台上所採用的四位數七段顯示器，其中除了四個七段顯示器外，在中間兩個圓形 LED 作為閃秒之用。這個四位數七段顯示器的內部結構如圖 2 所示。

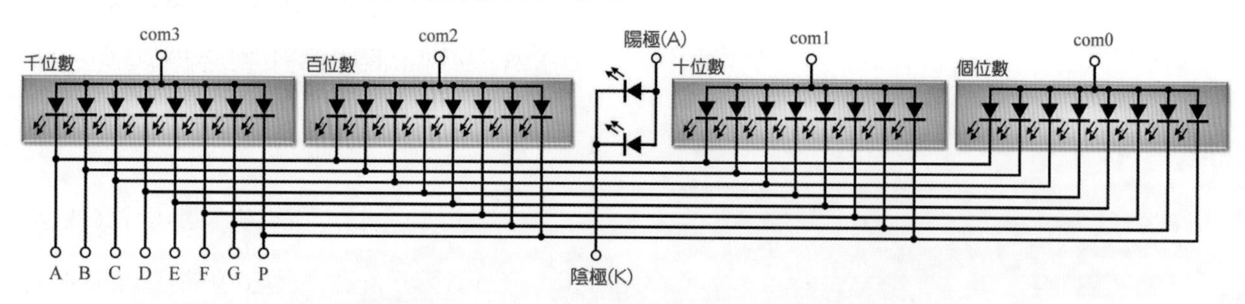

圖2　KW4-397ASB 四位數七段顯示器結構

這是一個共陽極的結構，也就是每位數的陽極都接在一起，個位數裡每個 LED 的陽極都連接到 com0 接腳、十位數裡每個 LED 的陽極都連接到 com1 接腳、百位數裡每個 LED 的陽極都連接到 com2 接腳、千位數裡每個 LED 的陽極都連接到 com3 接腳。另外，每個位數的七段顯示器裡，A 段 LED 之陰極全部連接到 A 接腳、B 段 LED 之陰極全部連接到 B 接腳、C 段 LED 之陰極全部連接到 C 接腳、D 段 LED 之陰極全部連接到 D 接腳、E 段 LED 之陰極全部連接到 E 接腳、F 段 LED 之陰極全部連接到 F 接腳、G 段 LED 之陰極全部連接到 G 接腳、DP 段(小數點)LED

之陰極全部連接到 P 接腳。

在應用七段顯示器之前，必須先為此顯示器編碼，而在此的七段顯示器是共陽極結構，所以是低態驅動的裝置。換言之，在陰極(A~G, DP)輸入低態信號，該段 LED 將會亮、輸入高態信號，該段 LED 將不亮。若 A~G, DP 的資料排列，採 DP 為 MSB(最左邊位元)、A 為 LSB(最右邊位元)，而預設編碼之小數點不亮，則編碼如表 1 所示。

表 1　共陽極編碼

數字	P	G	F	E	D	C	B	A	編碼	圖案
0	1	1	0	0	0	0	0	0	x"C0"	
1	1	1	1	1	1	0	0	1	x"F9"	
2	1	0	1	0	0	1	0	0	x"A4"	
3	1	0	1	1	0	0	0	0	x"B0"	
4	1	0	0	1	1	0	0	1	x"99"	
5	1	0	0	1	0	0	1	0	x"92"	
6	1	0	0	0	0	0	1	0	x"82"	
7	1	1	1	1	1	0	0	0	x"F8"	
8	1	0	0	0	0	0	0	0	x"80"	
9	1	0	0	1	0	0	0	0	x"90"	

在此的 4 位數七段顯示器為共陽極結構，A~P 腳分別連接到 LED 的陰極。若要 A~P 段 LED 亮，必須在 A~P 腳上連接低態信號。而驅動 LED 的電流由 com0~com3 接入，在此採用 PNP 電晶體(或 PMOS)分別驅動每一個位數，若要提供千位數電流，則 com3 腳所連接的 PNP 電晶體(或 PMOS)必須導通；若要提供百位數電流，則 com2 腳所連接的 PNP 電晶體(或 PMOS)必須導通，以此類推。PNP 電晶體(或 PMOS)屬於低態動作的裝置，當 PNP 電晶體(或 PMOS)輸入低態時，就會導通而提供電流。如圖 3 所示，共陽極的 4 位數七段顯示器的動作，如下範例說明：

1. 若要千位數顯示 1，則把 1 的編碼(即 0xC0)接入 A~P 腳，而所有位數的 A~P 段 LED 都連接 1 的編碼。緊接著，千位數的 PNP 電晶體(或 PMOS)輸入低態，讓它導通，以提供千位數所須的電流。其它位數的 PNP 電晶體(或 PMOS)輸入高態，讓它不導通，所以其它位數不顯示。

2. 若要百位數顯示 2，則把 2 的編碼(即 0xA4)接入 A~P 腳，而所有位數的 A~P 段 LED 都連接 2 的編碼。緊接著，百位數的 PNP 電晶體(或 PMOS)輸入低態，讓它導通，以提供百位數所須的電流。其它位數的 PNP 電晶體(或 PMOS)輸入高態，讓它不導通，所以其它位數不顯示。

③ 若要十位數顯示 3，則把 3 的編碼(即 0xB0)接入 A~P 腳，而所有位數的 A~P 段 LED 都連接 3 的編碼。緊接著，十位數的 PNP 電晶體(或 PMOS)輸入低態，讓它導通，以提供十位數所須的電流。其它位數的 PNP 電晶體(或 PMOS)輸入高態，讓它不導通，所以其它位數不顯示。

④ 若要個位數顯示 4，則把 4 的編碼(即 0x99)接入 A~P 腳，而所有位數的 A~P 段 LED 都連接 4 的編碼。緊接著，個位數的 PNP 電晶體(或 PMOS)輸入低態，讓它導通，以提供千位數所須的電流。其它位數的 PNP 電晶體(或 PMOS)輸入高態，讓它不導通，所以其它位數不顯示。

如上所述，依序從①到④，再從①開始，如此循環不停，基於人類眼睛之視覺暫態，感覺上，就是同時顯示 **1、2、3、4**，這種方式稱為掃瞄顯示。

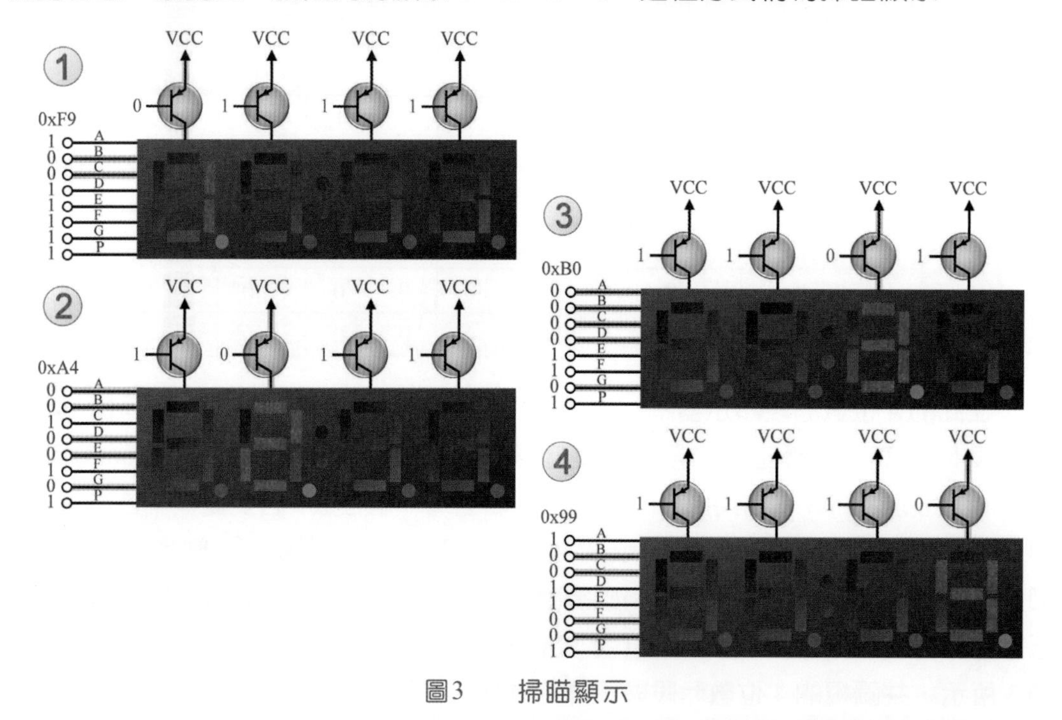

圖3　掃瞄顯示

在 KTM-626 多功能 FPGA 開發平台所提供的四位數七段顯示器，在上方中間，而其連接線已接入 FPGA，如表 2 所示，其中的 DP 就是小數點(在此稱為 P)，DD 則為中間兩個閃秒點。

表 2　七段顯示器接腳表

P	DD	dig3	dig2	dig1	dig0	
169	168	167	166	164	161	
A	B	C	D	E	F	G
181	177	176	175	174	173	171

5-2 手動計量器實習

實習目的

在本單元裡將設計一個計量器或計數器，當按一下 S1 鍵，七段顯示器上的數值就加 1。若按 S8 鍵，七段顯示器上的數值就歸零。在 KTM-626 裡，S1 鍵內接到 FPGA 的 131 腳，S8 鍵內接到 FPGA 的 117 腳。

新增專案與設計檔案

開啟 Quartus II，並按 1-2 節的說明，新增專案與設計檔案，相關資料如下：

- 專案資料夾：D:\CH5\CH5_7SLED_1
- 專案名稱：CH5_7SLED_1
- 晶片族系(Family)：Cycolne III
- 接腳數(Pin count)：240
- 晶片名稱：EP3C16Q240C8
- VHDL 設計檔：CH5_7SLED_1.vhd

電路設計

在新建的 CH5_7SLED_1.vhd 編輯區裡按下列設計電路，再按 Ctrl + S 鍵。

```
--4 位數掃瞄式共陽極七段顯示器
--計數器:手動計量器
--106.12.30 版
--EP3C16Q240C8 50MHz LEs:15,408 PINs:161 ,gckp31 ,rstP99

Library IEEE;                           --連結零件庫
Use IEEE.std_logic_1164.all;            --引用套件
Use IEEE.std_logic_unsigned.all;        --引用套件

entity CH5_7SLED_1 is
    port(gckp31,rstP99:in std_logic;--系統頻率,系統 reset(歸零)
         S1,S8:in std_logic;            --遞增按鈕(131),歸零(117)
         --4 位數掃瞄式顯示器
```

```
        SCANo:buffer std_logic_vector(3 downto 0);--掃瞄器輸出
        Disp7S:buffer std_logic_vector(7 downto 0)--計數位數解碼輸出
        );
end entity CH5_7SLED_1;

architecture Albert of CH5_7SLED_1 is
    signal FD:std_logic_vector(26 downto 0);    --系統除頻器
    type Disp7DataT is array(0 to 3) of integer range 0 to 9;--計數器格式
    signal Disp7Data:Disp7DataT;                 --計數器
    signal scanP:integer range 0 to 3;           --掃瞄器指標
    signal S1S,S8S:std_logic_vector(2 downto 0);--防彈跳計數器
begin

--計數器--------------------
counter_P:process(FD(18))   --FD(18)約 95Hz
begin
    if rstP99='0' or S8S(2)='1' then    --系統重置,歸零
        Disp7Data(3)<=0;    --計數器:千位歸零
        Disp7Data(2)<=0;    --計數器:百位歸零
        Disp7Data(1)<=0;    --計數器:十位歸零
        Disp7Data(0)<=0;    --計數器:個位歸零
    elsif rising_edge(FD(18)) then
        if S1S(1)='1' then --BCD 碼遞增
            if Disp7Data(0)/=9 then
                Disp7Data(0)<=Disp7Data(0)+1;
            else Disp7Data(0)<=0;--調整個位數
                if Disp7Data(1)/=9 then
                    Disp7Data(1)<=Disp7Data(1)+1;
                else Disp7Data(1)<=0;--調整十位數
                    if Disp7Data(2)/=9 then
                        Disp7Data(2)<=Disp7Data(2)+1;
                    else Disp7Data(2)<=0;--調整百位數
                        if Disp7Data(3)/=9 then
                            Disp7Data(3)<=Disp7Data(3)+1;
                        else Disp7Data(3)<=0;--調整千位數
                        end if;
                    end if;
                end if;
            end if;
        end if;
    end if;
```

```
end process counter_P;

--4 位數掃瞄器--
scan_P:process(FD(17),rstP99) --FD(17)約 191Hz
begin
    if rstP99='0' then
        scanP<=0;               --位數取值指標
        SCANo<="1111";          --掃瞄信號 all off
    elsif rising_edge(FD(17)) then
        scanP<=scanP+1;         --位數取值指標遞增
        SCANo<=SCANo(2 downto 0)&SCANo(3);
        if scanP=3 then         --最後一位數了
            scanP<=0;           --位數取值指標重設
            SCANo<="1110";      --掃瞄信號重設
        end if;
    end if;
end process scan_P;

--BCD 碼解:共陽極七段顯示碼 pgfedcba
with Disp7Data(scanP) select --取出顯示值
    Disp7S<=
    "11000000" when 0, --0xC0
    "11111001" when 1, --0xF9
    "10100100" when 2, --0xA4
    "10110000" when 3, --0xB0
    "10011001" when 4, --0x99
    "10010010" when 5, --0x92
    "10000010" when 6, --0x82
    "11111000" when 7, --0xF8
    "10000000" when 8, --0x80
    "10010000" when 9, --0x90
    "11111111" when others; --不顯示

--防彈跳--
debouncer:process(FD(17)) --FD(17)約 191Hz
begin
    --S1 防彈跳
    if S1='1' then
        S1S<="000";
    elsif rising_edge(FD(17)) then
        S1S<=S1S+ not S1S(2);
```

```
    end if;
    --S8 防彈跳
    if S8='1' then
        S8S<="000";
    elsif rising_edge(FD(17)) then
        S8S<=S8S+ not S8S(2);
    end if;
end process;

--除頻器--
Freq_Div:process(gckP31)                    --系統頻率 gckP31:50MHz
begin
    if rstP99='0' then                      --系統重置
        FD<=(others=>'0');                  --除頻器:歸零
    elsif rising_edge(gckP31) then          --50MHz
        FD<=FD+1;                           --除頻器:2 進制上數(+1)計數器
    end if;
end process Freq_Div;

end Albert;
```

設計動作簡介

KTM-626

在此電路架構(architecture)裡，包括計數器(counter_P)、掃瞄器(scan_P)、解碼電路、防彈跳電路(debouncer)與除頻器，其中的除頻器以介紹過，其餘各電路，如下說明：

計數器

KTM-626

本設計中的計數器 counter_P 提供四位數 BCD 計數功能，其動作如下：

- 起始狀態(重置)或按歸零鍵(S8)時，把計數器的四位數歸零。
- S1S(1)是指 S1 按鍵防彈跳計數器的 bit 1，稍後會介紹防彈跳計數器的工作原理。當 S1S(1)=1 時，代表按 S1 鍵且穩定後，如下操作：
    - 若計數器的個位數不是 9，則個位數加 1。否則個位數歸零，並進位。
    - 個位數的進位動作是先看十位數是否不為 9，若是，則十位數加 1。否則，則十位數歸零，並進位。
    - 十位數的進位動作是先看百位數是否不為 9，若是，則百位數加 1。否則，則百位數歸零，並進位。

- 百位數的進位動作是先看千位數是否不為 9，若是，則千位數加 1。否則，則千位數歸零

● 在此的計數器為 Disp7Data，其中 Disp7Data(0)為個位數、Disp7Data(1)為十位數、Disp7Data(2)為百位數、Disp7Data(3)為千位數。

本設計的掃瞄器 scan_P 提供四位數循序顯示的功能，操作時脈為 FD(17)，頻率約為 191Hz，因此，四個七段顯示器穩定顯示，而不會閃爍。初始掃瞄信號為"1111"，也就是把七段顯示器關閉。當要開始掃瞄時，則掃瞄信號為"1110"，而採用移位方式產生下一個掃瞄信號，如下：

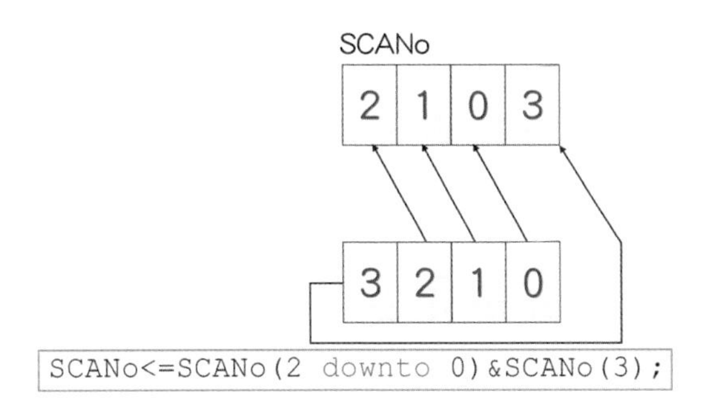

圖4　移位式掃瞄信號產生

其中的 SCANo 為輸出緩衝器，外接到七段顯示器的四支腳(dig3~dig0)，因此，在 entity 裡，必須把宣告為 buffer 型態的接腳，否則無法直接移位。

在此採用 with select 指令，快速建構共陽極七段顯示器之解碼電路，若所要解碼的值不是 0~9，則關閉七段顯示器，如下：

```
--BCD 碼解:共陽極七段顯示碼 pgfedcba
with Disp7Data(scanP) select --取出顯示值
    Disp7S<=
    "11000000" when 0, --0xC0
    "11111001" when 1, --0xF9
    "10100100" when 2, --0xA4
    "10110000" when 3, --0xB0
    "10011001" when 4, --0x99
    "10010010" when 5, --0x92
    "10000010" when 6, --0x82
    "11111000" when 7, --0xF8
    "10000000" when 8, --0x80
    "10010000" when 9, --0x90
    "11111111" when others; --不顯示
```

圖5　　共陽極解碼電路

防彈跳電路

開關的動作並不是那麼理想！當我們按按鍵或切換指撥開關時，都會在切換瞬間產生彈跳的不穩定現象，稱之為雜訊。當然，這些不穩定的雜訊，不一定會影響每個電路的運作，但對於計數開關動作的電路而言，哪就有很大的影響！在此的防彈跳電路之動作原理是，當開關動作後，即連續偵測開關狀態，若連續 4 次偵測的結果，開關都呈現穩定狀態，就認可該開關已穩定(沒彈跳)。只要偵測的開關跳開時，繼續偵測開關狀態，但重新計數。為達到這個效果，在此採用一個 3 位元的計數器，若是 S1 按鍵，則其防彈跳計數器定名為 S1S；若是 S1 按鍵，則其防彈跳計數器定名為 S1S，其動作如圖 6 所示。

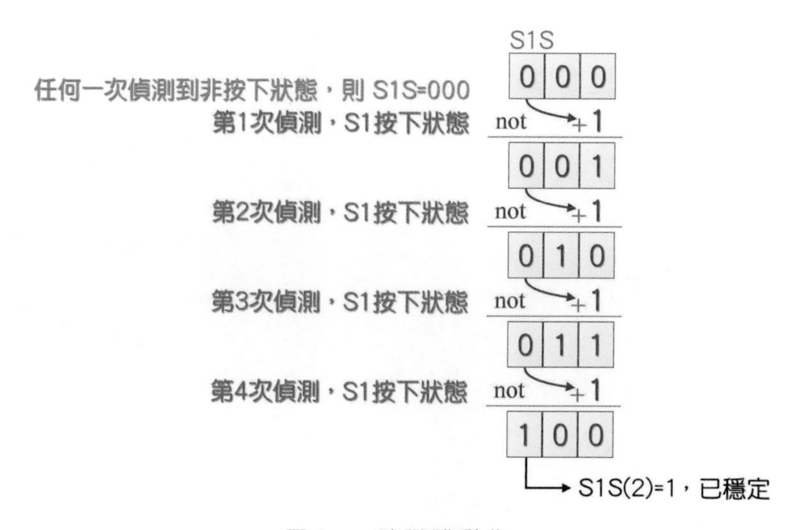

圖6　　防彈跳動作

在此影響防彈跳效果的因素有二：

1. 偵測的頻率將影響開關靈敏度與效果，若頻率太高，防彈跳效果不好；若頻率太低，開關靈敏度變低。在此採用 FD(17)，即 191Hz，約每 0.005 秒偵測一次。
2. 連續偵測的次數影響開關靈敏度與效果，次數越多防彈跳效果越好，但開關的靈敏度鈍化。

後續工作

KTM-626

電路設計完成後，按 Ctrl + S 鍵存檔，再按 Ctrl + L 鍵進行初始編譯。若編譯有錯誤，可循下方紅色錯誤訊息(直接快按兩下)，跳到錯誤處修改之。若編譯成功，在隨即出現的訊息對話盒中，按 確定 鈕關閉之。

緊接著進行接腳配置，按 Ctrl + Shift + N 鍵，開啟接腳配置視窗。除了 `gckP31` 與 `rstP99` 外，再按表 2(5-4 頁)配置接腳。

完成接腳配置後，按 Ctrl + L 鍵即進行**二次編譯**，並退回原 Quartus II 編譯視窗。同樣的，完成二次編譯後，在隨即出現的訊息對話盒中，按 確定 鈕關閉之。

燒錄與測試

KTM-626

首先備妥 USB Blaster 下載線，一端插入電腦 USB 埠，另一段插入 EP3C 板上的 JTAG 埠，然後開啟 KTM-626 多功能 FPGA 開發平台之電源。

按 Alt 、 T 、 P 鍵即可開啟燒錄視窗，按 Start 鈕即進行燒錄。很快的，完成燒錄後，請按下列操作：

1. 按一下 S8 鍵，看看七段顯示器顯示的值是否歸零？____
2. 按一下 S1 鍵，看看七段顯示器顯示的值，是否增加 1？_____
3. 按住 S1 鍵不放，看看七段顯示器顯示的值，有無變化？_____

5-3 倒數計數器實習

實習目的

KTM-626

在本單元裡將設計一個 59 分 59 秒倒數到 00 分 00 秒的倒數計數器，剛開機時，顯示 00:00，只有中間閃秒，沒有數字變化。在此利用三個按鍵來操作，如下：

- S8 鍵可切換倒數模式與設定模式，而與之前的按鍵操作不太一樣，必須按住 S8 鍵一會兒，才有作用。
- 當在設定模式時，中間的閃秒點恆亮，若要調整分，則按住 S1 鍵一會兒，分的數字才會增加；若要調整秒，則按住 S2 鍵一會兒，秒的數字才會增加。

在 KTM-626 裡，S1 鍵內接到 FPGA 的 131 腳，S2 鍵內接到 128 腳，S8 鍵內接到 117 腳。

新增專案與設計檔案

KTM-626

開啟 Quartus II，並按 1-2 節的說明，新增專案與設計檔案，相關資料如下：

- 專案資料夾：D:\CH5\CH5_7SLED_2
- 專案名稱：CH5_7SLED_2
- 晶片族系(Family)：Cycolne III
- 接腳數(Pin count)：240
- 晶片名稱：EP3C16Q240C8
- VHDL 設計檔：CH5_7SLED_2.vhd

電路設計

KTM-626

在新建的 CH5_7SLED_2.vhd 編輯區裡按下列設計電路，再按 Ctrl + S 鍵。

```
--4 位數掃瞄式共陽極七段顯示器
--倒時計時器 59 分 59 秒
--106.12.30 版
--EP3C16Q240C8 50MHz LEs:15,408 PINs:161 ,gckp31 ,rstP99

Library IEEE;                          --連結零件庫
```

```
Use IEEE.std_logic_1164.all;         --引用套件
Use IEEE.std_logic_unsigned.all;     --引用套件

entity CH5_7SLED_2 is
    port(gckp31,rstP99:in std_logic;--系統頻率,系統 reset(歸零)
         S1,S2,S0:in std_logic;
         --分(131),秒(128)遞增按鈕,設定/暫停/倒時(117)按鈕
         --4 位數掃瞄式顯示器
         SCANo:buffer std_logic_vector(3 downto 0);--掃瞄器輸出
         Disp7S:buffer std_logic_vector(7 downto 0);--計數位數解碼輸出
         Dd:buffer std_logic                         --狀態顯示
         );
end entity CH5_7SLED_2;

architecture Albert of CH5_7SLED_2 is
    signal FD:std_logic_vector(26 downto 0);    --系統除頻器
    signal Scounter:integer range 0 to 390625; --半秒計時器
    type Disp7DataT is array(0 to 3) of integer range 0 to 9;--顯示格式
    signal Disp7Data:Disp7DataT;                --顯示區
    signal scanP:integer range 0 to 3;          --掃瞄器指標
    signal S2S,S1S,S0S:std_logic_vector(2 downto 0);--防彈跳計數器
    signal M,S:integer range 0 to 59;           --分,秒
    signal Ss,M_S_P_clk:std_logic;              --1 秒,M_S_P 時脈操作
    signal MSs:std_logic_vector(1 downto 0);    --設定 on/off
begin

Disp7Data(3)<=M/10;          --分十位
Disp7Data(2)<=M mod 10;      --分個位
Disp7Data(1)<=S/10;          --秒十位
Disp7Data(0)<=S mod 10;      --秒個位
Dd<='0' when MSs>0 else Ss; --MSs=0 暫停,恆亮；MSs=1 倒數,閃秒

--倒數計時器--
M_S_P_clk<=FD(23) when MSs>0 else Ss;  --M_S_P 時脈選擇
M_S_P:process(M_S_P_clk)
begin
    if rstP99='0' then        --系統重置,歸零
        M<=0;                 --分歸零
        S<=0;                 --秒歸零
        MSs<="00";            --狀態切換控制
    elsif rising_edge(M_S_P_clk) then
```

```
          if S0S(2)='1' then              --狀態進行切換
             if MSs=0 or MSs=2 then --計時轉設定 or 設定轉計時
                MSs<=MSs+1;             --切換
             end if;
          else                            --狀態轉換
             if MSs=1 or MSs=3 then --計時轉設定 or 設定轉計時
                MSs<=MSs+1;             --轉換:轉可執行穩定狀態
             end if;
          end if;
          if MSs>0 then                   --狀態中
             if MSs=2 then                --可設定
                if S1S(2)='1' then --調整分
                   if M=59 then
                      M<=0;
                   else
                      M<=M+1;
                   end if;
                end if;
                if S2S(2)='1' then --調整秒
                   if S=59 then
                      S<=0;
                   else
                      S<=S+1;
                   end if;
                end if;
             end if;
          elsif M/=0 or S/=0 then        --時未到
             if S/=0 then                 --倒時計時
                S<=S-1;
             else
                S<=59;
                M<=M-1;
             end if;
          end if;
    end if;
end process M_S_P;

--秒信號產生器
S_G_P:process(FD(5))
begin
    if rstP99='0' or MSs>0 then--系統重置 or 重新計時
```

```
        Ss<='1';
        Scounter<=390625;       --半秒計時器預設
    elsif rising_edge(FD(5)) then--781250Hz
        Scounter<=Scounter-1;   --半秒計時器遞減
        if Scounter=1 then      --半秒到
            Scounter<=390625;   --半秒計時器重設
            Ss<=not Ss;         --1 秒狀態
        end if;
    end if;
end process S_G_P;

--4 位數掃瞄器--
scan_P:process(FD(17),rstP99)
begin
    if rstP99='0' then
        scanP<=0;               --位數取值指標
        SCANo<="1111";          --掃瞄信號 all off
    elsif rising_edge(FD(17)) then
        scanP<=scanP+1;         --位數取值指標遞增
        SCANo<=SCANo(2 downto 0)&SCANo(3);
        if scanP=3 then         --最後一位數了
            scanP<=0;           --位數取值指標重設
            SCANo<="1110";      --掃瞄信號重設
        end if;
    end if;
end process scan_P;

--BCD 碼解共陽極七段顯示碼 pgfedcba
with Disp7Data(scanP) select --取出顯示值
    Disp7S<=
    "11000000" when 0, --0xC0
    "11111001" when 1, --0xC0
    "10100100" when 2, --0xA4
    "10110000" when 3, --0xB0
    "10011001" when 4, --0x99
    "10010010" when 5, --0x92
    "10000010" when 6, --0x82
    "11111000" when 7, --0xF8
    "10000000" when 8, --0x80
    "10010000" when 9, --0x9
    "11111111" when others; --不顯示
```

```
--防彈跳--
debouncer:process(FD(17))
begin
    --S0 防彈跳
    if S0='1' then
        S0S<="000";
    elsif rising_edge(FD(17)) then
        S0S<=S0S+ not S0S(2);
    end if;
    --S1 防彈跳
    if S1='1' then
        S1S<="000";
    elsif rising_edge(FD(17)) then
        S1S<=S1S+ not S1S(2);
    end if;
    --S1 防彈跳
    if S2='1' then
        S2S<="000";
    elsif rising_edge(FD(17)) then
        S2S<=S2S+ not S2S(2);
    end if;
end process;

--除頻器--
Freq_Div:process(gckP31)                --系統頻率 gckP31:50MHz
begin
    if rstP99='0' then                  --系統重置
        FD<=(others=>'0');              --除頻器:歸零
    elsif rising_edge(gckP31) then      --50MHz
        FD<=FD+1;                       --除頻器:2 進制上數(+1)計數器
    end if;
end process Freq_Div;

end Albert;
```

設計動作簡介

KTM-626

在此電路架構(architecture)裡，包括輸出電路、倒數計數器(M_S_P)、秒信號產生器(S_G_P)、掃瞄器(scan_P)、解碼電路、防彈跳電路與除頻器，其中的掃瞄器、解碼電路、防彈跳電路與除頻器已在前一個單元介紹過，在此不贅述，其餘各項如下說明：

輸出電路

在此的顯示包括兩位分數、兩位秒數，分數的十位數從 0~5、個位數從 0~9，分別存在 Disp7Data(3)與 Disp7Data(2)；秒數的十位數從 0~5、個位數從 0~9，分別存在 Disp7Data(1)與 Disp7Data(0)。在此採用 M 計數器為分的計數器，其範圍為 0~59；S 計數器為秒的計數器，其範圍為 0~59。輸出電路裡，必須將 M 的十位數放入 Disp7Data(3)、M 的個位數放入 Disp7Data(2)、S 的十位數放入 Disp7Data(1)、S 的個位數放入 Disp7Data(0)。以 M 為例，若要萃取其十位數，則將 M 除 10 取商數即可；若要萃取其十位數，則將 M 除 10 取餘數即可，如圖 7 中之①。

```
①Disp7Data(3)<=M/10;          --分十位
  Disp7Data(2)<=M mod 10;     --分個位
②Disp7Data(1)<=S/10;          --秒十位
  Disp7Data(0)<=S mod 10;     --秒個位
③Dd<='0' when MSs>0 else Ss;--MSs=0 暫停,恆亮；MSs=1 倒數,閃秒
```

圖7　輸出電路

同樣的，若要萃取其十位數，則將 S 除 10 取商數即可；若要萃取其個位數，則將 S 除 10 取餘數即可，如圖 7 中之②。而在③處為閃秒點的控制，當 MSs 不等於 0 時，閃秒點恆亮；否則隨秒信號而閃。

倒數計時器

在倒數計時器(M_S_P)裡，所採用的時脈可依不同的狀況而不同，若是倒數模式，則採用精確地秒脈波為時脈，每秒減 1；當調整模式時，調整的時脈為 FD(23)，約 2.98Hz，每秒鐘可調整約 3 個數。倒數計時器的動作，如下說明：

1. 當 S8 按鍵被按下，且穩定時，則切換倒數計時模式與調整模式(MSs)。
2. 若是在調整模式，則查詢 S1 按鍵是否被按下且穩定，若是則調整分；查詢 S2 按鍵是否被按下且穩定，若是則調整秒。
3. 若是在倒數計時模式，則依據秒的時鐘脈波，將秒 S 遞減，若有需要借位，則將分 M 減 1。

秒信號產生器

在此的秒信號產生器(S_G_P)屬於除 n 除頻器，其輸入的時脈為 FD(5)，頻率為 781,250Hz。當除頻器的計數值達到 390,625 時(781,250 的一半)，即切換輸

出秒脈波 Ss 的狀態。即可產生 1 秒的脈波。

後續工作

KTM-626

電路設計完成後，按 Ctrl + S 鍵存檔，再按 Ctrl + L 鍵進行初始編譯。若編譯有錯誤，可循下方紅色錯誤訊息(直接快按兩下)，跳到錯誤處修改之。若編譯成功，在隨即出現的訊息對話盒中，按 確定 鈕關閉之。

緊接著進行接腳配置，按 Ctrl + Shift + N 鍵，開啟接腳配置視窗。除了 gckP31 與 rstP99 外，再將 S1 信號配置到 131 腳、S2 信號配置到 128 腳、S8 鍵信號配置到 117 腳，然後按表 2(5-4 頁)配置接腳。

完成接腳配置後，按 Ctrl + L 鍵即進行**二次編譯**，並退回原 Quartus II 編譯視窗。同樣的，完成二次編譯後，在隨即出現的訊息對話盒中，按 確定 鈕關閉之。

燒錄與測試

KTM-626

首先備妥 USB Blaster 下載線，一端插入電腦 USB 埠，另一段插入 EP3C 板上的 JTAG 埠，然後開啟 KTM-626 多功能 FPGA 開發平台之電源。

按 Alt 、 T 、 P 鍵即可開啟燒錄視窗，按 Start 鈕即進行燒錄。很快的，完成燒錄後，請按下列操作：

1. 剛開始，閃秒點正常閃秒，但數字不變(沒有倒數功能)。
2. 按住 S8 鍵一會兒才放開，看看閃秒是否恆亮(進入調整模式)？_____
3. 按住 S1 鍵一會兒才放開，看看七段顯示器顯示的分，是否遞增？_____
4. 按住 S2 鍵一會兒才放開，看看七段顯示器顯示的秒，是否遞增？_____
5. 再按住 S8 鍵一會兒才放開，看看是否開始閃秒(進入倒數模式)？而秒數是否開始倒數？_____

5-4 簡單數位時鐘實習

實習目的

KTM-626

在本單元裡將設計一個 24 小時制的數位時鐘，而此設計的架構與 5-3 節的倒數計數器相近，唯一不同的是以 24 小時制時鐘(E_Clock_P)替換 5-3 節的 M_S_P 倒數計數器，七段顯示器上的數值就加 1。在此利用三個按鍵來操作，如下：

- S8 鍵可切換 24 小時制時鐘模式與調整模式，而與之前的按鍵操作不太一樣，必須按住 S8 鍵一會兒，才有作用。
- 當在設定模式時，中間的閃秒點恆亮，若要調整分，則按住 S1 鍵一會兒，分的數字才會增加；若要調整秒，則按住 S2 鍵一會兒，秒的數字才會增加。
- 調整後，再切換回時鐘模式，時鐘才有作用。

在 KTM-626 裡，S1 鍵內接到 FPGA 的 131 腳，S2 鍵內接到 128 腳，S8 鍵內接到 117 腳。

新增專案與設計檔案

KTM-626

開啟 Quartus II，並按 1-2 節的說明，新增專案與設計檔案，相關資料如下：

- 專案資料夾：D:\CH5\CH5_7SLED_3
- 專案名稱：CH5_7SLED_3
- 晶片族系(Family)：Cycolne III
- 接腳數(Pin count)：240
- 晶片名稱：EP3C16Q240C8
- VHDL 設計檔：CH5_7SLED_3.vhd

電路設計

KTM-626

在新建的 CH5_7SLED_3.vhd 編輯區裡按下列設計電路，再按 Ctrl + S 鍵。

```
--4 位數掃瞄式共陽極七段顯示器
--數位電子鐘 24 小時制
--106.12.30 版
--EP3C16Q240C8 50MHz LEs:15,408 PINs:161 ,gckp31 ,rstP99
```

```
Library IEEE;                          --連結零件庫
Use IEEE.std_logic_1164.all;           --引用套件
Use IEEE.std_logic_unsigned.all;       --引用套件

entity CH5_7SLED_3 is
   port(gckp31,rstP99:in std_logic;--系統頻率,系統 reset(歸零)
       S1,S2,S8:in std_logic;
       --時(131),分(128)遞增按鈕,設定/暫停/倒時按鈕(117)
       --4 位數掃瞄式顯示器
       SCANo:buffer std_logic_vector(3 downto 0);--掃瞄器輸出
       Disp7S:buffer std_logic_vector(7 downto 0);  --計數位數解碼輸出
       Dd:buffer std_logic                          --狀態顯示
       );
end entity CH5_7SLED_3;

architecture Albert of CH5_7SLED_3 is
   signal FD:std_logic_vector(26 downto 0);    --系統除頻器
   signal Scounter:integer range 0 to 390625; --半秒計時器
   type Disp7DataT is array(0 to 3) of integer range 0 to 9;--顯示區格式
   signal Disp7Data:Disp7DataT;                         --顯示區
   signal scanP:integer range 0 to 3;                   --掃瞄器指標
   signal S2S,S1S,S8S:std_logic_vector(2 downto 0);--防彈跳計數器
   signal H:integer range 0 to 23;     --時
   signal M,S:integer range 0 to 59;   --分,秒
   signal Ss,E_Clock_P_clk:std_logic; --1 秒,E_Clock_P 時脈操作
   signal MSs:std_logic_vector(1 downto 0);--設定 on/off
begin

Disp7Data(3)<=H/10;            --時十位
Disp7Data(2)<=H mod 10;        --時個位
Disp7Data(1)<=M/10;            --分十位
Disp7Data(0)<=M mod 10;        --分個位
Dd<='0' when MSs>0 else Ss;--MSs=0 暫停,恆亮;MSs=1 倒數,閃秒

--數位電子鐘 24 小時制--
E_Clock_P_clk<=FD(23) when MSs>0 else Ss;  --E_Clock_P 時脈選擇
E_Clock_P:process(E_Clock_P_clk)
begin
   if rstP99='0' then          --系統重置,歸零
      M<=0;                    --分歸零
```

```
    S<=0;                 --秒歸零
    MSs<="00";            --狀態切換控制
elsif rising_edge(E_Clock_P_clk) then
    if S8S(2)='1' then          --狀態進行切換
        if MSs=0 or MSs=2 then  --計時轉設定 or 設定轉計時
            MSs<=MSs+1;         --切換
        end if;
    else                        --狀態轉換
        if MSs=1 or MSs=3 then  --計時轉設定 or 設定轉計時
            MSs<=MSs+1;         --轉換:轉可執行穩定狀態
        end if;
    end if;
    if MSs>0 then               --狀態中
        if MSs=2 then           --可設定
            if S1S(2)='1' then  --調整時
                if H=23 then
                    H<=0;
                else
                    H<=H+1;
                end if;
            end if;
            if S2S(2)='1' then  --調整分
                if M=59 then
                    M<=0;
                else
                    M<=M+1;
                end if;
            end if;
            S<=0;               --秒歸零
        end if;
    else
        if S/=59 then           --秒計時
            S<=S+1;
        else
            S<=0;
            if M/=59 then       --分計時
                M<=M+1;
            else
                M<=0;
                if H/=23 then   --時計時
                    H<=H+1;
```

```
                    else
                        H<=0;
                    end if;
                end if;
            end if;
        end if;
    end if;
end process E_Clock_P;

--秒信號產生器 --
S_G_P:process(FD(5))
begin
    if rstP99='0' or MSs>0 then --系統重置 or 重新計時
        Ss<='1';
        Scounter<=390625;           --半秒計時器預設
    elsif rising_edge(FD(5)) then--781250Hz
        Scounter<=Scounter-1;       --半秒計時器遞減
        if Scounter=1 then          --半秒到
            Scounter<=390625;       --半秒計時器重設
            Ss<=not Ss;             --1 秒狀態
        end if;
    end if;
end process S_G_P;

--4 位數掃瞄器--
scan_P:process(FD(17),rstP99)
begin
    if rstP99='0' then
        scanP<=0;               --位數取值指標
        SCANo<="1111";          --掃瞄信號 all off
    elsif rising_edge(FD(17)) then
        scanP<=scanP+1;         --位數取值指標遞增
        SCANo<=SCANo(2 downto 0)&SCANo(3);
        if scanP=3 then         --最後一位數了
            scanP<=0;           --位數取值指標重設
            SCANo<="1110";      --掃瞄信號重設
        end if;
    end if;
end process scan_P;

--BCD 碼解共陽極七段顯示碼 pgfedcba
```

```
with Disp7Data(scanP) select --取出顯示值
    Disp7S<=    "11000000" when 0, --0xC0
                "11111001" when 1, --0xF9
                "10100100" when 2, --0xA4
                "10110000" when 3, --0xB0
                "10011001" when 4, --0x99
                "10010010" when 5, --0x92
                "10000010" when 6, --0x82
                "11111000" when 7, --0xF8
                "10000000" when 8, --0x80
                "10010000" when 9, --0x90
                "11111111" when others; --不顯示

--防彈跳--
process(FD(17))
begin
    --S8 防彈跳
    if S8='1' then
        S8S<="000";
    elsif rising_edge(FD(17)) then
        S8S<=S0S+ not S8S(2);
    end if;
    --S1 防彈跳
    if S1='1' then
        S1S<="000";
    elsif rising_edge(FD(17)) then
        S1S<=S1S+ not S1S(2);
    end if;
    --S1 防彈跳
    if S2='1' then
        S2S<="000";
    elsif rising_edge(FD(17)) then
        S2S<=S2S+ not S2S(2);
    end if;
end process;

--除頻器--
Freq_Div:process(gckP31)             --系統頻率 gckP31:50MHz
begin
    if rstP99='0' then               --系統重置
        FD<=(others=>'0');           --除頻器:歸零
```

```
    elsif rising_edge(gckP31) then --50MHz
        FD<=FD+1;                   --除頻器:2 進制上數(+1)計數器
    end if;
end process Freq_Div;

end Albert;
```

設計動作簡介

KTM-626

在此電路架構(architecture)裡，包括輸出電路、24 小時制時鐘(E_clock_P)、秒信號產生器(S_G_P)、掃瞄器(scan_P)、解碼電路、防彈跳電路與除頻器，其中除了 24 小時制時鐘外，已在前一個單元介紹過，在此不贅述，24 小時制時鐘如下說明：

24小時制時鐘

KTM-626

在 24 小時至時鐘計時器(E_clock_P)裡，所採用的時脈可依不同的狀況而不同，若是時鐘模式，則採用精確地秒脈波為時脈，每秒加 1；當調整模式時，調整的時脈為 FD(23)，約 2.98Hz，每秒鐘可調整約 3 個數。24 小時制時鐘的動作，如下說明：

1. 當 S8 按鍵被按下，且穩定時，則切換時鐘模式與調整模式(MSs)。
2. 若是在調整模式，則查詢 S1 按鍵是否被按下且穩定，若是則調整時；查詢 S2 按鍵是否被按下且穩定，若是則調整分。
3. 若是在時鐘模式，則依據秒的時鐘脈波，將秒 S 遞增，若有秒進位，將分 M 加 1；若有分進位，將時 H 加 1；若有時進位，則時歸零。

後續工作

KTM-626

電路設計完成後，按 Ctrl + S 鍵存檔，再按 Ctrl + L 鍵進行初始編譯。若編譯有錯誤，可循下方紅色錯誤訊息(直接快按兩下)，跳到錯誤處修改之。若編譯成功，在隨即出現的訊息對話盒中，按 確定 鈕關閉之。

緊接著進行接腳配置，按 Ctrl + Shift + N 鍵，開啟接腳配置視窗。除了 gckP31 與 rstP99 外，再將 S1 信號配置到 131 腳、S2 信號配置到 128 腳、S8 鍵信號配置到 117 腳，然後按表 2(5-4 頁)配置接腳。

完成接腳配置後，按 Ctrl + L 鍵即進行二次編譯，並退回原 Quartus II

編譯視窗。同樣的，完成二次編譯後，在隨即出現的訊息對話盒中，按 確定 鈕關閉之。

燒錄與測試

KTM-626

首先備妥 USB Blaster 下載線，一端插入電腦 USB 埠，另一段插入 EP3C 板上的 JTAG 埠，然後開啟 KTM-626 多功能 FPGA 開發平台之電源。

按 Alt 、 T 、 P 鍵即可開啟燒錄視窗，按 Start 鈕即進行燒錄。很快的，完成燒錄後，請按下列操作：

1. 剛開始，閃秒點正常閃秒，但數字不變(沒有時鐘功能)。
2. 按住 S8 鍵一會兒才放開，看看閃秒是否恆亮(進入調整模式)？_____
3. 按住 S1 鍵一會兒才放開，看看七段顯示器顯示的時，是否遞增？_____
4. 按住 S2 鍵一會兒才放開，看看七段顯示器顯示的分，是否遞增？_____
5. 再按住 S8 鍵一會兒才放開，看看是否開始閃秒(進入時鐘模式)？而經 1 分鐘後，分數是否增加？_____

5-5 即時練習

本章屬於*傳統* 的數位設計，有助於設計技巧，雖然不難、很直覺，但還是必須認真面對，方能增加功力。請試著回答下列問題，*看看你練習好了沒？*

1 試寫出共陽極七段顯示器的 0~9 編碼？

2 一位數七段顯示器有哪些接腳？

3 若要從兩位數的整數之中，萃取出個位數與十位數，應如何處理？

4 試簡述防彈跳電路的設計與動作？

5 試設計一個具有選擇適用於共陽極與共陰極的七段顯示器之解碼電路？

CH 06

LCD 顯示器之應用

6-1 認識中文 LCD 模組

在第五章裡所介紹的七段顯示器，曾經是數位電路的主要顯示裝置，不過，七段顯示器之應用，有點卡卡的，主要是只能顯示數字，或不怎麼好看的英文字母。當然，字數(位數)太少，也是七段顯示器的一大問題。這些問題遠在幾十年前的計算機上就發生了，而 LCD(**L**iquid-**C**rystal **D**isplay)的出現，讓當時的計算機一夕之間變臉，由紅色的七段顯示器變成帶有神祕感的 LCD。而數位產品與相關設備，也紛紛掛上 LCD 而變得更高貴、更有價值。

基本上，LCD 屬於高度客製化的顯示器，可配合產品的要求，製作一個特定畫面的 LCD。當然，也有不少規格化的 LCD 模組，將 LCD 與控制晶片都放在同一個模組裡，而採用標準化的指令，即可放在數位產品/設備上，做為其顯示裝置。

常見的LCD模組

KTM-626

常見的 LCD1602 模組就是典型的範例，很明顯的，這個模組就是每列 16 個、2 列，而原生 LCD1602 模組採用日立(Hitachi)的 HD44780 系列控制晶片，內建 ASCII 碼字型(包括英文與數字)。當然，還有一堆與 HD44780 系列相容的晶片充斥，其功能與用法，幾乎完全一樣。以此類推，在這一系列 LCD 裡，也有 LCD1604、LCD2002、LCD2004 等，分別是 16 個字 4 列、20 個字 2 列、20 個字 4 列，除了字數、列數變多外，都與 LCD1602 一樣，包括其指令與用法也一樣。

上述說明之中，都只是強調幾個字、幾列，稱之為英數型 LCD，只適用於英文，而不能顯示中文。另外還有繪圖型 LCD，在 LCD 之中，可顯示圖形，而其規格就是以寬度/高度的畫素來表示。

WG14432B5 系列是華凌光電(Winstar)所提供的泛用型的中文 LCD，其名稱中的「14432」就是其寬度為 144 畫素、高度為 32 畫素，明顯的透露出這是一個繪圖型 LCD。不過，其中內建中文字型，指令與操作方式與 LCD1602 相容，可顯示 ASCII 字型(半形字)，也可顯示中文字型，很容易讓人以為是英數型 LCD！其實是哪種 LCD？並不重要，只要簡單、好用就好。

在 KTM-626 多功能 FPGA 開發平台裡所提供 WG14432B5 中文 LCD，如圖 1 所示，而此 LCD 採用腳座，可插拔別的 LCD，例如 LCD1602 系列等。基本上，WG144325B 中文 LCD 的接腳與 LCD1602 系列的接腳完整一樣，但在此沒有把

LCD 的背光接腳引接出來。

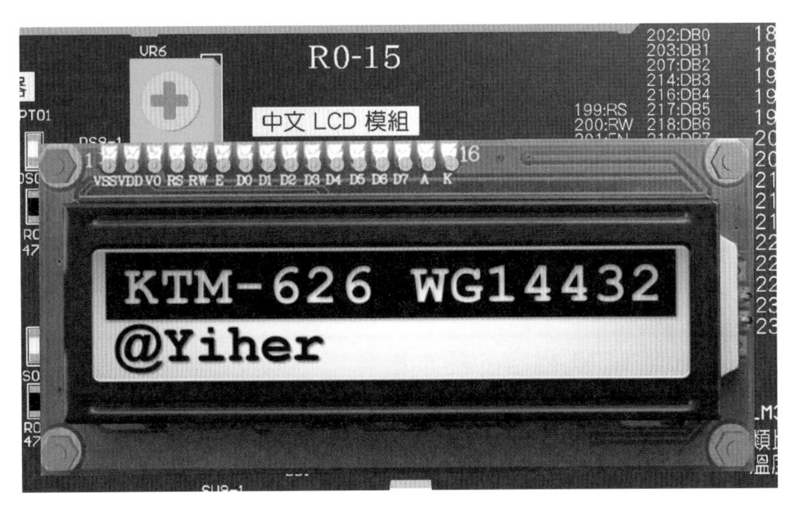

圖1　　KTM-626 上的中文 LCD 模組

LCD14432B5 的信號接腳已內接到 FPGA 接腳，如表 1 所示，而在 LCD14432B5 模組右上方也有標示這些信號連接。

表 1　LCD 接腳表

信號名稱	RS	RW	E					
接腳號碼	199	200	201					
信號名稱	DB0	DB1	DB2	DB3	DB4	DB5	DB6	DB7
接腳號碼	202	203	207	214	216	217	218	219

另外，在 LCD14432B5 左上方的 **VR6**，提供調整 LCD 對比的功能。當第一次使用 LCD14432B5 時，務必調整對比，方能看清楚 LCD 的內容，之後就不必再調整。

中文LCD模組簡介

KTM-626

WG14432B5 中文 LCM 系列之控制晶片為 ST7920(台灣矽創 Sitronix 之產品)，主要特性如下列：

1. 電源電壓為 2.7V~5.5V。
2. 低功率省電設計，晶片本身於 5V 時不超過 0.5mA。
3. 中文 LCM 接腳完全與 LCM1602 相容。
4. 144×32 點陣 LCD 顯示面板，可顯示 2 列、每列 9 個中文字(144/16=9、32/16=2)。
5. 提供 8 位元及 4 位元匯流排介面，操作方式完全與英數型 LCM 相容。

6. 內建 64×16 位元字元顯示記憶體(DDRAM)。
7. 內建 2M 位元 8192 個中文字型記憶體(CGROM、16×16 點陣)，編碼採繁體中文 BIG-5 碼或簡體版的 GB 碼。
8. 內建 16K 位元 126 個半寬字型(HCGROM、16×8 點陣)，即半型字。
9. 內建 64×16 位元 4 個中文自建字型記憶體(CGRAM)。
10. 內建 64×256 位元繪圖顯示記憶體(GDRAM)。
11. 繪圖及文字畫面混合顯示。
12. 提供與英數型 LCM 相容的基本指令集，以及延伸指令集，可用於繪圖顯示功能操作及其它控制。

中文 LCM 的字型顯示來源有三：**CGROM**、**CGRAM**、**HCGROM**，只要將顯示的字碼寫入 DDRAM(顯示記憶體)即可顯示之，而這三種記憶體的位址不同，如表 2 所示。

表 2　字型位址表

字型記憶體	內 容	位 址
HCGROM	ASCII 碼(8bit)	0x02~0x7F
CGRAM	自建字型(16bit)	0x0000、0x0002、0x0004、0x0006
CGROM	中文字型(BIG-5)	0xA140~0xD75F

字型資料寫入 DDRAM 時，必須符合下列原則，中文 LCM 顯示才會正常顯示，若是半寬字型，則不受此限。中文字型或自建字型一定要從 DDRAM 的高 8 位元位址寫入，如表 3 所示。

表 3　資料寫入 DDRAM 位址(表中 H 表示高 8 位元、L 表示低 8 位元)

<table>
<tr><td colspan="2">00</td><td colspan="2">01</td><td colspan="2">02</td><td colspan="2">03</td><td colspan="2">04</td><td colspan="2">05</td><td colspan="2">06</td><td colspan="2">07</td><td colspan="2">08</td><td colspan="2">09</td><td colspan="2">0A</td><td colspan="2">0B</td><td colspan="2">0C</td><td colspan="2">0D</td><td colspan="2">0E</td><td colspan="2">0F</td></tr>
<tr><td>H</td><td>L</td><td>H</td><td>L</td><td>H</td><td>L</td><td>H</td><td>L</td><td>H</td><td>L</td><td>H</td><td>L</td><td>H</td><td>L</td><td>H</td><td>L</td><td>H</td><td>L</td><td>H</td><td>L</td><td>H</td><td>L</td><td>H</td><td>L</td><td>H</td><td>L</td><td>H</td><td>L</td><td>H</td><td>L</td><td>H</td><td>L</td></tr>
<tr><td>S</td><td>i</td><td>t</td><td>r</td><td>o</td><td>n</td><td>i</td><td>x</td><td></td><td>S</td><td>T</td><td>7</td><td>9</td><td>2</td><td>0</td><td></td><td></td><td></td><td></td><td></td><td></td><td></td><td></td><td></td><td></td><td></td><td></td><td></td><td></td><td></td><td></td><td></td></tr>
<tr><td colspan="2">床</td><td colspan="2">前</td><td colspan="2">明</td><td colspan="2">月</td><td colspan="2">光</td><td colspan="2">，</td><td colspan="2">疑</td><td colspan="2">似</td><td colspan="2">地</td><td colspan="2">上</td><td colspan="2">霜</td><td></td><td>(</td><td colspan="2">正</td><td colspan="2">確</td><td>)</td><td></td><td></td><td></td></tr>
<tr><td colspan="2">舉</td><td colspan="2">頭</td><td colspan="2">望</td><td colspan="2">明</td><td colspan="2">月</td><td colspan="2">，</td><td></td><td colspan="2">低</td><td>(</td><td colspan="2">低</td><td colspan="2">放</td><td colspan="2">錯</td><td colspan="2">位</td><td colspan="2">址</td><td>)</td><td></td><td></td><td></td><td></td><td></td></tr>
</table>

中文 LCD 模組的指令，可分為基本指令(表 4)與延伸指令(表 5)，其中的基本指令與 LCD1602 系列的指令相同，而延伸指令是針對中文 LCD 模組與繪圖所設置的指令。

表 4　基本指令(RE=0)

指令	指令碼										簡 介	執行時間 (540KHZ)
	RS	RW	DB7	DB6	DB5	DB4	DB3	DB2	DB1	DB0		
CLEAR	0	0	0	0	0	0	0	0	0	1	Fill DDRAM with "20H", and set DDRAM address counter（AC）to "00H"	1.6 ms
HOME	0	0	0	0	0	0	0	0	1	X	Set DDRAM address counter（AC）to "00H", and put cursor to origin ；the content of DDRAM are not changed	72us
ENTRY MODE	0	0	0	0	0	0	0	1	I/D	S	Set cursor position and display shift when doing write or read operation	72us
DISPLAY ON/OFF	0	0	0	0	0	0	1	D	C	B	D=1: display ON C=1: cursor ON B=1: blink ON	72 us
CURSOR DISPLAY CONTROL	0	0	0	0	0	1	S/C	R/L	X	X	Cursor position and display shift control ；the content of DDRAM are not changed	72 us
FUNCTION SET	0	0	0	0	1	DL	X	0 RE	X	X	DL=1 8-BIT interface DL=0 4-BIT interface **RE=1: extended instruction** **RE=0: basic instruction**	72 us
SET CGRAM ADDR.	0	0	0	1	AC5	AC4	AC3	AC2	AC1	AC0	Set CGRAM address to address counter（AC） **Make sure that in extended instruction SR=0 (scroll or RAM address select)**	72 us
SET DDRAM ADDR.	0	0	1	0 AC6	AC5	AC4	AC3	AC2	AC1	AC0	Set DDRAM address to address counter（AC） AC6 is fixed to 0	72 us
READ BUSY FLAG（BF）& ADDR.	0	1	BF	AC6	AC5	AC4	AC3	AC2	AC1	AC0	Read busy flag（BF）for completion of internal operation, also Read out the value of address counter（AC）	0 us
WRITE RAM	1	0	D7	D6	D5	D4	D3	D2	D1	D0	Write data to internal RAM (DDRAM/CGRAM/IRAM/GDRAM)	72 us
READ RAM	1	1	D7	D6	D5	D4	D3	D2	D1	D0	Read data from internal RAM (DDRAM/CGRAM/IRAM/GDRAM)	72 us

表 5　延伸指令(RE=1)

指令	指令碼										簡 介	執行時間 (540KHZ)
	RS	RW	DB7	DB6	DB5	DB4	DB3	DB2	DB1	DB0		
STAND BY	0	0	0	0	0	0	0	0	0	1	Enter stand by mode, any other instruction can terminate (Com1..32 halted, only Com33 ICON can display)	72 us
SCROLL or RAM ADDR. SELECT	0	0	0	0	0	0	0	0	1	SR	SR=1: enable vertical scroll position SR=0: enable IRAM address **(extended instruction)** SR=0: enable CGRAM address**(basic instruction)**	72 us
REVERSE	0	0	0	0	0	0	0	1	R1	R0	Select 1 out of 4 line (in DDRAM) and decide whether to reverse the display by toggling this instruction **R1,R0 initial value is 00**	72 us
EXTENDED FUNCTION SET	0	0	0	0	1	DL	X	1 RE	G	0	DL=1 8-BIT interface DL=0 4-BIT interface **RE=1: extended instruction set** **RE=0: basic instruction set** G=1 :graphic display ON G=0 :graphic display OFF	72 us
SET IRAM or SCROLL ADDR	0	0	0	1	AC5	AC4	AC3	AC2	AC1	AC0	SR=1: AC5~AC0 the address of vertical scroll SR=0: AC3~AC0 the address of ICON RAM	72 us
SET GRAPHIC RAM ADDR.	0	0	1	0 AC6	0 AC5	0 AC4	AC3 AC3	AC2 AC2	AC1 AC1	AC0 AC0	Set GDRAM address to address counter（AC） First set vertical address and the horizontal address by consecutive writing Vertical address range AC6...AC0 Horizontal address range AC3…AC0	72 us

LCD 模組內部的控制器，在使用之前，必須進行初始化，或稱為開機。在此的 LCD 模組可採用 8 位元介面或 4 位元介面，8 位元介面採用 8 位元匯流排(DB0~DB7)，4 位元介面採用 4 位元匯流排(DB4~DB7)。在初始化過程之中，就要定義採用哪種介面。當然，8 位元介面或 4 位元介面的初始化有些許不同，如圖 2 所示為 8 位元介面的初始化流程，而如圖 3 所示為 4 位元介面的初始化流程。

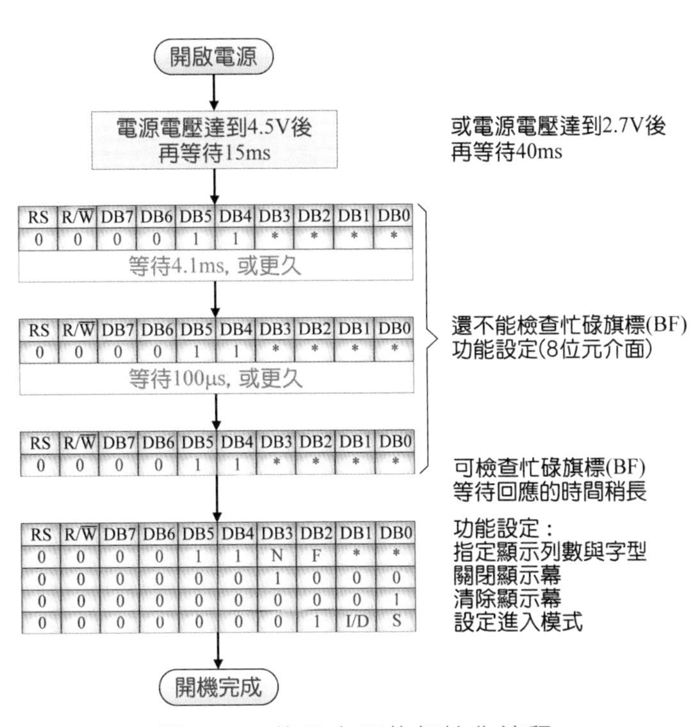

圖2　　8 位元介面的初始化流程

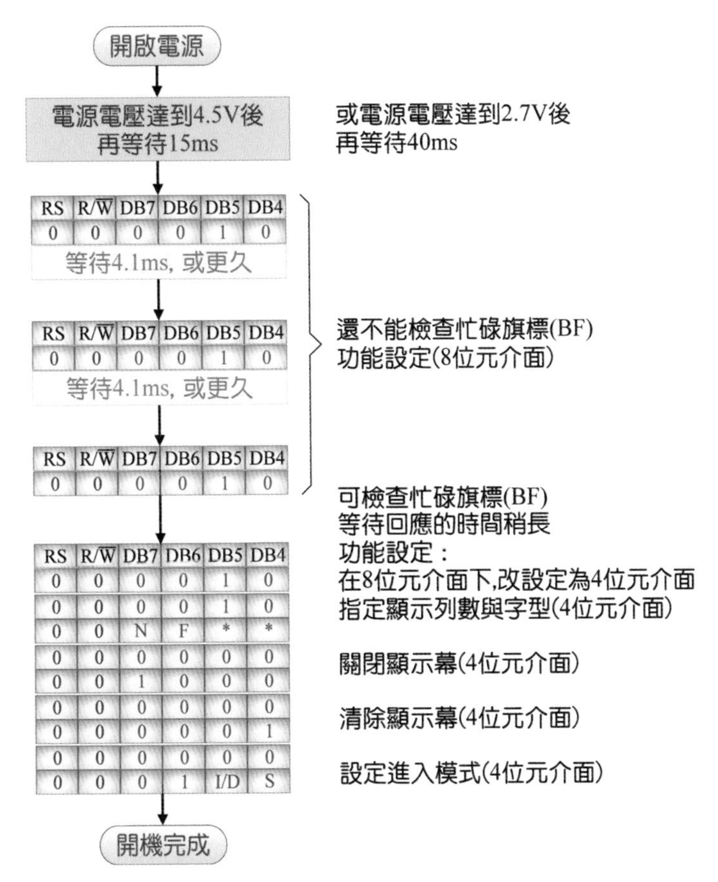

圖3　　4 位元介面的初始化流程

其中的 RS 與 RW 為傳輸指令，DB7~DB0 匯流排的內容才是指令。若是 4 位元介面，則傳輸時只使用 DB7~DB4，而在初始化剛開始時(前 3 個指令)，仍採 8 位元介面，而不管 DB3~DB0 的內容為何？經過連續 3 個設定為 4 位元介面的指令後，開始採用 4 位元介面傳輸。

傳輸控制指令

KTM-626

LCD 與 FPGA(或微處理機)之間的資料/指令傳輸，必須靠三個傳輸指令來控制，如下：

- RS 指令為暫存器選擇指令，其主要目的是通知 LCD，所要操作的是 LCD 的指令暫存器(instruction register, **IR**)，還是資料暫存器(dtat register, **DR**)。當 RS=0 時，將操作 IR；RS=1 時，將操作 DR。
- RW 指令為讀/寫控制指令，當 RW=0 時，進行寫入(Write)的動作，也就是 FPGA(或微處理機)將資料或指令傳到 LCD；RW=1 時，進行讀取(Read)的動作，也就是 FPGA(或微處理機)讀取 LCD 的資料或指令。
- E 指令為致能(Enable)指令，RS、RW 與資料備妥後，將 E 變為高態，才會執行該項操作。

表 6　傳輸控制指令

RS	RW	簡　介
0	0	FPGA(微處理機)將指令寫入 LCD 的指令暫存器(FPGA→IR)
0	1	FPGA(微處理機)將讀取 LCD 的忙碌旗標與位址(FPGA←IR)
1	0	FPGA(微處理機)將資料寫入 LCD 的資料暫存器(FPGA→DR)
1	1	FPGA(微處理機)將讀取 LCD 的資料暫存器(FPGA←DR)

查詢中文碼

KTM-626

在本單元裡，將會使用到中文，而如何找到中文碼(big-5)，例如要在電路設計裡放一個「李」，並非直接打個「李」字，而是要把「李」的 big-5 碼傳送到 LCD。在 big-5 碼裡，每個中文字的編碼是 2 bytes，但怎知？在此將藉由 Microsoft Word，做為查詢工具，開啟 Word 後，再按下列步驟操作：

1. 在 Word 輸入所要查詢的中文字(例如李)，然後選取之①。
2. 啟動插入命令②，再按符號拉出選單，選取下方的其他符號③，開啟符號對話盒。

3. 在符號對話盒已出現剛才在編輯區選取的字，同時在字元代碼欄位④裡，就是該文字的 big-5 編碼，可直接選取該編碼並複製之。

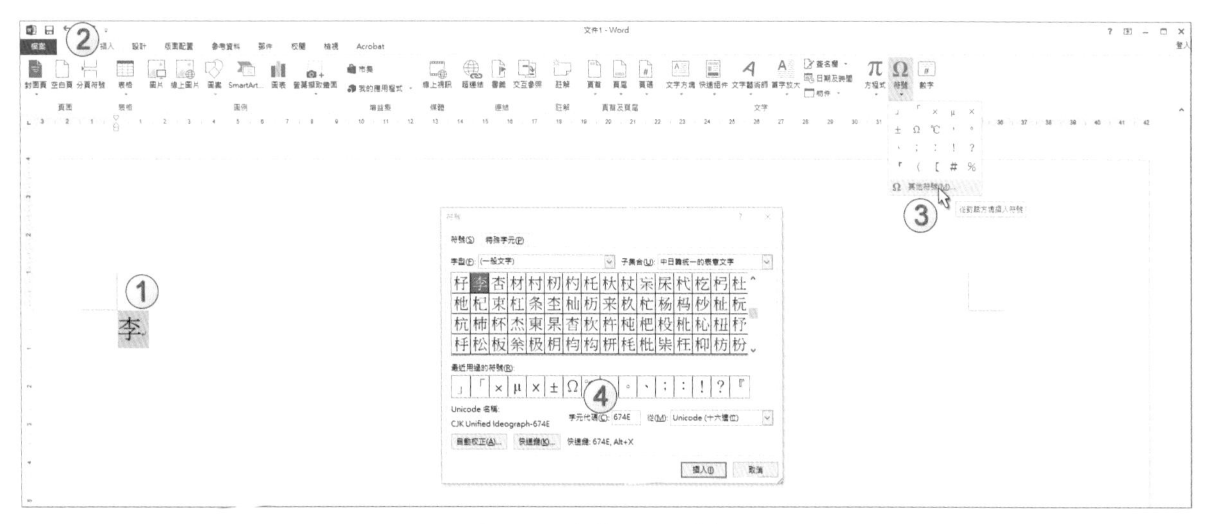

圖4　查詢 big-5 編碼

6-2 LCD 介面電路設計

在此將設計一個 4 位元介面 LCD 驅動電路，並儲存為 LCM_4bit_driver.vhd，這就是一個軟體 IC。之後的設計專案裡，都需要使用這個檔案。

電路設計

完整 LCM_4bit_driver 之驅動電路設計如下：

```
--中文 LCM_4bit_driver(WG14432B5)
Library IEEE;                           --連結零件庫
Use IEEE.std_logic_1164.all;            --引用套件
Use IEEE.std_logic_unsigned.all;        --引用套件

entity LCM_4bit_driver is
    port(LCM_CLK,LCM_RESET:in std_logic;    --操作速率,重置
        RS,RW:in std_logic;                 --暫存器選擇,讀寫旗標輸入
        DBi:in std_logic_vector(7 downto 0);--LCM_4bit_driver 資料輸入
        DBo:out std_logic_vector(7 downto 0);--LCM_4bit_driver 資料輸出
        DB_io:inout std_logic_vector(3 downto 0);--LCM DATA BUS 介面
        RSo,RWo,Eo:out std_logic;  --LCM 暫存器選擇,讀寫,致能介面
        LCMok:out boolean          --LCM_4bit_driver 完成
       );
```

```
end entity LCM_4bit_driver;

architecture Albert of LCM_4bit_driver_delay is
    signal RWS,BF:std_logic;                          --讀寫狀態,busy
    signal LCMruns:std_logic_vector(2 downto 0);--執行狀態
    signal DBii:std_logic_vector(3 downto 0);   --內部 BUS
    signal Timeout:integer range 0 to 256;      --timeout 計時器

begin

RWo<=RWS;   --讀寫狀態輸出
DB_io<=DBii when RWS='0' else "ZZZZ";   --LCM data bus 操作

LCM_4BIT_OUT:process(LCM_CLK,LCM_RESET)
begin
    if LCM_RESET='0' then
        DBo<=(DBo'range=>'0');              --資料輸入歸零
        DBii<=DBi(7 downto 4);              --high nibble
        RSo<=RS;                            --暫存器選擇
        BF<='1';
        RWs<=RW;                            --讀寫設定
        Eo<='0';                            --LCM 禁能
        LCMok<=False;                       --未完成作業
        LCMruns<="000";                     --執行狀態由 0 開始
        Timeout<=0;                         --計時
    elsif rising_edge(LCM_CLK) then
        case LCMruns is
            when "000"=>
                Eo<='1';                    --LCM 致能
                LCMruns<="001";             --執行狀態下一步
            when "001"=>
                Eo<='0';                    --LCM 禁能
                if RW='1' then              --如是讀取指令
                    DBo(7 downto 4)<=DB_io; --Read Data(high nibble)
                end if;
                LCMruns<="01" & RWS;        --執行狀態下一步
            when "010"=>                    --輸出
                DBii<=DBi(3 downto 0);      --low nibble
                LCMruns<="011";             --執行狀態下一步
            when "011"=>
                Eo<='1';                    --LCM 致能
```

```
            LCMruns<="111";         --執行狀態下一步
        when "111"=>
            if RW='1' then          --如是讀取指令
                DBo(3 downto 0)<=DB_io; --Read Data(low nibble)
            end if;
            Eo<='0';                --LCM 禁能
            LCMruns<="110";         --執行狀態下一步
        when "110"=>                --採 delay 模式
            Timeout<=Timeout+1;     --timeout 計時
            if RS='0' and DBi=1 then--清除顯示幕指令
                if Timeout=220 then
                    LCMruns<="101"; --執行狀態下一步
                end if;
            elsif Timeout=2 then
                LCMruns<="101";     --執行狀態下一步
            end if;
        when others=>               --101
            LCMok<=True;            --作業已完成
      end case;
    end if;
end process LCM_4BIT_OUT;

end Albert;
```

設計動作簡介

KTM-626

在 4bit 介面裡，DB_io 為 4 位元匯流排，連接到 LCD。而此介面電路與 FPGA 的主控器之連接為 DBi 與 DBo 兩條 8 位元匯流排，如圖 5 所示。若要執行寫入 LCD 的動作時，則 DBi 匯流排分高四位元與低四位元兩梯次，經 DB_io 寫入 LCD。若要執行讀取 LCD 的動作時，則 LCD 的資料分兩梯次，透過 DB_io 匯流排，傳輸到 DBo 匯流排。

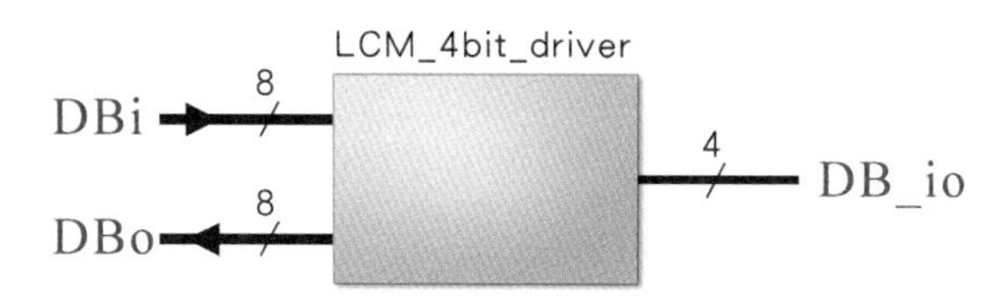

圖5　LCM_4bit_driver 資料傳輸管道

在 LCM_4bit_driver 的電路架構(architecture)裡，由於只有一個 DB_io 匯流排，任何一個時間只能進行寫入或讀取的動作，而不能同時傳輸。另外，一為 8 位元，另一端為 4 位元，所以，不管是寫入還是讀取，一個傳輸任務，並須分兩次進行，先傳輸高四位元，再傳輸低四位元。如圖 6 所示為處理寫入(FPGA➔LCD)動作的概念，RW=0 為寫入的關鍵，這時候，介面電路中的讀取部分不工作，而寫入高四位元與寫入低四位元的操作，分別在狀態 000 與狀態 010 中進行。

FPGA寫入LCD (RW=0)

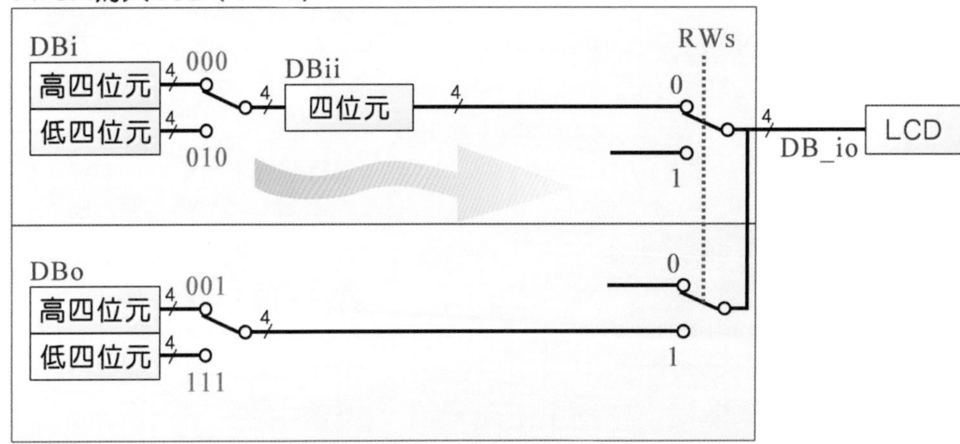

圖6　寫入(FPGA➔LCD)

讀取(FPGA←LCD)的動作之關鍵是 RW=1，如圖 7 所示。這時候，介面電路中的寫入部分不工作，而讀取高四位元與讀取低四位元的操作，分別在狀態 001 與狀態 111 中進行。

FPGA讀取LCD (RW=1)

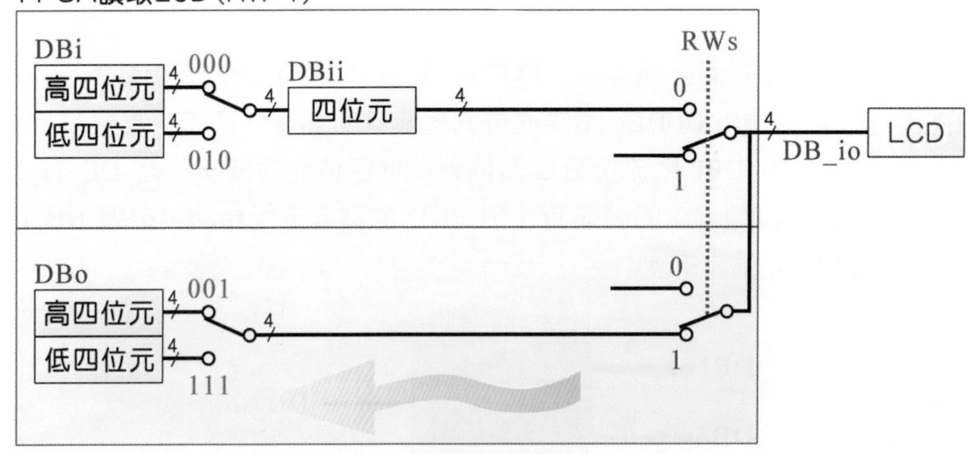

圖7　讀取(FPGA←LCD)

6-3 LCD 讀詩實習

實習目的

KTM-626

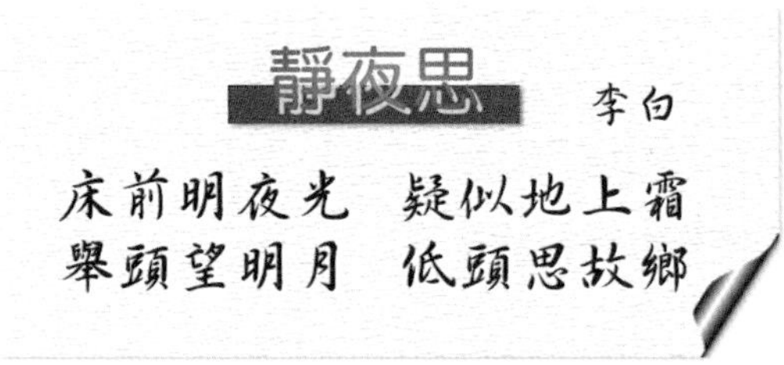

靜夜思 李白

床前明夜光 疑似地上霜
舉頭望明月 低頭思故鄉

圖8 靜夜思

在本單元裡將設計一個讀李白的詩(靜夜思)的電路，當按一下 S1 鍵，則顯示上一句。若按 S2 鍵，則顯示下一句。在 KTM-626 裡，S1 鍵內接到 FPGA 的 131 腳，S2 鍵內接到 FPGA 的 128 腳。

新增專案與設計檔案

KTM-626

開啟 Quartus II，並按 1-2 節的說明，新增專案與設計檔案，相關資料如下：

- 專案資料夾：D:\CH6\CH6_C_LCD_1
- 專案名稱：CH6_C_LCD_1
- 晶片族系(Family)：Cycolne III
- 接腳數(Pin count)：240
- 晶片名稱：EP3C16Q240C8
- VHDL 設計檔：CH6_C_LCD_1.vhd

電路設計

KTM-626

在新建的 CH6_C_LCD_1.vhd 編輯區裡按下列設計電路，再按 Ctrl + S 鍵。

```
--中文 LCM 顯示(讀詩) 使用:LCM_4bit_driver
--106.12.30 版
--EP3C16Q240C8 50MHz LEs:15,408 PINs:161 ,gckp31 ,rstP99

Library IEEE;                         --連結零件庫
Use IEEE.std_logic_1164.all;          --引用套件
Use IEEE.std_logic_unsigned.all;      --引用套件
```

```
entity CH6_C_LCD_1 is
port(gckp31,rstP99:in std_logic;    --系統頻率,系統 reset
     S1,S2:in std_logic;            --向上、向下按鈕
    --LCD 4bit 介面
    DB_io:inout std_logic_vector(3 downto 0);
    RSo,RWo,Eo:out std_logic
    );
end entity CH6_C_LCD_1;

architecture Albert of CH6_C_LCD_1 is
    --中文 LCM 4bit driver(WG14432B5)
    component LCM_4bit_driver is
    port(LCM_CLK,LCM_RESET:in std_logic;    --操作速率,重置
         RS,RW:in std_logic;            --暫存器選擇,讀寫旗標輸入
         DBi:in std_logic_vector(7 downto 0);
            --LCM_4bit_driver 資料輸入
         DBo:out std_logic_vector(7 downto 0);
            --LCM_4bit_driver 資料輸出
         DB_io:inout std_logic_vector(3 downto 0);
            --LCM DATA BUS 介面
         RSo,RWo,Eo:out std_logic;
            --LCM 暫存器選擇,讀寫,致能介面
         LCMok, LCM_S:out boolean    --LCM_4bit_driver 完成,錯誤旗標
         );
    end component;

    signal LCM_RESET,RS,RW:std_logic;
    --LCM_4bit_driver 重置,LCM 暫存器選擇,讀寫旗標
    signal DBi,DBo:std_logic_vector(7 downto 0);
    --LCM_4bit_driver 命令或資料輸入及輸出
    signal LCMok,LCM_S:boolean;
    --LCM_4bit_driver 完成作業旗標,錯誤信息

    signal FD:std_logic_vector(24 downto 0);--除頻器
    signal times:integer range 0 to 2047;   --計時器

    --中文 LCM 指令&資料表格式:
    --(總長,指令數,指令...資料..........)
    --英數型 LCM 4 位元界面,2 列顯示
```

```
type LCM_T is array (0 to 20) of std_logic_vector(7 downto 0);
constant LCM_IT:LCM_T:=(
    X"0F",X"06",            --總長,指令數
    "00101000","00101000","00101000",--4 位元界面
    "00000110","00001100","00000001",
    --ACC+1 顯示幕無移位,顯示幕 on 無游標無閃爍,清除顯示幕

    X"01",X"48",X"65",X"6C",X"6C",X"6F",X"21",X"20",
    X"20",X"20",x"20",X"20",X"20");--白臉 Hello!

--LCM=21:第一列顯示 夜思　作者：李白
signal LCM_21:LCM_T:=(
    X"13",X"01",            --總長,指令數
    "00000001",             --清除顯示幕
    --第 1 列顯示資料
    X"A9",X"5D",X"AB",X"E4",X"A1",X"40",X"A7",X"40",
    X"AA",X"CC",X"A1",X"47",X"A7",X"F5",X"A5",X"D5",
    X"20",X"20");           --靜夜思　作者：李白

--LCM=22:第二列顯示 床前明月光，
signal LCM_22:LCM_T:=(
    X"13",X"01",            --總長,指令數
    "10010000",             --設第二列 ACC 位置
    --第 2 列顯示資料
    X"A7",X"C9",X"AB",X"65",X"A9",X"FA",X"A4",X"EB",
    X"A5",X"FA",X"A1",X"41",X"20",X"20",X"20",x"20",
    X"20",X"20");--床前明月光，

--LCM=23:第二列顯示 疑似地上霜
signal LCM_23:LCM_T:=(
    X"13",X"01",            --總長,指令數
    "10010000",             --設第二列 ACC 位置
    --第 2 列顯示資料
    X"BA",X"C3",X"A6",X"FC",X"A6",X"61",X"A4",X"57",
    X"C1",X"F7",X"A1",X"41",X"20",X"20",X"20",x"20",
    X"20",X"20");--疑似地上霜，

--LCM=24:第二列顯示 舉頭望明月，
signal LCM_24:LCM_T:=(
    X"13",X"01",            --總長,指令數
    "10010000",             --設第二列 ACC 位置
```

```
        --第 2 列顯示資料
        X"C1",X"7C",X"C0",X"59",X"B1",X"E6",X"A9",X"FA",
        X"A4",X"EB",X"A1",X"41",X"20",X"20",X"20",x"20",
        X"20",X"20");--舉頭望明月，

    --LCM=25:第二列顯示 低頭思故鄉。
    signal LCM_25:LCM_T:=(
        X"13",X"01",          --總長,指令數
        "10010000",           --設第二列 ACC 位置
        --第 2 列顯示資料
        X"A7",X"43",X"C0",X"59",X"AB",X"E4",X"AC",X"47",
        X"B6",X"6D",X"A1",X"43",X"20",X"20",X"20",x"20",
        X"20",X"20");--低頭思故鄉。

    signal LCM_com_data,LCM_com_data2:LCM_T;--LCD 表格輸出
    signal LCM_INI:integer range 0 to 31;  --LCD 表格輸出指標
    signal LCMP_RESET,LN,LCMPok:std_logic;
            --LCM_P 重置,輸出列數,LCM_P 完成
    signal LCM,LCMx:integer range 0 to 7;  --LCD 輸出選項

    signal S2S,S1S:std_logic_vector(2 downto 0);--防彈跳計數器

begin

--中文 LCM--
LCMset: LCM_4bit_driver_delay port map(     --LCM 模組
    FD(7),LCM_RESET,RS,RW,DBi,DBo,DB_io,RSo,RWo,Eo,LCMok,LCM_S);

C_LCD_P:process(FD(18))
begin
    if rstP99='0' then                  --系統重置
        LCM<=0;                         --中文 LCM 初始化
        LCMP_RESET<='0';                --LCMP 重置
    elsif rising_edge(FD(18)) then
        LCMP_RESET<='1';                --LCMP 啟動顯示
        if LCMPok='1' then
            if S1S(2)='1' then          --向上按鈕
                if LCM>1 then
                    LCM<=LCM-1;         --顯示 上一句
                end if;
            elsif S2S(2)='1' then       --向下按鈕
```

```
                if LCM<4 then
                    LCM<=LCM+1;      --顯示 下一句
                end if;
            end if;
        end if;
    end if;
end process C_LCD_P;

--中文 LCM 顯示器--
--中文 LCM 顯示器
--指令&資料表格式:
--(總長,指令數,指令...資料.........)
LCM_P:process(FD(0))
    variable SW:boolean;                    --命令或資料備妥旗標
begin
    if LCM/=LCMx or LCMP_RESET='0' then
        LCMx<=LCM;                          --記錄選項
        LCM_RESET<='0';                     --LCM 重置
        LCM_INI<=2;                         --命令或資料索引設為起點
        LN<='0';                            --設定輸出 1 列
        case LCM is                         --載入選項表格
            when 0=>
                LCM_com_data<=LCM_IT;
                --LCM 初始化輸出第一列資料 Hello!
            when 1=>
                LCM_com_data<=LCM_21;   --輸出第一列資料
                LCM_com_data2<=LCM_22;  --輸出第二列資料
                LN<='1';                --設定輸出 2 列
            when 2=>
                LCM_com_data<=LCM_23;   --輸出第二列資料
            when 3=>
                LCM_com_data<=LCM_24;   --輸出第二列資料
            when others =>
                LCM_com_data<=LCM_25;   --輸出第二列資料
        end case;
        LCMPok<='0';            --取消完成信號
        SW:=False;              --命令或資料備妥旗標
    elsif rising_edge(FD(0)) then
        if SW then              --命令或資料備妥後
            LCM_RESET<='1'; --啟動 LCM_4bit_driver_delay
            SW:=False;          --重置旗標
```

```
        elsif LCM_RESET='1' then
        --LCM_4bit_driver_delay 啟動中
            if LCMok then
            --等待 LCM_4bit_driver_delay 完成傳送
                LCM_RESET<='0';             --完成後 LCM 重置
            end if;
        elsif LCM_INI<LCM_com_data(0) and
            LCM_INI<LCM_com_data'length then
            --命令或資料尚未傳完
            if LCM_INI<=(LCM_com_data(1)+1) then
            --選命令或資料暫存器
                RS<='0';    --Instruction reg
            else
                RS<='1';    --Data reg
            end if;
            RW<='0';            --LCM 寫入操作
            DBi<=LCM_com_data(LCM_INI); --載入命令或資料
            LCM_INI<=LCM_INI+1;         --命令或資料索引指到下一筆
            SW:=True;                   --命令或資料已備妥
        else
            if LN='1' then              --設定輸出 2 列
                LN<='0';                --設定輸出 2 列取消
                LCM_INI<=2;             --命令或資料索引設為起點
                LCM_com_data<=LCM_com_data2;--LCM 輸出第二列資料
            else
                LCMPok<='1';            --執行完成
            end if;
        end if;
    end if;
end process LCM_P;

--防彈跳--
process(FD(17))
begin
    --S1 防彈跳--向上按鈕
    if S1='1' then
        S1S<="000";
    elsif rising_edge(FD(17)) then
        S1S<=S1S+ not S1S(2);
    end if;
    --S1 防彈跳--向下按鈕
```

```
    if S2='1' then
        S2S<="000";
    elsif rising_edge(FD(17)) then
        S2S<=S2S+ not S2S(2);
    end if;
end process;

--除頻器--
Freq_Div:process(gckP31)             --系統頻率 gckP31:50MHz
begin
    if rstP99='0' then               --系統重置
        FD<=(others=>'0');           --除頻器:歸零
    elsif rising_edge(gckP31) then   --50MHz
        FD<=FD+1;                    --除頻器:2 進制上數(+1)計數器
    end if;
end process Freq_Div;

end Albert;
```

設計動作簡介

KTM-626

在此電路架構(architecture)裡，包括導入 LCM_4bit_driver 零件、編制指令與資料、主控器(C_LCD_P)、LCM 控制器(LCM_P)、防彈跳電路與除頻器。為節省篇幅，導入零件、防彈跳電路與除頻器，在前面的章節中也介紹過，在此不贅述，其餘電路如下說明：

編制指令與資料

KTM-626

在編制指令與資料(顯示內容)之前，先自定一個資料型態，這是一個包含 21 個元素的陣列，每個元素都是 8 位元的 std_logic_vector，如下：

```
type LCM_T is array (0 to 20) of std_logic_vector(7 downto 0);
```

在此宣告多個採用使資料型態的常數，其中包括指令與資料，以 LCM_IT 為例，如圖 9 所示，雖然在此有 21 bytes，但以一開始記錄的總長度為主，所以只有前 15 bytes 有用，其他沒被用到，而其中有 6 bytes 為指令。

這個元素總共有15bytes
其中6個bytes為指令

(LCD初始化)
指令

```
constant LCM_IT:LCM_T:=(
  X"0F",X"06",                               --總長,指令數
  "00101000","00101000","00101000",--4 位元界面
  "00000110","00001100","00000001",
  --ACC+1 顯示幕無移位,顯示幕 on 無游標無閃爍,清除顯示幕

  X"01",X"48",X"65",X"6C",X"6C",X"6F",X"21",X"20",
  X"20",X"20",x"20",X"20",X"20");--白臉 Hello!
```

顯示內容　X"01" 為半形字(ASCII)的☺編碼，詳見半形字編碼表
X"48" 為半形字(ASCII)的H編碼，詳見半形字編碼表
X"65" 為半形字(ASCII)的e編碼，詳見半形字編碼表
⋮
X"20" 為半形字(ASCII)的空白，詳見半形字編碼表

圖9　　半形字(8 位元)

表 7　半形字編碼表

H＼L	0	1	2	3	4	5	6	7	8	9	A	B	C	D	E	F
0		☺	☻	♥	♦	♣	♠	•	◘	○	◙	♂	♀	♪	♫	☼
1	►	◄	↕	‼	¶	§	▬	↨	↑	↓	→	←	∟	↔	▲	▼
2		!	"	#	$	%	&	'	(	)	*	+	,	-	.	/
3	0	1	2	3	4	5	6	7	8	9	:	;	<	=	>	?
4	@	A	B	C	D	E	F	G	H	I	J	K	L	M	N	O
5	P	Q	R	S	T	U	V	W	X	Y	Z	[	\	]	^	_
6	`	a	b	c	d	e	f	g	h	i	j	k	l	m	n	o
7	p	q	r	s	t	u	v	w	x	y	z	{	¦	}	~	⌂

在此的顯示資料歸納如下：

- LCM_IT：4 位元介面初始化指令，並顯示「☺Hello!」。
- LCM_21：第一列顯示「夜思　作者：李白」。
- LCM_22：第二列顯示「床前明月光，」。
- LCM_23：第二列顯示「疑似地上霜，」。
- LCM_24：第二列顯示「舉頭望明月，」。
- LCM_25：第二列顯示「低頭思故鄉。」。

主控器

在本設計裡的主控器，只提供操作所要顯示的詩句而已。當 LCD 已開啟(即 LCMPok='1')，則隨 S1 鍵被按下且穩定後，LCD 的顯示指標(LCM)將減 1，指向上一句；若 S2 鍵被按下且穩定後，LCD 的顯示指標(LCM)將加 1，指向下一句。LCM 控制器將根據 LCM 顯示詩句。

LCM控制器

LCM_P 提供的功能是操作 LCD，其動作如下：

- 若 LCM(索引)有變動或有 LCD 重置信號(LCMP_RESET=0)，則
  - 儲存 LCM，以做為下次比對之用。
  - 命令或資料索引，指到起始點。
  - 輸出第一列。
  - 根據 LCM 索引驅動 LCD：
    - LCM=0：初始化並顯示「☺Hello!」。
    - LCM=1：第一列顯示「夜思　作者：李白」、第二列顯示「床前明月光，」。
    - LCM=2：第二列顯示「疑似地上霜，」。
    - LCM=3：第二列顯示「舉頭望明月，」。
    - LCM=4：第二列顯示「低頭思故鄉。」。
- 否則查看命令或資料是否傳輸完畢？若尚未傳輸完畢，則繼續傳輸。否則查看第二列資料是否傳輸完畢？若尚未傳輸完畢，則繼續傳輸。

後續工作

電路設計完成後，按 Ctrl + S 鍵存檔，再按 Ctrl + L 鍵進行初始編譯。若編譯有錯誤，可循下方紅色錯誤訊息(直接快按兩下)，跳到錯誤處修改之。若編譯成功，在隨即出現的訊息對話盒中，按 確定 鈕關閉之。

緊接著進行接腳配置，按 Ctrl + Shift + N 鍵，開啟接腳配置視窗。除了 gckP31 與 rstP99 外，請按表 1(6-3 頁)配置接腳。

完成接腳配置後，按 Ctrl + L 鍵即進行**二次編譯**，並退回原 Quartus II

編譯視窗。同樣的，完成二次編譯後，在隨即出現的訊息對話盒中，按 確定 鈕關閉之。

燒錄與測試

KTM-626

首先備妥 USB Blaster 下載線，一端插入電腦 USB 埠，另一段插入 EP3C 板上的 JTAG 埠，然後開啟 KTM-626 多功能 FPGA 開發平台之電源。

按 Alt 、 T 、 P 鍵即可開啟燒錄視窗，按 ▶ Start 鈕即進行燒錄。很快的，完成燒錄後，請按下列操作：

1. LCD 上顯示什麼？____________________
2. 按一下 S2 鍵，LCD 顯示有何變化？____________________
3. 再按一下 S1 鍵，LCD 顯示有何變化？____________________
4. 再按一下 S2 鍵，LCD 顯示有何變化？____________________
5. 再按一下 S2 鍵，LCD 顯示有何變化？____________________
6. 再按一下 S1 鍵，LCD 顯示有何變化？____________________

6-4 LCD 數位時鐘實習

實習目的

KTM-626

在本單元裡將設計一個數位時鐘，當長按一下 S8 鍵，可切換此數位時鐘的模式，在此有兩種模式，如下：

- 時鐘模式：第一列顯示「☆★現在時間★☆」，第二列以全形字顯示「時：分：秒」。
- 調整模式：第一列顯示「▼△調整時間▽▲」，第二列以半形字顯示「hh：mm：ss」。在此模式下，長按 S1 鍵可調整時，長按 S2 鍵可調整分，長按 S3 鍵可調整秒。

在 KTM-626 裡，S1 鍵內接到 FPGA 的 131 腳，S2 鍵內接到 FPGA 的 128 腳，S3 鍵內接到 FPGA 的 127 腳，S8 鍵內接到 FPGA 的 117 腳。

新增專案與設計檔案

KTM-626

開啟 Quartus II，並按 1-2 節的說明，新增專案與設計檔案，相關資料如下：

- 專案資料夾：D:\CH6\CH6_C_LCD_2
- 專案名稱：CH6_C_LCD_2
- 晶片族系(Family)：Cycolne III
- 接腳數(Pin count)：240
- 晶片名稱：EP3C16Q240C8
- VHDL 設計檔：CH6_C_LCD_2.vhd

電路設計

KTM-626

在新建的 CH6_C_LCD_2.vhd 編輯區裡按下列設計電路，再按 Ctrl + S 鍵。

```
--中文 LCM 使用:LCM_4bit_driver
--數位電子鐘 24 小時制
--106.12.30 版
--EP3C16Q240C8 50MHz LEs:15,408 PINs:161 ,gckp31 ,rstP99

Library IEEE;                              --連結零件庫
Use IEEE.std_logic_1164.all;               --引用套件
Use IEEE.std_logic_unsigned.all;           --引用套件

entity CH6_C_LCD_2 is
    port(gckp31,rstP99:in std_logic;--系統頻率,系統 reset(歸零)
         S1,S2,S3,S8:in std_logic;
         --時,分,秒遞增按鈕,設定/暫停/計時按鈕
         --LCD 4bit 介面
         DB_io:inout std_logic_vector(3 downto 0);
         RSo,RWo,Eo:out std_logic
         );
end entity CH6_C_LCD_2;

architecture Albert of CH6_C_LCD_2 is
    --中文 LCM 4bit driver(WG14432B5)
    component LCM_4bit_driver is
    port(LCM_CLK,LCM_RESET:in std_logic;    --操作速率,重置
         RS,RW:in std_logic;                --暫存器選擇,讀寫旗標輸入
         DBi:in std_logic_vector(7 downto 0); --LCM_4bit_driver 資料輸入
```

```
    DBo:out std_logic_vector(7 downto 0);--LCM_4bit_driver 資料輸出
    DB_io:inout std_logic_vector(3 downto 0); --LCM DATA BUS 介面
    RSo,RWo,Eo:out std_logic;  --LCM 暫存器選擇,讀寫,致能介面
    LCMok,LCM_S:out boolean    --LCM_4bit_driver 完成,錯誤旗標
    );
end component;

signal LCM_RESET,RS,RW:std_logic;
--LCM_4bit_driver 重置,LCM 暫存器選擇,讀寫旗標
signal DBi,DBo:std_logic_vector(7 downto 0);
--LCM_4bit_driver 命令或資料輸入及輸出
signal LCMok,LCM_S:boolean;
--LCM_4bit_driver 完成作業旗標,錯誤信息

--中文 LCM 指令&資料表格式:
--(總長,指令數,指令...資料..........)
--英數型 LCM 4 位元界面,2 列顯示

type LCM_T is array (0 to 20) of std_logic_vector(7 downto 0);
constant LCM_IT:LCM_T:=(
    X"0F",X"06",----中文型 LCM 4 位元界面
    "00101000","00101000","00101000",--4 位元界面
    "00000110","00001100","00000001",
    --ACC+1 顯示幕無移位,顯示幕 on 無游標無閃爍,清除顯示幕
    X"01",X"48",X"65",X"6C",X"6C",X"6F",X"21",X"20",
    X"20",X"20",x"20",X"20",X"20");--白臉 Hello!

--LCM=11:第一列顯示 ☆★現在時間★☆
signal LCM_11:LCM_T:=(
    X"13",X"01",          --總長,指令數
    "00000001",           --清除顯示幕
    --第 1 列顯示資料
    X"A1",X"B8",X"A1",X"B9",X"B2",X"7B",X"A6",X"62",
    X"AE",X"C9",X"B6",X"A1",X"A1",X"B9",X"A1",X"B8",
    X"20",X"20");--☆★現在時間★☆

--LCM=12:第一列顯示 ▼△調整時間▽▲
signal LCM_12:LCM_T:=(
    X"13",X"01",          --總長,指令數
    "00000001",           --清除顯示幕
    --第 2 列顯示資料
```

```
    X"A1",X"BF",X"A1",X"B5",X"BD",X"D5",X"BE",X"E3",
    X"AE",X"C9",X"B6",X"A1",X"A1",X"BE",X"A1",X"B6",
    X"20",X"20");--▼△調整時間▽▲

--LCM=21:第二列顯示 hh:mm:ss
signal LCM_21:LCM_T:=(
    X"13",X"01",            --總長,指令數
    "10010000",             --設第二列 ACC 位置
    --第 2 列顯示資料
    X"20",X"20",X"20",X"20",X"48",X"48",X"3A",X"4D",
    X"4D",X"3A",X"53",X"53",X"20",X"20",X"20",X"20",
    X"20",X"20");--    hh:mm:ss

--LCM=22:第二列顯示 ＨＨ：ＭＭ：ＳＳ
signal LCM_22:LCM_T:=(
    X"13",X"01",            --總長,指令數
    "10010000",             --設第二列 ACC 位置
    --第 2 列顯示資料
    X"A2",X"AF",X"A2",X"AF",X"A1",X"47",X"A2",X"AF",
    X"A2",X"AF",X"A1",X"47",X"A2",X"AF",X"A2",X"AF",
    X"20",X"20");--ＨＨ：ＭＭ：ＳＳ

type N_T is array (0 to 9) of std_logic_vector(7 downto 0);
constant N0_9_1:N_T:=(
    X"30",X"31",X"32",X"33",X"34",X"35",X"36",X"37",X"38",X"39");
    --0123456789
constant N0_9_2:N_T:=(
    X"AF",X"B0",X"B1",X"B2",X"B3",X"B4",X"B5",X"B6",X"B7",X"B8");
    --０１２３４５６７８９

signal LCM_com_data,LCM_com_data2:LCM_T;--LCD 表格輸出
signal LCM_INI:integer range 0 to 31;   --LCD 表格輸出指標
signal LCMP_RESET,LN,LCMPok:std_logic;
--LCM_P 重置,輸出列數,LCM_P 完成
signal LCM,LCMx:integer range 0 to 7;   --LCD 輸出選項

signal FD:std_logic_vector(26 downto 0);    --系統除頻器
signal Scounter:integer range 0 to 390625; --0.25 秒計時器
signal S3S,S2S,S1S,S8S:std_logic_vector(2 downto 0);
--防彈跳計數器
signal H,HHH:integer range 0 to 23;--時
```

```
    signal M,MMM,S,SSS:integer range 0 to 59;  --分,秒
    signal Ss,SS1,E_Clock_P_clk:std_logic;
    --0.5,1秒,E_Clock_P時脈操作
    signal MSs,MSs2:std_logic_vector(1 downto 0);--設定on/off

begin

--中文LCM--
LCMset: LCM_4bit_driver port map(
    FD(7),LCM_RESET,RS,RW,DBi,DBo,
    DB_io,RSo,RWo,Eo,LCMok,LCM_S); --LCM模組

--更新顯示時間--
--0123456789
LCM_21(7)<=N0_9_1(H/10);         --時十位
LCM_21(8)<=N0_9_1(H mod 10);     --時個位
LCM_21(10)<=N0_9_1(M/10);        --分十位
LCM_21(11)<=N0_9_1(M mod 10);    --分個位
LCM_21(13)<=N0_9_1(S/10);        --秒十位
LCM_21(14)<=N0_9_1(S mod 10);    --秒個位
----0 1 2 3 4 5 6 7 8 9
LCM_22(4)<=N0_9_2(H/10);         --時十位
LCM_22(6)<=N0_9_2(H mod 10);     --時個位
LCM_22(10)<=N0_9_2(M/10);        --分十位
LCM_22(12)<=N0_9_2(M mod 10);    --分個位
LCM_22(16)<=N0_9_2(S/10);        --秒十位
LCM_22(18)<=N0_9_2(S mod 10);    --秒個位

--數位電子鐘24小時制--
E_Clock_P_clk<=FD(23) when MSs>0 else Ss;--E_Clock_P 時脈選擇
E_Clock_P:process(E_Clock_P_clk)
begin
    if rstP99='0' then                   --系統重置,歸零
        M<=0;                            --分歸零
        S<=0;                            --秒歸零
        MSs<="00";                       --狀態切換控制
        SS1<='0';                        --秒
    elsif rising_edge(E_Clock_P_clk) then
        SS1<=not SS1;                    --秒
        if S8S(2)='1' then               --狀態進行切換
            if MSs=0 or MSs=2 then --計時轉設定 or 設定轉計時
```

```
            MSs<=MSs+1;           --切換
        end if;
    else                          --狀態轉換
        if MSs=1 or MSs=3 then    --計時轉設定 or 設定轉計時
            MSs<=MSs+1;           --轉換:轉可執行穩定狀態
            SS1<='0';             --秒重新計時
        end if;
    end if;
    if MSs>0 then                 --狀態中
        if MSs=2 then             --可設定
            if S1S(2)='1' then    --調整時
                if H=23 then
                    H<=0;
                else
                    H<=H+1;
                end if;
            end if;
            if S2S(2)='1' then    --調整分
                if M=59 then
                    M<=0;
                else
                    M<=M+1;
                end if;
            end if;
            if S3S(2)='1' then    --調整秒
                if S=59 then
                    S<=0;
                else
                    S<=S+1;
                end if;
            end if;
        end if;
    elsif SS1='1' then            --1 秒到
        if S/=59 then             --秒計時
            S<=S+1;
        else
            S<=0;
            if M/=59 then         --分計時
                M<=M+1;
            else
                M<=0;
```

```
                if H/=23 then   --時計時
                    H<=H+1;
                else
                    H<=0;
                end if;
            end if;
        end if;
    end if;
  end if;
end process E_Clock_P;

--0.5 秒信號產生器--
S_G_P:process(FD(4))--1S:5,0.5S:4
begin
    if rstP99='0' or MSs>0 then--系統重置 or 重新計時
        Ss<='1';
        Scounter<=390625;       --0.25 秒計時器預設
    elsif rising_edge(FD(4)) then--4:1562500Hz,5:781250Hz
        Scounter<=Scounter-1;   --0.25 秒計時器遞減
        if Scounter=1 then      --0.25 秒到
            Scounter<=390625;   --0.25 秒計時器重設
            Ss<=not Ss;         --0.5 秒狀態
        end if;
    end if;
end process S_G_P;

--中文 LCM 切換顯示
C_LCD_P:process(FD(8))
begin
    if rstP99='0' then        --系統重置
        LCM<=0;               --中文 LCM 初始化
        LCMP_RESET<='0';      --LCMP 重置
        HHH<=0;               --時比對
        MMM<=0;               --分比對
        SSS<=0;               --秒比對
        MSs2<=(others=>'0');--模式比對
    elsif rising_edge(FD(8)) then
        LCMP_RESET<='1';      --LCMP 啟動顯示
        if LCMPok='1' then    --LCM_P 已完成
            if LCM=0 then     --首次切換
                LCM<=1;       --首次切換顯示:計時模式
```

```
          elsif MSs2/=MSs then--模式已改變
              MSs2<=MSs;
              if MSs(1)='0' then
                  LCM<=1; --切換顯示:計時模式
              else
                  LCM<=2; --切換顯示:調整模式
              end if;
              LCMP_RESET<='0';     --LCMP 重置
          elsif HHH/=H or MMM/=M or SSS/=S then  --時間已改變
              HHH<=H; MMM<=M; SSS<=S;
              if MSs(1)='0' then
                  LCM<=3; --計時顯示
              else
                  LCM<=4; --調整顯示
              end if;
              LCMP_RESET<='0';     --LCMP 重置
          end if;
      end if;
  end if;
end process C_LCD_P;

--中文 LCM 顯示器--
--中文 LCM 顯示器
--指令&資料表格式:
--(總長,指令數,指令...資料..........)
LCM_P:process(FD(0))
    variable SW:boolean;                    --命令或資料備妥旗標
begin
    if LCM/=LCMx or LCMP_RESET='0' then
        LCMx<=LCM;                          --記錄選項
        LCM_RESET<='0';                     --LCM 重置
        LCM_INI<=2;                         --命令或資料索引設為起點
        LN<='0';                            --設定輸出 1 列
        case LCM is                         --載入選項表格
            when 0=>
                LCM_com_data<=LCM_IT;       --LCM 初始化輸出第一列資料 Hello!
            when 1=>
                LCM_com_data<=LCM_11;       --輸出第一列資料
                LCM_com_data2<=LCM_22;      --輸出第二列資料
                LN<='1';                    --設定輸出 2 列
            when 2=>
```

```
            LCM_com_data<=LCM_12;     --輸出第一列資料
            LCM_com_data2<=LCM_21;  --輸出第二列資料
            LN<='1';                  --設定輸出 2 列
        when 3=>
            LCM_com_data<=LCM_22;     --輸出第二列資料
        when others =>
            LCM_com_data<=LCM_21;     --輸出第二列資料
    end case;
    LCMPok<='0';              --取消完成信號
    SW:=False;                --命令或資料備妥旗標
  elsif rising_edge(FD(0)) then
    if SW then                --命令或資料備妥後
        LCM_RESET<='1';       --啟動 LCM_4bit_driver
        SW:=False;            --重置旗標
    elsif LCM_RESET='1' then--LCM_4bit_driver 啟動中
        if LCMok then         --等待 LCM_4bit_driver 完成傳送
            LCM_RESET<='0'; --完成後 LCM 重置
        end if;
    elsif LCM_INI<LCM_com_data(0) and
        LCM_INI<LCM_com_data'length then    --命令或資料尚未傳完
        if LCM_INI<=(LCM_com_data(1)+1) then--選命令或資料暫存器
            RS<='0';    --Instruction reg
        else
            RS<='1';    --Data reg
        end if;
        RW<='0';            --LCM 寫入操作
        DBi<=LCM_com_data(LCM_INI);--載入命令或資料
        LCM_INI<=LCM_INI+1;           --命令或資料索引指到下一筆
        SW:=True;                     --命令或資料已備妥
    else
        if LN='1' then                --設定輸出 2 列
            LN<='0';                  --設定輸出 2 列取消
            LCM_INI<=2;               --命令或資料索引設為起點
            LCM_com_data<=LCM_com_data2;--LCM 輸出第二列資料
        else
            LCMPok<='1';              --執行完成
        end if;
    end if;
  end if;
end process LCM_P;
```

```
--防彈跳--
process(FD(17))
begin
    --S8 防彈跳--計時/調整
    if S8='1' then
        S8S<="000";
    elsif rising_edge(FD(17)) then
        S8S<=S8S+ not S8S(2);
    end if;
    --S1 防彈跳--時
    if S1='1' then
        S1S<="000";
    elsif rising_edge(FD(17)) then
        S1S<=S1S+ not S1S(2);
    end if;
    --S2 防彈跳--分
    if S2='1' then
        S2S<="000";
    elsif rising_edge(FD(17)) then
        S2S<=S2S+ not S2S(2);
    end if;
    --S3 防彈跳--秒
    if S3='1' then
        S3S<="000";
    elsif rising_edge(FD(17)) then
        S3S<=S3S+ not S3S(2);
    end if;
end process;

--除頻器--
Freq_Div:process(gckP31)            --系統頻率 gckP31:50MHz
begin
    if rstP99='0' then              --系統重置
        FD<=(others=>'0');          --除頻器:歸零
    elsif rising_edge(gckP31) then  --50MHz
        FD<=FD+1;                   --除頻器:2 進制上數(+1)計數器
    end if;
end process Freq_Div;

end Albert;
```

設計動作簡介

KTM-626

在此電路架構(architecture)裡，包括導入 LCM_4bit_driver 零件、編制指令與資料、輸出電路、24 小時至時中(E_clock_P)、0.5 秒信號產生器(S_G_P)、主控器(C_LCD_P)、LCM 控制器(LCM_P)、防彈跳電路與除頻器。為節省篇幅，導入零件、LCM 控制器、防彈跳電路與除頻器，在前面的章節中也介紹過，在此不贅述，其餘電路如下說明：

編制指令與資料

基本上，在此的編制指令與資料與 6-3 節類似，但在此所要編制的顯示資料特別多，在此的顯示資料歸納如下：

- LCM_IT：4 位元介面初始化指令，並顯示「☺Hello!」。
- LCM_11：第一列顯示「☆★現在時間★☆」。
- LCM_12：第一列顯示「▼△調整時間▽▲」。
- LCM_21：第二列顯示半形的「hh:mm:ss」。
- LCM_22：第二列顯示全形的「ＨＨ：ＭＭ：ＳＳ」。
- NO_9_1：宣告半形的 0~9。
- NO_9_2：宣告全形的０～９。

輸出電路

在此的輸出電路是根據時間，產生每位數的 BCD 碼，並轉換成半形數字碼與全形數字碼，如圖 10 所示。

```
--更新顯示時間-------------------
--0123456789
LCM_21(7)<=NO_9_1(H/10);         --時十位
LCM_21(8)<=NO_9_1(H mod 10);     --時個位
LCM_21(10)<=NO_9_1(M/10);        --分十位
LCM_21(11)<=NO_9_1(M mod 10);    --分個位
LCM_21(13)<=NO_9_1(S/10);        --秒十位
LCM_21(14)<=NO_9_1(S mod 10);    --秒個位
----０１２３４５６７８９
LCM_22(4)<=NO_9_2(H/10);         --時十位
LCM_22(6)<=NO_9_2(H mod 10);     --時個位
LCM_22(10)<=NO_9_2(M/10);        --分十位
LCM_22(12)<=NO_9_2(M mod 10);    --分個位
LCM_22(16)<=NO_9_2(S/10);        --秒十位
LCM_22(18)<=NO_9_2(S mod 10);    --秒個位
```

（上半部標示：半形字；下半部標示：全形字）

圖10　輸出電路

24小時制時鐘 KTM-626

在此的 24 小時制時鐘與第五章的 24 小時制時鐘類似，但在此多出調整秒的功能。同樣的，根據 MSs 切換模式，若 MSs>0，則切換到調整模式，否則進入時鐘模式。

調整模式時，若 S1 鍵被長按，則時數遞增，其範圍為 0~23；若 S2 鍵被長按，則分數遞增，其範圍為 0~59；若 S3 鍵被長按，則秒數遞增，其範圍為 0~59。

時鐘模式時，當秒信號的升緣時，若秒數 S 不等於 59，則秒數加 1；否則，秒數歸零，進位到分。若分數 M 不等於 59，則分數加 1；否則，分數歸零，進位到時。若時數 H 不等於 23，則時數加 1；否則，時數歸零。

0.5秒產生器 KTM-626

在此的 0.5 秒產生器與第五章的秒信號產生器類似，但在此輸出的信號之週期為 0.5 秒。

主控器 KTM-626

當 C_LCD_P 主控器偵測到 LCD 已開啟(即 LCMPok='1')，則進行下列操作：

- 若是剛開機，則進入時鐘模式。
- 若 MSs 模式選擇變動，則：
  - 儲存 MSs，做為下次模式選擇變動的判斷依據。
  - 依據選擇，進入該模式。
  - 重新啟動 LCD。
- 若時數或分數或秒數有變動，則：
  - 暫存時數、分數與秒數，做為時間變動的判斷依據。
  - 依據模式的不同，LCD 顯示不同的畫面(全形或半形)。
  - 重新啟動 LCD。

後續工作 KTM-626

電路設計完成後，按 Ctrl + S 鍵存檔，再按 Ctrl + L 鍵進行初始編譯。若編譯有錯誤，可循下方紅色錯誤訊息(直接快按兩下)，跳到錯誤處修改之。

若編譯成功，在隨即出現的訊息對話盒中，按 確定 鈕關閉之。

緊接著進行接腳配置，按 Ctrl + Shift + N 鍵，開啟接腳配置視窗。除了 gckP31 與 rstP99 外，還要配置 4 個按鍵：S1 鍵內接到 131 腳、S2 鍵內接到 128 腳、S3 鍵內接到 FPGA 的 127 腳，S8 鍵內接到 117 腳。再請按表 1(6-3 頁)配置接腳。

完成接腳配置後，按 Ctrl + L 鍵即進行**二次編譯**，並退回原 Quartus II 編譯視窗。同樣的，完成二次編譯後，在隨即出現的訊息對話盒中，按 確定 鈕關閉之。

燒錄與測試

KTM-626

首先備妥 USB Blaster 下載線，一端插入電腦 USB 埠，另一段插入 EP3C 板上的 JTAG 埠，然後開啟 KTM-626 多功能 FPGA 開發平台之電源。

按 Alt 、 T 、 P 鍵即可開啟燒錄視窗，按 Start 鈕即進行燒錄。很快的，完成燒錄後，即可觀察 LCD 上的顯示，並按下列操作：

1. 長按 S8 鍵，是否能切換調整模式與時鐘模式？ ________
2. 在時鐘模式下，是否正常顯示全形字的時間？ ________
3. 在調整模式下，長按 S1 鍵是否能調整時數？ ________
4. 在調整模式下，長按 S2 鍵是否能調整分數？ ________
5. 在調整模式下，長按 S3 鍵是否能調整秒數？ ________

6-5 即時練習

本章屬於*實用* 的設計技巧，如何靈活應用是很重要的，特別是軟體 IC。至於要不要徹底了解軟體IC內部的運作與工作原理？有空再說吧！請試著回答下列問題，*看看你準備好了沒？*

1　試簡述 LCD1602 之基本規格？

2　試簡述 WG14432B5 之基本規格？

3　試述 WG14432B5 之字型來源記憶體有哪三種？

4　試述查詢中文字之 big-5 的方法？

5　在 WG14432B5 裡顯示中文字型，其編碼配置有何注意事項？

notes
筆記
www.LTC.com.tw

CH 07

OLED 顯示器之應用

7-1 認識 OLED 顯示器

在此所介紹的 OLED(有機發光二極體，**O**rganic **L**ight-**E**mitting **D**iod)採用 SSD1306 控制晶片的小型 128×64 OLED 模組。SSD1306 控制晶片提供 SPI(Serial Peripheral Interface Bus)、I^2C(Inter-Integrated Circuit)等介面，在此使用 I^2C 介面。其基本規格如下：

- 採用 OLED 自體發光，不需要背光，功耗小(全螢幕顯示約耗 0.08W)。
- 白色。
- 解析度為 128×64。
- 可視角度達 160 度。
- 模組尺寸為 27.0mm×27.0mm×4.1mm。
- 工作溫度範圍-30℃~70℃。
- 採用 I2C 介面，建議 SDA 與 SCL 各需 4.7K 歐姆提升電阻器。
- 操作電壓 3.3V(1.65V~3.3V)。

如圖 1 所示為此模組的四支接腳，其電源可採用 3.3V 或 5V(內建穩壓電路)。雖然廠商建議在 SCL 與 SDA 接腳上各接一個 4.7K~10K 歐姆之間的提升電阻器，實際上，就算不用提升電阻器，也可正常運作。

圖1　I^2C 介面 OLED(SSD1306)

在 KTM-626 裡，OLED 模組屬於擴充裝置(選購品)，可直接將 OLED 模組插在麵包板上，連接電源(+5V 或+3.3V 皆可)與 SDA、SCL，如圖 2 所示。其中 SDA 連接 FPGA 的 52 腳、SCL 連接 FPGA 的 50 腳。

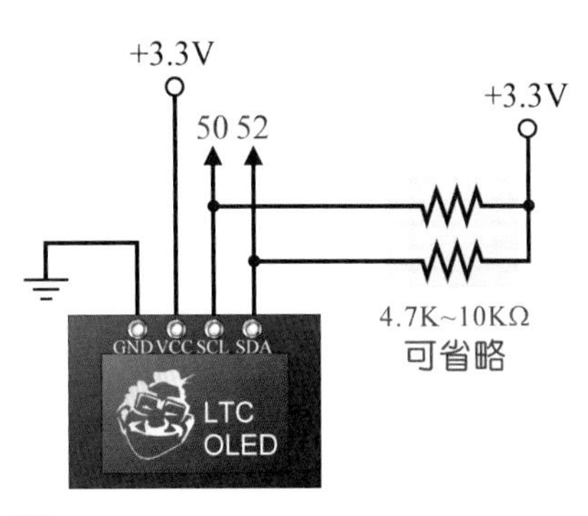

圖2 OLED 連接到 FPGA

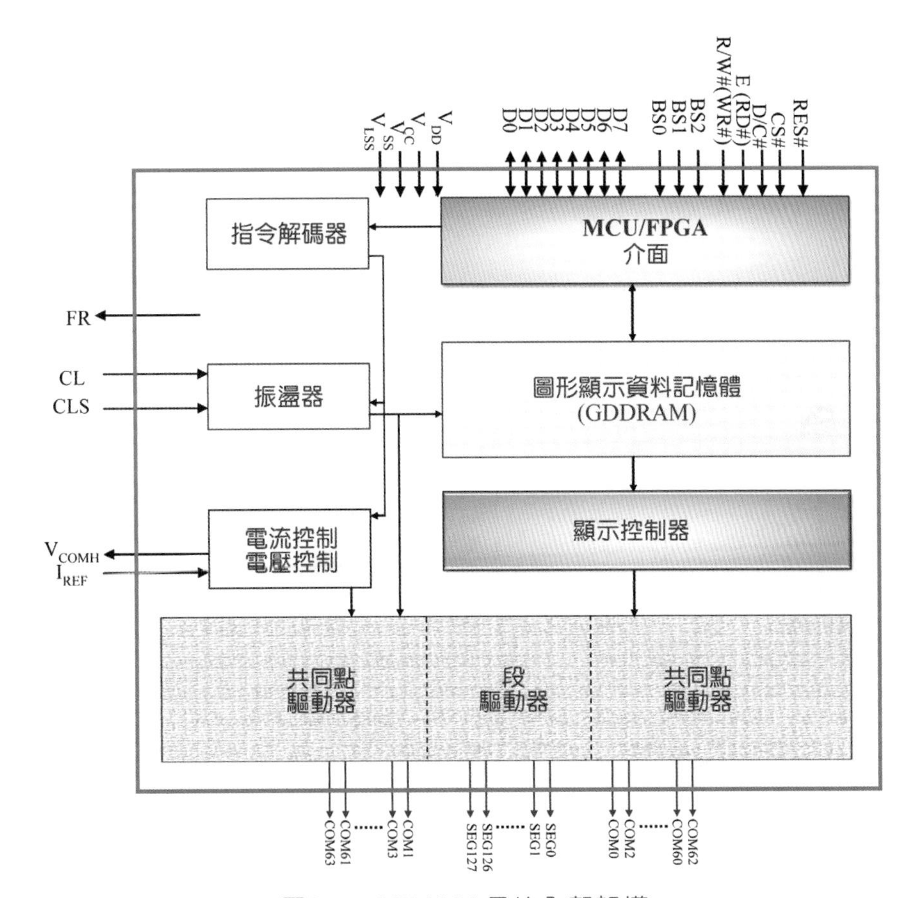

圖3 SSD1306 晶片內部架構

基本上，I^2C 是一種二線式串列匯流排，信號透過 SCL 與 SDA 傳輸，其中 SCL 是串列時脈線，而 SDA 是串列資料線，如圖 4 所示，只要把裝置的 SCL 搭上匯流排的 SCL 線、裝置的 SDA 搭上匯流排的 SDA 線即可。理論上，同一個 I^2C 匯流排，最多可搭接 127 個裝置。

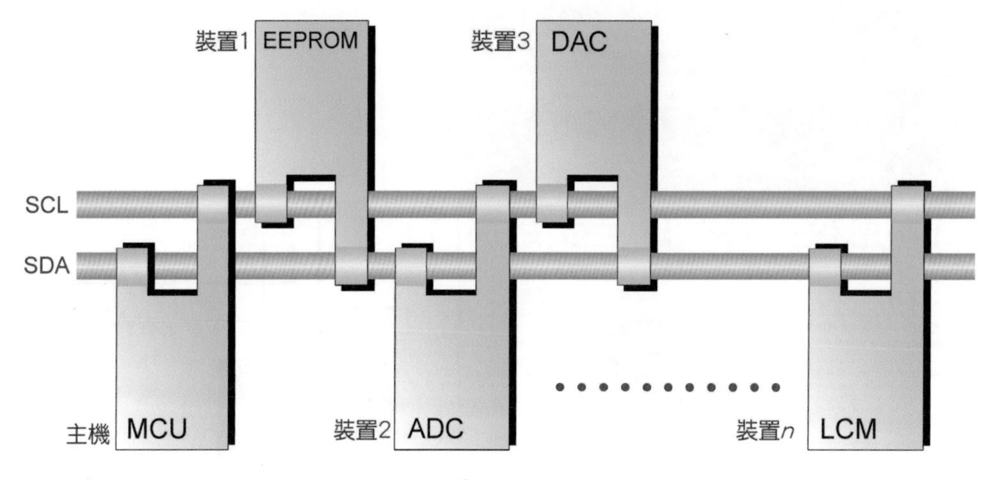

圖4　I^2C 匯流排系統

I^2C 屬於 Philips 的專利，這項設計蠻好的，而裝置要配置 I^2C 介面，並不難，如圖 5 所示，I^2C 介面電路分為 SCL 的接收電路與傳輸電路、SDA 的接收電路與傳輸電路。

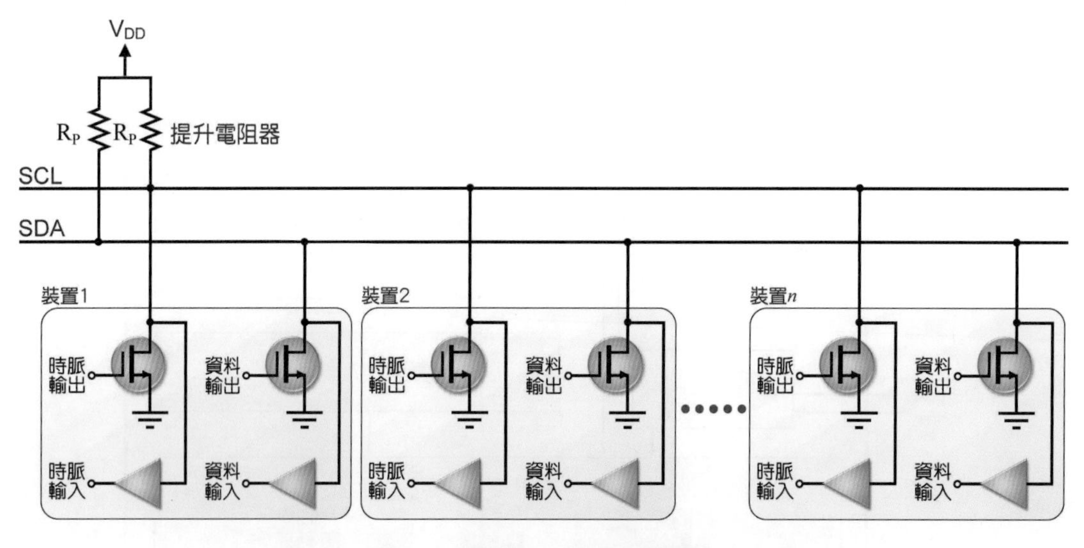

圖5　裝置之 I^2C 介面電路

在 I^2C 的通信協定(Protocol)方面，一個封包由起始位元開始，而停止位元結束。而起始位元的定義是 SCL 為高態時，SDA 由高態變低態；停止位元的定義是 SCL 為高態時，SDA 由低態變高態，如圖 6 所示。

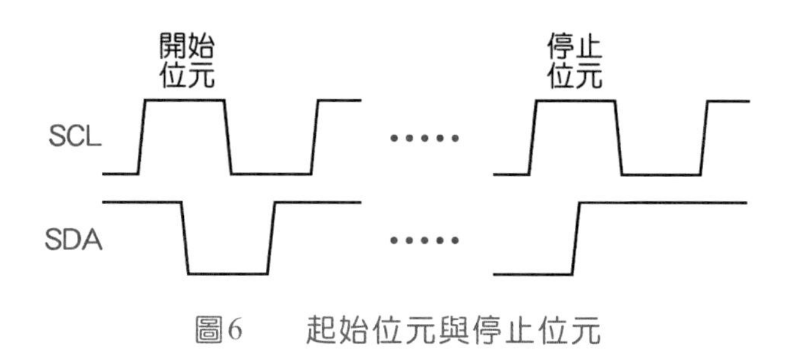

圖6 起始位元與停止位元

在資料傳輸時，當 SCL 為高態時為資料讀寫狀態，當 SCL 為低態時為資料準備狀態，如圖 7 所示。

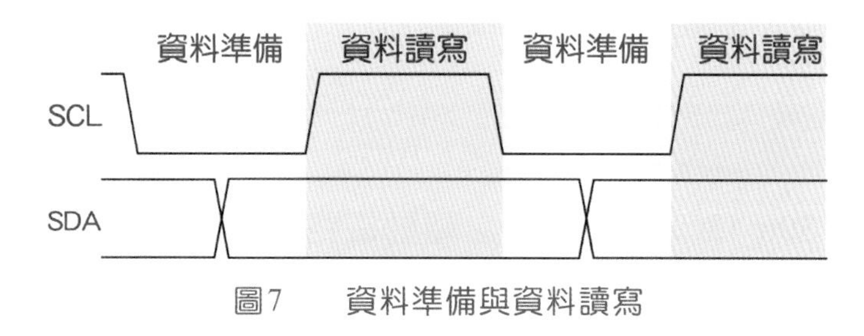

圖7 資料準備與資料讀寫

在此的 OLED 模組採用 SSD1306 控制晶片，其內部架構如圖 3 所示(7-3 頁)。雖然這個控制晶片提供 SPI、I²C 等串列式介面，而在此的 OLED 模組採用 I²C 介面，外部線路非常簡單。不過，其傳輸格式有點複雜，如圖 8 所示。基本上，I²C 為主從式架構的同步串列式通信，串列時脈 SCL 由主機(master)傳出，而整個傳輸靠串列時脈控制，也就是由主機主導資料傳輸。

FPGA 為主機，OLED 為從機(slave)，OLED 的位址為 011110+SA0，其中的 SA0 是一個可在模組裡應用指撥開關或跳線設定其值(0 或 1)，若設定為 0，則位址為 0111100；若設定為 1，則位址為 0111101。7-2 節的介面電路，就是要把這串封包依序傳到 I²C 介面的 OLED。

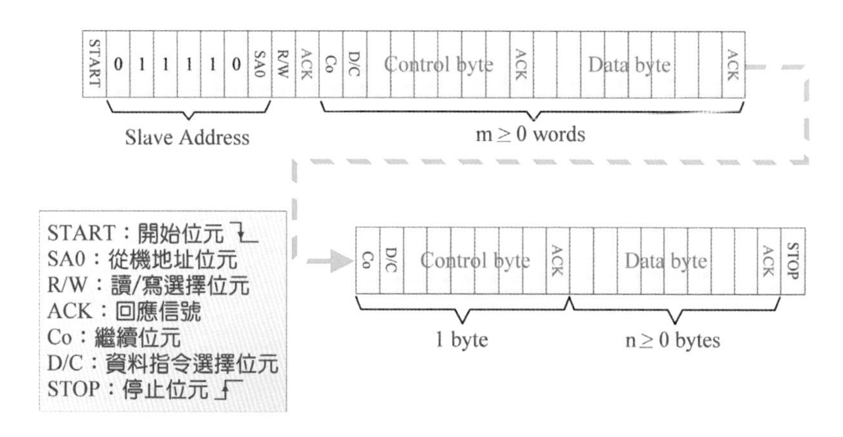

圖8 I²C 傳輸資料格式

基本上，I^2C 為雙向通信，我們可從 FPGA 送資料到 OLED，即寫入(write)，FPGA 也可讀取 OLED 的資料，即讀取(read)。若要進行寫入的動作，則 R/W 位元設定為 0；若要進行讀取的動作，則 R/W 位元設定為 1。不過，對於 OLED(或顯示裝置)而言，還是以 FPGA 寫入 OLED 為主。

7-2 OLED 介面電路設計

在此將設計一個 I^2C 的 OLED 驅動電路，並儲存為 SSD1306_I2C2Wdriver4.vhd。之後的設計專案裡，都需要使用這個檔案。

電路設計

KTM-626

完整 SSD1306_I2C2Wdriver4 之驅動電路設計如下：

```
--SSD1306_I2C_driver4:I2C 全功能版
--SSD1306_I2C 串列模式只能做寫入作業 Write mode
--Co:--1=word or 0=byte mode,byte mode 後不能再設回 word mode
--107.01.01 版

Library IEEE;                          --連結零件庫
Use IEEE.std_logic_1164.all;           --引用套件
Use IEEE.std_logic_unsigned.all;       --引用套件;

entity  SSD1306_I2C2Wdriver4 is
   port(  I2CCLK,RESET:in std_logic;      --系統時脈,系統重置
          SA0:in std_logic;               --裝置碼位址
          CoDc:in std_logic_vector(1 downto 0);--Co & D/C
          Data_B:in std_logic_vector(7 downto 0);--資料輸入
          reLOAD:out std_logic;           --載入旗標:0 可載入 Data Byte
          LoadCK:in std_logic;            --載入時脈
          RWN:in integer range 0 to 15; --嘗試讀寫次數
          I2Cok,I2CS:buffer std_logic;  --I2Cok,CS 狀態
          SCL:out std_logic; --介面 IO:SCL,如有接提升電阻時可設成 inout
          SDA:inout std_logic--SDA 輸入輸出
        );
end SSD1306_I2C2Wdriver4;

architecture Albert of SSD1306_I2C2Wdriver4 is
   signal Wdata:std_logic_vector(29 downto 0);--寫命令表
```

```
    signal Data_B_Bf:std_logic_vector(7 downto 0);--Data_B
    signal CoDc_Bf:std_logic_vector(1 downto 0);--CoDo
    signal Co,Buffer_Clr,Buffer_Empty:std_logic;
    signal I2Creset,SCLs,SDAs:std_logic;
    --失敗重來,SCL,SDAs->SDAout,SDAin-->SDA
    signal I:integer range 0 to 2;          --相位指標
    signal WN:integer range 0 to 29;        --寫入命令指標
    signal PN:integer range 0 to 29;        --錯誤暫停時間
    signal RWNS:integer range 0 to 15;      --嘗試讀寫次數計數器

begin

SDA<='0' when SDAs='0' else 'Z';--SDA bus 控制

SCL<='0' when SCLs='0' else '1';
--介面 IO:SCL,如有接提升電阻時可設成 inout
--SCL<='0' when SCLs='0' else 'Z';

reLOAD<=Buffer_Empty or Buffer_Clr;
Data_in:process(LoadCK,Reset)
Begin
    if reset='0' or Buffer_Clr='1' then
        Buffer_Empty<='0';
    elsif rising_edge(LoadCK) then
        Data_B_Bf<=Data_B;
        CoDc_Bf<=CoDc;
        Buffer_Empty<='1';
        --Buffer_Empty='1'表示已有資料寫入(尚未傳出)
    end if;
end process Data_in;

main:process(I2CCLK,RESET)
begin
    if RESET='0' then
    Wdata<='0'&"011110"&SA0&'0'&'1'&CoDc&"000000"&'1'&Data_B&'1'&"00";
        --起始 裝置碼  SA0 寫入 ack  Control 位元組 ack 寫入資料  ack   P
        --(0)沒用到,結束碼
        --若 Co=1,則為 word mode(16bit):
        --(Control byte +Data byte)+(Control byte +Data byte),
        --下一筆放入 Wdata(10 downto 3)<=Data_B,WN 再從 19 起
        --若 Co=0,則為 byte mode(8bit):
```

```
        --Control byte(只有1次)+ Data byte.....,
        --下一筆放入 Wdata(10 downto 3)<=Data_B,WN 再從 10 起
        Co<=CoDc(1);--1=word or 0=byte mode

        I<=0;                  --設 0 相位
        WN<=29;                --設寫入執行點

        SCLs<='1';             --設 I2C 為閒置
        SDAs<='1';             --設 I2C 為閒置
        I2CS<='0';             --設無狀態
        I2CoK<='0';            --設未完成旗標

        RWNS<=RWN;             --嘗試讀寫次數
        PN<=29;                --錯誤暫停時間
        I2Creset<='0';         --清除重新執行旗標
        Buffer_Clr<='0';
    elsif rising_edge(I2CCLK) then
        Buffer_Clr<='0';
        if I2Cok='0' Then   --尚未完成
            --失敗再嘗試
            if I2Creset='1' then       --重新起始
                SCLs<='1';             --bus 暫停
                SDAs<='1';             --bus 暫停
                I<=0;WN<=29;           --錯誤回復執行點
                if PN=0 then           --暫停時間
                    PN<=29;            --重設錯誤暫停時間
                    I2Creset<='0';  --取消重新執行旗標
                    RWNS<=RWNS-1;   --嘗試次數
                    if RWNS<=1 then --嘗試次數已用完
                        I2Cok<='1'; --完成
                        I2CS<='1';  --失敗
                    end if;
                else
                    PN<=PN-1;          --暫停時間倒數
                end if;
            else -- RW='0'             --OLED 串列模式只能做寫入作業
                if WN=0 then           --結束點
                    SDAs<='1';         --Stop
                    I2CoK<='1';        --結束寫入(成功)
                else
                    I<=I+1;            --下一相位
```

```
                    case I is
                        when 0 =>   --0 相位
                            SDAs<=Wdata(WN);--位元輸出
                        when 1 =>   --1 相位
                            SCLs<='1';  --SCK 拉高
                            WN<=WN-1;   --下一 bit
                            if WN=20 or WN=11 or WN=2 then --測 ACK 點
                                if WN=20 then
                                --ACK 載入--第一次發現 ACK 錯誤時才重新執行
                                    I2Creset<=SDA;
                                --SSD1306 的 ACK(低態:正常,高態:錯誤)
                                elsif SDA='1' then--讀 SSD1306 的 ACK
                                    I2CoK<='1'; --結束寫入(失敗)
                                    I2CS<='1';  --失敗
                                end if;
                            end if;
                        when others =>  --2 相位
                            SCLs<='0';  --SCK 下拉
                            I<=0;       --回 0 相位
                            if WN=1 then
                                if Buffer_Empty='1' then
                                --下一筆已經進來
                                    Wdata(10 downto 3)<=Data_B_Bf;
                                    --下一筆載入
                                    Wdata(19 downto 18)<=CoDc_Bf;
                                    if Co='1' then  --word mode
                                        Co<=CoDc_Bf(1);
                                        WN<=19; --新執行點
                                    else        --byte mode
                                        WN<=10; --新執行點
                                    end if;
                                    Buffer_Clr<='1';--清除 buffer
                                end if;
                            end if;
                    end case;
                end if;
            end if;
        end if;
    end if;
end process;
```

```
end Albert;
```

設計動作簡介

KTM-626

SSD1306_I2C2Wdriver4 裡的功能是載入所要傳輸的資料，並組成 I^2C 封包，然後藉由 I^2C 匯流排傳輸到 OLED。整個介面電路包括資料預載器 Data_in 與主控器，如下：

資料預載器

KTM-626

載入所要傳輸的資料是 SSD1306_I2C2Wdriver4 的第一步。如圖 9 所示為資料預載器 Data_in，其動作如下說明：

```
①reLOAD<=Buffer_Empty or Buffer_Clr;
Data_in:Process(LoadCK,Reset)
Begin
    if reset='0' or Buffer_Clr='1' then
②       Buffer_Empty<='0';
    elsif rising_edge(LoadCK) then
③       Data_B_Bf<=Data_B;
        CoDc_Bf<=CoDc;
④       Buffer_Empty<='1';
        --Buffer_Empty='1'表示已有資料寫入(尚未傳出)
    end if;
end process Data_in;
```

圖9　資料預載器

① reLOAD 是通知 FPGA 是否再載入資料，若 reLOAD=1 代表不要載入資料；若 reLOAD=0 代表可載入資料。

② 當重置或資料緩衝器已清空，則 Buffer_Empty 旗標歸零，以準備載入資料。

③ 重新啟動後，即隨載入時脈(LoadCK)的升緣，將 Data_B 資料載入緩衝器 Data_B_Bf、將 CoDc 資料載入緩衝器 CoDc_Bf。其中的 CoDc 是兩位元的控制碼：

- 若 CoDc(1)=1，設定採用 wordmode，也就是連續傳送兩位元組資料；若 CoDc(1)=0，設定採用 byte mode，只傳送一位元組資料。
- 若 CoDc(0)=1，設定傳送的是資料；若 CoDc(0)=0，設定傳送的是指令。

④ 載入資料與指令後，Buffer_Empty 旗標設定為 1，表示已載入資料。

主控器

在此的主控器有點長，其中處理製作封包、傳輸封包，以及傳輸不順(沒有回應，Acknowledge)之處理，如下說明：

- 重置時，將載入的資料放入 Wdata 封包，如圖 10 所示

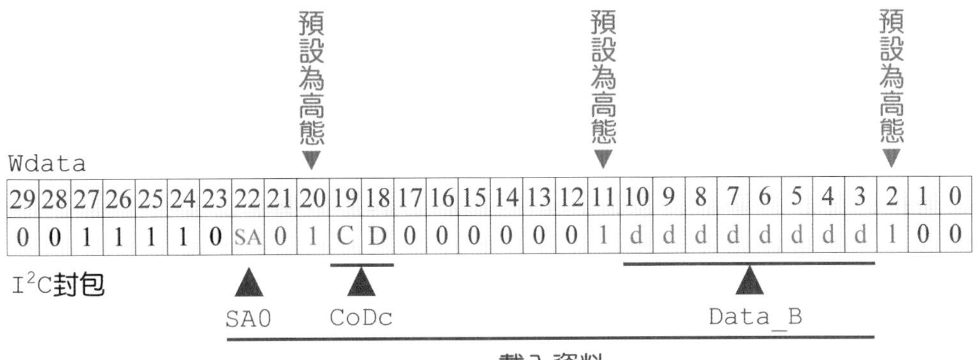

圖10　I^2C 封包

- 重置之後，即隨 I^2C 時脈(I2CCLK)的升緣而動，其中包括下列處理動作：
  - 若未完成傳輸，且傳輸失敗則重新嘗試傳輸。
  - 若 WN 傳輸指標等於 0，代表完成傳輸，則設定 SDAs=1(即停止位元)、設定 I2Cok=1。
  - 若 WN 傳輸指標不等於 0，代表尚未傳完，則依序傳輸如圖 11 所示。而傳輸時按 4 個相位(程序)傳輸。

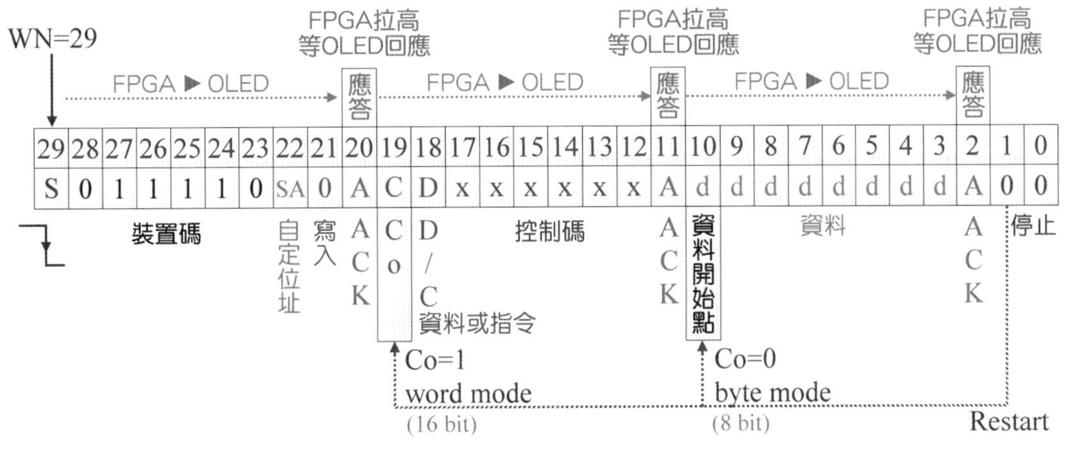

圖11　傳輸動作流程

■ 傳輸程序：

- ◆ 當 I=0 時，依據 WN 傳輸指標讀取 Wdata 封包內的資料，並放入傳輸線 SDAs。
- ◆ 當 I=1 時，SCLx 時脈信號由低態轉高態，SDAs 上的資料就傳出。然後將 WN 減 1，指向下一個資料。若下一個資料是回應信號 ACK，也就是等待 OLED 回應(將 SDA 變為低態)：
  - 若 WN=20 時，OLED 沒有回應(SDA 仍為高態)，則重新開啟傳輸(重置)。
  - 若 WN=11 或 WN=2 時，OLED 沒有回應，則將 I2Cok 設定為 1，代表寫入失敗；再將 I2CS 設定為 1，代表傳輸失敗。
- ◆ 當 I=2 時，將 SCLx 時脈信號由高態轉低態，準備傳輸下一個資料，並將 I 歸零，讓傳輸程序重新。如圖 11 所示，若這時候 WN 已經到達 1 時，且下一筆資料已載入(Buffer_Empty=1)，則將新載入的資料(Data_B_Bf 與 CoDc_Bf)放入 Wdata 封包。若 CoDc_Bf(1)=1，代表執行 word mode(16 位元)，則 WN 指標跳回 19。若 CoDc_Bf(1)=0，代表執行 byte mode(8 位元)，則 WN 指標跳回 10。

7-3 OLED 測試實習

實習目的

KTM-626

在本單元裡將設計一個 OLED 的測試電路，先在 OLED 螢幕上，顯示一條直線，由左而右移動、由右而左移動。然後再顯示一條橫線，由上而下移動、由下而上移動。在此透過 50 腳連接 OLED 的 SCL、52 腳連接 OLED 的 SDA。

新增專案與設計檔案

KTM-626

開啟 Quartus II，並按 1-2 節的說明，新增專案與設計檔案，相關資料如下：

- 專案資料夾：D:\CH7\CH7_OLED_1
- 專案名稱：CH7_OLED_1
- 晶片族系(Family)：Cycolne III

- 接腳數(Pin count)：240
- 晶片名稱：EP3C16Q240C8
- VHDL 設計檔：CH7_OLED_1.vhd

電路設計

KTM-626

在新建的 CH7_OLED_1.vhd 編輯區裡按下列設計電路，再按 Ctrl + S 鍵，請記得將 7-2 節中的 SSD1306_I2C2Wdriver4.vhd 複製到本專案的資料夾裡。

```
--oLED 測試(SCL=50、SDA=52)
--107.01.01 版
--EP3C16Q240C8 50MHz LEs:15,408 PINs:161 ,gckp31 ,rstP99

Library IEEE;                           --連結零件庫
Use IEEE.std_logic_1164.all;            --引用套件
Use IEEE.std_logic_unsigned.all;        --引用套件

entity CH7_OLED_1 is
port(gckp31,rstP99:in std_logic;        --系統頻率,系統 reset
     --oLED SSD1306 128x64
     oLED_SCL:out std_logic;            --介面 IO:SCL(50)
     oLED_SDA:inout std_logic           --介面 IO:SDA,有接提升電阻(52)
     );
end entity CH7_OLED_1;

architecture Albert of CH7_OLED_1 is
    --oLED SSD1306 Driver --107.01.01 版
    component SSD1306_I2C2Wdriver4 is
        port(I2CCLK,RESET:in std_logic;--系統時脈,系統重置
             SA0:in std_logic;          --裝置碼位址
             CoDc:in std_logic_vector(1 downto 0); --Co & D/C
             Data_B:in std_logic_vector(7 downto 0);--資料輸入
             reLOAD:out std_logic;  --載入旗標:0 可載入 Data Byte
             LoadCK:in std_logic;   --載入時脈
             RWN:in integer range 0 to 15;  --嘗試讀寫次數
             I2Cok,I2CS:buffer std_logic;   --I2Cok,CS 狀態
             SCL:out std_logic;  --介面 IO:SCL,如有接提升電阻時可設成 inout
             SDA:inout std_logic--SDA 輸入輸出
            );
    end component SSD1306_I2C2Wdriver4;
    signal oLED_I2CCLK,oLED_RESET:std_logic;--系統時脈,系統重置
```

```
signal oLED_SA0:std_logic:='0';       --裝置碼位址
signal oLED_CoDc:std_logic_vector(1 downto 0); --Co & D/C
signal oLED_Data_B:std_logic_vector(7 downto 0);--資料輸入
signal oLED_reLOAD:std_logic;         --載入旗標:0 可載入 Data Byte
signal oLED_LoadCK:std_logic;           --載入時脈
signal oLED_RWN:integer range 0 to 15; --嘗試讀寫次數
signal oLED_I2Cok,oLED_I2CS:std_logic; --I2Cok,CS 狀態

--oLED 指令&資料表格式:
type oLED_T is array (0 to 38) of std_logic_vector(7 downto 0);
signal oLED_RUNT:oLED_T;
--oLED=0:oLED 初始化 128x64
constant oLED_IT:oLED_T:=(
    X"26",--0 長度
    X"AE",--1 display off
    X"D5",--2 設定除頻比及振盪頻率
    X"80",--3 [7:4]振盪頻率,[3:0]除頻比
    X"A8",--4 設 COM N 數
    X"3F",
    --5 1F:32COM(COM0~COM31 N=32),3F:64COM(COM0~COM31 N=64)
    X"40",--6 設開始顯示行:0(SEG0)
    X"E3",
--X"A1",--7 non Remap(column 0=>SEG0),A1 Remap(column 127=>SEG0)
    X"C8",
    --8 掃瞄方向:COM0->COM(N-1) COM31,C8:COM(N-1) COM31->COM0
    X"DA",--9 設 COM Pins 配置
    X"12",
    --10 02:順配置(Disable COM L/R remap)
    --12:交錯配置(Disable COM L/R remap)
    --22:順配置(Enable COM L/R remap)
    --32:交錯配置(Enable COM L/R remap)
    X"81",--11 設對比
    X"EF",--12 越大越亮
    X"D9",--13 設預充電週期
    X"F1",--14 [7:4]PHASE2,[3:0]PHASE1
    X"DB",--15 設 Vcomh 值
    X"30",
    --16 00:0.65xVcc,20:0.77xVcc,30:0.83xVcc
    X"A4",
    --17 A4:由 GDDRAM 決定顯示內容,A5:全部亮(測試用)
    X"A6",
```

```
    --18 A6:正常顯示(1亮0不亮),A7反相顯示(0亮1不亮)
    X"D3",--19 設顯示偏移量 Offset
    X"00",--20 00
    X"E3",
    --X"20",--21 設 GDDRAM pointer 模式
    X"E3",
    --X"02",--22 00:水平模式, 01:垂直模式,02:頁模式
--頁模式 column start address=[higher nibble,lower nibble] [00]
    X"E3",
--X"00",--23 頁模式下設 column start address(lower nibble):0
    X"E3",
--X"10",--24 頁模式下設 column start address(higher nibble):0
    X"E3",
    --X"B0",--25 頁模式下設 Page start address
    X"20",--26 設 GDDRAM pointer 模式
    X"00",
    --27 00:水平模式, 01:垂直模式,02:頁模式
    X"21",--28 水平模式下設行範圍:
    X"00",
    --29 行開始位置 0(Column start address)
    X"7F",
    --30 行結束位置 127(Column end address)
    X"22",--31 水平模式下設頁範圍:
    X"00",
    --32 頁開始位置 0(Page start address)
    X"07",
    --33 頁結束位置 3(Page end address)
    X"A1",
    --34 non Remap(column 0=>SEG0),A1 Remap(column 127=>SEG0)
    X"8D",--35 設充電 Pump
    X"14",--36 14:開啟,10:關閉
    X"AF",--37 display on
    X"E3" );--38 nop
signal OLED_COM_POINTER,OLED_COM_POINTERs:integer range 0 to 63;
--命令操作指標
signal OLED_DATA_POINTER:integer range 0 to 127;--行碼
signal GDDRAM_i:integer range 0 to 15;      --oled 頁碼
signal GDDRAMo,GDDRAMo1,GDDRAM2:std_logic_vector(7 downto 0);
signal GDDRAM3,GDDRAM4:std_logic_vector(7 downto 0);
signal GDDRAM5:std_logic_vector(7 downto 0);--通道圖資
```

```
    signal FD:std_logic_vector(24 downto 0);      --除頻器
    signal oLED_P_RESET,oLED_P_ok:std_logic;      --oLED_P 重置、完成
    signal Vline:integer range 0 to 127;          --垂直線位置
    signal Hline:std_logic_vector(63 downto 0);--水平線樣板
    signal HN:integer range 0 to 255;    --水平線操作次數
    signal OLEDtestM:std_logic_vector(2 downto 0);
    --oLED 圖資通道及功能選擇
    signal OLEDset_P_RESET:std_logic;--OLEDset_P 重置
    signal OLEDset_P_ok:std_logic;  --OLEDset_P 完成
    signal not01,RL:std_logic;          --反相、方向操作旗標
    signal times:integer range 0 to 2047;--停止時間

begin

--oLED--
U1: SSD1306_I2C2Wdriver4 Port Map(
    oLED_I2CCLK,oLED_RESET,'0',oLED_CoDc,
    oLED_Data_B,oLED_reLOAD,oLED_LoadCK,3,
    oLED_I2Cok,oLED_I2CS,oLED_SCL,oLED_SDA);

oLED_test_Main:process(FD(17))  --oLED_test_Main 主控器操作速率
begin
    if rstP99='0' then                --系統重置
        OLEDtestM<="000";             --oLED 圖資通道及功能選擇
        OLEDset_P_RESET<='0';         --OLEDset_P 控制旗標:重置
        oLED_COM_POINTERs<=1;         --oLED 命令指標:重下命令
        not01<='0';                   --0:正常
        RL<='0';                      --0:方向預設
        Vline<=0;                     --0:垂直線位置預設
        Hline<=(others=>'0');         --0:水平線位置預設
        HN<=0;                        --水平操作次數預設
        times<=200;                   --停止時間預設
    elsif rising_edge(FD(17)) then
        if OLEDset_P_ok='1' then--等待 OLEDset_P 完成
            OLED_COM_POINTERs<=conv_integer(OLED_RUNT(0))+1;
            --oLED 命令指標:不再下命令
            times<=times-1;               --停止計時
            if times=0 then               --計時到
                OLEDset_P_RESET<='0';--oLED_P 控制旗標:重置
                case OLEDtestM is   --選功能
                    when "000" =>   --000 全暗 轉 全亮
```

```
        OLEDtestM<="001";   --0001 全亮
        times<=200;
    when "001" =>   --001 全亮 轉 垂直線
        OLEDtestM<="010";
        --0010 Vline:垂直線操作功能
        times<=0;
    when "010"|"011"|"100"=>
    --0010 011 0100:Vline 垂直線操作功能
        times<=0;   --重設計時
        if Vline=0 and RL='1' then --功能該切換了
            RL<='0';--方向重設
            if OLEDtestM="010" then
                OLEDtestM<="011";--顯示資料通道選擇
            elsif OLEDtestM="011" then
                OLEDtestM<="100";--顯示資料通道選擇
            else
                OLEDtestM<="101";
                --顯示資料通道選擇及水平線操作變換
                Hline<=(Hline'range=>'0')+'1';
            end if;
        elsif Vline=127 and RL='0' then--該變方向了
            RL<='1';        --方向變換
        else
            if RL='0' then
                Vline<=Vline+1; --L->R
            else
                Vline<=Vline-1; --R->L
            end if;
        end if;
    when "101"=>    --Hline 水平線操作
        times<=5;   --重設計時
        if HN=0 and RL='1' then
            RL<='0';--方向重設
            OLEDtestM<="110";   --水平線操作變換
        elsif HN=63 and RL='0' then --該變方向了
            RL<='1';--方向變換
            HN<=64; --設 64 次
        else
            if RL='0' then
                Hline<=Hline(62 downto 0) & '0';
                --U->D
```

```
                        HN<=HN+1;
                    else
                        Hline<='0' & Hline(63 downto 1);
                        --D->U
                        HN<=HN-1;
                    end if;
                end if;
            when others =>
                times<=5;    --重設計時
                if HN=0 and RL='1' then
                    RL<='0';                --方向重設
                    OLEDtestM<="000";       --功能重來
                    not01<=not not01;       --反相操作
                    times<=200;             --重設計時
                elsif HN=128 and RL='0' then--該變方向了
                    RL<='1';                --方向變換
                else
                    if RL='0' then
                        Hline<=Hline(62 downto 0)&not Hline(63);
                        --U->D
                        HN<=HN+1;
                    else
                        Hline<=not Hline(0)&Hline(63 downto 1);
                        --D->U
                        HN<=HN-1;
                    end if;
                end if;
            end case;
        end if;
    else
        OLEDset_P_RESET<='1';    --重啟 OLEDset_P
    end if;
  end if;
end process oLED_test_Main;

--oLED 顯示器
--頁顯示資料解碼
--10 垂直線 解碼
GDDRAM2<="11111111" when Vline=oLED_DATA_POINTER else
        "00000000";
GDDRAM3<="11111111" when Vline>=oLED_DATA_POINTER else
```

```
        "00000000";
GDDRAM4<="11111111" when (127-Vline)<=oLED_DATA_POINTER else
        "00000000";

--11 水平線 解碼
GDDRAM5<=   Hline(7 downto 0)   when GDDRAM_i=0 else
            Hline(15 downto 8)  when GDDRAM_i=1 else
            Hline(23 downto 16) when GDDRAM_i=2 else
            Hline(31 downto 24) when GDDRAM_i=3 else
            Hline(39 downto 32) when GDDRAM_i=4 else
            Hline(47 downto 40) when GDDRAM_i=5 else
            Hline(55 downto 48) when GDDRAM_i=6 else
            Hline(63 downto 56);

--顯示資料通道選擇--
with oLEDtestM select
GDDRAMo1<=  "00000000"  when "000",     --清除
            "11111111"  when "001",     --填滿
            GDDRAM2     when "010",     --垂直線掃瞄
            GDDRAM3     when "011",     --垂直區塊掃瞄
            GDDRAM4     when "100",     --垂直區塊掃瞄
            GDDRAM5     when others;    --水平線、區塊掃瞄

GDDRAMo<=GDDRAMo1 when not01='0' else not GDDRAMo1; --反相解碼

--OLEDset_P--
--OLED 掃瞄管控
OLEDset_P:process(gckP31)
begin
    if OLEDset_P_RESET='0' then             --OLED 掃瞄管控重置
        OLED_P_RESET<='0';                  --OLED_P 重置
        OLEDset_P_ok<='0';                  --OLED 掃瞄管控尚未完成
    elsif rising_edge(gckP31) then
        if OLEDset_P_ok='0' then            --OLED 掃瞄管控尚未完成
            if OLED_P_RESET='1' then        --OLED_P 已啟動
                if OLED_P_ok='1' then       --OLED_P 已完成
                    OLEDset_P_ok<='1';      --OLED 掃瞄管控已完成
                end if;
            else
                OLED_P_RESET<='1';          --啟動 OLED_P
            end if;
```

```
        end if;
    end if;
end process OLEDset_P;

--OLED_P--
--                命令                                          顯示資料
OLED_Data_B<=OLED_RUNT(OLED_COM_POINTER) when OLED_CoDc="10"
                                         else GDDRAMo;
OLED_I2CCLK<=FD(3); --OLED 操作速率

OLED_P:process(gckP31,OLED_P_RESET)
    variable SW:Boolean;                --狀態控制旗標
begin
    if OLED_P_RESET='0' then
        OLED_RESET<='0';                --SSD1306_I2C2Wdriver2 重置
        OLED_RUNT<=OLED_IT;             --OLED 初始化設定表
        OLED_COM_POINTER<=OLED_COM_POINTERs;--命令起點
        OLED_DATA_POINTER<=0;
        GDDRAM_i<=0;                    --GDDRAM 指標 i
        OLED_P_ok<='0';                 --OLED_P 完成指標
        SW:=True;                       --載入狀態旗標
        OLED_CoDc<="10";                --word mode ,command
    elsif rising_edge(gckP31) then
        OLED_LoadCK<='0';
        if OLED_RUNT(0)>=OLED_COM_POINTER then --傳送命令
            if OLED_RESET='0' then
                OLED_RESET<='1';        --啟動 SSD1306_I2C2Wdriver2
            elsif SW=True then
                OLED_COM_POINTER<=OLED_COM_POINTER+1;
                SW:=False;
            elsif OLED_reLOAD='0' then --載入
                OLED_LoadCK<='1';
                SW:=True;
            end if;
        elsif OLED_CoDc="10" then   --切換成 byte 模式,連續傳送顯示資料
            OLED_CoDc<="01";            --byte mode,display data
            SW:=True;
        elsif GDDRAM_i<8 then           --傳送顯示資料(畫面更新)
            if OLED_RESET='0' then  --尚未啟動 SSD1306_I2C2Wdriver2
                OLED_RESET<='1';        --啟動 SSD1306_I2C2Wdriver2
                SW:=False;
```

```
          else
              if OLED_reLOAD='0' then --等待載入
                  if SW then           --載入
                      OLED_LoadCK<='1';
                      SW:=False;
                  else
                      OLED_DATA_POINTER<=OLED_DATA_POINTER+1;
                      --下一行
                      if OLED_DATA_POINTER=127 then  --資料換頁
                          GDDRAM_i<=GDDRAM_i+1;      --下一頁
                      end if;
                      SW:=True;  --準備載入
                  end if;
              end if;
          end if;
      else
          OLED_P_ok<=OLED_I2Cok; --等待 SSD1306_I2C2Wdriver4 結束
      end if;
  end if;
end process OLED_P;

--除頻器--
Freq_Div:process(gckP31)              --系統頻率 gckP31:50MHz
begin
  if rstP99='0' then                  --系統重置
      FD<=(others=>'0');              --除頻器:歸零
  elsif rising_edge(gckP31) then      --50MHz
      FD<=FD+1;                       --除頻器:2 進制上數(+1)計數器
  end if;
end process Freq_Div;

end  Albert;
```

設計動作簡介

KTM-626

在此電路架構(architecture)裡，包括導入 SSD1306_I2C2Wdriver4 零件、測試信號產生器(OLED_test_Main)、垂直線與水平線電路、OLED 掃描管控器(OLEDset_P)、OLED 主控器(OLED_P)與除頻器等，在此將依電路之間的相關性，以及與 SSD1306_I2C2Wdriver4 零件間的互動來說明。

如圖 12 所示，若要開始驅動 OLED 時，其動作如下：

1. OLED 掃瞄管控器(OLEDset_P)透過 OLED_P_RESET 信號重啟 OLED 主控器(OLED_P)。
2. OLED 主控器將傳送命令(如表 1 所示)到 oLED 驅動 IC (ssd1306_i2c2wdriver4.vhd)。
3. OLED 主控器將切換 OLED_CoDc。
4. OLED 主控器將傳送顯示資料到 oLED 驅動 IC。
5. 當 I^2C 傳輸完成後，將透過 OLED_P_ok 信號，通知 OLED 掃瞄管控器。

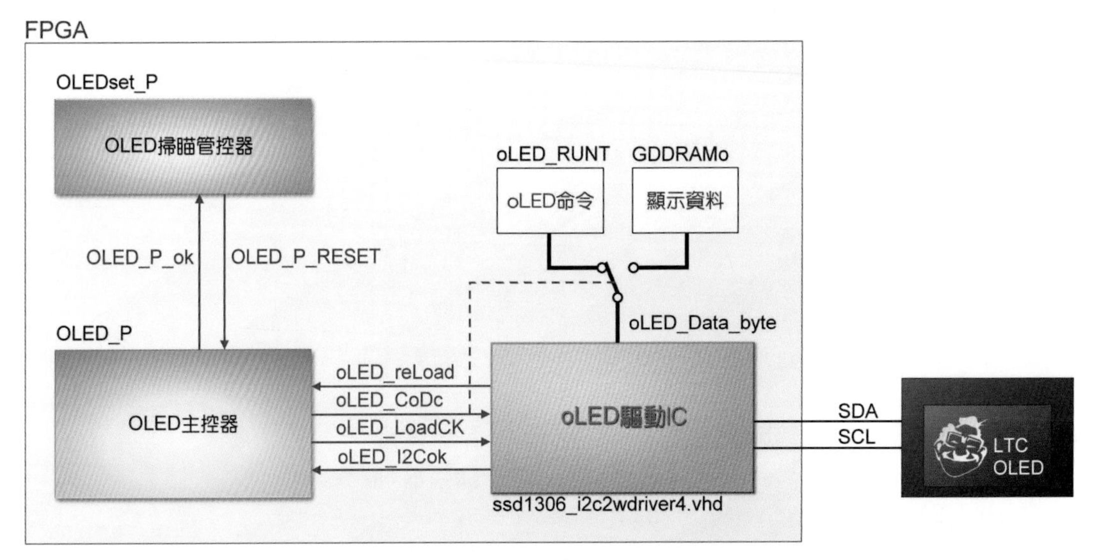

圖12　OLED 主控器的信號控制

表 1　OLED 命令表

命 令	說 明
X"26"	0 長度
X"AE"	1 關閉顯示
X"D5"	2 設定除頻比及振盪頻率
X"80"	3 [7:4]振盪頻率,[3:0]除頻比
X"A8"	4 設 COM N 數
X"3F"	5 1F:32COM(COM0~COM31 N=32) 3F:64COM(COM0~COM31 N=64)
X"40"	6 設開始顯示行:0(SEG0)
X"E3"	7 E3：non Remap(column 0➔SEG0) A1：Remap(column 127➔SEG0)

命 令	說 明
X"C8"	8 掃瞄方向:COM0→COM(N-1) COM31,C8:COM(N-1) COM31→COM0
X"DA"	9 設COM Pins配置
X"12"	10 02:順配置(Disable COM L/R remap) 12:交錯配置(Disable COM L/R remap) 22:順配置(Enable COM L/R remap) 32:交錯配置(Enable COM L/R remap)
X"81"	11 設定對比
X"EF"	12 越大越亮
X"D9"	13 設預充電週期
X"F1"	14 [7:4]PHASE2,[3:0]PHASE1
X"DB"	15 設Vcomh值
X"30"	16 00:0.65xVcc,20:0.77xVcc,30:0.83xVcc
X"A4"	17 A4:由GDDRAM決定顯示內容,A5:全部亮(測試用)
X"A6"	18 A6:正常顯示(1亮0不亮),A7反相顯示(0亮1不亮)
X"D3"	19 設顯示偏移量Offset
X"00"	20 00
X"E3"	X"20",21 設GDDRAM pointer模式
X"E3"	X"02",22 00:水平模式, 01:垂直模式,02:頁模式 頁模式column start address=[higher nibble,lower nibble] [00]
X"E3"	X"00",23 頁模式下設column start address(lower nibble):0
X"E3"	X"10",24 頁模式下設column start address(higher nibble):0
X"E3"	X"B0",25 頁模式下設Page start address
X"20"	26 設GDDRAM pointer模式
X"00"	27 00:水平模式,01:垂直模式,02:頁模式
X"21"	28 水平模式下設行範圍:
X"00"	29 行開始位置0(Column start address)
X"7F"	30 行結束位置127(Column end address)
X"22"	31 水平模式下設頁範圍
X"00"	32 頁開始位置0(Page start address)
X"07"	33 頁結束位置3(Page end address)
X"A1"	34 non Remap(column 0→SEG0),A1 Remap(column 127→SEG0)
X"8D"	35 設充電Pump
X"14"	36 14:開啟,10:關閉
X"AF"	37 開啟顯示
X"E3"	38 nop

顯示信號之產生 KTM-626

在測試信控產生器(oLED_test_Main)裡，配合垂直線與水平線電路，即可產生所要顯示的信號，並放在 GDDRAMo 信號，再由 OLED 主控器控制載入 oLED 驅動 IC。而 oLED_test_Main 則依序產生垂直線信號、水平線信號，並由左而右、由右而左、由上而下、由下而上掃瞄。

後續工作

KTM-626

電路設計完成後，按 Ctrl + S 鍵存檔，再按 Ctrl + L 鍵進行初始編譯。若編譯有錯誤，可循下方紅色錯誤訊息(直接快按兩下)，跳到錯誤處修改之。若編譯成功，在隨即出現的訊息對話盒中，按 確定 鈕關閉之。

緊接著進行接腳配置，按 Ctrl + Shift + N 鍵，開啟接腳配置視窗，。除了 gckP31 與 rstP99 外，再將 oLED_SDA 信號配置到 52 接腳、oLED_SCL 信號配置到 50 接腳。

完成接腳配置後，按 Ctrl + L 鍵即進行**二次編譯**，並退回原 Quartus II 編譯視窗。同樣的，完成二次編譯後，在隨即出現的訊息對話盒中，按 確定 鈕關閉之。

燒錄與測試

KTM-626

首先備妥 USB Blaster 下載線，一端插入電腦 USB 埠，另一段插入 EP3C 板上的 JTAG 埠，然後開啟 KTM-626 多功能 FPGA 開發平台之電源。

按 Alt 、 T 、 P 鍵即可開啟燒錄視窗，按 Start 鈕即進行燒錄。很快的，完成燒錄後，即可欣賞 oLED 的動作。

7-4 圖形展示實習

實習目的

KTM-626

小恐龍㊣

圖13　小恐龍圖案

在本單元裡將設計一個在 oLED 顯示器裡展示圖形(圖 13)的電路，在此的 oLED 為單色的，所以展示的圖也是單色的，可在 Windows 的小畫家裡繪製，其大小為 128×64。

新增專案與設計檔案

KTM-626

開啟 Quartus II，並按 1-2 節的說明，新增專案與設計檔案，相關資料如下：

- 專案資料夾：D:\CH7\CH7_OLED_2
- 專案名稱：CH7_OLED_2
- 晶片族系(Family)：Cycolne III
- 接腳數(Pin count)：240
- 晶片名稱：EP3C16Q240C8
- VHDL 設計檔：CH7_OLED_2.vhd

電路設計

KTM-626

在新建的 CH7_OLED_2.vhd 編輯區裡按下列設計電路，再按 Ctrl + S 鍵，請記得將 7-2 節中的 SSD1306_I2C2Wdriver4.vhd 複製到本專案的資料夾裡。

```
--oLED 測試:開機畫面(SCL=50,SDA=52)
--107.01.01 版
--EP3C16Q240C8 50MHz LEs:15,408 PINs:161 ,gckp31 ,rstP99

Library IEEE;                          --連結零件庫
Use IEEE.std_logic_1164.all;           --引用套件
Use IEEE.std_logic_unsigned.all;       --引用套件

entity CH7_OLED_2 is
port(gckp31,rstP99:in std_logic;       --系統頻率,系統 reset
     --oLED SSD1306 128x64
     oLED_SCL:out std_logic;           --介面 IO:SCL
     oLED_SDA:inout std_logic          --介面 IO:SDA,有接提升電阻
     );
end entity CH7_OLED_2;

architecture Albert of CH7_OLED_2 is
    --oLED SSD1306 Driver --107.01.01 版
    component SSD1306_I2C2Wdriver4 is
```

```
  port( I2CCLK,RESET:in std_logic;  --系統時脈,系統重置
        SA0:in std_logic;           --裝置碼位址
        CoDc:in std_logic_vector(1 downto 0);   --Co & D/C
        Data_B:in std_logic_vector(7 downto 0);--資料輸入
        reLOAD:out std_logic;       --載入旗標:0 可載入 Data Byte
        LoadCK:in std_logic;        --載入時脈
        RWN:in integer range 0 to 15;--嘗試讀寫次數
        I2Cok,I2CS:buffer std_logic;--I2Cok,CS 狀態
        SCL:out std_logic;   --介面 IO:SCL,如有接提升電阻時可設成 inout
        SDA:inout std_logic         --SDA 輸入輸出
       );
end component SSD1306_I2C2Wdriver4;
signal oLED_I2CCLK,oLED_RESET:std_logic;    --系統時脈,系統重置
signal oLED_SA0:std_logic:='0';             --裝置碼位址
signal oLED_CoDc:std_logic_vector(1 downto 0); --Co & D/C
signal oLED_Data_B:std_logic_vector(7 downto 0);--資料輸入
signal oLED_reLOAD:std_logic;   --載入旗標:0 可載入 Data Byte
signal oLED_LoadCK:std_logic;   --載入時脈
signal oLED_RWN:integer range 0 to 15; --嘗試讀寫次數
signal oLED_I2Cok,oLED_I2CS:std_logic; --I2Cok,CS 狀態

--oLED 指令&資料表格式:
type oLED_T is array (0 to 38) of std_logic_vector(7 downto 0);
signal oLED_RUNT:oLED_T;
--oLED=0:oLED 初始化 128x64
constant oLED_IT:oLED_T:=(
    X"26",--0 長度
    X"AE",--1 display off
    X"D5",--2 設定除頻比及振盪頻率
    X"80",--3 [7:4]振盪頻率,[3:0]除頻比
    X"A8",--4 設 COM N 數
    X"3F",
    --5 1F:32COM(COM0~COM31 N=32),3F:64COM(COM0~COM31 N=64)
    X"40",--6 設開始顯示行:0(SEG0)
    X"E3",
--X"A1",--7 non Remap(column 0=>SEG0),A1 Remap(column 127=>SEG0)
    X"C8",
--8 掃瞄方向:COM0->COM(N-1) COM31,C8:COM(N-1) COM31->COM0
    X"DA",--9 設 COM Pins 配置
    X"12",
    --10 02:順配置(Disable COM L/R remap)
```

```
--12:交錯配置(Disable COM L/R remap)
--10 22:順配置(Enable COM L/R remap)
--10 32:交錯配置(Enable COM L/R remap)
X"81",--11 設對比
X"EF",--12 越大越亮
X"D9",--13 設預充電週期
X"F1",--14 [7:4]PHASE2,[3:0]PHASE1
X"DB",--15 設 Vcomh 值
X"30",
--16 00:0.65xVcc,20:0.77xVcc,30:0.83xVcc
X"A4",
--17 A4:由 GDDRAM 決定顯示內容,A5:全部亮(測試用)
X"A6",
--18 A6:正常顯示(1 亮 0 不亮),A7 反相顯示(0 亮 1 不亮)
X"D3",--19 設顯示偏移量 Offset
X"00",--20 00
X"E3",
--X"20",--21 設 GDDRAM pointer 模式
X"E3",
--X"02",--22 00:水平模式, 01:垂直模式,02:頁模式
--頁模式 column start address=[higher nibble,lower nibble] [00]
X"E3",
--X"00",--23 頁模式下設 column start address(lower nibble):0
X"E3",
--X"10",--24 頁模式下設 column start address(higher nibble):0
X"E3",--X"B0",
--25 頁模式下設 Page start address
X"20",--26 設 GDDRAM pointer 模式
X"00",
--27 00:水平模式, 01:垂直模式,02:頁模式
X"21",--28 水平模式下設行範圍:
X"00",
--29 行開始位置 0(Column start address)
X"7F",
--30 行結束位置 127(Column end address)
X"22",--31 水平模式下設頁範圍:
X"00",
--32 頁開始位置 0(Page start address)
X"07",
--33 頁結束位置 3(Page end address)
X"A1",
```

```
    --34 non Remap(column 0=>SEG0),A1 Remap(column 127=>SEG0)
    X"8D",--35 設充電 Pump
    X"14",--36 14:開啟,10:關閉
    X"AF",--37 display on
    X"E3" );--38 nop

signal OLED_COM_POINTER:integer range 0 to 63;--命令操作指標
signal OLED_COM_POINTERs:integer range 0 to 63;--命令操作指標
signal OLED_DATA_POINTER:integer range 0 to 127;--行碼
signal GDDRAM_i:integer range 0 to 15;          --oled 頁碼
signal GDDRAMo,GDDRAM6:std_logic_vector(7 downto 0);--通道圖資

signal FD:std_logic_vector(24 downto 0);     --除頻器
signal oLED_P_RESET,oLED_P_ok:std_logic;    --oLED_P 重置、完成
signal N:integer range 0 to 15;              --操作次數
signal show_N:integer range 0 to 15;         --功能
signal OLEDtestM:std_logic_vector(1 downto 0);
--oLED 圖資通道選擇
signal OLEDset_P_RESET,OLEDset_P_ok,sw:std_logic;
--OLEDset_P 重置、完成 ,切換旗標
signal times:integer range 0 to 2047;        --停止時間

--OLED 128*64 開機畫面
type OLED_T1 is array (0 to 127) of std_logic_vector(63 downto 0);

constant OLED_screenShow:OLED_T1:=(
X"0000000000000000",X"0000000000000000",X"0000000000000000",
X"0000000000000000",X"0000000000000000",X"0020400000000000",
X"0020400000000000",X"0020401FFE000000",
X"0020401FFE000000",X"0000407FE0000000",X"0000407FE0000000",
X"000441FF80000000",X"000441FF80000000",X"000407FE00000000",
X"000407FE00000000",X"00001FFE00000000",
X"00001FFE00000000",X"001FFFFF80000000",X"001FFFFF80000000",
X"0019FFFFE0000000",X"0019FFFFE0000000",X"00007FFFE0000000",
X"00007FFFF8000000",X"00001FFFF8000000",
X"00001FFFF8000000",X"00007FFFFE000000",X"00007FFFFE000000",
X"001FFFFFFFFF000",X"001FFFFFFFFF000",X"001807FFFFFFFC00",
X"001807FFFFFFFC00",X"000001FFFFFF9C00",
X"000001FFFFFF9C00",X"0000403FFFFFFC00",X"0000403FFFFFFC00",
X"0000400061FFFC00",X"0000400061FFFC00",X"00004001E19FFC00",
X"00004001E19FFC00",X"00004000019FFC00",
```

```
    X"00004000019FFC00",X"00004000019FFC00",X"00004000019FFC00",
    X"00004000001FFC00",X"00004000001FFC00",X"00004000001FF000",
    X"00104000001FF000",X"0000400000000000",
    X"0000400000000000",X"0000000000000000",X"0000000000000000",
    X"0000000000000000",X"0000000000000000",X"0000000000000000",
    X"0000000000000000",X"0000000000000000",
    X"0000000000000000",X"0000000000000000",X"0000000000000000",
    X"0000000000000000",X"0000000000000000",X"0100000000000000",
    X"0080000000000000",X"0060000000000000",
    X"0018004000000000",X"0808004000000000",X"1000104000001FF0",
    X"3000004000001FF0",X"1FFF804000001FFC",X"0000804000001FFC",
    X"0000004000019FFC",X"0008004000019FFC",
    X"0010004000019FFC",X"0060004000019FFC",X"00C0004001E19FFC",
    X"0180004001E19FFC",X"000000400061FFFC",X"186100400061FFFC",
    X"0E2100403FFFFFFC",X"003F00403FFFFFFC",
    X"1F118001FFFFFF9C",X"21110001FFFFFF9C",X"20001807FFFFFFFC",
    X"21451807FFFFFFFC",X"22291FFFFFFFFFF0",X"261F1FFFFFFFFFF0",
    X"2031007FFFFE0000",X"3C01007FFFFE0000",
    X"103F801FFFF80000",X"0141001FFFF80000",X"0670007FFFF80000",
    X"0C20007FFFE00000",X"000019FFFFE00000",X"201219FFFFE00000",
    X"1FD61FFFFF800000",X"055A9FFFFF800000",
    X"1553001FFE000000",X"325A001FFE000000",X"1FD60407FE000000",
    X"00120407FE000000",X"00000441FF800000",X"1FEF8441FF800000",
    X"2AAA80407FE00000",X"2AAA00407FE00000",
    X"2AAA20401FFE0000",X"2AAB20401FFE0000",X"203A204000000000",
    X"3800204000000000",X"007C000000000000",X"0183000000000000",
    X"0300800000000000",X"0501400000000000",
    X"05F9400000000000",X"0901200000000000",X"0901200000000000",
    X"09FF200000000000",X"0911200000000000",X"0911200000000000",
    X"0511400000000000",X"0501400000000000",
    X"0300800000000000",X"0183000000000000",X"007C000000000000",
    X"0000000000000000",X"0000000000000000",X"0000000000000000",
    X"0000000000000000",X"0000000000000000");

begin
--oLED--
U1: SSD1306_I2C2Wdriver4 port map(
    oLED_I2CCLK,oLED_RESET,'0',oLED_CoDc,
    oLED_Data_B,oLED_reLOAD,oLED_LoadCK,
    3,oLED_I2Cok,oLED_I2CS,oLED_SCL,oLED_SDA);
```

```
oLED_test_Main:process(FD(17)) --oLED_test_Main 主控器操作速率
begin
   if rstP99='0' then             --系統重置
      OLEDtestM<="00";            --oLED 圖資通道及功能選擇
      OLEDset_P_RESET<='0';       --OLEDset_P 控制旗標:重置
      oLED_COM_POINTERs<=1;       --oLED 命令指標:重下命令
      N<=0;                       --操作次數預設
      show_N<=0;                  --功能 0 預設:全暗
      sw<='0';                    --切換 0 預設
      times<=200;                 --停止時間預設
   elsif rising_edge(FD(17)) then
      if OLEDset_P_ok='1' then       --等待 OLEDset_P 完成
         OLED_COM_POINTERs<=conv_integer(OLED_RUNT(0))+1;
         --oLED 命令指標:不再下命令
         times<=times-1;             --停止計時
         if times=0 then             --計時到
            OLEDset_P_RESET<='0';--oLED_P 控制旗標:重置
            case show_N is                      --選功能
               when 0 =>
                    OLEDtestM<="01";            --全亮
                    show_N<=1;
                    times<=200;                 --重設計時
               when 1 =>
                    OLEDtestM<="10";            --正常
                    show_N<=2;
                    times<=200;                 --重設計時
               when 2=>
                    OLEDtestM<="11";            --反白
                    show_N<=3;
                    times<=200;                 --重設計時
               when 3=>                         --全亮<-->全暗
                    times<=25;                  --重設計時
                    if N=10 then                --次數結束
                       OLEDtestM<="10";         --正常
                       show_N<=4;
                       N<=0;                    --次數歸零
                    else
                       N<=N+1;                  --次數遞增
                       sw<=not sw;              --切換
                       if sw='0' then
                          OLEDtestM<="01";--全亮
```

```
            else
                OLEDtestM<="00";--全暗
            end if;
        end if;
    when 4=>                        --正常<-->全暗
        times<=50;                  --重設計時
        if N=10 then                --次數結束
            OLEDtestM<="11";        --反白
            show_N<=5;
            N<=0;                   --次數歸零
        else
            N<=N+1;                 --次數遞增
            sw<=not sw;             --切換
            if sw='0' then
                OLEDtestM<="10";--正常
            else
                OLEDtestM<="00";--全暗
            end if;
        end if;
    when 5=>                        --反白<-->全暗
        times<=50;                  --重設計時
        if N=10 then                --次數結束
            OLEDtestM<="10";        --正常
            show_N<=6;
            N<=0;                   --次數歸零
        else
            N<=N+1;                 --次數遞增
            sw<=not sw;             --切換
            if sw='0' then
                OLEDtestM<="11";--反白
            else
                OLEDtestM<="00";--全暗
            end if;
        end if;
    when 6=>                        --正常<-->全亮
        times<=50;                  --重設計時
        if N=10 then                --次數結束
            OLEDtestM<="11";        --反白
            show_N<=7;
            N<=0;                   --次數歸零
        else
```

```
                N<=N+1;                 --次數遞增
                sw<=not sw;             --切換
                if sw='0' then
                    OLEDtestM<="10";--正常
                else
                    OLEDtestM<="01";--全亮
                end if;
            end if;
        when 7=>                        --反白<-->全亮
            times<=50;                  --重設計時
            if N=10 then                --次數結束
                OLEDtestM<="10";        --正常
                show_N<=8;
                N<=0;                   --次數歸零
            else
                N<=N+1;                 --次數遞增
                sw<=not sw;             --切換
                if sw='0' then
                    OLEDtestM<="11";--反白
                else
                    OLEDtestM<="01";--全亮
                end if;
            end if;
        when others =>                  --正常<-->反白
            times<=50;                  --重設計時
            if N=10 then                --次數結束
                OLEDtestM<="00";        --全暗
                show_N<=0;
                N<=0;                   --次數歸零
                times<=200;             --重設計時
            else
                N<=N+1;                 --次數遞增
                sw<=not sw;             --切換
                if sw='0' then
                    OLEDtestM<="10";--正常
                else
                    OLEDtestM<="11";--反白
                end if;
            end if;
    end case;
end if;
```

```
        else
            OLEDset_P_RESET<='1';   --重啟 OLEDset_P
        end if;
    end if;
end process oLED_test_Main;

--oLED 顯示器
--頁顯示資料解碼
GDDRAM6<=OLED_screenShow(oLED_DATA_POINTER)(7 downto 0)
            when GDDRAM_i=0 else
         OLED_screenShow(oLED_DATA_POINTER)(15 downto 8)
            when GDDRAM_i=1 else
         OLED_screenShow(oLED_DATA_POINTER)(23 downto 16)
            when GDDRAM_i=2 else
         OLED_screenShow(oLED_DATA_POINTER)(31 downto 24)
            when GDDRAM_i=3 else
         OLED_screenShow(oLED_DATA_POINTER)(39 downto 32)
            when GDDRAM_i=4 else
         OLED_screenShow(oLED_DATA_POINTER)(47 downto 40)
            when GDDRAM_i=5 else
         OLED_screenShow(oLED_DATA_POINTER)(55 downto 48)
            when GDDRAM_i=6 else
         OLED_screenShow(oLED_DATA_POINTER)(63 downto 56);

--顯示資料通道選擇--
with oLEDtestM select
GDDRAMo<="00000000"     when "00",--全暗
         "11111111"     when "01",--全亮
         GDDRAM6        when "10",--正常
         not GDDRAM6    when "11";--反白

--OLEDset_P--
--OLED 掃瞄管控
OLEDset_P:process(gckP31)
begin
    if OLEDset_P_RESET='0' then           --OLED 掃瞄管控重置
        OLED_P_RESET<='0';                --OLED_P 重置
        OLEDset_P_ok<='0';                --OLED 掃瞄管控尚未完成
    elsif rising_edge(gckP31) then
        if OLEDset_P_ok='0' then          --OLED 掃瞄管控尚未完成
            if OLED_P_RESET='1' then      --OLED_P 已啟動
```

```
            if OLED_P_ok='1' then   --OLED_P 已完成
                OLEDset_P_ok<='1';  --OLED 掃瞄管控已完成
            end if;
        else
            OLED_P_RESET<='1';      --啟動 OLED_P
        end if;
    end if;
  end if;
end process OLEDset_P;

--OLED_P--
--              命令                              顯示資料
OLED_Data_B<=OLED_RUNT(OLED_COM_POINTER)  when OLED_CoDc="10"
                                          else GDDRAMo;
OLED_I2CCLK<=FD(3); --OLED 操作速率

OLED_P:process(gckP31,OLED_P_RESET)
    variable SW:Boolean;                   --狀態控制旗標
begin
    if OLED_P_RESET='0' then
        OLED_RESET<='0';                   --SSD1306_I2C2Wdriver2 重置
        OLED_RUNT<=OLED_IT;                --OLED 初始化設定表
        OLED_COM_POINTER<=OLED_COM_POINTERs;--命令起點
        OLED_DATA_POINTER<=0;
        GDDRAM_i<=0;                       --GDDRAM 指標 i
        OLED_P_ok<='0';                    --OLED_P 完成指標
        SW:=True;                          --載入狀態旗標
        OLED_CoDc<="10";                   --word mode ,command
    elsif rising_edge(gckP31) then
        OLED_LoadCK<='0';
        if OLED_RUNT(0)>=OLED_COM_POINTER then --傳送命令
            if OLED_RESET='0' then
                OLED_RESET<='1';           --啟動 SSD1306_I2C2Wdriver2
            elsif SW=true then
                OLED_COM_POINTER<=OLED_COM_POINTER+1;
                SW:=false;
            elsif OLED_reLOAD='0' then --載入
                OLED_LoadCK<='1';
                SW:=True;
            end if;
        elsif OLED_CoDc="10" then  --切換成 byte 模式,連續傳送顯示資料
```

```
            OLED_CoDc<="01";         --byte mode,display data
            SW:=True;
        elsif GDDRAM_i<8 then        --傳送顯示資料(畫面更新)
            if OLED_RESET='0' then --尚未啟動 SSD1306_I2C2Wdriver2
                OLED_RESET<='1';     --啟動 SSD1306_I2C2Wdriver2
                SW:=False;
            else
                if OLED_reLOAD='0' then
                    if SW then       --載入
                        OLED_LoadCK<='1';
                        SW:=False;
                    else
                        OLED_DATA_POINTER<=OLED_DATA_POINTER+1;
                        --下一行
                        if OLED_DATA_POINTER=127 then  --資料換頁
                            GDDRAM_i<=GDDRAM_i+1;
                        end if;
                        SW:=True;
                    end if;
                end if;
            end if;
        else
            OLED_P_ok<=OLED_I2Cok;
        end if;
    end if;
end process OLED_P;

--除頻器--
Freq_Div:process(gckP31)             --系統頻率 gckP31:50MHz
begin
    if rstP99='0' then               --系統重置
        FD<=(others=>'0');           --除頻器:歸零
    elsif rising_edge(gckP31) then --50MHz
        FD<=FD+1;                    --除頻器:2 進制上數(+1)計數器
    end if;
end process Freq_Div;

end  Albert;
```

設計動作簡介

KTM-626

在此的電路架構(architecture)與 7-2 節設計的的電路架構類似，但在此的顯示資料，不是一條線，而是整頁的圖案。

後續工作

KTM-626

電路設計完成後，按 Ctrl + S 鍵存檔，再按 Ctrl + L 鍵進行初始編譯。若編譯有錯誤，可循下方紅色錯誤訊息(直接快按兩下)，跳到錯誤處修改之。若編譯成功，在隨即出現的訊息對話盒中，按 確定 鈕關閉之。

緊接著進行接腳配置，按 Ctrl + Shift + N 鍵，開啟接腳配置視窗。除了 gckP31 與 rstP99 外，再將 oLED_SDA 信號配置到 52 接腳、oLED_SCL 信號配置到 50 接腳。

完成接腳配置後，按 Ctrl + L 鍵即進行**二次編譯**，並退回原 Quartus II 編譯視窗。同樣的，完成二次編譯後，在隨即出現的訊息對話盒中，按 確定 鈕關閉之。

燒錄與測試

KTM-626

首先備妥 USB Blaster 下載線，一端插入電腦 USB 埠，另一段插入 EP3C 板上的 JTAG 埠，然後開啟 KTM-626 多功能 FPGA 開發平台之電源。

按 Alt 、 T 、 P 鍵即可開啟燒錄視窗，按 Start 鈕即進行燒錄。很快的，完成燒錄後，即可欣賞 oLED 的動作。

7-5 即時練習

本章屬於*時尚* 的顯示設計，不必在乎細節，而要開始重視靈活應用。請試著回答下列問題，*看看你學會多少？*

1　試述 I^2C 介面的 OLED 模組有哪些接腳？

2　試簡述 SSD1306 控制晶片的內部架構？

3　試繪出 I^2C 裝置的 SDA 與 SCL 介面電路？

4　試述 I^2C 的起始位元與停止位元？

5　試簡述 I^2C 的封包？

notes
www.LTC.com.tw
筆記

CH 08

聲音與音樂播放

8-1　認識蜂鳴器與音樂 IC

8-2　音樂產生器

8-3　音樂播放電路設計實習

8-4　即時練習

8-1 認識蜂鳴器與音樂 IC

蜂鳴器簡介

KTM-626

在電子電路裡，常使用小型、堅固耐用的蜂鳴器(Buzzer)，做為發聲裝置。依蜂鳴器的驅動方式，可區分為電壓式(或主動式)蜂鳴器與脈波式(被動式)蜂鳴器。電壓式蜂鳴器採電壓驅動方式，內建振盪器，只要把電壓加入蜂鳴器，蜂鳴器就會產生固定頻率的聲音。脈波式蜂鳴器採脈波驅動方式，當脈波加入蜂鳴器，蜂鳴器就會產生該脈波頻率的聲音。如圖 1 所示，從外表上，並無法區分電壓式蜂鳴器還是脈波式蜂鳴器。

圖1　左為 1206C/1206S 電壓式蜂鳴器、右為 1206 脈波式蜂鳴器

在 KTM-626 多功能 FPGA 開發平台裡提供兩個脈波式蜂鳴器及其驅動電路，這兩個蜂鳴器都是脈波式蜂鳴器，而驅動電路採用 NMOS FET，高態驅動，第 1 個蜂鳴器 LS3-1，可由 FPGA 的 183 腳引接，而第 2 個蜂鳴器 LS3-2，連接音樂 IC(UM66T)，可直接播放音樂，其開關可由 FPGA 的 182 腳控制(高態動作)。

音樂 IC 簡介

KTM-626

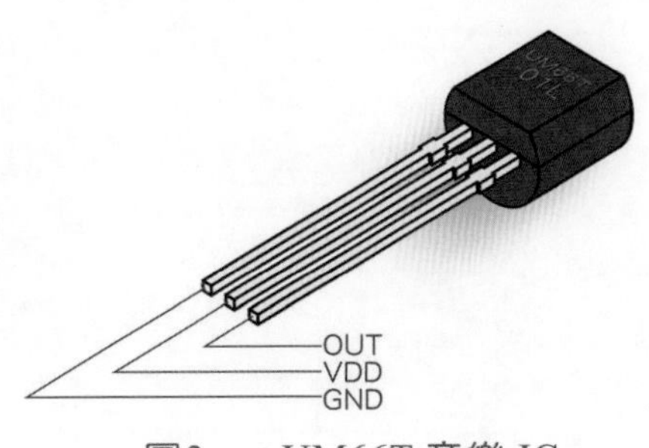

圖2　UM66T 音樂 IC

UM66T 系列音樂 IC 是簡單好用的音樂產生 IC，常被用在電話、玩具等，如圖 2 所示，這是一個 TO-92 包裝的 IC，就像常見的小電晶體一樣，其中三支接腳

分別為 OUT、VDD 與 GND。只要將 VDD 與 GND 接腳連接電源與接地，則內定之音樂即可由 OUT 腳輸出。這顆音樂 IC 看起來不大，卻是個 CMOS LSI，其基本規格如下：

- 內建 64-note ROM 記憶體。
- 內建 RC 振盪電路。
- 操作電壓+1.3V~+3.3V 或更低，而容許之最大電源電壓為+5V。

這系列音樂 IC 所播放的音樂，隨其編號的尾碼而有所不同，如表 1 所示。

表 1　UM66T 之音樂表

IC 編號	音樂名稱
UM66T-01L	Jingle Bells + Santa Claus Is Coming To Town + We Wish You A Merry Christmas
UM66T-05L	Home Sweet Home
UM66T-09L	Wedding March (Mendelssohn)
UM66T-19L	For Alice
UM66T-32L	Coo Coo Waltz
UM66T-68L	It Is A Small World

8-2 音樂產生器

在此要設計一個音樂產生器(DoReMi_S.vhd)，其功能是指定所要產生的音階(Tones)與節拍(Beats)，即可由音階輸出接腳(Do_Re_Mio)按節拍輸出該音階，如圖 3 所示為此軟體 IC。

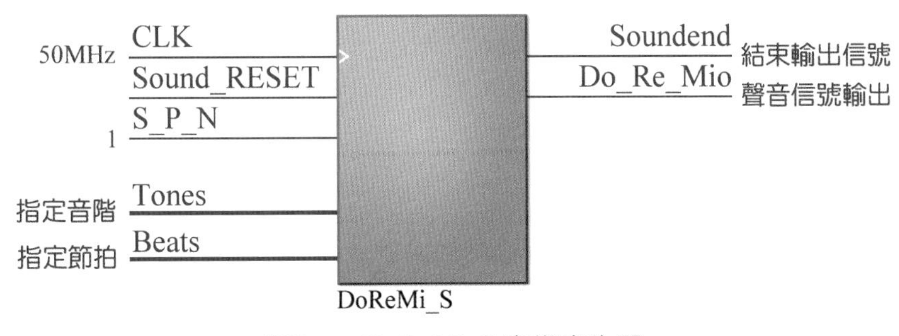

圖3　DoReMi_S 音樂產生器

此音樂產生器乃依據輸入的時鐘脈波(CLK)與重置信號(Sound_RESET)來工作，而完成指定的音階與節拍後，還會透過 Soundend 接腳，輸出結束輸出聲音的信號。另外，S_P_N 輸入接腳的功能指定輸出信號的起始準位，並非必要。若蜂鳴器或喇叭的驅動電路是高態驅動，而 S_P_N 接腳可設定為 0，則產生的驅動脈波是先高再低，停止時為低態，才不會浪費電能；若蜂鳴器或喇叭的驅動電路是低態驅動，而 S_P_N 接腳可設定為 1，則產生的驅動脈波是先低再高，停止時為高態，才不會浪費電能。整個電路設計如下：

```
--107.01.01版

Library IEEE;                           --連結零件庫
Use IEEE.std_logic_1164.all;            --引用套件
Use IEEE.std_logic_unsigned.all;        --引用套件

entity DoReMi_S is
   port(CLK,Sound_RESET,S_P_N:in std_logic;
       --系統時脈,系統重置,輸出預設
       ToneS:in integer range 0 to 37;          --音階
       BeatS:in std_logic_vector(9 downto 0);--節拍
       Soundend,Do_Re_Mio:out std_logic);       --音完成,音輸出
end DoReMi_S;

architecture Albert of DoReMi_S is
   signal Ftime:integer range 0 to 500000;      --節拍基準時間
   constant FtimeS:integer range 0 to 500000:=500000; --節拍預設值
   signal BeatN:std_logic_vector(9 downto 0); --節拍

   --12bit
   signal Ftone:integer range 0 to 31;          --音階基準時間
   constant FtoneS:integer range 0 to 31:=25; --音階預設值
   signal DoReMi:integer range 0 to 4095;       --音階計時
   signal Do_Re_Mi:std_logic;                   --音輸出
   --音階轉換表 12Bit
   type SFT is array (0 to 37) of integer range 0 to 4095;   --12Bit
   constant Tone:SFT:=(
      0,--SOUND OFF
      3817,3610,3401,3215,3030,2865,2703,2551,2410,2273,2155,2024,
      1912,1805,1704,1608,1517,1433,1351,1276,1203,1136,1073,1012,
      956, 902, 851, 803, 759, 716, 676, 638, 602, 568, 536, 506,
      0);

begin

--音階輸出--
```

```
Do_Re_Mio<=Do_Re_Mi;

DoReMi_Timer:process(CLK,Sound_RESET)
begin
    if Sound_RESET='0' then
        Ftime<=FtimeS;                     --節拍基準時間設定
        BeatN<=BeatS;                      --節拍設定
        Ftone<=FtoneS;                     --音階預設定
        DoReMi<=Tone(ToneS);               --音階轉換
        Do_Re_Mi<='1' xor S_P_N;           --輸出預設
        Soundend<='0';                     --音完成旗標預設未完成
    elsif rising_edge(CLK) then
        if BeatN/=0 then                   --節拍未完成

            --節拍產生器
            if Ftime=1 then                --Timer:節拍計時
                Ftime<=FtimeS;             --節拍基準時間重設定
                if BeatN=1 then            --節拍完成
                    Soundend<='1';         --音完成旗標預設完成
                end if;
                BeatN<=BeatN-1;            --數節拍
            else
                Ftime<=Ftime-1;            --節拍計時
            end if;

            --音階產生器
            if Ftone=1 then                --音階預除到了
                Ftone<=FtoneS;             --音階預除重設
                if DoReMi/=0 then          --非靜音
                    if DoReMi=1 then       --音階計時到了
                        DoReMi<=Tone(ToneS);    --音階轉換重設
                        Do_Re_Mi<=not Do_Re_Mi; --輸出反相
                    else
                        DoReMi<=DoReMi-1;       --數音階
                    end if;
                end if;
            else
                Ftone<=Ftone-1;            --音階預除
            end if;

        else
```

```
            Soundend<='1';                  --音完成旗標預設完成
            Do_Re_Mi<='1' xor S_P_N;        --輸出預設
        end if;
    end if;
end Process DoReMi_Timer;

end Albert;
```

在此輸入的時鐘脈波為 50MHz，節拍與音階就是以此時脈為基準，如下說明：

節拍產生器

在電路內部的節拍產生器裡設置一個先期的除頻器 Ftime，其除頻數為 500000(FtimeS)，而除頻的結果將為 100Hz(週期為 0.01 秒)。在以此頻率倒數節拍計數器(BeatN)，而 BeatN 的開始值就是外部指定的節拍(BeatS)，其中 1 代表 0.01 秒。當節拍計數器倒數到 1 時，送出一個 1 到 Soundend 接腳，準備即停止輸出音階。

音階產生器

在電路內部宣告一個音階表，如圖 4 所示，如下說明：

```
--音階轉換表 12Bit
type SFT is array (0 to 37) of integer range 0 to 4095;   --12Bit
constant Tone:SFT:=(
① 0,--SOUND OFF
② 3817,3610,3401,3215,3030,2865,2703,2551,2410,2273,2155,2024,
③ 1912,1805,1704,1608,1517,1433,1351,1276,1203,1136,1073,1012,
④ 956, 902, 851, 803, 759, 716, 676, 638, 602, 568, 536, 506,
⑤ 0);
```

圖4　音階表

① 0 為靜音。

② 此列包括 12 個音階，屬於高音階，分別為高音的 Do、Do#、Re、Re#、Mi、Fa、Fa#、So、So#、La、La#、Si。

③ 此列包括 12 個音階，屬於中音階，分別為中音的 Do、Do#、Re、Re#、Mi、Fa、Fa#、So、So#、La、La#、Si。

④ 此列包括 12 個音階，屬於低音階，分別為低音的 Do、Do#、Re、Re#、Mi、Fa、Fa#、So、So#、La、La#、Si。

⑤ 0 為靜音。

以中音階的 12 個音符為例，如表 2 所示為其頻率。

表 2　中音階 12 個音符之頻率表

音符	頻率	音符	頻率	音符	頻率
Do	523Hz	Mi	659Hz	So#	831Hz
Do#	554Hz	Fa	698Hz	La	880Hz
Re	587Hz	Fa#	740Hz	La#	932Hz
Re#	322Hz	So	784Hz	Si	988Hz

在音階產生器裡設置一個除 25 的倒數計數器(Ftone)，相當於除 25 的除頻器。當 Ftone 倒數到 1 時(頻率為 50M/25=2M)，即將 DoReMi 計數器減 1，而 DoReMi 計數器的初值是以外部指定的音階為取碼指標，從 Tone 音階表裡所取出的計數值。例如外表指定 ToneS 為 13，則從 Tone 音階表裡取出中音階的 Do，其值為 1912，也就是再除以 1912，即 2M/1912=1046Hz。

DoReMi 計數器倒數到 1 時，輸出 Ro_Re_Mi 將反相，而每兩次反相，就是一個脈波，相當於再除 2，即 1046/2=523Hz，比對於表 2 裡的中音階 Do，完全吻合。

8-3 音樂播放電路設計實習

實習目的

KTM-626

在本單元裡將設計一個音樂播放電路，包括播放 36 個音階，以及操控音樂 IC 的動作。在 KTM-626 裡，S1 鍵內接到 FPGA 的 131 腳，用以切換控制音樂 IC 的播放與否？透過 FPGA 的 182 腳驅動外部的 UM66T 音樂 IC。S2 鍵內接到 FPGA 的 128 腳，用以切換播放 36 個音階。透過 FPGA 的 183 腳驅動外部的蜂鳴器驅動電路。

新增專案與設計檔案

KTM-626

開啟 Quartus II，並按 1-2 節的說明，新增專案與設計檔案，相關資料如下：

- 專案資料夾：D:\CH8\CH8_SOUND_1
- 專案名稱：CH8_SOUND_1

- 晶片族系(Family)：Cycolne III
- 接腳數(Pin count)：240
- 晶片名稱：EP3C16Q240C8
- VHDL 設計檔：CH8_SOUND_1.vhd

電路設計

KTM-626

在新建的編輯區裡按下列設計電路，再按 Ctrl + S 鍵，儲存為 CH8_SOUND_1.vhd。另外，在此將使用到 8-2 節所設計的音樂產生器 DoReMi_S.vhd，務必把這個檔案放置到本設計的專案資料夾。

```
--DoReMi、音樂 IC 測試
--107.01.01 版
--EP3C16Q240C8 50MHz LEs:15,408 PINs:161 ,gckp31 ,rstP99

Library IEEE;                            --連結零件庫
Use IEEE.std_logic_1164.all;             --引用套件
Use IEEE.std_logic_unsigned.all;         --引用套件

entity CH8_SOUND_1 is
   port(gckp31,rstP99:in std_logic;--系統頻率,系統 reset
        S1,S2:in std_logic;              --音樂 IC 按鈕、脈波式蜂鳴器按鈕
        --音樂 IC、外激式蜂鳴器輸出
        MusicIC,Do_Re_Mio:out std_logic
        );
end entity CH8_SOUND_1;

architecture Albert of CH8_SOUND_1 is
   --DoReMi_S Driver--
   component DoReMi_S is
   Port(CLK,Sound_RESET,S_P_N:in std_logic;       --系統時脈,系統重置
        ToneS:in integer range 0 to 37;           --音階
        BeatS:in std_logic_vector(9 downto 0);--節拍
        Soundend,Do_Re_Mio:out std_logic);        --音完成,音輸出
   end component;

   signal Sound_RESET,Soundend:std_logic;         --重置,音完成
   signal S_WAIT:integer range 0 to 3;            --等待音結束
   signal BeatS:std_logic_vector(9 downto 0); --節拍
   signal ToneS:integer range 0 to 37;            --音階
```

```
    signal FD:std_logic_vector(24 downto 0);     --除頻器
    signal UpDn,S_L_UD:std_logic;                --升降音階、節拍
    signal S_L:std_logic_vector(4 downto 0);     --節拍調整倍率
    signal S1S,S2S:std_logic_vector(2 downto 0);--防彈跳計數器
    signal MusicIC_on,Sound_main_reset,S2_off:std_logic:='0';
    --音樂 IC 輸出控制,Sound_main 重置,S2 控制

begin

--DoReMi_S Driver--
U1: DoReMi_S port map(
    gckp31,Sound_RESET,'1',ToneS,BeatS,Soundend,Do_Re_Mio);

MusicIC<=MusicIC_on;--S1S(2);             --音樂 IC 輸出

--節拍--
BeatS<="0000001010" + S_L * "00101";    --0.1s~1.65s 節拍調整

--按鈕操作--
PB:process(FD(18))
begin
    --音樂 IC 按鈕
    if rising_edge(FD(18)) then
        if S1S(2)='1' then
            --音樂 IC 輸出控制
            MusicIC_on<=not MusicIC_on;
        end if;
    end if;
    --外激式蜂鳴器按鈕
    if S2S=0 then                          --S2 按鈕放開
        Sound_main_reset<=S2_off;    --Sound_main on_off 控制
    elsif rising_edge(FD(18)) then
        if S2S(2)='1' then
            --Sound_main on_off 控制
            Sound_main_reset<=not Sound_main_reset;
        end if;
    end if;
end process;

--Sound_main--
```

```
Sound_main:process(FD(0))
begin
    if Sound_main_reset='0' then
        ToneS<=0;                       --音階預設:0
        S_L<="00000";                   --節拍調整倍率預設:0
        UpDn<='1';                      --升降音階預設:升
        S_L_UD<='1';                    --升降節拍預設:升
        Sound_RESET<='0';               --DoReMi_S 重置
        S2_off<='0';                    --控制 Sound_main_reset
    elsif rising_edge(FD(0)) then
        if S_L/="10000" then
            S2_off<='1';                --維持啟動 Sound_main_reset
            if Soundend='1' then        --DoReMi_S 音結束了
                Sound_RESET<='0';       --DoReMi_S 重置
                if UpDn='1' then        --升音階
                    ToneS<=ToneS+1;     --升音階
                    if ToneS=36 then--最高一個了
                        UpDn<='0';      --改降音階
                    end if;
                else    --降音階
                    ToneS<=ToneS-1;             --降音階
                    if ToneS=1 then             --最低一個了
                        UpDn<='1';              --改升音階
                        if S_L_UD='1' then      --升節拍(加長)
                            S_L<=S_L+1;         --加長
                            if S_L=3 then       --最長了
                                S_L_UD<='0';--改降節拍(變短)
                            end if;
                        else                    --降節拍
                            S_L<=S_L-1;         --變短
                            if S_L=1 then       --最短了
                                --Sound_main 結束了
                                S_L<="10000";--防 S2 按鈕未放開
                                --回控 Sound_main_reset
                                S2_off<='0';
                            end if;
                        end if;
                    end if;
                end if;
            else
                Sound_RESET<='1';       --啟動 DoReMi_S
```

```
            end if;
        end if;
    end if;
end process Sound_main;

--防彈跳--
debouncer:process(FD(17))
begin
    --S1 防彈跳--音樂 IC 按鈕
    if S1='1' then
        S1S<="000";
    elsif rising_edge(FD(17)) then
        S1S<=S1S+ not S1S(2);
    end if;
    --S2 防彈跳--外激式蜂鳴器按鈕
    if S2='1' then
        S2S<="000";
    elsif rising_edge(FD(17)) then
        S2S<=S2S+ not S2S(2);
    end if;
end process;

--除頻器--
Freq_Div:process(gckP31)            --系統頻率 gckP31:50MHz
begin
    if rstP99='0' then              --系統重置
        FD<=(others=>'0');          --除頻器:歸零
    elsif rising_edge(gckP31) then  --50MHz
        FD<=FD+1;                   --除頻器:2 進制上數(+1)計數器
    end if;
end process Freq_Div;

end Albert;
```

設計動作簡介

KTM-626

在此電路架構(architecture)裡，包括導入 DoReMi_S 零件、節拍控制電路、按鍵控制電路、主控器(Sound_main)、防彈跳電路與除頻器。為節省篇幅，導入零件、防彈跳電路與除頻器，在前面的章節中也介紹過，在此不贅述，其餘電路如下說明：

節拍操作電路

在本設計裡所播放的 36 個音階，隨著播放的順序，每個音階的節拍也會隨之增減，其範圍在 0.1 秒到 1.65 秒之間。在 8-2 節的 DoReMi_S 電路裡，指定的節拍數(BeatS)，1 代表 0.01 秒。在此設計一個以 0.1 秒為最小節拍的節拍操作電路，如圖 5 所示，其中 S_L 為增減因數，當 S_L=0 時，BeatS 為 0000001010(即 10)，所以節拍為 10×0.01 秒。當 S_L 增加 1 時，BeatS 增加 0101(即 5)，也就 0.05 秒。

```
--節拍--------------------
BeatS<="0000001010" + S_L * "00101";   --0.1s~1.65s 節拍調整
```

圖5　節拍操作電路

按鍵操作電路

在此要處理 S1 按鍵與 S2 按鍵的動作，如下：

- 當 S1 按鍵按下且穩定後(S1S(2)=1)，即切換音樂 IC 的開關(MusicIC_on)。
- 當 S2 按鍵沒有被按下，或被按下但尚未穩定時，重置主控器(Sound_main_reset)。當 S2 按鍵被按下且穩定後(S1S(2)=1)，重啟主控器，主控器開始輸出音階與節拍的信號到 DoReMi_S 電路，以產生聲音。

主控器

在此的主控器(Sound_main)的功能是依序產生音階值與節拍值，並驅動 DoReMi_S 電路，而 DoReMi_S 電路依據此音階值與節拍值，轉換成驅動蜂鳴器的頻率，再驅動蜂鳴器。而執行完成節拍值的時間後，將傳送 Soundend 信號回主控器，以做為產生下一個音階值與節拍值的信號。而新的音階值與新的節拍值之處理如下：

- 音階值是由低而高順序播放 36 個音階，然後由高而低反序播放 36 個音階。
- 節拍值則是由 0.1 秒，增加到 1.65 秒，每次增加 0.05 秒，播放的時間遞增。然後再由 1.65 秒，減少到 0.1 秒，每次減少 0.05 秒，播放的時間將遞減。

後續工作

KTM-626

電路設計完成後，按 Ctrl + S 鍵存檔，再按 Ctrl + L 鍵進行初始編譯。若編譯有錯誤，可循下方紅色錯誤訊息(直接快按兩下)，跳到錯誤處修改之。若編譯成功，在隨即出現的訊息對話盒中，按 確定 鈕關閉之。

緊接著進行接腳配置，按 Ctrl + Shift + N 鍵，開啟接腳配置視窗。除了 gckP31 與 rstP99 外，其他用到的接腳如下：

- S1：131 腳
- S2：128 腳
- MusicIC：182 腳
- DoReMio：183 腳

完成接腳配置後，按 Ctrl + L 鍵即進行**二次編譯**，並退回原 Quartus II 編譯視窗。同樣的，完成二次編譯後，在隨即出現的訊息對話盒中，按 確定 鈕關閉之。

燒錄與測試

KTM-626

首先備妥 USB Blaster 下載線，一端插入電腦 USB 埠，另一段插入 EP3C 板上的 JTAG 埠，然後開啟 KTM-626 多功能 FPGA 開發平台之電源。

按 Alt 、 T 、 P 鍵即可開啟燒錄視窗，按 Start 鈕即進行燒錄。很快的，完成燒錄後，請按下列操作：

1. 按一下 S1 鍵，是否演奏音樂？_______
2. 再按一下 S1 鍵，是否停止演奏音樂？_______
3. 按一下 S2 鍵，是否播放 36 個音階？有何變化？_______
4. 再按一下 S2 鍵，是否停止播放 36 個音階？_______
5. 按一下 S1 鍵，再按一下 S2 鍵，是否同時演奏音樂且播放 36 個音階？_____

8-4 即時練習

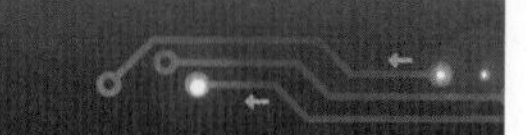

本章屬於*聲音* 的控制，數位電路的設計，應該是聲光兼具，才能活化的冰冷的電路。請試著回答下列問題，*看看你學會多少？*

1 若按驅動信號區分，蜂鳴器有兩種？

2 試問 UM66T 系列音樂 IC 所採用的電源電壓範圍為何？

3 試簡述 UM66T 系列音樂 IC 的接腳與包裝？

4 試簡述以 VHDL 設計音樂播放電路時，必須處理哪兩部分？

5 試寫出中音階 12 個音的頻率？

CH 09

旋轉編碼器與 4×4 鍵盤之應用

9-1 認識旋轉編碼器與 4×4 鍵盤

旋轉編碼器簡介

KTM-626

如圖 1 所示，旋轉編碼器的外觀就像一個可變電阻器或傳統的切換開關。而其功能就是數位式的選擇開關，其中具有兩個開關與一個按鈕。當垂直按下旋轉編碼器時，其中的 PB 將接通，放開按下旋轉編碼器時，其中的 PB 將斷開。旋轉旋轉編碼器時，其中的 A、B 開關狀態將隨之開、關變化。

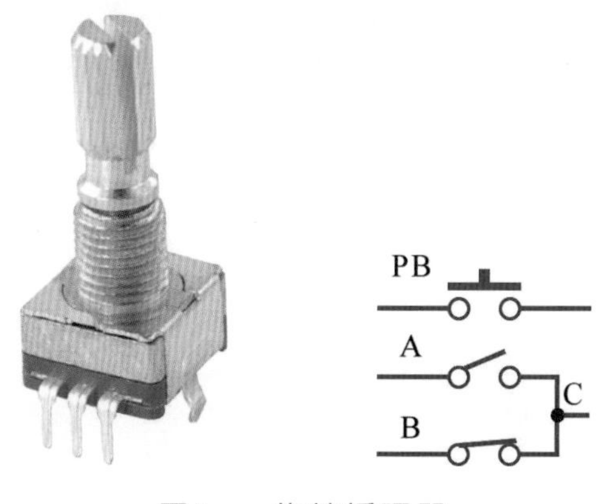

圖1　　旋轉編碼器

在 KTM-626 多功能 FPGA 開發平台的右下角設置一個旋轉編碼器，其中的電路採低態動作，如圖 2 所示，其中 A 連接 FPGA 的 86 腳、B 連接 FPGA 的 85 腳、PB 連接 FPGA 的 84 腳。

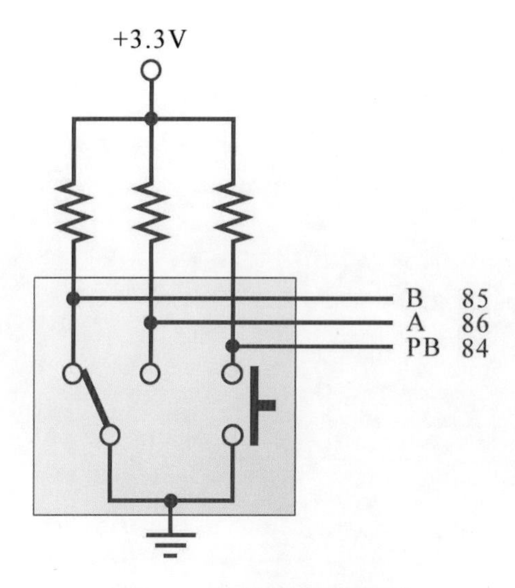

圖2　　旋轉編碼器電路

若將旋轉編碼器的 A、B 接點的輸出狀態為方波，而 A 與 B 波形相差 90 度。如圖 3 所示。

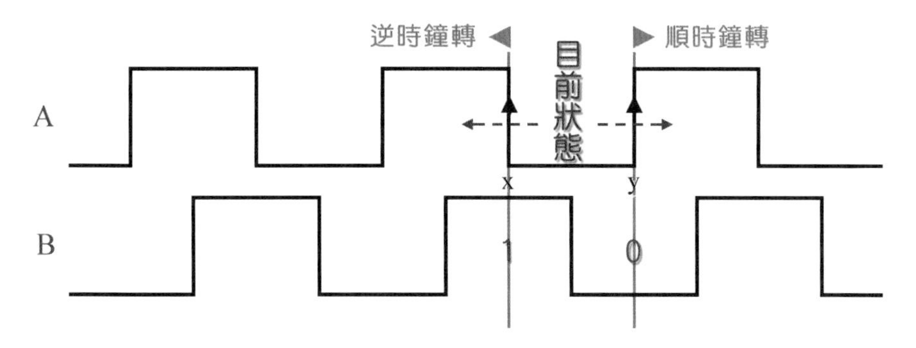

圖3　旋轉編碼器之輸出波形

若從圖 3 中的目前狀態開始(A 端為低態)，若是逆時鐘旋轉時，則會在 x 點處，A 端由低態轉高態(即升緣)，此時的 B 端為高態。若是順時鐘旋轉時，則會在 y 點處，A 由低態轉高態(即升緣)，此時的 B 端為低態。換言之，當 A 端由低態轉高態時，即可讀取 B 端信號，作為判斷旋轉編碼器之轉向，若 B 端為高態，則為逆時鐘轉；若 B 端為高態，則為順時鐘轉。

4×4 鍵盤簡介

KTM-626

4×4 鍵盤是將 16 個按鍵排列成陣列的裝置，而 4×4 鍵盤與 16 個按鍵的明顯差異是接腳數量，16 個按鍵需要 16 支接腳，而 4×4 鍵盤只需 8 支接腳。

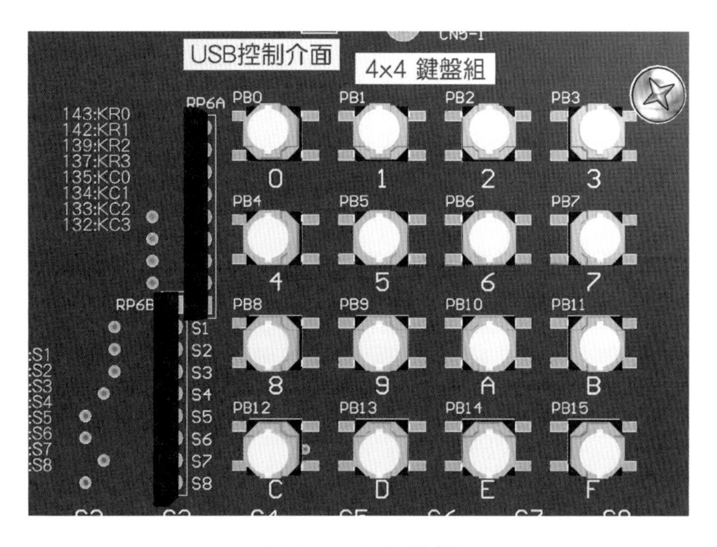

圖4　4×4 鍵盤

另外，偵測按鍵動作的方式也不太一樣，16 個按鍵採直接讀取按鍵狀態的方式，稱為被動式按鍵。4×4 鍵盤則是採用掃瞄方式，將掃瞄信號傳至其中 4 支接腳，再由另外 4 支接腳讀回鍵盤狀態，以判斷哪個按鍵被按下，稱為主動式按鍵。如圖 5 所示為 KTM-626 多功能 FPGA 開發平台裡的 4×4 鍵盤之電路。

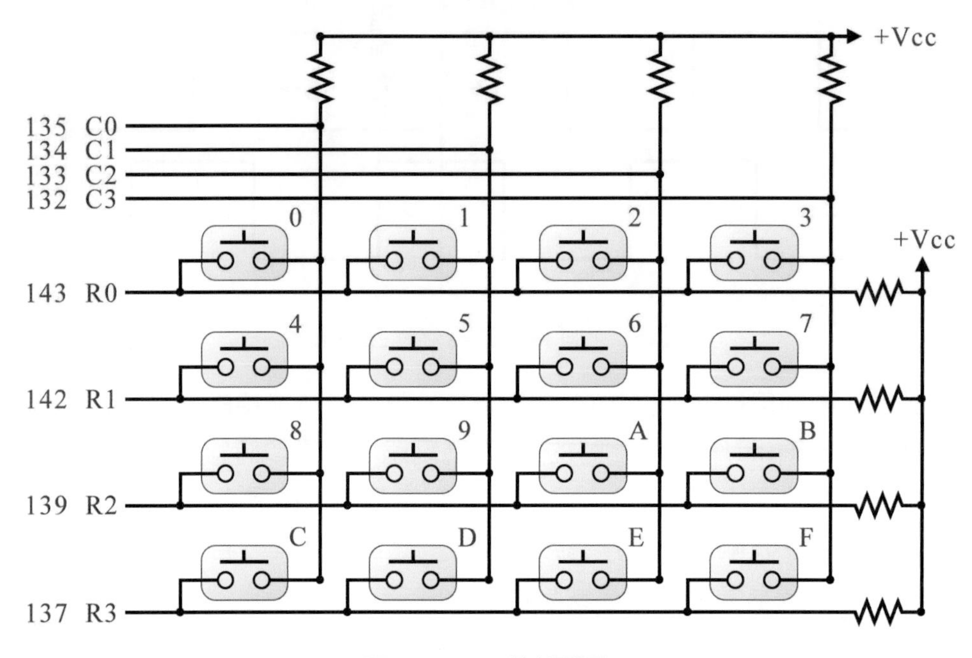

圖5　4×4 鍵盤電路

9-2 4×4 鍵盤測試實習

實習目的

KTM-626

在本單元裡將設計一個 4×4 鍵盤測試電路。當按 4×4 鍵盤裡的按鍵，即可在七段顯示器上，顯示該按鍵的鍵值。同時也可切換顯示 LED1~LED16。

新增專案與設計檔案

KTM-626

開啟 Quartus II，並按 1-2 節的說明，新增專案與設計檔案，相關資料如下：

- 專案資料夾：D:\CH9\CH9_KEYboard_1
- 專案名稱：CH9_KEYboard_1
- 晶片族系(Family)：Cycolne III
- 接腳數(Pin count)：240
- 晶片名稱：EP3C16Q240C8

- VHDL 設計檔：CH9_KEYboard_1.vhd

電路設計

KTM-626

在新建的 CH9_KEYboard_1.vhd 編輯區裡按下列設計電路，再按 Ctrl + S 鍵。

```
--4x4 鍵盤_基本測試:按下放開再處理
--107.01.01 版
--EP3C16Q240C8 50MHz LEs:15,408 PINs:161 ,gckp31 ,rstP99

Library IEEE;                          --連結零件庫
Use IEEE.std_logic_1164.all;           --引用套件
Use IEEE.std_logic_unsigned.all;       --引用套件

entity CH9_KEYboard_1 is
port(gckp31,rstP99:in std_logic;       --系統頻率,系統 reset
     keyi:in std_logic_vector(3 downto 0);       --鍵盤輸入
     keyo:buffer std_logic_vector(3 downto 0); --鍵盤輸出
     LED1_16:buffer std_logic_vector(15 downto 0);--LED 顯示
     --4 位數掃描式顯示器
     SCANo:buffer std_logic_vector(3 downto 0);--掃瞄器輸出
     Disp7S:buffer std_logic_vector(7 downto 0)--計數位數解碼輸出
    );
end entity CH9_KEYboard_1;

architecture Albert of CH9_KEYboard_1 is
    signal FD:std_logic_vector(24 downto 0);--除頻器
    signal kn,kin:integer range 0 to 15;    --新鍵值,原鍵值
    signal kok:std_logic_vector(3 downto 0):="0000";--鍵盤偵測狀態
    signal i:integer range 0 to 3;          --鍵盤輸入偵測指標

begin

--LED_on_off:取用頻率高於鍵盤操作頻率--
LED_on_off:process(FD(12))
variable sw:std_logic;
begin
    if rstP99='0' then             --系統 reset
        LED1_16<=(others=>'0'); --取消所有燈號
        kin<=0;                    --設原鍵值 0
```

```
        sw:='0';                    --可接收新鍵值
    elsif (rising_edge(FD(12))) then
        if (kok=10) and sw='0' then         --鍵盤已完成狀態
            kin<=kn;                        --取得新鍵值
            LED1_16(kn)<=not LED1_16(kn);--新鍵值燈號
            sw:='1';                        --停止接收新鍵值
        elsif kok=1 then                    --鍵盤已重啟
            sw:='0';                        --可再接收新鍵值
        end if;
    end if;
end process LED_on_off;

--keyboard:鍵盤操作頻率低於取用者頻率--
keyboard:process (FD(13))
begin
    if kok=0 or rstP99='0' then         --重置鍵盤,系統 reset
        keyo<="1110";                   --準備鍵盤輸出信號
        kok<="0001";                    --預設鍵盤未完成、無按鍵狀態
        kn<=0;                          --鍵值由 0 開始
        i<=0;                           --鍵盤偵測指標由 0 開始
    elsif (rising_edge(FD(13))) then
        if (kok/=1) then                --有按鍵狀態

            --適當調整 kok 值可使鍵盤運作順暢
            if keyi=15 then             --判斷按鍵全放開
                if kok<5 then           --初期:鍵盤防彈跳過程狀態
                    kok<=kok-1;         --如是雜訊將重啟鍵盤
                else
                    kok<=kok+1;         --鍵盤防彈跳過程狀態(後期)
                end if;
            else
                if kok>9 then           --取用了:鍵盤防彈跳過程狀態
                    kok<="1011";        --(後期)
                elsif kok>4 then        --尚未取用:鍵盤防彈跳過程狀態
                    kok<="0101";
                else
                    kok<=kok+1;         --初期:鍵盤防彈跳過程狀態
                end if;
            end if;

        elsif keyi(i)='0' then          --偵測按鍵按下狀態
```

```
            kok<="0010";                --設有按鍵狀態
            keyo<="0000";               --設偵測所有按鍵
        else                            --無按鍵按下狀態
            kn<=kn+1;                   --調整鍵值
            keyo<=keyo(2 downto 0) & keyo(3);--調整鍵盤輸出
            if keyo(3)='0' then         --是否要調整鍵盤偵測指標
                i<=i+1;                 --調整鍵盤偵測指標
            end if;
        end if;
    end if;
end process keyboard;

SCANo<="1110";
--七段顯示器解碼 0123456789AbCdEF--pgfedcba
with kin select
Disp7S <=   "11000000" when 0,  --0
            "11111001" when 1,  --1
            "10100100" when 2,  --2
            "10110000" when 3,  --3
            "10011001" when 4,  --4
            "10010010" when 5,  --5
            "10000010" when 6,  --6
            "11111000" when 7,  --7
            "10000000" when 8,  --8
            "10010000" when 9,  --9
            "10001000" when 10, --A
            "10000011" when 11, --b
            "11000110" when 12, --C
            "10100001" when 13, --d
            "10000110" when 14, --E
            "10001110" when 15; --F

--除頻器--
Freq_Div:process(gckP31)            --系統頻率 gckP31:50MHz
begin
    if rstP99='0' then              --系統重置
        FD<=(others=>'0');          --除頻器:歸零
    elsif rising_edge(gckP31) then  --50MHz
        FD<=FD+1;                   --除頻器:2 進制上數(+1)計數器
    end if;
end process Freq_Div;
```

```
end Albert;
```

設計動作簡介

在此電路架構(architecture)裡，包括 LED 切換電路 LED_on_off、鍵盤掃瞄電路 keyboard、七段顯示器解碼器與除頻器。在此只介紹 LED 切換電路與鍵盤掃瞄電路。

LED切換電路

在 LED 切換電路裡，將根據鍵盤掃瞄電路裡，找到的按鍵鍵值，切換 LED。而 16 個 LED 分別為 LED1_16(15)～LED1_16(0)，剛開始時，設定為全亮。當鍵盤掃瞄電路傳回 kok=10 時，即依據鍵值 kn，切換 LED 的開/關。

鍵盤掃瞄電路

在本設計裡的鍵盤掃瞄電路裡，由 keyo 輸出掃瞄信號到鍵盤，而由 keyi 讀回鍵盤狀態，keyo、keyi 都是低態動作。而 kn 為鍵值、kok 為多功能指標，可做為有效按鍵的指標與防彈跳計數器之用。在初始(重置)狀態下，初始掃描信號為 1110、kn=0、kok=0001，重啟後將隨 FD(13)的升緣而動，如圖 6 所示。

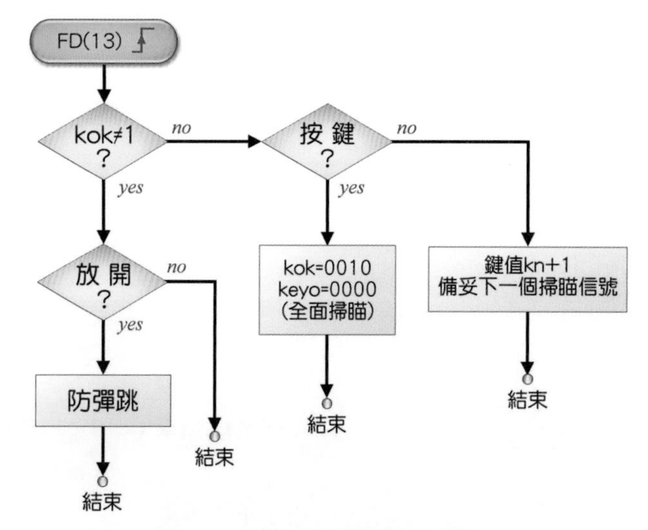

圖6　鍵盤掃瞄電路之流程

剛開始時，kok 等於 1。流程往右，先查詢有無按鍵被按下？

- 若無，鍵值加 1，並備妥下一個掃瞄信號。
- 若有按鍵被按下，則 kok 改為 0010(使之不等於 1)，同時將所有掃瞄信

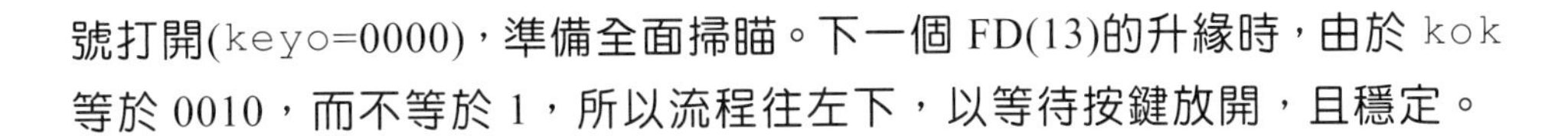

號打開(keyo=0000)，準備全面掃瞄。下一個 FD(13)的升緣時，由於 kok 等於 0010，而不等於 1，所以流程往左下，以等待按鍵放開，且穩定。

後續工作

KTM-626

電路設計完成後，按 Ctrl + S 鍵存檔，再按 Ctrl + L 鍵進行初始編譯。若編譯有錯誤，可循下方紅色錯誤訊息(直接快按兩下)，跳到錯誤處修改之。若編譯成功，在隨即出現的訊息對話盒中，按 確定 鈕關閉之。

緊接著進行接腳配置，按 Ctrl + Shift + N 鍵，開啟接腳配置視窗。除了 gckP31 與 rstP99 外，再按表 1 配置接腳。

表 1　接腳表

keyi(3)	keyi(2)	keyi(1)	keyi(0)	keyo(3)	keyo(2)	keyo(1)	keyo(0)
137	139	142	143	132	133	134	135
LED1_16(15)	LED1_16(14)	LED1_16(13)	LED1_16(12)	LED1_16(11)	LED1_16(10)	LED1_16(9)	LED1_16(8)
114	113	112	111	110	108	107	106
LED1_16(7)	LED1_16(6)	LED1_16(5)	LED1_16(4)	LED1_16(3)	LED1_16(2)	LED1_16(1)	LED1_16(0)
103	102	101	100	94	95	93	87
SCANo(3)	SCANo(2)	SCANo(1)	SCANo(0)	Disp7S(3)	Disp7S(2)	Disp7S(1)	Disp7S(0)
167	166	164	161	175	176	177	181

完成接腳配置後，按 Ctrl + L 鍵即進行二次編譯，並退回原 Quartus II 編譯視窗。同樣的，完成二次編譯後，在隨即出現的訊息對話盒中，按 確定 鈕關閉之。

燒錄與測試

KTM-626

首先備妥 USB Blaster 下載線，一端插入電腦 USB 埠，另一段插入 EP3C 板上的 JTAG 埠，然後開啟 KTM-626 多功能 FPGA 開發平台之電源。

按 Alt 、 T 、 P 鍵即可開啟燒錄視窗，按 Start 鈕即進行燒錄。很快的，完成燒錄後，請任意按 4x4 鍵盤上的按鍵，並看七段顯示器與 LED 的反應，是否符合預期？

9-3 多功能人機介面實習

實習目的

KTM-626

在本單元裡將設計一個應用 4×4 鍵盤與七段顯示器組成的人機介面，另外，也使用 16 個 LED 指示哪個鍵被按(與 9-2 節的設計一樣)。這個人機介面的功能簡介如下：

- 按 0~9 數字鍵，將使原本七段顯示器的數字左移，而所按的數字鍵將放入七段顯示器的最右邊(個位數)。
- A 鍵的功能是將七段顯示器的數字全部歸零。
- B 鍵的功能是將七段顯示器的數字全部右移一位，而最左邊(千位數)填入 0。
- C 鍵的功能是進行上數。
- D 鍵的功能是進行下數。
- E 鍵的功能是將七段顯示器的數字循環左移。
- F 鍵的功能是將七段顯示器的數字循環右移。

新增專案與設計檔案

KTM-626

開啟 Quartus II，並按 1-2 節的說明，新增專案與設計檔案，相關資料如下：

- 專案資料夾：D:\CH9\CH9_KEYboard_2
- 專案名稱：CH9_KEYboard_2
- 晶片族系(Family)：Cycolne III
- 接腳數(Pin count)：240
- 晶片名稱：EP3C16Q240C8
- VHDL 設計檔：CH9_KEYboard_2.vhd

電路設計

KTM-626

在新建的 CH9_KEYboard_2.vhd 編輯區裡按下列設計電路，再按 Ctrl + S 鍵。

```
--4x4 鍵盤_基本測試:按下馬上處理
--107.01.01 版
--EP3C16Q240C8 50MHz LEs:15,408 PINs:161 ,gckp31 ,rstP99

Library IEEE;                          --連結零件庫
Use IEEE.std_logic_1164.all;           --引用套件
Use IEEE.std_logic_unsigned.all;       --引用套件

entity CH9_KEYboard_2 is
port(gckP31,rstP99:in std_logic;    --系統頻率,系統 reset
     keyi:in std_logic_vector(3 downto 0);      --鍵盤輸入
     keyo:buffer std_logic_vector(3 downto 0); --鍵盤輸出
     LED1_16:buffer std_logic_vector(15 downto 0);--LED 顯示
     --4 位數掃描式顯示器
     SCANo:buffer std_logic_vector(3 downto 0);--掃瞄器輸出
     Disp7S:buffer std_logic_vector(7 downto 0)--計數位數解碼輸出
    );
end entity CH9_KEYboard_2;

architecture Albert of CH9_KEYboard_2 is
    signal FD:std_logic_vector(24 downto 0);--除頻器
    signal kn,kin:integer range 0 to 15;    --新鍵值,原鍵值
    signal kok:std_logic_vector(3 downto 0):="0000";--鍵盤偵測狀態
    signal i:integer range 0 to 3;          --鍵盤輸入偵測指標
    type Disp7DataT is array(0 to 3) of integer range 0 to 15;
    --顯示表格式
    signal Disp7Data:Disp7DataT;            --顯示表
    signal scanP:integer range 0 to 3;      --掃瞄器指標
    signal times:integer range 0 to 1023;   --計時器

begin

--LED_on_off:取用者頻率高於鍵盤操作頻率--
LED_on_off_7s:process (FD(12))
variable sw:std_logic;
begin
    if rstP99='0' then                 --系統 reset
        LED1_16<=(others=>'0');        --取消所有燈號
        kin<=0;                        --設原鍵值 0
        sw:='0';                       --可接收新鍵值
        Disp7Data<=(0,0,0,0);
```

```
    times<=1023;
  elsif (rising_edge(FD(12))) then
    if (kok=5) and sw='0' then --鍵盤已完成狀態
      kin<=kn;                 --取得新鍵值
      LED1_16(kn)<=not LED1_16(kn);--新鍵值燈號
      if kn<10 then            --0~9 載入顯示表
        Disp7Data(0)<=kn;      --由個位數推入
        for i in 0 to 2 loop--其餘往高位進一位
          Disp7Data(i+1)<=Disp7Data(i);
        end loop;
      else                     --命令
        case kn is
          when 10=>            --歸零
            Disp7Data<=(0,0,0,0);
          when 11=>            --後退一位
            for i in 0 to 2 loop
              Disp7Data(i)<=Disp7Data(i+1);
            end loop;
            Disp7Data(3)<=0;
          when others=>        --其餘記錄於 kin
            null;
        end case;
      end if;
      sw:='1';                 --停止接收新鍵值
      times<=1023;             --計時重設
    else
      if kok=1 then            --鍵盤已重啟
        sw:='0';               --可再接收新鍵值
      end if;
      times<=times-1;          --命令執行
      if times=0 then          --可執行命令
        times<=1023;           --計時重設
        case kin is
          when 12=>            -- +1
            if  (Disp7Data(0)+Disp7Data(1)+
                 Disp7Data(2)+Disp7Data(3))/=0 then
               if Disp7Data(0)/=9  then
                  Disp7Data(0)<=Disp7Data(0)+1;
               else Disp7Data(0)<=0;
               if Disp7Data(1)/=9 then
                  Disp7Data(1)<=Disp7Data(1)+1;
```

```
                        else Disp7Data(1)<=0;
                        if Disp7Data(2)/=9 then
                            Disp7Data(2)<=Disp7Data(2)+1;
                        else Disp7Data(2)<=0;
                        if Disp7Data(3)/=9 then
                            Disp7Data(3)<=Disp7Data(3)+1;
                        else Disp7Data(3)<=0;
                        end if; end if; end if; end if;
                    end if;
                when 13=>        -- -1
                    if (Disp7Data(0)+Disp7Data(1)+
                        Disp7Data(2)+Disp7Data(3))/=0 then
                        if Disp7Data(0)/=0 then
                            Disp7Data(0)<=Disp7Data(0)-1;
                        else Disp7Data(0)<=9;
                        if Disp7Data(1)/=0 then
                            Disp7Data(1)<=Disp7Data(1)-1;
                        else Disp7Data(1)<=9;
                        if Disp7Data(2)/=0 then
                            Disp7Data(2)<=Disp7Data(2)-1;
                        else Disp7Data(2)<=9;
                            Disp7Data(3)<=Disp7Data(3)-1;
                        end if;end if;end if;
                    end if;
                when 14=>        --右旋
                    Disp7Data(3)<=Disp7Data(0);
                    for i in 0 to 2 loop
                        Disp7Data(i)<=Disp7Data(i+1);
                    end loop;
                when 15=>        --左旋
                    Disp7Data(0)<=Disp7Data(3);
                    for i in 0 to 2 loop
                        Disp7Data(i+1)<=Disp7Data(i);
                    end loop;
                when others=>   --0~11
                    null;
            end case;
        end if;
    end if;
  end if;
end process LED_on_off_7s;
```

```
--keyboard:鍵盤操作頻率低於取用者頻率--
keyboard:process (FD(13))
begin
    if kok=0 or rstP99='0' then --重置鍵盤,系統 reset
        keyo<="1110";           --準備鍵盤輸出信號
        kok<="0001";            --預設鍵盤未完成、無按鍵狀態
        kn<=0;                  --鍵值由 0 開始
        i<=0;                   --鍵盤偵測指標由 0 開始
    elsif (rising_edge(FD(13))) then
        if (kok/=1) then        --有按鍵狀態

            --適當調整 kok 值可使鍵盤運作順暢
            if keyi=15 then     --判斷按鍵全放開
                if kok<5 then   --初期:鍵盤防彈跳過程狀態
                    kok<=kok-1; --如是雜訊將重啟鍵盤
                else
                    kok<=kok+1; --鍵盤防彈跳過程狀態(後期)
                end if;
            else
                if kok>4 then   --取用了:鍵盤防彈跳過程狀態
                    kok<="0110";
                else
                    kok<=kok+1; --初期:鍵盤防彈跳過程狀態
                end if;
            end if;

        elsif keyi(i)='0' then  --偵測按鍵按下狀態
            kok<="0010";        --設有按鍵狀態
            keyo<="0000";       --設偵測所有按鍵
        else                    --無按鍵按下狀態
            kn<=kn+1;           --調整鍵值
            keyo<=keyo(2 downto 0) & keyo(3);--調整鍵盤輸出
            if keyo(3)='0' then --是否要調整鍵盤偵測指標
                i<=i+1;         --調整鍵盤偵測指標
            end if;
        end if;
    end if;
end process keyboard;

--4 位數掃瞄器--
```

```
scan_P:process(FD(17),rstP99)
begin
    if rstP99='0' then
        scanP<=0;           --位數取值指標
        SCANo<="1111";      --掃瞄信號 all off
    elsif rising_edge(FD(17)) then
        scanP<=scanP+1;     --位數取值指標遞增
        SCANo<=SCANo(2 downto 0)&SCANo(3);
        if scanP=3 then     --最後一位數了
            scanP<=0;       --位數取值指標重設
            SCANo<="1110";  --掃瞄信號重設
        end if;
    end if;
end process scan_P;

--七段顯示器解碼 0123456789AbCdEF--pgfedcba
with Disp7Data(scanP) select
Disp7S <=   "11000000" when 0,  --0
            "11111001" when 1,  --1
            "10100100" when 2,  --2
            "10110000" when 3,  --3
            "10011001" when 4,  --4
            "10010010" when 5,  --5
            "10000010" when 6,  --6
            "11111000" when 7,  --7
            "10000000" when 8,  --8
            "10010000" when 9,  --9
            "10001000" when 10, --A
            "10000011" when 11, --b
            "11000110" when 12, --C
            "10100001" when 13, --d
            "10000110" when 14, --E
            "10001110" when 15; --F

--除頻器--
Freq_Div:process(gckP31)              --系統頻率 gckP31:50MHz
begin
    if rstP99='0' then                --系統重置
        FD<=(others=>'0');            --除頻器:歸零
    elsif rising_edge(gckP31) then    --50MHz
        FD<=FD+1;                     --除頻器:2 進制上數(+1)計數器
```

```
    end if;
end process Freq_Div;

end Albert;
```

設計動作簡介

KTM-626

在此電路架構(architecture)裡，包括 LED 切換電路 LED_on_off_s7、鍵盤掃瞄電路 keyboard、4 位數掃描電路 scan_P、七段顯示器解碼器與除頻器。

其中的 LED_on_off_s7 是 9-2 節的 LED_on_off 電路之加強版，9-2 節的 LED_on_off 電路只處理 16 個 LED 的開與關，蠻符合其電路名稱(LED_on_off)。而在此的 LED_on_off_s7 電路，還要判別按下的鍵是數字鍵(0~9)，還是功能鍵(A~F)，並處理相對的反應動作。

另外，在 9-2 節裡的七段顯示器只顯示一位數，不需要掃瞄電路；而在此的七段顯示器將顯示 4 位數，所以新增一個 4 位數掃描電路 scan_P。

LED_on_off_s7電路

KTM-626

在 LED_on_off_s7 電路裡，將按鍵的鍵值區分為數字鍵(鍵值小於 10)與功能鍵(鍵值大等於 10)，如下說明：

- 若是數字鍵，則各位數左移，鍵值(kn)放入個位數，如圖 7 所示。

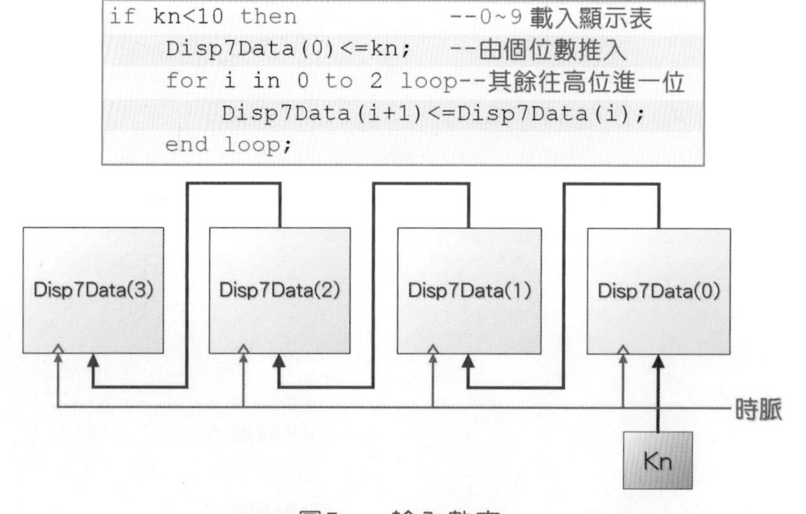

圖7　　輸入數字

- 若是 A 鍵或 B 鍵，則執行四位數歸零(A 鍵)或刪除個位數(B 鍵)，如圖 8 所示，若 kn=10(即 A 鍵)，則四個顯示緩衝區(Disp7Data)全部設定為

0(①)。若 kn=11(即 B 鍵)，則顯示緩衝區裡的每位數右移一位(②)、千位數(最左邊位數)填入 0(③)。

```
else                          --命令
    case kn is
        when 10=>             --歸零
    ①       Disp7Data<=(0,0,0,0);
        when 11=>             --後退一位
        ②   for i in 0 to 2 loop
                Disp7Data(i)<=Disp7Data(i+1);
            end loop;
        ③   Disp7Data(3)<=0;
        when others=>         --其餘紀錄於 kin
            null;
    end case;
end if;
```

圖8　清除與刪除

- 若是 C 鍵，則執行上數。若每位數都為 0(①)，則停止計數。若個位數不為 9，則個位數加 1(②)；否則個位數歸零，然後進位，若十位數不為 9，則十位數加 1(③)；否則十位數歸零，然後進位，若百位數不為 9，則百位數加 1(④)；否則百位數歸零，然後進位，若千位數不為 9，則千位數加 1(⑤)；否則千位數歸零。如圖 9 所示，在此的指令，應該採階層式結構顯示，但礙於頁面寬度不夠，所以採平列方式(⑥)。

```
when 12=>          -- +1
 ① if  (Disp7Data(0)+Disp7Data(1)+
        Disp7Data(2)+Disp7Data(3))/=0 then
        if Disp7Data(0)/=9  then
  ②         Disp7Data(0)<=Disp7Data(0)+1;
        else Disp7Data(0)<=0;
   ③    if Disp7Data(1)/=9 then
            Disp7Data(1)<=Disp7Data(1)+1;
        else Disp7Data(1)<=0;
    ④   if Disp7Data(2)/=9 then
            Disp7Data(2)<=Disp7Data(2)+1;
     ⑤  else Disp7Data(2)<=0;
        if Disp7Data(3)/=9 then
            Disp7Data(3)<=Disp7Data(3)+1;
      ⑥ else Disp7Data(3)<=0;
        end if; end if; end if; end if;
    end if;
```

圖9　上數

- 若是 D 鍵，則執行下數。若每位數都為 0(①)，則停止下數。若個位數不為 0，則個位數減 1(②)；否則個位數變 9，然後借位，若十位數不為

0，則十位數減 1(③)；否則十位數變 9，然後借位，若百位數不為 0，則百位數減 1(④)；否則百位數變 9，然後借位，若千位數不為 0，則千位數減 1(⑤)。如圖 10 所示，在此的指令，應該採階層式結構顯示，但礙於頁面寬度不夠，所以採平列方式。

```
when 13=>        -- -1
①  if (Disp7Data(0)+Disp7Data(1)+
        Disp7Data(2)+Disp7Data(3))/=0 then
②       if Disp7Data(0)/=0 then
            Disp7Data(0)<=Disp7Data(0)-1;
        else Disp7Data(0)<=9;
③       if Disp7Data(1)/=0 then
            Disp7Data(1)<=Disp7Data(1)-1;
        else Disp7Data(1)<=9;
④       if Disp7Data(2)/=0 then
            Disp7Data(2)<=Disp7Data(2)-1;
⑤       else Disp7Data(2)<=9;
            Disp7Data(3)<=Disp7Data(3)-1;
        end if;end if;end if;
    end if;
```

圖10　下數

- 若是 E 鍵(14)，則執行右旋，如圖 11 所示，把個位數移到千位數(①)，把千位數、百位數、十位數各右移位一位(②)。若是 F 鍵(15)，則執行左旋，把千位數移到個位數(③)，把百位數、十位數、個位數各左移位一位(④)。

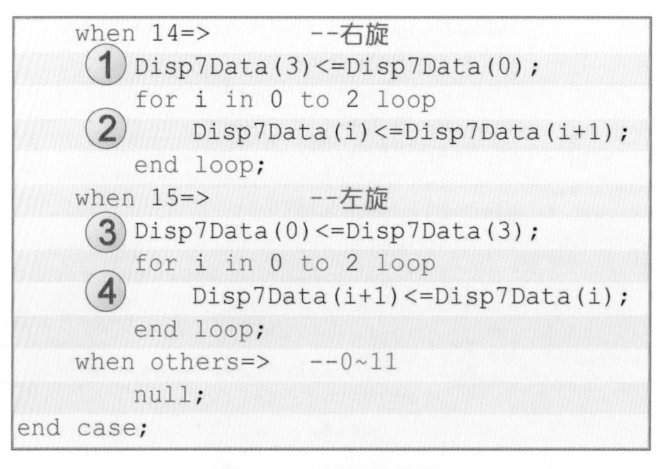

```
    when 14=>          --右旋
    ①  Disp7Data(3)<=Disp7Data(0);
        for i in 0 to 2 loop
    ②      Disp7Data(i)<=Disp7Data(i+1);
        end loop;
    when 15=>          --左旋
    ③  Disp7Data(0)<=Disp7Data(3);
        for i in 0 to 2 loop
    ④      Disp7Data(i+1)<=Disp7Data(i);
        end loop;
    when others=>      --0~11
        null;
end case;
```

圖11　左旋與右旋

A、B 鍵與 C、D、E、F 鍵的分開處理，主要因 A、B 鍵只處理一次，而 C、D、E、F 鍵是隨 FD(12)時鐘脈波的升緣，就處理一次，直到四位數都為 0 或有新按鍵發生。

4位數掃瞄電路

在 4 位數掃瞄電路裡，系統重置時，將 scanP 位數取值指標歸零，並關閉 SCANo 掃瞄信號(①)。系統重啟後，則隨 FD(17)的升緣(②)，進行四位數七段顯示器的掃瞄，掃瞄頻率約 191Hz。

每次掃瞄動作為 scanP 加 1，指向下一個位數之數值、SCANo 掃瞄信號左移一位(③)。若 scanP 已經是 3(最左位數)，則 scanP 歸零、SCANo 掃瞄信號改為掃瞄個位數(④)。

```
--4 位數掃瞄器----------------
scan_P:process(FD(17),rstP99)
begin
    if rstP99='0' then
  ①    scanP<=0;            --位數取值指標
        SCANo<="1111";  ②   --掃瞄信號 all off
    elsif rising_edge(FD(17)) then
  ③    scanP<=scanP+1;      --位數取值指標遞增
        SCANo<=SCANo(2 downto 0)&SCANo(3);
  ④    if scanP=3 then      --最後一位數了
            scanP<=0;        --位數取值指標重設
            SCANo<="1110";  --掃瞄信號重設
        end if;
    end if;
end process scan_P;
```

圖12　七段顯示器掃瞄

後續工作

電路設計完成後，按 Ctrl + S 鍵存檔，再按 Ctrl + L 鍵進行初始編譯。若編譯有錯誤，可循下方紅色錯誤訊息(直接快按兩下)，跳到錯誤處修改之。若編譯成功，在隨即出現的訊息對話盒中，按 確定 鈕關閉之。

緊接著進行接腳配置，按 Ctrl + Shift + N 鍵，開啟接腳配置視窗。除了 gckP31 與 rstP99 外，請按表 1(9-9 頁)配置接腳。

完成接腳配置後，按 Ctrl + L 鍵即進行二次編譯，並退回原 Quartus II 編譯視窗。同樣的，完成二次編譯後，在隨即出現的訊息對話盒中，按 確定 鈕關閉之。

燒錄與測試

KTM-626

首先備妥 USB Blaster 下載線，一端插入電腦 USB 埠，另一段插入 EP3C 板上的 JTAG 埠，然後開啟 KTM-626 多功能 FPGA 開發平台之電源。

按 Alt 、 T 、 P 鍵即可開啟燒錄視窗，按 Start 鈕即進行燒錄。很快的，完成燒錄後，請按下列操作：

1. 剛開機時，七段顯示器顯示什麼？__________
2. 按 1 鍵，七段顯示器有何變化？__________
3. 再按 2 鍵，七段顯示器有何變化？__________
4. 再按 A 鍵，七段顯示器是否歸零？__________
5. 連續輸入 5、6、7 鍵，七段顯示器是否顯示 0567？__________
6. 再按 B 鍵，七段顯示器是否顯示 0056？__________
7. 再按 E 鍵，七段顯示器是否左旋？__________
8. 再按 F 鍵，七段顯示器是否右旋？__________
9. 再按 C 鍵，七段顯示器是否上數？__________
10. 再按 D 鍵，七段顯示器是否下數？__________

9-4 旋轉編碼器之應用實習

實習目的

KTM-626

在本單元裡將設計一個旋轉編碼器控制 16 個 LED 的電路。在此應用旋轉編碼器的按鈕切換控制模式，總共有 4 個模式(`mode2`)，每按一下旋轉編碼器的按鈕，則控制模式加 1，這四個模式如下：

- `mode2=0` 時，其初始樣板為 16 個 LED 全亮，旋轉編碼器逆時鐘旋轉，LED 往左移，而最左邊移入不亮的 LED 信號，轉 16 下後，全不亮，然後變成移入亮的 LED 信號。旋轉編碼器順時鐘旋轉，LED 往右移，而最右邊移入不亮的 LED 信號，轉 16 下後，全不亮，然後變成移入亮的 LED 信號。

- mode2=1 時，其初始樣板為 1100110011001100，其中 0 為亮、1 不亮。旋轉編碼器逆時鐘旋轉，LED 往左旋(頭接尾)；旋轉編碼器順時鐘旋轉，LED 往右旋(頭接尾)。
- mode2=2 時，其初始樣板為 1111000000001111，其中 0 為亮、1 不亮。此樣板分為左 8 位與右 8 位，旋轉編碼器逆時鐘旋轉，左 8 位往右移、右 8 位往左移，呈現往中間跑的樣子。旋轉編碼器順時鐘旋轉，左 8 位往左移、右 8 位往右移，呈現往兩邊跑的樣子。
- mode2=3 時，其初始樣板為 1010101010101010，其中 0 為亮、1 不亮。此樣板分為左 8 位與右 8 位，旋轉編碼器逆時鐘旋轉，右 8 位切換亮滅狀態。旋轉編碼器順時鐘旋轉，左 8 位切換亮滅狀態。

在 KTM-626 裡，將應用旋轉編碼器與 LED，其接腳配置如表 2 所示。

表 2　接腳表

gckP31	rstP99	APi	BP1	PBi			
31	99	86	85	84			
LED1_16(15)	LED1_16(14)	LED1_16(13)	LED1_16(12)	LED1_16(11)	LED1_16(10)	LED1_16(9)	LED1_16(8)
114	113	112	111	110	108	107	106
LED1_16(7)	LED1_16(6)	LED1_16(5)	LED1_16(4)	LED1_16(3)	LED1_16(2)	LED1_16(1)	LED1_16(0)
103	102	101	100	94	95	93	87

新增專案與設計檔案

KTM-626

開啟 Quartus II，並按 1-2 節的說明，新增專案與設計檔案，相關資料如下：

- 專案資料夾：D:\CH9\CH9_ROTATE_ENCODER_3
- 專案名稱：CH9_ROTATE_ENCODER_3
- 晶片族系(Family)：Cycolne III
- 接腳數(Pin count)：240
- 晶片名稱：EP3C16Q240C8
- VHDL 設計檔：CH9_ROTATE_ENCODER_3.vhd

電路設計

KTM-626

在新建的 CH9_ROTATE_ENCODER_3.vhd 編輯區裡按下列設計電路，再按 Ctrl + S 鍵。

```
--旋轉編碼器_基本測試
--EP3C16Q240C8 50MHz LEs:15,408 PINs:161 ,gckp31 ,rstP99

Library IEEE;                              --連結零件庫
Use IEEE.std_logic_1164.all;               --引用套件
Use IEEE.std_logic_unsigned.all;           --引用套件

entity CH9_ROTATE_ENCODER_3 is
port(gckp31,rstP99:in std_logic;           --系統頻率,系統 reset
    APi,BPi,PBi:in std_logic;              --旋轉編碼器
    LED1_16:buffer std_logic_vector(15 downto 0)--LED 顯示
    );
end entity CH9_ROTATE_ENCODER_3;

architecture Albert of CH9_ROTATE_ENCODER_3 is
    signal FD: std_logic_vector(25 downto 0);          --除頻器
    signal APic,BPic,PBic:std_logic_vector(2 downto 0):="000";
    --防彈跳計數器
    signal mode1,mode2:integer range 0 to 3;
    --樣板,操作模式
begin

--旋轉編碼器介面電路--
EncoderInterface:process(APi,PBi,rstP99)
begin
    if rstP99='0' then
        mode2<=0;                          --由 0 開始
    elsif rising_edge(PBic(2)) then        --偵測到 UD 信號的升緣時
        mode2<=mode2+1;                    --下一次變更依據
    end if;

    if rstP99='0' or PBic(2)='0' then
        mode1<=mode2;                      --依 mode2 變更選項
        if mode1=0 then                    --依 mode2 載入樣板
            LED1_16<=(others=>'0');
        elsif mode1=1 then
            LED1_16<="1100110011001100";
        elsif mode1=2 then
            LED1_16<="1111000000001111";
        else
            LED1_16<="1010101010101010";
```

```
        end if;
    elsif rising_edge(APic(2)) then     --偵測到 UD 信號的升緣時
        case mode1 is
            when 0=>
                if BPi='1' then         --左旋
                    LED1_16<=not LED1_16(0)& LED1_16(15 downto 1);
                else                    --右旋
                    LED1_16<=LED1_16(14 downto 0) & not LED1_16(15);
                end if;
            when 1=>
                if BPi='1' then         --左旋
                    LED1_16<=LED1_16(0)& LED1_16(15 downto 1);
                else                    --右旋
                    LED1_16<=LED1_16(14 downto 0) & LED1_16(15);
                end if;
            when 2=>
                if BPi='1' then         --外向內
                    LED1_16<=LED1_16(14 downto 8) & LED1_16(15)&
                    LED1_16(0)& LED1_16(7 downto 1);
                else                    --內向外
                    LED1_16<=LED1_16(8)& LED1_16(15 downto 9)&
                    LED1_16(6 downto 0) & LED1_16(7);
                end if;
            when 3=>
                if BPi='1' then         --左反相
                    LED1_16<=not LED1_16(15 downto 8)&LED1_16(7 downto 0);
                else                    --右反相
                    LED1_16<=LED1_16(15 downto 8)&not LED1_16(7 downto 0);
                end if;
        end case;
    end if;
end process EncoderInterface;

-- 防彈跳電路
Debounce:process(FD(8))         --旋轉編碼器防彈跳頻率
begin

    --APi 防彈跳與雜訊
    if APi=APic(2) then         --若 APi 等於 APic 最左邊位元
        APic<=APic(2) & "00";   --則 APi 等於 APic(2)右邊位元歸零
    elsif rising_edge(FD(8)) then  --取樣頻率約為 97.7KHz
```

```
        APic<=APic+1;               --否則隨 F1 的升緣，APic 計數器遞增
    end if;

    --BPi 防彈跳與雜訊
    if BPi=BPic(2) then             --若 BPi 等於 BPic 最左邊位元
        BPic<=BPic(2)& "00";        --則 BPi 等於 BPic(2)右邊位元歸零
    elsif rising_edge(FD(8)) then   --取樣頻率約為 97.7KHz
        BPic<=BPic+1;               --否則隨 F1 的升緣，BPic 計數器遞增
    end if;

    --PBi 防彈跳與雜訊
    if PBi=PBic(2) then             --若 PBi 等於 PBic 最左邊位元
        PBic<=PBic(2)& "00";        --則 PBic(2)右邊位元歸零
    elsif rising_edge(FD(16)) then  --取樣頻率約為 381Hz
        PBic<=PBic+1;               --否則隨 F1 的升緣，PBic 計數器遞增
    end if;
end process Debounce;

--除頻器--
Freq_Div:process(gckP31)              --系統頻率 gckP31:50MHz
begin
    if rstP99='0' then                --系統重置
        FD<=(others=>'0');            --除頻器:歸零
    elsif rising_edge(gckP31) then    --50MHz
        FD<=FD+1;                     --除頻器:2 進制上數(+1)計數器
    end if;
end process Freq_Div;

end Albert;
```

設計動作簡介

KTM-626

在此電路架構(architecture)裡，包括 EncoderInterface 旋轉編碼器介面電路、防彈跳電路與除頻器，如下說明：

旋轉編碼器介面電路 KTM-626

在 EncoderInterface 旋轉編碼器介面電路裡將進行下列動作：

- 當旋轉編碼器被按下，且穩定時，改變模式(mode2+1)。
- 當系統重置或旋轉編碼器沒有被按下時，則依 mode2 載入樣板。

- 當系統重啟後，隨著 A 端穩定的升緣(APic(2))時，進行下列動作
  - 若在模式 0 時，且 B 端為 1，則 16 個 LED 進行左旋；若在模式 0 時，且 B 端為 0，則 16 個 LED 進行右旋。
  - 若在模式 1 時，且 B 端為 1，則 16 個 LED 進行左旋；若在模式 1 時，且 B 端為 0，則 16 個 LED 進行右旋。
  - 若在模式 2 時，且 B 端為 1，則 LED 由兩邊往中間移。若在模式 2 時，且 B 端為 0，則 LED 由中間往兩邊移。
  - 若在模式 3 時，且 B 端為 1，則左 8 位 LED 反相。若在模式 2 時，且 B 端為 0，則右 8 位 LED 反相。

防彈跳電路 KTM-626

在此的防彈跳電路有三個，分別針對 A 端信號、B 端信號，以及按鈕 PB 信號的防彈跳。其基本架構與動作原理，與之前的防彈跳電路一樣，但取樣頻率不太一樣！A 端信號、B 端信號的取樣頻率採用 FD(8)，約 97.7KHz；PB 信號的取樣頻率採用 FD(16)，約 381Hz。

後續工作 KTM-626

電路設計完成後，按 Ctrl + S 鍵存檔，再按 Ctrl + L 鍵進行初始編譯。若編譯有錯誤，可循下方紅色錯誤訊息(直接快按兩下)，跳到錯誤處修改之。若編譯成功，在隨即出現的訊息對話盒中，按 確定 鈕關閉之。

緊接著進行接腳配置，按 Ctrl + Shift + N 鍵，開啟接腳配置視窗，請按表 2(9-21 頁)配置接腳。

完成接腳配置後，按 Ctrl + L 鍵即進行**二次編譯**，並退回原 Quartus II 編譯視窗。同樣的，完成二次編譯後，在隨即出現的訊息對話盒中，按 確定 鈕關閉之。

燒錄與測試 KTM-626

首先備妥 USB Blaster 下載線，一端插入電腦 USB 埠，另一段插入 EP3C 板上的 JTAG 埠，然後開啟 KTM-626 多功能 FPGA 開發平台之電源。

按 Alt 、 T 、 P 鍵即可開啟燒錄視窗，按 Start 鈕即進行燒錄。很快的，完成燒錄後，請按下列操作：

1. 按按旋轉編碼器，看看是否能切換 LED 樣板？________________________
2. 按旋轉編碼器，切換到模式 0，再旋轉，看看 LED 是否按預期的變化？____
3. 按旋轉編碼器，切換到模式 1，再旋轉，看看 LED 是否按預期的變化？____
4. 按旋轉編碼器，切換到模式 2，再旋轉，看看 LED 是否按預期的變化？____
5. 按旋轉編碼器，切換到模式 3，再旋轉，看看 LED 是否按預期的變化？____

9-5 即時練習

本章屬於*易學易用* 的設計，鍵盤與旋轉編碼器都是好用的輸入裝置，可任我們應用。請試著回答下列問題，*看看你學了多少？*

1 試述鍵盤與一般的按鍵有何差異？

2 試簡述鍵盤的基本動作？

3 試述旋轉編碼器內部有哪些裝置？

4 旋轉編碼器內部裝置的防彈跳之取樣頻率有何不同？

5 試述如何判斷旋轉編碼器的旋轉方向？

notes

www.LTC.com.tw

筆記

CH 10 數位式溫濕度感測

10-1 認識 DHT11 數位式溫度感測器

DHT11 溫濕度感測器的功能是將溫度感測與濕度感測合成並調校為數位信號輸出，因此，不需要額外的類比轉數位裝置(ADC)，即可同時得到溫度與濕度的數值。

基本上，DHT11 內建電阻式濕度感測器，以及負溫度係數(Negative Temperature Coefficient, NTC)材質的溫度感測器，即 NTC 熱敏電阻器，其電阻值隨溫度升高而降低。除了兩個感測器外，DHT11 還內建一個 8 位元的單晶片微處理機，其功能是將感測到的溫濕度值調校，並打包為單線傳輸(1-wire)資料封包的工作，同時也負責執行資料傳輸。

即使 DHT11 具有看似複雜的內涵，而其外觀卻只是一個簡單、鮮豔的四支接腳零件，如圖 1 所示，其中 3 腳為空腳，只使用到三支接腳，而 1、4 腳分別連接 VCC 與 GND，透過 2 腳輸出溫濕度的數位資料(data)。

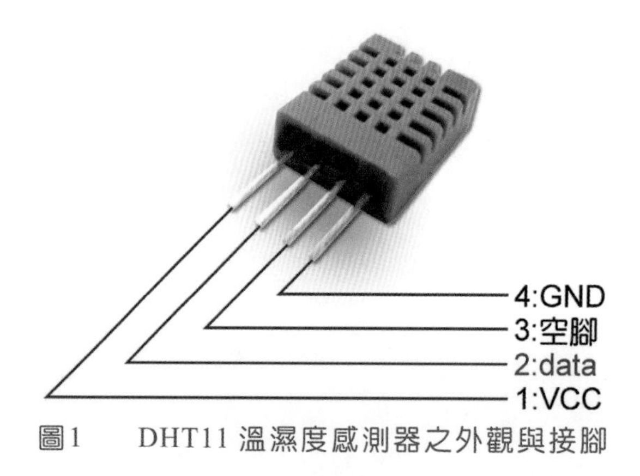

圖1　DHT11 溫濕度感測器之外觀與接腳

DHT11 的溫度特性如表 1 所示，其感測範圍為 0℃到 50℃，採用 8 位元編碼，適合於日常生活，或純粹為學習感測器之應用。

表 1　DHT11 之溫度感測特性

規格	條件	最小值	典型值	最大值
範圍	-	0°C	-	50°C
解析度	-	8 bit/°C	8 bit/°C	8 bit/°C
量測時間	1/e(63%)	6 秒	-	30 秒
精密度		±1°C		±2°C

DHT11 的濕度特性如表 2 所示，其感測範圍為 20%RH~90%RH，採用 8 位元編碼，在此採用相對濕度(%RH)為其單位。濕度是指空氣的水蒸氣(氣態)含量，而在空氣裡，含水蒸氣達到某個程度時，水蒸氣就會凝結為液態的水，這時候的濕度稱為飽和濕度。在此所量測的濕度，採用相對濕度(**r**elative **h**umidity, **RH**)，單位為「%RH」，以飽和濕度時的水蒸氣含量為 100%。所量測的水蒸氣含量，除以飽和濕度的水蒸氣含量，就是相對濕度。

表 2　DHT11 之濕度感測特性

規格	條件	最小值	典型值	最大值
範圍	0°C 25°C 50°C	30%RH 20%RH 20%RH	- - -	90%RH 90%RH 90%RH
解析度	-	8 bit/%RH	8 bit/%RH	8 bit/%RH
量測時間	1/e(63%)25℃ 1m/s Air	6 秒	10 秒	15 秒
精密度	25°C		±4%RH	
	0~50°C			±5%RH

若要應用 DHT11，則將其 1 腳接電源(3V~5.5V)、4 腳接地，建議可在 1、4 腳之間，並聯一個 0.1μF 的電容器，以排除雜訊。而從第 2 腳(data)讀取溫濕度資料，若由第 2 腳連接到微處理機或 FPGA 的距離是在 20 公尺以內，則可在 data 線上連接一個約 5KΩ 提升電阻器；若連接線超過 20 公尺，則需視實際狀況慎選提升電阻器。

資料封包是由 5 個 8 位元所組成，如圖 2 所示，最左邊(最高位元組)為濕度的整數部分、然後依序為濕度的小數部分、溫度的整數部分、溫度的小數部分，以及查和(check sum)，其中的 checkSum 應該等於 Rhi+RHd+Tei+Ted，傳輸才正確。另外，DHT11 的封包裡，小數部分都為零，純屬正常。

RHi	RHd	Tei	Ted	checkSum
濕度之整數部分	濕度之小數部分	溫度之整數部分	溫度之小數部分	查和 check sum
8bit	8bit	8bit	8bit	8bit

圖2　DHT11 資料封包

完整的 DHT11 操作步驟如下：

1. 若 DHT11 的資料傳輸線是在閒置狀態(沒有傳輸資料)，將保持為高態，此時 DHT11 保持低功耗狀態。
2. 當主機(微處理機或 FPGA)要讀取 DHT11 的溫濕度資料時，則將資料傳輸線拉為低態，至少保持低態 18ms(實際上 2.5ms 即可)，做為起始信號，以喚醒 DHT11。(主機➔DHT11)

3. 主機再把資料傳輸線恢復為高態約 20μs~40μs，以等待 DHT11 的回應。(主機➔DHT11)
4. 當 DHT11 被主機喚醒後，即回應並保持低態約 80μs 後，再恢復高態約 80μs，表示 DHT11 已備妥，且準備開始傳輸資料。
(主機🡐DHT11)
5. 在 DHT11 回應備妥後，DHT11 將依序傳輸 40bit 的資料封包(圖 2)。
(主機🡐DHT11)
6. 資料封包傳輸完成後，DHT11 即釋放傳輸線，而由提升電阻拉為高態。同時，DHT11 也進入閒置狀態(低功耗狀態)。

上述對於 40bit 資料封包的傳輸，只是簡單一句話帶過，而 40bit 資料必須一個 bit 一個 bit 傳輸，每個 bit 不是 0 就是 1，在傳輸線上 0 與 1 是以不同脈波寬度來表示，又稱為脈波寬度調變(PWM)的傳輸協定。如圖 3 所示，每個資料位元都是由 50μs 低態做為位元起始信號，緊接著為高態，若高態的寬度為 26μs~28μs，表示所傳輸的位元為 0；若高態的寬度為 70μs，表示所傳輸的位元為 1。因此，可在位元起始信號後的 50μs 設置 0/1 偵測點，若偵測點為低準位，則此位元為 0；若偵測點為高準位，則此位元為 1。

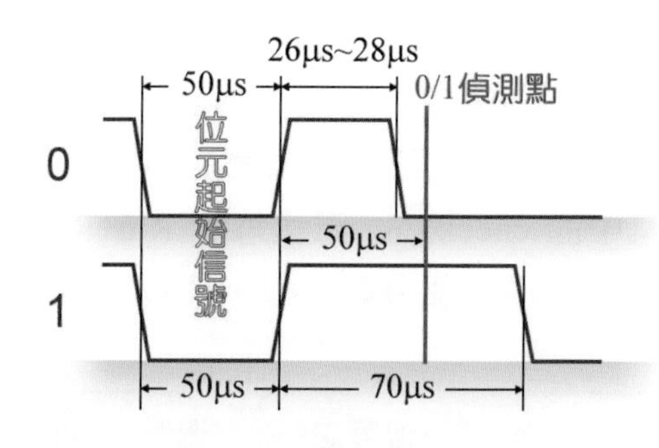

圖3　傳輸協定之 0 與 1

10-2 DHT11 介面電路設計

在此將設計一個 DHT11 單線傳輸的驅動電路，並儲存為 Dht11_Driver.vhd。之後的設計專案裡，都需要使用這個檔案。

電路設計

KTM-626

完整 Dht11_Driver 之驅動電路設計如下：

```
--Dht11_Driver
--直接輸出濕度(DHT11_DBoH)及溫度(DHT11_DBoT):integer(0~255:8bit)
--107.01.01 版
--EP3C16Q240C8 50MHz

Library IEEE;                          --連結零件庫
Use IEEE.std_logic_1164.all;           --引用套件
Use IEEE.std_logic_unsigned.all;       --引用套件

entity Dht11_Driver is
    port(DHT11_CLK,DHT11_RESET:in std_logic;
        --DHT11_CLK:781250Hz(50MHz/2^6:1.28us:FD(5))操作速率,重置
        DHT11_D_io:inout std_logic;         --DHT11 i/o
        DHT11_DBo:out std_logic_vector(7 downto 0);
        --DHT11_driver 資料輸出
        DHT11_RDp:in integer range 0 to 7;--資料讀取指標
        DHT11_tryN:in integer range 0 to 7;--錯誤後嘗試幾次
        DHT11_ok,DHT11_S:buffer std_logic;
        --DHT11_driver 完成作業旗標,錯誤信息
        DHT11_DBoH,DHT11_DBoT:out integer range 0 to 255);
        --直接輸出濕度及溫度
end entity Dht11_Driver;

architecture Albert of Dht11_Driver is
    signal S_B,bit01,response:std_logic;    --start bit,接收位元
    signal ss:std_logic_vector(1 downto 0);--執行狀態
    signal isdata:integer range 0 to 3;     --資料狀態
    signal dp,d8:integer range 0 to 7;      --資料位元操作指標
    signal dbit:std_logic_vector(6 downto 0);--byte
    signal chK_SUM:std_logic_vector(7 downto 0);--查和
    type DDataT is array(0 to 4) of std_logic_vector(7 downto 0);
```

```
    --資料緩衝區格式
    signal dd:DDataT;    --資料緩衝區
    signal tryNN:integer range 0 to 7;        --錯誤後嘗試幾次
    signal Timeout:std_logic_vector(21 downto 0);--timeout 計時器
    signal tryDelay:integer range 0 to 31;
begin

DHT11_DBoH<=conv_integer(dd(4));--直接輸出濕度(integer)
DHT11_DBoT<=conv_integer(dd(2));--直接輸出溫度(integer)

--DHT11_DBo 由 DHT11_RDp 選取輸出項
DHT11_DBo<=dd(DHT11_RDp) when DHT11_RDp<5 else
        chK_SUM        when DHT11_RDp=5 else (others=>'1');--上傳資料

DHT11_D_io<='Z' when DHT11_RESET='0' or S_B='1' else '0';
--DHT11 data io 操作

DHT11:process(DHT11_CLK,DHT11_RESET)
begin
    if DHT11_RESET='0' then
        S_B<='0';                  --start bit
        dp<=4;                     --讀取 5byte
        d8<=7;                     --讀取 8bit
        isdata<=2;                 --資料狀態
        DHT11_ok<='0';             --未完成作業
        DHT11_S<='0';              --解除作業失敗
        tryNN<=DHT11_tryN;         --錯誤後嘗試幾次
        ss<="00";                  --執行狀態由 1 開始
        Timeout<=(others=>'0'); --timeout 計時器歸零
        tryDelay<=11;
        --11:約 2.5ms,12:約 5ms,13:約 10ms,14:約 21ms~18ms,15:約 42ms~18ms
    elsif rising_edge(DHT11_CLK) and DHT11_ok='0' then
        Timeout<=Timeout+1;        --計時
        case ss is
            --restart or Send request
            when "00"=> --產生封包起始信號(主機要求讀取溫濕度資料)
            --重啟 (restart:D_io->'Z')or(start bit:D_io->'0')
                if Timeout(tryDelay)='1' then
                --start bit (最好能在 2ms 以上較穩定) Request DHT11
                    tryDelay<=11;
                    --11:約 2.5ms,12:約 5ms,13:約 10ms,14:約 21ms,15:約 42ms
```

```
            S_B<=not S_B;             --輸出控制位元
            Timeout<=(others=>'0'); --重起計時
            ss<="0" & not S_B;        --執行狀態下一步
            chK_SUM<=(others=>'0'); --查和歸零
            response<='0';            --愈時內定選擇
        end if;

    --wait DHT11 Response pull low
    when "01"=>--等待 DHT11 回應(約 80μs 低態)
        if DHT11_D_io='0' then
            Timeout<=(others=>'0');
            if isdata=0 then      --reciver bit
                d8<=d8-1;         --應接收位元數遞減
                if d8=0 then      --已收到 8bit
                    dp<=dp-1;     --應接收筆數遞減
                    dd(dp)<=dbit & bit01;
                    --接收位元及存入資料緩衝區
                    if dp<4 then
                        chK_SUM<=chK_SUM+dd(dp+1); --計算查和
                    end if;
                    ss<="10";     --執行狀態下一步 pull high
                else
                    dbit<=dbit(5 downto 0)&bit01;--接收位元
                    ss<="10";     --執行狀態下一步 pull high
                end if;
            else
                isdata<=isdata-1;
                ss<="10";         --執行狀態下一步 pull high
            end if;
        elsif Timeout=38 then     --約 49us
            bit01<='1';           --接收位元 0-->1
            --約 Response(error)21ms>11~13ms
            --或 DHT11 No data Response(error) 約 164us
        elsif (Timeout(14)='1'and response='0')
                or(Timeout(7)='1'and response='1')  then
            ss<="11";             --執行狀態下一步(錯誤處理)
        end if;

    --wait DHT11 Response pull high
    when "10"=>
        if DHT11_D_io='1' then
```

```
                Timeout<=(others=>'0'); --重起計時
                bit01<='0';             --接收位元預設 0
                if dp=7 then --(已讀取 40bit)stop bit
                    if chK_SUM=dd(0) then
                        DHT11_ok<='1';  --作業已正確完成
                    else
                        ss<="11";       --執行狀態下一步(錯誤處理)
                    end if;
                else
                    ss<="01";           --執行狀態下一步
                end if;
            elsif Timeout(7)='1' then--DHT11 No Response(error) 7
                ss<="11";    --執行狀態下一步(錯誤處理) --約 164us
            end if;

        when others=>                   --"11"錯誤處理
            if tryNN/=0 then
                tryNN<=tryNN-1;         --嘗試錯誤數遞減
                Timeout<=(others=>'0'); --重起計時
                dp<=4;                  --應接收筆數
                d8<=7;                  --應接收位元數
                isdata<=2;              --開始階段
                tryDelay<=20;           --約暫停 1.4s
                ss<="00";               --restart
            else
                DHT11_ok<='1';          --作業已完成
                DHT11_S<='1';           --作業失敗
            end if;
      end case;
   end if;
end process;

end Albert;
```

設計動作簡介

KTM-626

本驅動電路的設計，主要是依據 DHT11 的資料傳輸規格(參閱 10-3~10-4 頁)，為了完成通信介面，在此的電路架構(architecture)，如圖 4 所示。

```
entity Dht11_Driver is
    port(DHT11_CLK,DHT11_RESET:in std_logic;
         --DHT11_CLK:781250Hz(50MHz/2^6:1.28us:FD(5))操作速率,重置
         DHT11_D_io:inout std_logic;       --DHT11 i/o
         DHT11_DBo:out std_logic_vector(7 downto 0);
         --DHT11_driver 資料輸出
         DHT11_RDp:in integer range 0 to 7;--資料讀取指標
         DHT11_tryN:in integer range 0 to 7;--錯誤後嘗試幾次
         DHT11_ok,DHT11_S:buffer std_logic;
         --DHT11_driver 完成作業旗標,錯誤信息
         DHT11_DBoH,DHT11_DBoT:out integer range 0 to 255);
         --直接輸出濕度及溫度
end entity Dht11_Driver;
```

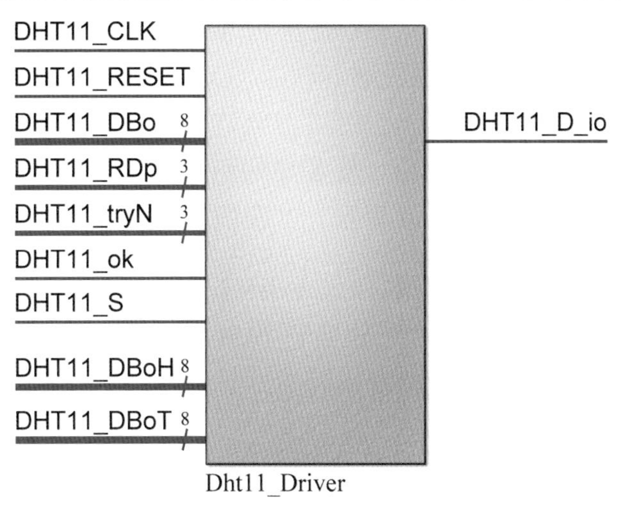

圖4　　Dht11 驅動電路

其中接腳說明如下：

- DHT11_CLK 接腳為此驅動電路的工作時鐘脈波輸入端，這個時鐘脈波非常重要，其週期為 **1.28μs**，若是 50MHz 的系統時脈，則可從 FD(5) 取得此時脈。
- DHT11_RESET 接腳為此驅動電路的重置信號輸入端。
- DHT11_D_io 接腳為連接 DHT11 之傳輸線。
- DHT11_DBo 與 DHT11_RDp 接腳構成讀取 Dht11 驅動電路內部溫濕度暫存器(dd)的接腳。Dht11 驅動電路從外部 DHT11 感測器讀取到的溫濕度資料，存放在 dd 暫存器，其中包括 5 個 byte。當主機要讀取溫濕度資料，則透過 DHT11_RDp 接腳指定要讀取 dd 暫存器裡的哪個位元組？Dht11 驅動電路就把 dd 暫存器裡的那個位元組，放到 DHT11_DBo

匯流排，傳回主機。

- DHT11_tryN 接腳為嘗試次數。在資料傳輸時，不一定一次就成，常會有延遲或信號不佳的狀態，可能造成資料傳輸的失敗或降低傳輸效率。在此設置(由主機指定)一個嘗試的次數，讓傳輸過程中的意外獲得緩解。
- DHT11_ok、DHT11_S 接腳為狀態接腳，將傳輸的狀態回傳主機，其中 DHT11_ok 接腳傳回已完成傳輸的信號，而 DHT11_S 接腳傳回傳輸失敗的信號，
- DHT11_DBoH、DHT11_DBoT 接腳分別為濕度資料傳回主機的 8 位元匯流排與溫度資料傳回主機的 8 位元匯流排。換言之，主機讀取溫濕度資料的管道，不只可透過 DHT11_DBo 與 DHT11_RDp 接腳，還可直接透過 DHT11_DBoH、DHT11_DboT 接腳讀取溫濕度資料的整數部分。在 DHT11 感測器裡，溫濕度資料的小數部分都為 0，在此並不去讀取。若改用 DHT22 感測器，才會有小數部分。

在 Dht11 驅動電路裡，主要動作是在 DHT11 主控器(process)裡，DHT11 主控器的內容有點長，但動作原理並不複雜，主要靠 Timeout 計數器與 DHT11_CLK 工作時脈產生起始時間與判斷 0、1 的時間，如下：

1. 起始信號：在 DHT11 的規格裡，封包是由一個至少 18ms 的低態開始(起始信號)。DHT11_CLK 工作時脈的週期為 1.28μs，而 Timeout 計數器就像是個除頻器一樣，根據工作時脈而計數，當 Timeout(n)=1 時，表示已計數 2^n 個工作時脈，也就是經過了 $1.28\mu s \times 2^n$ 的時間。在此使用 tryDelay 代替 n，tryDelay=14 時，將可產生 $1.28\mu s \times 2^{14}$ 的時間(約 21ms)；同理， tryDelay=13 時，將可產生約 10ms 的時間、tryDelay=12 時，將可產生約 5ms 的時間、tryDelay=11 時，將可產生約 2.5ms 的時間。雖然 tryDelay=14 時所產生的 21ms 時間，已符合 DHT11 的規格。但經筆者不斷測試，發現起始信號並不需要那麼長的低態信號，只要超過 2.5ms 即可。所以，在此將 tryDelay 設定為 11。
2. 送出封包起始信號：當重啟後，狀態指標 ss=00，Dht11 驅動電路即送出封包起始信號到 DHT11 感測器，如圖 5 所示。其中 S_B 信號指示開始傳輸，S_B=1 代表已開始傳輸，同時進入下一個狀態，ss=01。

```
case ss is
    --restart or Send request
    when "00"=> --產生封包起始信號(主機要求讀取溫濕度資料)
    --重啟 (restart:D_io->'Z')or(start bit:D_io->'0')
        if Timeout(tryDelay)='1' then
        --start bit (最好能在 2ms 以上較穩定) Request DHT11
            tryDelay<=11;
            --11:約 2.5ms,12:約 5ms,13:約 10ms,14:約 21ms,15:約 42ms
            S_B<=not S_B;           --輸出控制位元
            Timeout<=(others=>'0');--重起計時
            ss<="0" & not S_B;      --執行狀態下一步
            chK_SUM<=(others=>'0');--查和歸零
            response<='0';          --愈時內定選擇
        end if;
```

圖5　　偵測封包起始信號

3. 接收 DHT11 之應答信號：狀態 ss=01 時，將等待 DHT11 感測器將傳輸線拉低，做為應答信號。在此應用 isdata 信號為接收資料的指標，系統重置時，isdata 之初值設定為 2，當 isdata 等於 0 時為接收資料狀態，當 isdata 不等於 0 時為接收 DHT11 感測器之應答信號。因此，一開始時(isdata=2)先接收 DHT11 之應答信號，其程序如下：

   甲、在 ss=01 狀態等待 DHT11 將傳輸線拉低，然後由於此時 isdata=2，所以執行 isdata 減 1(isdata 將變為 1)，並將狀態改為 ss=10。

   乙、在 ss=10 狀態等待 DHT11 釋放傳輸線，使之變為高態，然後由於此時 dp=0(不等於 8)，所以狀態改為 ss=01，也完成接收 DHT11 應答信號，以確認連線。

4. 接收 DHT11 溫濕度資料：當完成接收 DHT11 應答信號後，緊接著接收溫濕度資料，其程序如下：

   甲、狀態又回到 ss=01，此時將等待 DHT11 感測器將傳輸線拉低，以為位元之起始信號。而此時之 isdata 為 1。當傳輸線為低態時，執行 isdata 減 1(isdata 將變為 0)，並將狀態改為 ss=10。

   乙、在 ss=10 狀態等待 DHT11 釋放傳輸線，使之變為高態，將 bit01 信號預設為 0，然後狀態改為 ss=01。

   丙、在 ss=01 狀態，由於 isdata 等於 0，進入接收溫濕度資料狀態，如圖 6 所示。

```
when  "01"=>
    if DHT11_D_io='0' then
        Timeout<=(others=>'0');
①      if isdata=0 then        --reciver bit
            d8<=d8-1;            --應接收位元數遞減
②          if d8=0 then        --已收到 8bit
                dp<=dp-1;       --應接收筆數遞減
                dd(dp)<=dbit & bit01;
                --接收位元及存入資料緩衝區
                if dp<4 then
                    chK_SUM<=chK_SUM+dd(dp+1); --計算查和
                end if;
                ss<="10";        --執行狀態下一步 pull high
            else
③              dbit<=dbit(5 downto 0) & bit01;--接收位元
                ss<="10";        --執行狀態下一步 pull high
            end if;
        else
④          isdata<=isdata-1;
            ss<="10";            --執行狀態下一步 pull high
        end if;
    elsif Timeout=38 then       --約 49us
⑤      bit01<='1';             --接收位元 0-->1
```

圖6　　接收溫濕度資料

① 當 isdata=0 時，進入接收溫濕度資料狀態，將接收位元指標 d8 減 1，以準備接收下一個位元。

② 若 d 等於 0，代表已完成接收該位元組，將接收位元組指標 dp 減 1，以準備接收下一個位元組。
將接收到的位元(bit01)放入接收位元組的最右位元，其餘位元左移一位。
若已將是最後一個位元組，則將原本的查和值，加上目前接收的位元組，做為新的查和值。
最後將狀態改為 ss=10。

③ 若 d 不等於 0，將接收到的位元(bit01)放入接收位元組的最右位元，其餘位元左移一位，再將狀態改為 ss=10。

④ 由於 isdata 已經為 0，不會跳到此步驟，換言之，在接收溫濕度資料時，isdata 將保持為 0(不會變動)。

⑤ 若超過 49μs(0/1 偵測點)，傳輸線仍為高態，表示此資料為 1(詳見圖 3，10-4 頁)，則將 bit01 設定為 1。

5. 在前一個步驟裡，除非是⑤狀態，否則將跳到 ss=10 狀態，以等待高態信號，如下：

   ① 預設 bit01 為 0。

   ② 若已完成接收所有位元組，則將查和值與最後收到的位元組比較，若相等，則 DHT11_ok 信號設定為 1，表示接收溫濕度資料成功，否則表示接收溫濕度資料失敗，跳到狀態 ss=11(即 others)，以處理錯誤狀態。

   ③ 若尚未完成所有位元組之接收，則跳回狀態 ss=01，繼續接收資料。

   ④ 若超過時間，傳輸線仍未回歸高態，表示有錯，跳到狀態 ss=11(即 others)，以處理錯誤狀態。

```
when "10"=>
    if DHT11_D_io='1' then
 ①      Timeout<=(others=>'0');--重起計時
        bit01<='0';               --接收位元預設 0
        if dp=7 then --(已讀取 40bit)stop bit
 ②          if chK_SUM=dd(0) then
                DHT11_ok<='1';  --作業已正確完成
            else
                ss<="11";         --執行狀態下一步(錯誤處理)
            end if;
        else
 ③          ss<="01";             --執行狀態下一步
        end if;
    elsif Timeout(7)='1' then   --DHT11 No Response(error) 7
 ④      ss<="11";    --執行狀態下一步(錯誤處理) --約 164us
    end if;
```

圖7　　偵測高態

10-3　基本溫濕度感測實習

實習目的

KTM-626

在本單元裡將設計一個應用 DHT11 偵測溫度與濕度，並在 LCD 上顯示偵測到的溫濕度。

新增專案與設計檔案

KTM-626

開啟 Quartus II，並按 1-2 節的說明，新增專案與設計檔案，相關資料如下：

- 專案資料夾：D:\CH10\CH10_DHT11_1
- 專案名稱：CH10_DHT11_1
- 晶片族系(Family)：Cycolne III
- 接腳數(Pin count)：240
- 晶片名稱：EP3C16Q240C8
- VHDL 設計檔：CH10_DHT11_1.vhd

電路設計

KTM-626

在新建的 CH10_DHT11_1.vhd 編輯區裡按下列設計電路，再按 Ctrl + S 鍵，請記得將 10-2 節中的 Dht11_Driver.vhd 與 6-2 節中的 LCM_4bit_driver.vhd 複製到本專案的資料夾裡。

```
--DHT11 溫溼度感測器測試:1 wire+中文 LCM 顯示
--107.01.01 版
--EP3C16Q240C8 50MHz LEs:15,408 PINs:161 ,gckp31 ,rstP99

Library IEEE;                           --連結零件庫
Use IEEE.std_logic_1164.all;            --引用套件
Use IEEE.std_logic_unsigned.all;        --引用套件
use ieee.std_logic_arith.all;           --引用套件

entity CH10_DHT11_1 is
port(gckp31,rstP99:in std_logic;       --系統頻率,系統 reset
    --DHT11
    DHT11_D_io:inout std_logic;         --DHT11 i/o

    --LCD 4bit 介面
    DB_io:inout std_logic_vector(3 downto 0);
    RSo,RWo,Eo:out std_logic
    );
end entity CH10_DHT11_1;

architecture Albert of CH10_DHT11_1 is
  component DHT11_driver is
     port(DHT11_CLK,DHT11_RESET:in std_logic;
```

```
    --DHT11_CLK:781250Hz(50MHz/2^6:1.28us:FD(5))操作速率,重置
        DHT11_D_io:inout std_logic;    --DHT11 i/o
        DHT11_DBo:out std_logic_vector(7 downto 0);
        --DHT11_driver 資料輸出
        DHT11_RDp:in integer range 0 to 7;--資料讀取指標
        DHT11_tryN:in integer range 0 to 7;--錯誤後嘗試幾次
        DHT11_ok,DHT11_S:buffer std_logic;
        --DHT11_driver 完成作業旗標,錯誤信息
        DHT11_DBoH,DHT11_DBoT:out integer range 0 to 255);
        --直接輸出濕度及溫度
end component DHT11_driver;

signal DHT11_CLK,DHT11_RESET:std_logic;
--DHT11_CLK:781250Hz(50MHz/2^6:1.28us:FD(5))操作速率,重置
signal DHT11_DBo:std_logic_vector(7 downto 0);
--DHT11_driver 資料輸出
signal DHT11_RDp:integer range 0 to 7;      --資料讀取指標 5~0
signal DHT11_tryN:integer range 0 to 7:=3; --錯誤後嘗試幾次
signal DHT11_ok,DHT11_S:std_logic;
--DHT11_driver 完成作業旗標,錯誤信息
signal DHT11_DBoH,DHT11_DBoT:integer range 0 to 255;
--直接輸出濕度及溫度

--中文 LCM 4bit driver(WG14432B5)
component LCM_4bit_driver is
port(LCM_CLK,LCM_RESET:in std_logic; --操作速率,重置
     RS,RW:in std_logic;               --暫存器選擇,讀寫旗標輸入
     DBi:in std_logic_vector(7 downto 0);--LCM_4bit_driver 資料輸入
     DBo:out std_logic_vector(7 downto 0);--LCM_4bit_driver 資料輸出
     DB_io:inout std_logic_vector(3 downto 0); --LCM DATA BUS 介面
     RSo,RWo,Eo:out std_logic;    --LCM 暫存器選擇,讀寫,致能介面
     LCMok,LCM_S:out boolean --LCM_4bit_driver 完成,錯誤旗標
     );
end component;

signal LCM_RESET,RS,RW:std_logic;
--LCM_4bit_driver 重置,LCM 暫存器選擇,讀寫旗標
signal DBi,DBo:std_logic_vector(7 downto 0);
--LCM_4bit_driver 命令或資料輸入及輸出
signal LCMok,LCM_S:boolean;  --LCM_4bit_driver 完成作業旗標,錯誤信息
```

```
signal FD:std_logic_vector(24 downto 0);--除頻器
signal times:integer range 0 to 2047;   --計時器

--中文 LCM 指令&資料表格式:
--(總長,指令數,指令...資料...........)
--英數型 LCM 4 位元界面,2 列顯示

type LCM_T is array (0 to 20) of std_logic_vector(7 downto 0);
constant LCM_IT:LCM_T:=(X"0F",X"06",--中文型 LCM 4 位元界面
    "00101000","00101000","00101000",--4 位元界面
    "00000110","00001100","00000001",
    --ACC+1 顯示幕無移位,顯示幕 on 無游標無閃爍,清除顯示幕
    X"01",X"48",X"65",X"6C",X"6C",X"6F",X"21",X"20",X"20",
    X"20",x"20",X"20",X"20");--Hello!

--LCM=1:第一列顯示區 DHT11 測濕度  %RH
signal LCM_1:LCM_T:=(X"15",X"01",            --總長,指令數
    "00000001",          --清除顯示幕
    --第 1 列顯示資料
    X"44",X"48",X"54",X"31",X"31",X"20",X"B4",X"FA",X"C0",
    X"E3",X"AB",X"D7",X"3D",X"30",X"30",X"25",X"52",X"48");
    --DHT11 測濕度  %RH

    --LCM=1:第二列顯示區 DHT11 測溫度  ℃
signal LCM_12:LCM_T:=(X"15",X"01",           --總長,指令數
                        "10010000",          --設第二列 ACC 位置
                        --第 2 列顯示資料
    X"44",X"48",X"54",X"31",X"31",X"20",X"B4",X"FA",X"B7",
    X"C5",X"AB",X"D7",X"3D",X"30",X"30",X"20",X"A2",X"4A");
    --DHT11 測溫度  ℃

--LCM=2:第一列顯示區 DHT11 資料讀取失敗
signal LCM_2:LCM_T:=(X"15",X"01",            --總長,指令數
                        "00000001",          --清除顯示幕
                        --第 1 列顯示資料
    X"44",X"48",X"54",X"31",X"31",X"20",X"B8",X"EA",X"AE",
    X"C6",X"C5",X"AA",X"A8",X"FA",X"A5",X"A2",X"B1",X"D1");
    --DHT11 資料讀取失敗

signal LCM_com_data,LCM_com_data2:LCM_T;
signal LCM_INI:integer range 0 to 31;
```

```
    signal LCMP_RESET,LN,LCMPok:std_logic;
    signal LCM,LCMx:integer range 0 to 7;

begin

DHT11_CLK<=FD(5);--DHT11_CLK:781250Hz(50MHz/2^6:1.28us:FD(5))操作速率
U2: DHT11_driver port map(
        DHT11_CLK,DHT11_RESET,
        --DHT11_CLK:781250Hz(50MHz/2^6:1.28us:FD(5))操作速率,重置
        DHT11_D_io,         --DHT11 i/o
        DHT11_DBo,          --DHT11_driver 資料輸出
        DHT11_RDp,          --資料讀取指標
        DHT11_tryN,         --錯誤後嘗試幾次
        DHT11_ok,DHT11_S,DHT11_DBoH,DHT11_DBoT);
        --DHT11_driver 完成作業旗標,錯誤信息,直接輸出濕度及溫度
--中文 LCM
LCMset: LCM_4bit_driver port map(
    D(7),LCM_RESET,RS,RW,DBi,DBo,DB_io,RSo,RWo,Eo,LCMok,LCM_S);
    --LCM 模組

DHT11P_Main:process(FD(17))
begin
    if rstP99='0' then          --系統重置
        DHT11_RESET<='0';       --DHT11 準備重新讀取資料
        LCM<=0;                 --中文 LCM 初始化
        LCMP_RESET<='0';        --LCMP 重置
    elsif rising_edge(FD(17)) then
        LCMP_RESET<='1';        --LCMP 啟動顯示
        if LCMPok='1' then
            if DHT11_RESET='0' then     --DHT11_driver 尚未啟動
                DHT11_RESET<='1';       --DHT11 資料讀取
                times<=400;             --設定計時
            elsif DHT11_ok='1' then     --DHT11 讀取結束
                times<=times-1;         --計時
                if times=0 then         --時間到
                    LCM<=1;             --中文 LCM 顯示測量值
                    LCMP_RESET<='0';    --LCMP 重置
                    DHT11_RESET<='0';   --DHT11 準備重新讀取資料
                elsif DHT11_S='1' then  --資料讀取失敗
                    LCM<=2;         --中文 LCM 顯示 DHT11 資料讀取失敗
                end if;
```

```
            end if;
        end if;
    end if;
end process DHT11P_Main;

--DHT11 LCM 顯示
LCM_1(17)<="0011"&conv_std_logic_vector(DHT11_DBoH mod 10,4);
-- 擷取個位數
LCM_1(16)<="0011"&conv_std_logic_vector((DHT11_DBoH/10)mod 10,4);
-- 擷取十位數
LCM_12(17)<="0011"&conv_std_logic_vector(DHT11_DBoT mod 10,4);
-- 擷取個位數
LCM_12(16)<="0011"&conv_std_logic_vector((DHT11_DBoT/10)mod 10,4);
-- 擷取十位數

--中文 LCM 顯示器--
--中文 LCM 顯示器
--指令&資料表格式:
--(總長,指令數,指令...資料.........)
LCM_P:process(FD(0))
    variable SW:Boolean;                    --命令或資料備妥旗標
begin
    if LCM/=LCMx or LCMP_RESET='0' then
        LCMx<=LCM;                          --記錄選項
        LCM_RESET<='0';                     --LCM 重置
        LCM_INI<=2;                         --命令或資料索引設為起點
        LN<='0';                            --設定輸出 1 列
        case LCM is
            when 0=>
                LCM_com_data<=LCM_IT;       --LCM 初始化輸出第一列資料 Hello!
            when 1=>
                LCM_com_data<=LCM_1;        --輸出第一列資料
                LCM_com_data2<=LCM_12;      --輸出第二列資料
                LN<='1';                    --設定輸出 2 列
            when others =>
                LCM_com_data<=LCM_2;        --輸出第一列資料
        end case;
        LCMPok<='0';                        --取消完成信號
        SW:=False;                          --命令或資料備妥旗標
    elsif rising_edge(FD(0)) then
        if SW then                      --命令或資料備妥後
```

```
          LCM_RESET<='1';         --啟動 LCM_4bit_driver_delay
          SW:=False;              --重置旗標
      elsif LCM_RESET='1' then    --LCM_4bit_driver_delay 啟動中
          if LCMok then   --等待 LCM_4bit_driver_delay 完成傳送
              LCM_RESET<='0';     --完成後 LCM 重置
          end if;
      elsif LCM_INI<LCM_com_data(0) and LCM_INI<LCM_com_data'length then
      --命令或資料尚未傳完
          if LCM_INI<=(LCM_com_data(1)+1) then--選命令或資料暫存器
              RS<='0';            --Instruction reg
          else
              RS<='1';            --Data reg
          end if;
          RW<='0';                --LCM 寫入操作
          DBi<=LCM_com_data(LCM_INI); --載入命令或資料
          LCM_INI<=LCM_INI+1;         --命令或資料索引指到下一筆
          SW:=True;                   --命令或資料已備妥
      else
          if LN='1' then              --設定輸出 2 列
              LN<='0';                --設定輸出 2 列取消
              LCM_INI<=2;             --命令或資料索引設為起點
              LCM_com_data<=LCM_com_data2;--LCM 輸出第二列資料
          else
              LCMPok<='1';            --執行完成
          end if;
      end if;
  end if;
end process LCM_P;

--除頻器--
Freq_Div:process(gckP31)              --系統頻率 gckP31:50MHz
begin
    if rstP99='0' then                --系統重置
        FD<=(others=>'0');            --除頻器:歸零
    elsif rising_edge(gckP31) then    --50MHz
        FD<=FD+1;                     --除頻器:2 進制上數(+1)計數器
    end if;
end process Freq_Div;

end Albert;
```

設計動作簡介

KTM-626

本設計完全由電路自行操作，使用者只要觀察 LCD 的顯示即可，在此電路架構(architecture)裡，包括導入 LCM_4bit_driver 零件與 DHT11_driver 零件、主控器(DHT11_Main)、LCD 顯示資料電路、LCD_P 控制器(LCM_P)與除頻器等，除控制 DHT11 的主控器與 LCD 顯示資料電路外，在之前的章節裡都介紹過了。

DHT11_Main主控器

KTM-626

如圖 8 所示，在主控器裡操作 DHT11 與 LCD，主控器的操作時脈為 FD(17)，約 191Hz，週期約 5.24ms。當 FD(17)的升緣時，主控器即重啟 LCD_P 控制器。而 LCD 備妥後，即進行下列操作：

```
LCMP_RESET<='1';      --LCMP 啟動顯示
if LCMPok='1' then
    if DHT11_RESET='0' then--DHT11_driver 尚未啟動
①       DHT11_RESET<='1';    --DHT11 資料讀取
        times<=400;          --設定計時
    elsif DHT11_ok='1' then--DHT11 讀取結束
        times<=times-1;              --計時
②       if times=0 then              --時間到
            LCM<=1;                  --中文 LCM 顯示測量值
③           LCMP_RESET<='0';         --LCMP 重置
            DHT11_RESET<='0';        --DHT11 準備重新讀取資料
        elsif DHT11_S='1' then  --資料讀取失敗
④           LCM<=2;              --中文 LCM 顯示 DHT11  資料讀取失敗
        end if;
    end if;
end if;
```

圖8　　主控器

① 若 DHT11 尚未啟動，則啟動 DHT11，同時設置 times 計時器，以產生 5.24ms×400 的週期(約 2 秒)。

② 若已順利讀取 DHT11 資料，則倒數計時。

③ 當倒數到 0 時，LCD 的顯示資料指標 LCM，指向已讀取的溫濕度資料。然後重置 LCD 以顯示新資料，並重置 DHT11，重新讀取溫濕度資料。

④ 若讀取 DHT11 資料時，發生錯誤(DHT11_S=1)，則顯示錯誤訊息。

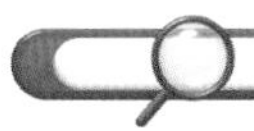
LCD顯示資料電路

在此應用 conv_std_logic_vector 函數，將整數轉換成 std_logic_vector，然後在前面加入 0011，即可轉換成 ASCII 碼，例如整數的 1，其 ASCII 碼為 0x31；整數的 2，其 ASCII 碼為 0x32，以此類推。

```
--DHT11 LCM顯示
LCM_1(17)<="0011"&conv_std_logic_vector(DHT11_DBoH mod 10,4);
-- 擷取個位數
LCM_1(16)<="0011"&conv_std_logic_vector((DHT11_DBoH/10)mod 10,4);
-- 擷取十位數
LCM_12(17)<="0011"&conv_std_logic_vector(DHT11_DBoT mod 10,4);
-- 擷取個位數
LCM_12(16)<="0011"&conv_std_logic_vector((DHT11_DBoT/10)mod 10,4);
-- 擷取十位數
```

圖9　LCD 顯示資料電路

如圖 9 所示，然後其中包括四組整數轉換成 ASCII 碼的指令，以濕度(DHT11_DBoH)的個位數為例，應用 mod 運算，以取得濕度的個位數，如下：

```
DHT11_DBoH mod 10
```

應用 conv_std_logic_vector 函數將它轉換為 4 位數的 std_logic_vector，如下：

```
conv_std_logic_vector(DHT11_DBoH mod 10, 4)
```

在此值左邊加入 0011，變成 ASCII 碼，如下：

```
"0011"&conv_std_logic_vector(DHT11_DBoH mod 10, 4)
```

最後將此 ASCII 碼放入 LCD 第 1 列的第 17 個位置，如下：

```
LCM_1(17)<="0011"&conv_std_logic_vector(DHT11_DBoH mod 10, 4);
```

後續工作

電路設計完成後，按 Ctrl + S 鍵存檔，再按 Ctrl + L 鍵進行初始編譯。若編譯有錯誤，可循下方紅色錯誤訊息(直接快按兩下)，跳到錯誤處修改之。若編譯成功，在隨即出現的訊息對話盒中，按 確定 鈕關閉之。

緊接著進行接腳配置，按 Ctrl + Shift + N 鍵，開啟接腳配置視窗，再按表 1 配置接腳。

表 1　接腳表

DB_io(3)	DB_io(2)	DB_io(1)	DB_io(0)	Eo	RSo	RWo
219	218	217	216	201	119	200
DHT11_D_io	gckP31	rstP99				
146	31	99				

完成接腳配置後，按 Ctrl + L 鍵即進行二次編譯，並退回原 Quartus II 編譯視窗。同樣的，完成二次編譯後，在隨即出現的訊息對話盒中，按 確定 鈕關閉之。

燒錄與測試

KTM-626

首先備妥 USB Blaster 下載線，一端插入電腦 USB 埠，另一段插入 EP3C 板上的 JTAG 埠，然後開啟 KTM-626 多功能 FPGA 開發平台之電源。

按 Alt 、 T 、 P 鍵即可開啟燒錄視窗，按 Start 鈕即進行燒錄。很快的，完成燒錄後，按下列操作：

1. 記錄 LCD 上所顯示的溫濕度值。
2. 喝口熱水，再對 DHT11 哈幾口氣。
3. 再觀察 LCD 上所顯示的溫濕度值，有無變化？

10-4 溫濕度控制實習

實習目的

KTM-626

在本單元裡將設計一個溫濕度控制電路，在四位數七段顯示器上，千位數與百位數顯示偵測到的溫度、十位數與個位數顯示偵測到的濕度，如圖 10 所示。再利用 SW8-1 指撥開關(DIP1~DIP8)設定溫度、SW8-2 指撥開關(DIP9~DIP16)設定濕度，指撥開關 on 為 0、off 為 1。若感測到的溫度大於 SW8-1 設定的溫度時，音樂 IC 播放音樂，千位數與百位數的小數點閃爍；若感測到的濕度大於 SW8-2 設定的濕度時，蜂鳴器嗶嗶響，十位數與個位數的小數點閃爍。

圖10　溫濕度計

新增專案與設計檔案

KTM-626

開啟 Quartus II，並按 1-2 節的說明，新增專案與設計檔案，相關資料如下：

- 專案資料夾：D:\CH10\CH10_DHT11_2
- 專案名稱：CH10_DHT11_2
- 晶片族系(Family)：Cycolne III
- 接腳數(Pin count)：240
- 晶片名稱：EP3C16Q240C8
- VHDL 設計檔：CH10_DHT11_2

電路設計

KTM-626

在新建的 CH10_DHT11_2.vhd 編輯區裡按下列設計電路，再按 Ctrl + S 鍵，請記得將 10-2 節中的 Dht11_Driver.vhd 複製到本專案的資料夾裡。

```
--DHT11 溫濕度感測器測試:1 wire
--107.01.01 版
--EP3C16Q240C8 50MHz LEs:15,408 PINs:161 ,gckp31 ,rstP99

Library IEEE;                          --連結零件庫
Use IEEE.std_logic_1164.all;           --引用套件
Use IEEE.std_logic_unsigned.all;       --引用套件
Use IEEE.numeric_std.all;              --引用套件

entity CH10_DHT11_2 is
port(gckp31,rstP99:in std_logic;      --系統頻率,系統 reset
     SW8_1,SW8_2:in std_logic_vector(7 downto 0);
      --指撥開關輸入:溫度設定,濕度設定
      --DHT11
      DHT11_D_io:inout std_logic;      --DHT11 i/o

      --DHT11 七段顯示器顯示輸出
      DHT11_scan:buffer unsigned(3 downto 0);     --掃瞄信號
      D7data:out std_logic_vector(7 downto 0);   --顯示資料
      D7xx_xx:out std_logic; --:

      --蜂鳴器輸出
      sound1,sound2:buffer std_logic
    );
```

```
end entity CH10_DHT11_2;

architecture Albert of CH10_DHT11_2 is
    component DHT11_driver is
        port(DHT11_CLK,DHT11_RESET:in std_logic;
        --DHT11_CLK:781250Hz(50MHz/2^6:1.28us:FD(5))操作速率,重置
            DHT11_D_io:inout std_logic;    --DHT11 i/o
            DHT11_DBo:out std_logic_vector(7 downto 0);
            --DHT11_driver 資料輸出
            DHT11_RDp:in integer range 0 to 7;--資料讀取指標
            DHT11_tryN:in integer range 0 to 7;--錯誤後嘗試幾次
            DHT11_ok,DHT11_S:buffer std_logic;
            --DHT11_driver完成作業旗標,錯誤信息
            DHT11_DBoH,DHT11_DBoT:out integer range 0 to 255);
            --直接輸出濕度及溫度
    end component DHT11_driver;
    signal DHT11_CLK,DHT11_RESET:std_logic;
    --DHT11_CLK:781250Hz(50MHz/2^6:1.28us:FD(5))操作速率,重置
    signal DHT11_DBo:std_logic_vector(7 downto 0);
    --DHT11_driver 資料輸出
    signal DHT11_RDp:integer range 0 to 7;      --資料讀取指標 5~0
    signal DHT11_tryN:integer range 0 to 7:=3; --錯誤後嘗試幾次
    signal DHT11_ok,DHT11_S:std_logic;
    --DHT11_driver完成作業旗標,錯誤信息
    signal DHT11_DBoH,DHT11_DBoT:integer range 0 to 255;
    --直接輸出濕度及溫度

    signal FD:std_logic_vector(24 downto 0);     --除頻器
    signal scanP:integer range 0 to 3;           --位數取值指標
    signal HL,TL:std_logic;                      --濕度、溫度狀態
    signal D7sp:std_logic;                       --小數點
    signal Disp7S:std_logic_vector(6 downto 0);--顯示解碼

    type D7_data_T is array (0 to 3) of integer range 0 to 15;
    --DHT11顯示值格式
    signal D7_data:D7_data_T:=(0,0,0,0);    --DHT11顯示值
    signal times:integer range 0 to 2047;  --計時器

begin
DHT11_CLK<=FD(5);
--DHT11_CLK:781250Hz(50MHz/2^6:1.28us:FD(5))操作速率
```

```
U2: DHT11_driver port map(
        DHT11_CLK,DHT11_RESET,
        --DHT11_CLK:781250Hz(50MHz/2^6:1.28us:FD(5))操作速率,重置
        DHT11_D_io,         --DHT11 i/o
        DHT11_DBo,          --DHT11_driver 資料輸出
        DHT11_RDp,          --資料讀取指標
        DHT11_tryN,         --錯誤後嘗試幾次
        DHT11_ok,DHT11_S,DHT11_DBoH,DHT11_DBoT);
        --DHT11_driver 完成作業旗標,錯誤信息,直接輸出濕度及溫度

DHT11P_Main:process(FD(17))
begin
    if rstP99='0' then          --系統重置
        DHT11_RESET<='0';       --DHT11 準備重新讀取資料
        D7xx_xx<='1';           --:不亮
    elsif rising_edge(FD(17)) then
        if DHT11_RESET='0' then --DHT11_driver 尚未啟動
            DHT11_RESET<='1';   --DHT11 資料讀取
            D7xx_xx<='0';       --:亮 (DHT11 資料讀取)
            times<=1400;        --設定計時
        elsif DHT11_ok='1' then --DHT11 讀取結束
            D7xx_xx<='1';       --:不亮 (DHT11 讀取結束)
            times<=times-1;     --計時
            if times=0 then     --時間到
                DHT11_RESET<='0';--DHT11 準備重新讀取資料
            end if;
        end if;
    end if;
end process DHT11P_Main;

--蜂鳴器輸出
--濕度警報聲
HL<='0' when DHT11_DBoH>(conv_integer(SW8_2(7 downto 4))*10+
                conv_integer(SW8_2(3 downto 0))) else '1';
sound1<=FD(22)and FD(16)and not HL;
--溫度警報聲
TL<='0' when DHT11_DBoT>(conv_integer(SW8_1(7 downto 4))*10+
                conv_integer(SW8_1(3 downto 0))) else '1';
sound2<=not TL;

--DHT11 顯示
```

```
D7_data(0)<=DHT11_DBoH mod 10;       -- 濕度擷取個位數
D7_data(1)<=(DHT11_DBoH/10)mod 10;  -- 濕度擷取十位數
D7_data(2)<=DHT11_DBoT mod 10;       -- 溫度擷取個位數
D7_data(3)<=(DHT11_DBoT/10)mod 10;  -- 溫度擷取十位數

--4 位數掃瞄器--
scan_P:process(FD(17))
begin
    if rstP99='0' then
        scanP<=0;                  --位數取值指標
        DHT11_scan<="1111"; --掃瞄信號
    elsif rising_edge(FD(17)) then
        scanP<=scanP+1;
        DHT11_scan<=DHT11_scan rol 1;
        --DHT11_scan 必須為 unsigned
        --DHT11_scan<=DHT11_scan(2 downto 0) & DHT11_scan(3);
        --DHT11_scan 可為 unsigned 或 std_logic_vector
        if scanP=3 then
            scanP<=0;
            DHT11_scan<="1110"; --掃瞄信號
        end if;
    end if;
end process scan_P;

--小數點控制(閃爍表示超出設定)
with scanP select
    D7sp<=  HL when 0,--濕度
            HL when 1,--濕度
            TL when 2,--溫度
            TL when 3;--溫度

D7data<=(D7sp or FD(24)) & Disp7S;--七段顯示碼整合輸出

--BCD 碼解共陽極七段顯示碼 pgfedcba
with D7_data(scanP) select --取出顯示值
    Disp7S<=     "1000000" when 0,
                 "1111001" when 1,
                 "0100100" when 2,
                 "0110000" when 3,
                 "0011001" when 4,
                 "0010010" when 5,
```

```
                    "0000010" when 6,
                    "1111000" when 7,
                    "0000000" when 8,
                    "0010000" when 9,
                    "1111111" when others;  --不顯示

--除頻器--
Freq_Div:process(gckP31)                 --系統頻率 gckP31:50MHz
begin
    if rstP99='0' then                   --系統重置
        FD<=(others=>'0');               --除頻器:歸零
    elsif rising_edge(gckP31) then       --50MHz
        FD<=FD+1;                        --除頻器:2 進制上數(+1)計數器
    end if;
end process Freq_Div;

end Albert;
```

設計動作簡介

KTM-626

在此電路架構(architecture)裡，包括導入 DHT11_driver 零件、主控器、警報電路、萃取溫濕度位數資料電路、4 位數掃描電路、小數點控制電路、解碼器與除頻器等，在此只介紹之前沒有出現過的部分。

主控器

KTM-626

主控器的主要功能是操控 DHT11，以進行溫濕度的偵測，如圖 11 所示，其動作如下：

1. 主控器的工作時脈為 FD(17)，頻率約為 191Hz，週期約為 5.24ms。
2. 當主控器重置時，即重置 DHT11，並關閉七段顯示器上的閃秒點(D7xx_xx)。
3. 重啟主控器後，主控器將隨工作時脈的升緣而動作。若 DHT11 在重置狀態，則重啟 DHT11，並點亮閃秒點，設定計數量。
4. 若 DHT11 已完成讀取溫濕度資料時，關閉閃秒點(D7xx_xx)。而 times 倒數計數，若 times 為 0 時(5.24ms×1400，約 7 分鐘)，重置 DHT11，準備重新讀取新的溫濕度資料。

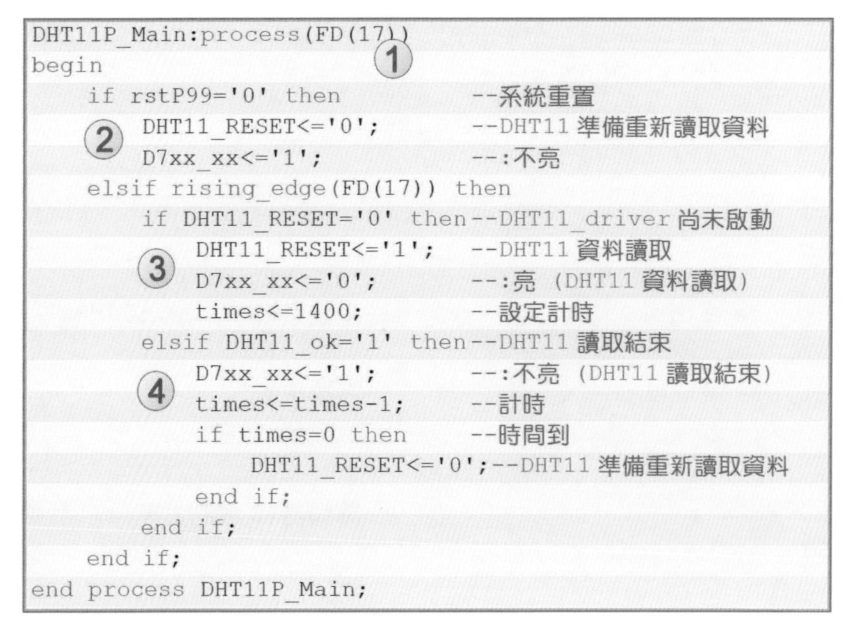

```
DHT11P_Main:process(FD(17))
begin
    if rstP99='0' then          --系統重置
       DHT11_RESET<='0';        --DHT11 準備重新讀取資料
       D7xx_xx<='1';            --:不亮
    elsif rising_edge(FD(17)) then
       if DHT11_RESET='0' then--DHT11_driver 尚未啟動
          DHT11_RESET<='1';     --DHT11 資料讀取
          D7xx_xx<='0';         --:亮 (DHT11 資料讀取)
          times<=1400;          --設定計時
       elsif DHT11_ok='1' then--DHT11 讀取結束
          D7xx_xx<='1';         --:不亮 (DHT11 讀取結束)
          times<=times-1;       --計時
          if times=0 then       --時間到
             DHT11_RESET<='0';--DHT11 準備重新讀取資料
          end if;
       end if;
    end if;
end process DHT11P_Main;
```

圖11　主控器

在此的溫度、濕度控制以指撥開關設定門檻值，當量測到的溫度、濕度超過設定的門檻值，將驅動蜂鳴器，以產生嗶聲或音樂。如圖 12 所示為此警報電路，如下說明：

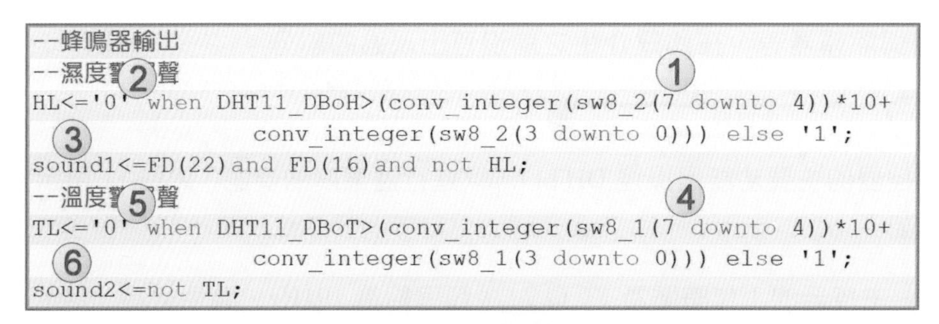

```
--蜂鳴器輸出
--濕度警報聲
HL<='0' when DHT11_DBoH>(conv_integer(sw8_2(7 downto 4))*10+
              conv_integer(sw8_2(3 downto 0))) else '1';
sound1<=FD(22)and FD(16)and not HL;
--溫度警報聲
TL<='0' when DHT11_DBoT>(conv_integer(sw8_1(7 downto 4))*10+
              conv_integer(sw8_1(3 downto 0))) else '1';
sound2<=not TL;
```

圖12　警報電路

1. 指撥開關 SW8_2 的高四位元(即 DIP9~DIP12)做為設定濕度的十位數；指撥開關 SW8_2 的低四位元(即 DIP13~DIP16)做為設定濕度的個位數，其中指撥開關 on 為 0、off 為 1。將高四位元的值乘 10，加上低四位元的值，就是濕度設定值。
2. 若偵測到的濕度值大於濕度設定值，則 HL 設定為 0；否則為 1。
3. 當 HL=0 時，蜂鳴器由 FD(22) 與 FD(16) 混頻，以產生嗶嗶聲(sound1)，其中 FD(22) 的頻率約為 6Hz(每秒嗶 6 聲)、FD(16) 的頻率

約為 381Hz。

④ 指撥開關 SW8_1 的高四位元(即 DIP1~DIP4)做為設定溫度的十位數；指撥開關 SW8_1 的低四位元(即 DIP5~DIP8)做為設定溫度的個位數。將高四位元的值乘 10，加上低四位元的值，就是溫度設定值。

⑤ 若偵測到的溫度值大於溫度設定值，則 TL 設定為 0；否則為 1。

⑥ 當 TL=0 時，將其反相，做為音樂 IC 的信號(sound2)，換言之，當感測到的溫度大於設定溫度時，音樂 IC 的信號將驅動蜂鳴器，而以演奏音樂。

萃取溫濕度位數資料電路 KTM-626

從 DHT11 讀取的濕度值(DHT11_DBoH)與溫度值(DHT11_DBoT)為整數，將該整數除 10 取商數就是其十位數、除 10 取餘數就是其個位數。再分別將濕度值的個位數放入七段顯示器顯示暫存器的最右位(D7_data(0))、濕度值的十位數放入最右第 2 位(D7_data(1))、溫度值的個位數放入顯示暫存器的最右第 3 位(D7_data(2))、溫度值的十位數放入最左位(D7_data(3))，如圖 13 所示。

```
--DHT11 顯示
D7_data(0)<=DHT11_DBoH mod 10;       -- 濕度擷取個位數
D7_data(1)<=(DHT11_DBoH/10)mod 10; -- 濕度擷取十位數
D7_data(2)<=DHT11_DBoT mod 10;       -- 溫度擷取個位數
D7_data(3)<=(DHT11_DBoT/10)mod 10; -- 溫度擷取十位數
```

圖13　萃取溫濕度位數資料電路

小數點控制電路 KTM-626

當濕度超過設定值時，HL=0；當溫度超過設定值時，TL=0。而 HL 或 TL 信號除了做為驅動蜂鳴器之用外，同時驅動其小數點，例如濕度超過設定值時，則七段顯示器的右邊兩位數之小數點將閃爍；溫度超過設定值時，則七段顯示器的左邊兩位數之小數點將閃爍，閃爍的頻率為 FD(24)，即 1.5Hz。整個設計如圖 14 所示。

```
--小數點控制(閃爍表示超出設定)
with scanP select
① D7sp<=  HL when 0,--濕度
          HL when 1,--濕度
          TL when 2,--溫度
          TL when 3;--溫度
②
D7data<=(D7sp or FD(24)) & Disp7S;--七段顯示碼整合輸出
```

圖14　小數點控制電路

後續工作

KTM-626

電路設計完成後，按 Ctrl + S 鍵存檔，再按 Ctrl + L 鍵進行初始編譯。若編譯有錯誤，可循下方紅色錯誤訊息(直接快按兩下)，跳到錯誤處修改之。若編譯成功，在隨即出現的訊息對話盒中，按 確定 鈕關閉之。

緊接著進行接腳配置，按 Ctrl + Shift + N 鍵，開啟接腳配置視窗，再按表 2 配置接腳。

表 2　接腳表

D7data(7)	D7data(6)	D7data(5)	D7data(4)	D7data(3)	D7data(2)	D7data(1)	D7data(0)
169	171	173	174	175	176	177	181
SW8_1(7)	SW8_1(6)	SW8_1(5)	SW8_1(4)	SW8_1(3)	SW8_1(2)	SW8_1(1)	SW8_1(0)
71	72	73	76	78	81	82	83
SW8_2(7)	SW8_2(6)	SW8_2(5)	SW8_2(4)	SW8_2(3)	SW8_2(2)	SW8_2(1)	SW8_2(0)
70	69	68	65	64	63	57	56
D7xx_xx	DHT11_D_io	sound1	sound2	gckP31	rstP99		
168	146	183	182	31	99		
DHT11_scan(3)		DHT11_scan(2)		DHT11_scan(1)		DHT11_scan(0)	
167		166		164		161	

完成接腳配置後，按 Ctrl + L 鍵即進行二次編譯，並退回原 Quartus II 編譯視窗。完成二次編譯後，在隨即出現的訊息對話盒中，按 確定 鈕關閉之。

燒錄與測試

KTM-626

首先備妥 USB Blaster 下載線，一端插入電腦 USB 埠，另一段插入 EP3C 板上的 JTAG 埠，然後開啟 KTM-626 多功能 FPGA 開發平台之電源。

按 Alt 、 T 、 P 鍵即可開啟燒錄視窗，按 Start 鈕即進行燒錄。很快的，完成燒錄後，按下列操作：

1. 記錄七段顯示器上所顯示的溫濕度值。
2. 設定溫度(左邊的 SW8-1 指撥開關)與濕度(右邊的 SW8-2 指撥開關)，使之接近七段顯示器上所顯示的溫濕度值。
3. 喝口熱水，再對 DHT11 哈幾口氣。
4. 再觀察七段顯示器上所顯示的溫濕度值變化？若超過設定值，小數點有無閃爍？蜂鳴器有無動作？

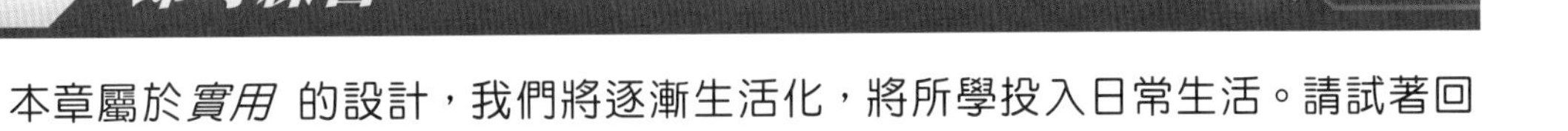

10-5 即時練習

本章屬於*實用* 的設計，我們將逐漸生活化，將所學投入日常生活。請試著回答下列問題，*看看你學到多少？*

1 請說明 DHT11 內部包含哪幾個主要部分？有哪些接腳？

2 試簡述何謂飽和濕度？何謂相對濕度？

3 試述 DHT11 偵測溫度的範圍為何？偵測濕度的範圍為何？

4 試簡述 DHT11 的資料傳輸封包？

5 試簡述 DHT11 的資料傳輸裡，如何定義 0 與 1？

notes
www.LTC.com.tw
筆記

CH 11

ADC 與 DAC

11-1 認識 ADC 與 DAC 晶片

大自然的各種現象，大多屬於類比信號，而微處理機、數位電路或 FPGA 電路等的信號屬於數位信號。若要使用微處理機、數位電路或 FPGA 電路等來處理類比信號，必須先將類比信號轉換成數位信號，而類比/數位轉換電路(**A**nalog-to-**D**igital **C**onverter, **ADC**)提供這項功能。不少微處理機內建 ADC 電路，讓電路與程式大為簡化；而市面上的 FPGA，鮮有內建 ADC 電路者，即便有內建 ADC 電路，如 Altera MAX 10 等 FPGA，其價格不斐！

微處理機、數位電路或 FPGA 電路等的輸出信號，就是數位信號，為了達到類比效果，早期有使用數位轉類比轉換電路(**D**igital-to-**A**nalog **C**onverter, **DAC**)，將數位信號轉換為類比信號，通常是針對較小的信號，如音樂信號等。若是叫大功率的信號，為了效率與簡化電路，現在大多改採 PWM 方式輸出，特別是大功率輸出電路。不管是微處理機還是 FPGA，有內建 DAC 電路的，少之又少！

不管是 ADC 還是 DAC，市面上有不少這類晶片！當然，在此不介紹傳統的 ADC08 系列、DA08 系列等，因為這些 IC 效能不高，體積不小，早被市場淘汰，早就停產了。在此將介紹串列式介面的 ADC/DAC 晶片，體積小、價格便宜，還提供多個通道，可處理多個信號的轉換。

MCP3202系列ADC晶片

KTM-626

MCP3202 系列 ADC 晶片是 Microchip 公司所發行的 ADC 晶片，從其編號就可看出其基本規格，例如 MCP30xx 系列 ADC 晶片的解析度為 10 位元、MCP32xx 系列 ADC 晶片的解析度為 12 位元、MCP34xx 系列 ADC 晶片的解析度為 18 位元。而其尾數代表通道數，例如 MCP3202 提供兩個通道、MCP3204 提供四個通道等。基本上，MCP30xx 與 MCP32xx 採用 SPI 串列式介面，而 MCP34xx 採用 I^2C 串列式介面。

在 KTM-626 多功能 FPGA 開發平台上，內建 MCP3202，提供兩個 12 位元的 ADC 通道，而透過 P9-1 連接器，提供 CH0 與 CH1 接腳，以連接類比裝置。

如圖 1 所示，MCP3202 為 8 支接腳的小 IC，有針腳是包裝與 SMD 包裝。

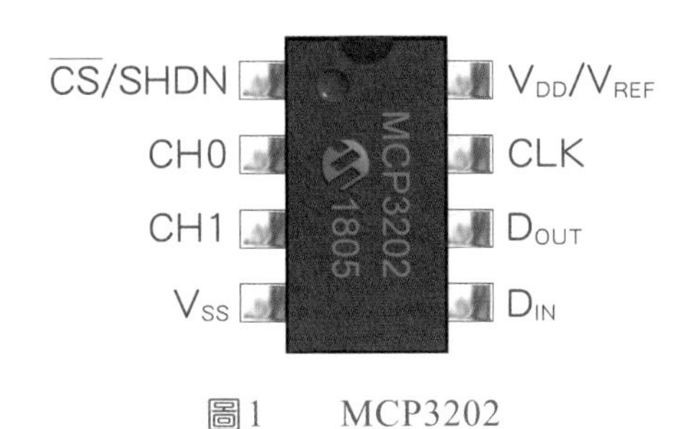

圖1　　MCP3202

MCP3202 很容易應用，電路也很簡單，其電源範圍為+2.7V~+5.5V，使用+5V 電源時，最大取樣率為 100ksps；而使用+2.7V 電源時，最大取樣率為 50ksps。其中的單位 ksps 是指每秒取樣幾千次。MCP3202 與主機(可能是微處理機或 FPGA 等)間之資料傳輸，採用 SPI 串列埠匯流排(mode00 與 mode11)，如圖 2 所示。

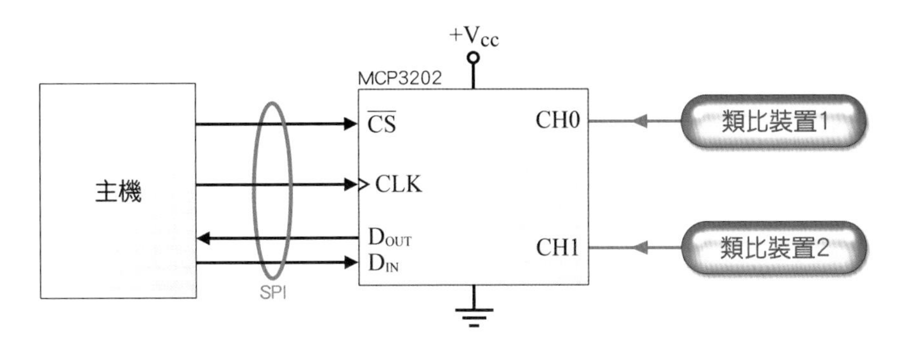

圖2　　MCP3202 應用電路

主機可以是微處理機或 FPGA 電路，在此使用 FPGA 電路，而其間的資料傳輸是透過 $\overline{CS}$、CLK、D_{OUT}、D_{IN}，也就是 SPI 匯流排，其傳輸如圖 3 所示。

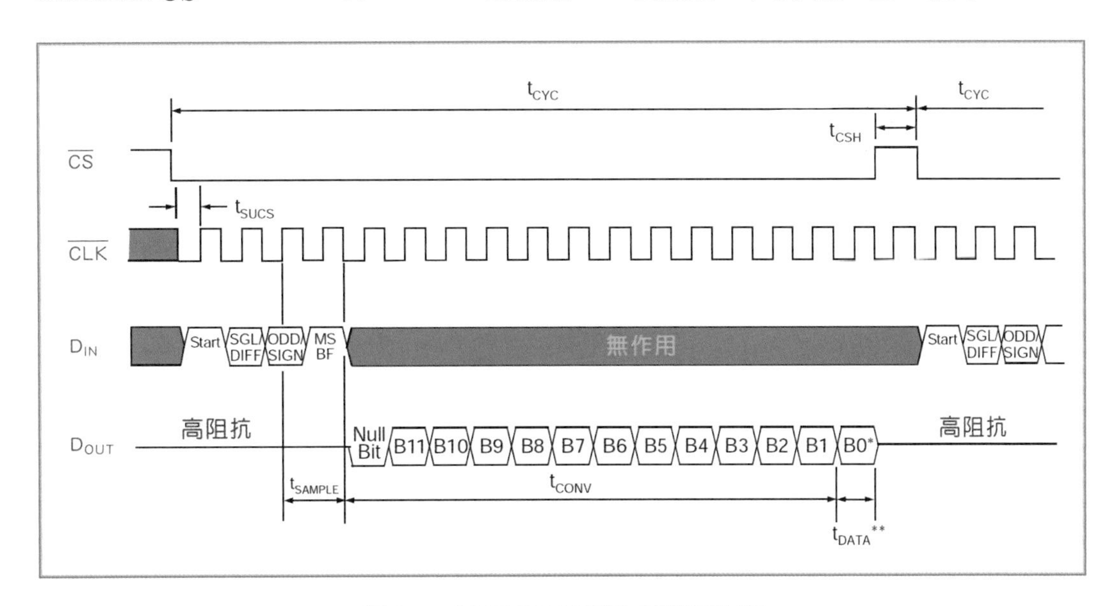

圖3　　MCP3202 資料傳輸時序圖

當主機透過 $\overline{CS}$ 送出低態選用信號到 MCP3202，MCP3202 才有作用。而在此的傳輸是以高態信號為傳輸的起始信號(Start)，而信號在 CLK 時脈的升緣取樣。若輸入類比電壓為 V_{IN}、電源電壓為 V_{DD}，則 MCP3202 轉換後輸出的數位資料 D_{OUT}，如下：

$$D_{OUT} = \frac{4096 \times V_{IN}}{V_{DD}}$$

在 Start 信號之後為有三個組態信號，如表 1 所示，如下說明：

- $sgl/\overline{Diff}$ 信號設定採用單端模式還是差動模式。
- $Odd/\overline{Sign}$ 信號設定單端模式時的通道，或差動模式時的極性。
- MSBF 信號設定傳輸的順序是以 MSB 先傳。

表 1　組態位元

	組態位元		通道選擇		GND
	$Sgl/\overline{Diff}$	$Odd/\overline{sign}$	0	1	
單端模式	1	0	+	—	-
	1	1	—	+	-
虛擬差動模式	0	0	IN+	IN−	
	0	1	IN−	IN+	

MCP4822系列DAC晶片

KTM-626

MCP4822 系列 DAC 晶片是 Microchip 公司所發行的 DAC 晶片，從其編號就可看出其基本規格，例如 MCP4802 的解析度為 8 位元、MCP4812 系列的解析度為 10 位元、MCP4822 系列的解析度為 12 位元，而這些晶片採用 SPI 串列式介面。

在 KTM-626 多功能 FPGA 開發平台上，內建 MCP4822，提供兩個 12 位元的 DAC 通道，而透過 P9-2 連接器，提供 Ao1 與 Ao2 接腳，以輸出轉換後的類比信號。如圖 4 所示，MCP4822 為 8 支接腳的小 IC，有針腳是包裝與 SMD 包裝。

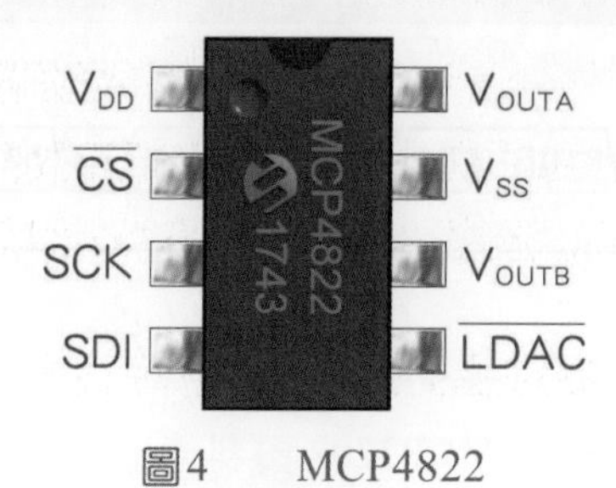

圖4　MCP4822

MCP4822 的功能是將主機的數位資料，轉換成類比信號，在輸出到外部的類比電路，如圖 5 所示。這個電路與 MCP3202 電路類似，但信號方向相反。基本上，MCP4822 的電源範圍也是+2.7V~+5.5V，並且內建精確的 V_{REF}(+2.048V)。若輸入資料為 Din，則輸出電壓為：

$$V_{OUT} = \frac{2.048 \times D_{in}}{2^n} \times G$$

其中的 G 為增益的選擇，若設定 $\overline{GA}$ 位元設定為 0，則增益為兩倍(G=2)；設定為 1，則增益為一倍(G=1)。n 為解析度(位元數)，MCP4802 之 n 為 8、MCP4812 之 n 為 10 MCP4822 之 n 為 12，如表 2 所示。

表 2　MCP 之組態與輸出刻度

晶片	解析度	增益	輸出電壓之最小刻度
MCP4802	n=8	G=1($\overline{GA}$=1)	(2.048/256)×1=8mV
		G=2($\overline{GA}$=0)	(2.048/256)×2=16mV
MCP4812	n=10	G=1($\overline{GA}$=1)	(2.048/1024)×1=2mV
		G=2($\overline{GA}$=0)	(2.048/1024)×2=4mV
MCP4822	n=12	G=1($\overline{GA}$=1)	(2.048/4096)×1=0.5mV
		G=2($\overline{GA}$=0)	(2.048/4096)×2=1mV

MCP4822 與主機(可能是微處理機或 FPGA 等)間之資料傳輸，採用 SPI 串列埠匯流排，如圖 5 所示。當然，在此為單向傳輸，控制與資料傳輸皆由主機傳至 MCP4822。對於 MCP4822 而言，只有 D_{IN} 腳(即圖 5 中的 SDI 腳)，而沒有 D_{OUT} 腳。另外，還有一個 $\overline{LDAC}$ 腳，當主機將所要轉換的資料傳入 MCP4822 後，再將 $\overline{LDAC}$ 腳拉為低態，MCP4822 才會把轉換後的類比電壓輸出。其傳輸時序，如圖 6 所示。

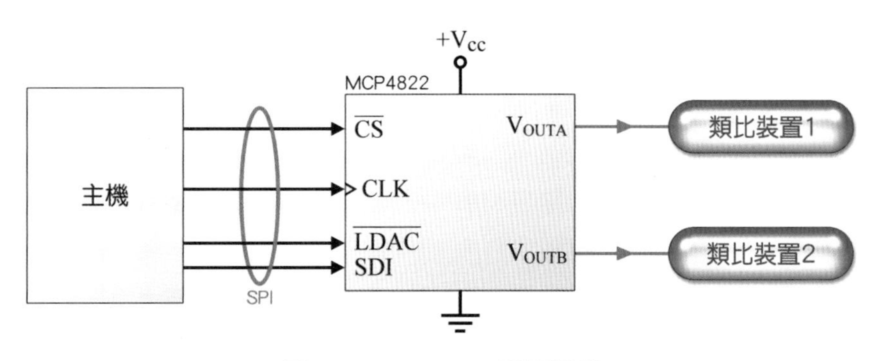

圖5　　MCP4822 應用電路

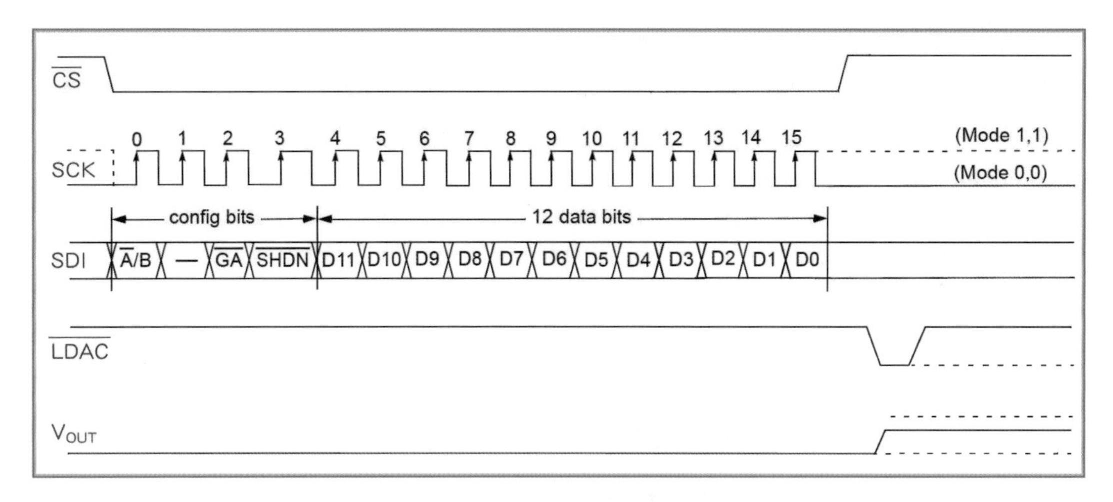

圖6　MCP4822 資料傳輸時序圖

KTM-626上的ADC-DAC

KTM-626 多功能 FPGA 開發平台裡提供 MCP3202、MCP4822 各一個，而透過 P9-1、P9-2 與 P9-3 連接器引接信號，如表 3~5 所示。

表 3　P9-1 連接器(針對 MCP3202)

接腳	名稱	說明
1	D_o	內接到 MCP3202 之 D_{OUT} 腳與 FPGA 之 220 腳
2	D_i	內接到 MCP3202 之 D_{IN} 腳與 FPGA 之 221 腳
3	CH1	內接到 MCP3202 之通道 1 類比輸入腳
4	CH0	內接到 MCP3202 之通道 0 類比輸入腳

其中 D_o 接腳(接 FPGA 之 220 腳)與 D_i 接腳(接 FPGA 之 221 腳)屬於 MCP3202 之 SPI 匯流排，而 CH1 接腳經過 SW9-1 指撥開關，連接到 LM35 類比溫度感測器，只要將 SW9-1 指撥開關切到 ON 位置，則 LM35 類比溫度感測器感測到的類比信號，將連接到 MCP3202 的 CH1，以進行轉換。

表 4　P9-2 連接器(針對 MCP4822)

接腳	名稱	說明
1	Ao1	內接到 MCP4822 之通道 0 之類比輸出腳
2	GND	接地
3	Ao2	內接到 MCP4822 之通道 1 之類比輸出腳
4	GND	接地

Ao1 與 Ao2 腳是經過運算放大器作為緩衝器的類比輸出，分別是 MCP4822 的類比通道 0 與類比通道 1 輸出。

表 5　P9-3 連接器(針對 SPI 介面)

接腳	名稱	說明
1	SCK4	內接到 MCP4822 之 SCK 腳與 FPGA 之 232 腳
2	SDI	MCP4822 之 SPI 匯流排與 FPGA 之 231 腳
3	SDO	MCP4822 之 SPI 匯流排與 FPGA 之 230 腳
4	DAC_CS	內接到 MCP4822 之 CS 腳與 FPGA 之 226 腳
5	LD	內接到 MCP4822 之 LDAC 腳與 FPGA 之 224 腳
6	GND	接地
7	SCK3	內接到 MCP3202 之 SCK 腳與 FPGA 之 223 腳
8	ADC_CS	內接到 MCP3202 之 CS 腳與 FPGA 之 222 腳

SCK3 腳是 MCP3202 的串列時鐘脈波接腳，已內接到 FPGA 的 223 腳。SCK4 腳是 MCP4822 的串列時鐘脈波接腳，已內接到 FPGA 的 232 腳。SDI 與 SDO 腳為 MCP4822 的 SPI 串列輸入與輸出接腳，已內接到 FPGA 的 231、230 腳。DAC_CS 為 MCP4822 的選擇信號，已內接到 FPGA 的 226 腳。ADC_CS 為 MCP3202 的選擇信號，已內接到 FPGA 的 222 腳。LD 為 MCP4822 的輸出控制信號，已內接到 FPGA 的 224 腳。

11-2 ADC 介面電路設計

在此將設計一個 MCP3202 晶片的驅動電路，也就是 ADC 介面電路。

電路設計

KTM-626

完整 MCP3202_Driver 之驅動電路設計如下：

```
--MCP3202 ADC 測試
--107.01.01 版
--EP3C16Q240C8 50MHz LEs:15,408 PINs:161 ,gckp31 ,rstP99
--MCP3202: MSBF='1'(MSB 先傳)
--MCP3202_CH1_0:00(ch0),01,11(ch1),10->11
--動由 ch0 轉 ch1:接續轉換-同步輸出 ADC 值)
```

```
Library IEEE;                          --連結零件庫
Use IEEE.std_logic_1164.all;           --引用套件
Use IEEE.std_logic_unsigned.all;       --引用套件

entity MCP3202_Driver is
    port(MCP3202_CLK_D,MCP3202_RESET:in std_logic;
        --MCP3202_Driver驅動clk,reset信號
        MCP3202_AD0,MCP3202_AD1:buffer integer range 0 to 4095;
        --MCP3202 AD0,1 ch0,1值
        MCP3202_try_N:in integer range 0 to 3;--失敗後再嘗試次數
        MCP3202_CH1_0:in std_logic_vector(1 downto 0);--輸入通道
        MCP3202_SGL_DIFF:in std_logic;            --MCP3202 SGL/DIFF
        MCP3202_Do:in std_logic;                  --MCP3202 do信號
        MCP3202_Di:out std_logic;                 --MCP3202 di信號
        MCP3202_CLK,MCP3202_CS:buffer std_logic;
        --MCP3202 clk,/cs信號
        MCP3202_ok,MCP3202_S:buffer std_logic);
        --Driver完成旗標 ,完成狀態
end MCP3202_Driver;

architecture Albert of MCP3202_Driver is
    signal MCP3202_tryN:integer range 0 to 3;  --失敗後再嘗試次數
    signal MCP3202Dis:std_logic_vector(2 downto 0);
    --2:MSBF+1:ODD/SIGN+0:SGL/DIFF
    signal MCP3202_ADs:std_logic_vector(11 downto 0);--轉換值收集
    signal MCP3202_Chs:std_logic_vector(1 downto 0); --ch 0,1
    signal i:integer range 0 to 31;                  --操作指標
begin

MCP3202:process(MCP3202_CLK_D,MCP3202_RESET)
begin
    if MCP3202_RESET='0' then          --未起始
        MCP3202_CS<='1';               --MCP3202 cs diable
        MCP3202_tryN<=MCP3202_try_N;--失敗後再嘗試次數(起始後無法再變)
        MCP3202_Chs<=MCP3202_CH1_0; --通道選擇(起始後無法再變)
        MCP3202_ok<='0';               --重置操作完成旗標
        MCP3202_S<='0';                --重置完成狀態
        MCP3202Dis<='1'&MCP3202_CH1_0(0)&MCP3202_SGL_DIFF;
        --2:MSBF+1:ODD/SIGN+0:SGL/DIFF(起始後無法再變)
```

```
elsif rising_edge(MCP3202_CLK_D) then
    if MCP3202_ok='0' then      --未完成操作
        if i=17 then            --read end
            if MCP3202Dis(1)='0' then
                MCP3202_AD0<=conv_integer(MCP3202_ADs);
                --ch0 ADC 值
            else
                MCP3202_AD1<=conv_integer(MCP3202_ADs);
                --ch1 ADC 值
            end if;
            i<=0;                           --重置操作指標
            MCP3202_CS<='1';                --MCP3202 cs diable
            MCP3202Dis(1)<='1';             --ch0-->ch1
            MCP3202_ok<=not MCP3202_Chs(1) or MCP3202Dis(1);
            --自動由 ch0 轉 ch1 or 操作完成,成功完成
        elsif MCP3202_CS='1' then           --未操作
            i<=0;                           --重置操作指標
            MCP3202_Di<='1';                --start bit
            MCP3202_CS<='0';                --enable /CS
            MCP3202_CLK<='0';               --重置 MCP3202 /CLK
        else                                --操作中
            MCP3202_CLK<=not MCP3202_CLK;--MCP3202 /CLK 反向
            if MCP3202_CLK='1' then         --clk H to L:Di out
                if i<3 then                 --MCP3202 起始階段
                    MCP3202_Di<=MCP3202Dis(i);
                    --2:MSBF+1:ODD/SIGN+0:SGL/DIFF
                    i<=i+1;                 --調整操作指標
                end if;
            elsif i>2 then  --clk L to H:Do in --進入接收階段
                i<=i+1;                     --調整操作指標
                MCP3202_ADs<=MCP3202_ADs(10 downto 0)&MCP3202_Do;
                --轉換值收集
                if i=4 and MCP3202_Do='1' then --error
                    MCP3202_tryN<=MCP3202_tryN-1;
                    --失敗後調整再嘗試次數
                    if MCP3202_tryN=0 then  --失敗不用再試了
                        MCP3202_ok<='1';    --操作完成
                        MCP3202_S<='1';     --失敗
                    else                    --retry
```

```
                    MCP3202_CS<='1'; --MCP3202 cs diable
                end if;
            end if;
        end if;
      end if;
    end if;
  end if;
end process MCP3202;

end Albert;
```

設計動作簡介

KTM-626

本驅動電路的目的是操控 MCP3202，將轉換後的數位資料，以 SPI 通信介面傳入，再轉換為並列資料，並轉入 MCP3202 主控器，如圖 7 所示。

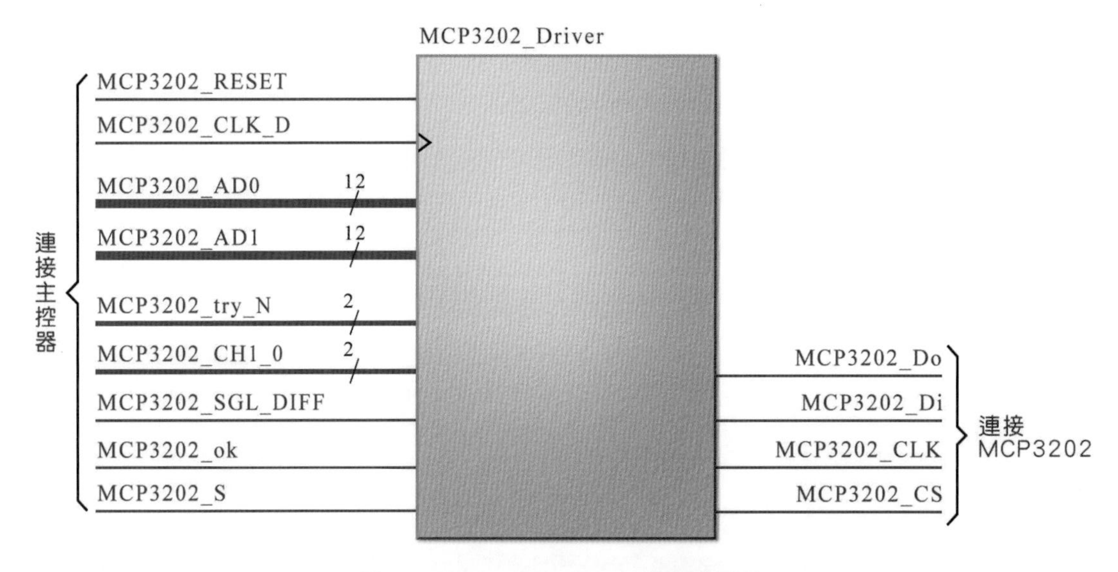

圖7　MCP3202_Driver 驅動電路

在 MCP3202 主控器裡，主要是依據 MCP3202 的資料傳輸時序(參閱圖 3，11-3 頁)，進行組態設定與資料傳輸，如圖 8 所示，如下說明：

```
MCP3202_CLK<=not MCP3202_CLK;--MCP3202 /CLK 反向
if MCP3202_CLK='1' then      --clk H to L:Di out
   if i<3 then               --MCP3202 起始階段
②     MCP3202_Di<=MCP3202Dis(i);
      --2:MSBF+1:ODD/SIGN+0:SGL/DIFF
      i<=i+1;                --調整操作指標
   end if;
elsif i>2 then  --clk L to H:Do in --進入接收階段
④  i<=i+1;                   --調整操作指標
   MCP3202_ADs<=MCP3202_ADs(10 downto 0)&MCP3202_Do;
   --轉換值收集
③  if i=4 and MCP3202_Do='1' then --error
      MCP3202_tryN<=MCP3202_tryN-1;
      --失敗後調整再嘗試次數
      if MCP3202_tryN=0 then --失敗不用再試了
         MCP3202_ok<='1';     --操作完成
         MCP3202_S<='1';      --失敗
      else                    --retry
         MCP3202_CS<='1';     --MCP3202 cs diable
      end if;
   end if;
```

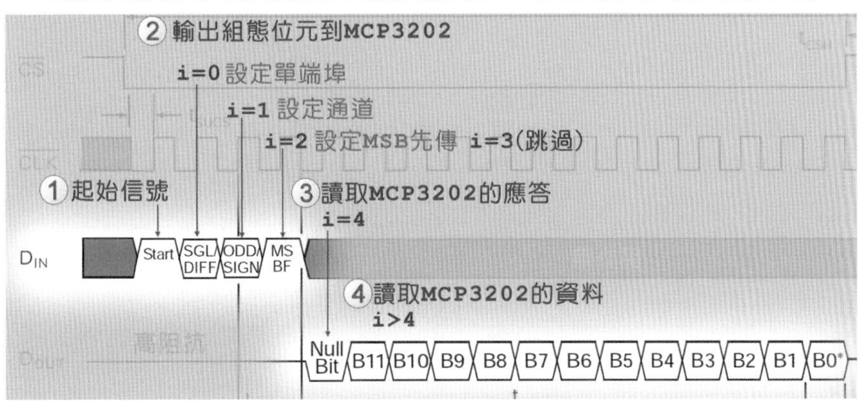

圖8　　SPI 讀取介面

① SPI 傳輸的起始信號為高態，但在我們的設計裡，省略這個動作。整個資料傳輸包括由 MCP3202_Driver 將組態位元傳輸到 MCP3202 晶片，再讀取 MCP3202 晶片的應答信號(低態)，即可依序讀取 MCP3202 傳入的資料。

② i=0~i=2 時輸出組態位元到 MCP3202 晶片(寫入動作)，包括設定單端/差動模式、設定通道、設定 MSB 先傳，還是 LSB 先傳。

③ i=4 時讀取 MCP3202 晶片的應答，正確的應答應該是低態信號。

④ 當 i>4 之後，MCP3202 晶片將依據傳入 12 個位元的資料(讀取動作)。

11-3 DAC 介面電路設計

在此將設計一個 MCP4822 晶片的驅動電路，也就是 DAC 介面電路。

電路設計

完整 MCP4822_Driver 之驅動電路設計如下：

```
--MCP4822 DAC 測試
--107.01.01 版
--EP3C16Q240C8 50MHz LEs:15,408 PINs:161 ,gckp31 ,rstP99
--MCP4822_CH_BA:00(chA),01,11(chB),10->11
-- (自動由 chA 轉 chB:接續轉換-同步輸出 DAC 值)

Library IEEE;                          --連結零件庫
Use IEEE.std_logic_1164.all;           --引用套件
Use IEEE.std_logic_unsigned.all;       --引用套件
Use IEEE.std_logic_arith.all;          --引用套件

entity MCP4822_Driver is
    port(MCP4822_CLK,MCP4822_RESET:in std_logic;
        --MCP4822_Driver 驅動 clk,reset 信號
        MCP4822_DAA,MCP4822_DAB:in integer range 0 to 4095;
        --MCP4822 DAC chA0,B1 值
        MCP4822_CHB_A:in std_logic_vector(1 downto 0);--輸入通道
        MCP4822_GA_BA:in std_logic_vector(1 downto 0);--GA 0x2,1x1
        MCP4822_SHDN_BA:in std_logic_vector(1 downto 0);--/SHDN
        MCP4822_SDI,MCP4822_LDAC:out std_logic; --MCP4822 SDI 信號
        MCP4822_SCK,MCP4822_CS:buffer std_logic;
        --MCP4822 SCK,/cs 信號
        MCP4822_ok:buffer std_logic);    --Driver 完成旗標 ,完成狀態
end MCP4822_Driver;

architecture Albert of MCP4822_Driver is
    signal i:integer range 0 to 15;      --操作指標
    signal MCP4822DAx,MCP4822DAB:std_logic_vector(14 downto 0);
    --轉換值
    signal MCP4822_Chs:std_logic_vector(1 downto 0); --ch 0,1
begin
```

```
MCP4822:process(MCP4822_CLK,MCP4822_RESET)
begin
    if MCP4822_RESET='0' then                       --未起始:準備資料
        MCP4822_CS<='1';                            --MCP4822 cs diable
        MCP4822_LDAC<='1';                          --MCP4822 ldac diable
        MCP4822DAB<='0'&MCP4822_GA_BA(1)&MCP4822_SHDN_BA(1) &
                    conv_std_logic_vector(MCP4822_DAB,12);--B:DAC
        if MCP4822_CHB_A(0)='0' then
            MCP4822DAx<='0'&MCP4822_GA_BA(0)&MCP4822_SHDN_BA(0)&

                    conv_std_logic_vector(MCP4822_DAA,12);--A:DAC
        else
            MCP4822DAx<=MCP4822DAB;                 --B:DAC
        end if;
        MCP4822_Chs<=MCP4822_CHB_A;                 --通道選擇
        MCP4822_ok<='0';                            --重置操作完成旗標
        i<=14;                                      --重置操作指標
    elsif rising_edge(MCP4822_CLK) then
        if MCP4822_ok='1' then                      --未完成操作
            MCP4822_LDAC<='1';                      --維持 AC 值
        elsif i=15 and MCP4822_SCK='1' then --write end
            MCP4822_CS<='1';                        --MCP4822 cs diable
            MCP4822_Chs(0)<='1'; --chA-->chB 自動由 chA 轉 chB
            MCP4822DAx<=MCP4822DAB;                 --B:DAC
            i<=14;                                  --準備自動由 chA 轉 chB
            if MCP4822_Chs/="10" then               --結束
                MCP4822_LDAC<='0';                  --啟動新 AC 輸出
                MCP4822_ok<='1';                    --操作完成
            end if;
        elsif MCP4822_CS='1' then                   --未操作
            MCP4822_SDI<=MCP4822_Chs(0);            --CH bit
            MCP4822_CS<='0';                        --enable /CS
            MCP4822_SCK<='0';                       --重置 MCP4822 /SCK
        else                                        --操作中
            MCP4822_SCK<=not MCP4822_SCK;           --MCP4822 /SCK 反向
            if MCP4822_SCK='1' then                 --clk H to L
                i<=i-1;                             --調整操作指標
                MCP4822_SDI<=MCP4822DAx(i);         --SDI out
            end if;
        end if;
    end if;
end process MCP4822;
```

```
end Albert;
```

設計動作簡介

KTM-626

本驅動電路的設計與前一個單元的 MCP3202_Driver 類似，但更簡單。在此只做寫入的動作，將組態位元與資料一併寫入 MCP4822 晶片，按 MCP4822 的傳輸時序(圖 6，11-6 頁)，當 MCP4822 在重置狀態時，將資料封裝，如圖 9 所示。

```
if MCP4822_RESET='0' then                         --未起始:準備資料
  ① MCP4822_CS<='1';                              --MCP4822 cs diable
     MCP4822_LDAC<='1';                            --MCP4822 ldac diable
  ② MCP4822DAB<='0'&MCP4822_GA_BA(1)&MCP4822_SHDN_BA(1) &
                conv_std_logic_vector(MCP4822_DAB,12);--B:DAC
     if MCP4822_CHB_A(0)='0' then
  ③    MCP4822DAx<='0'&MCP4822_GA_BA(0)&MCP4822_SHDN_BA(0)&
               conv_std_logic_vector(MCP4822_DAA,12); --A:DAC
     else
        MCP4822DAx<=MCP4822DAB;                    --B:DAC
     end if;
  ④ MCP4822_Chs<=MCP4822_CHB_A;                   --通道選擇
     MCP4822_ok<='0';                              --重置操作完成旗標
     i<=14;                                        --重置操作指標
```

圖9　傳輸資料之封裝

① 關閉 MCP4822 動作，並停止類比信號輸出。

② 封裝通道 2(或通道 B)的傳輸資料封包(MCP4822DAB)，如圖 10 所示。

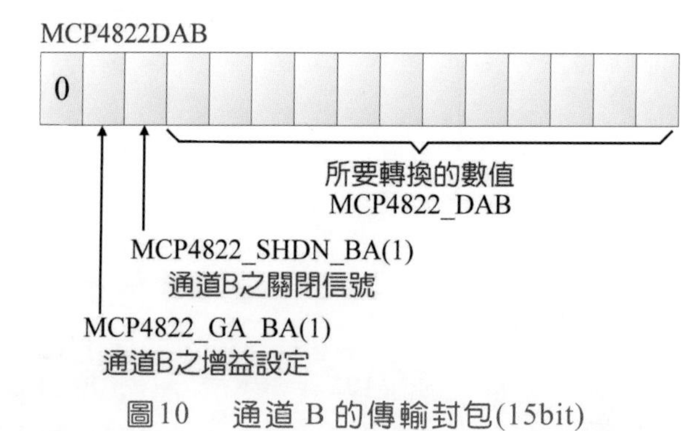

圖10　通道 B 的傳輸封包(15bit)

③ 若 MCP4822_CHB_(0)為低態，則選擇轉換通道 A，則進行通道 A 的傳輸資料封包，如圖 11 所示。否則直接將剛才封裝好的 MCP4822DAB 放入輸出緩衝器 MCP4822DAx，以等待輸出。

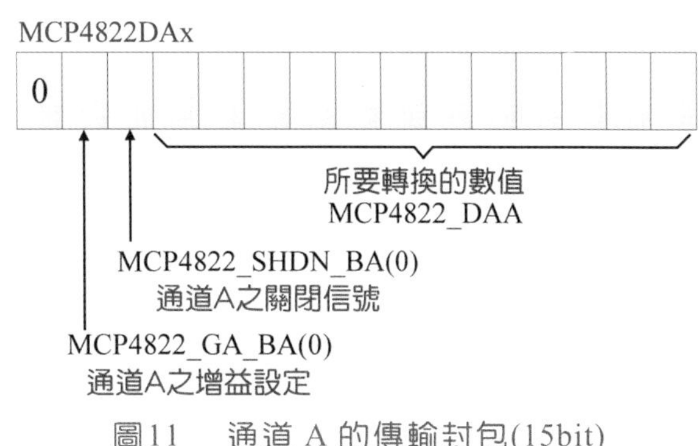

圖11　通道 A 的傳輸封包(15bit)

④ 設定通道選擇，重置完成旗標，再備妥操作旗標 i。在此的操作旗標採反向操作，由 14 到 0，與前一個單元相反。

準備好封包後，即隨 MCP4822_CLK 的升緣，進行傳輸，如圖 12 所示，如下說明：

```
elsif i=15 and MCP4822_SCK='1' then --write end
①  MCP4822_CS<='1';              --MCP4822 cs diable
   MCP4822_Chs(0)<='1';          --chA-->chB 自動由 chA 轉 chB
   MCP4822DAx<=MCP4822DAB;       --B:DAC
   i<=14;                        --準備自動由 chA 轉 chB
   if MCP4822_Chs/="10" then     --結束
       MCP4822_LDAC<='0';        --啟動新 AC 輸出
       MCP4822_ok<='1';          --操作完成
   end if;
elsif MCP4822_CS='1' then        --未操作
②  MCP4822_SDI<=MCP4822_Chs(0);  --CH bit
   MCP4822_CS<='0';              --enable /CS
   MCP4822_SCK<='0';             --重置 MCP4822 /SCK
else                             --操作中
   MCP4822_SCK<=not MCP4822_SCK; --MCP4822 /SCK 反向
③  if MCP4822_SCK='1' then       --clk H to L
       i<=i-1;                   --調整操作指標
       MCP4822_SDI<=MCP4822DAx(i);--SDI out
   end if;
end if;
```

圖12　資料傳輸電路

① 若資料傳輸完畢(i=15，i 的範圍為 0~15。當 i=0 時，再減 1，就是 15)，則進行下列動作：

- 關閉 MCP4822 的操作。
- 自動切換到另一個通道。
- 切換為通道 B 封包。

- 操作指標 i 設定 14(從頭開始)。
- 若兩個通道都已寫入，則輸出類比值，並設定完成旗標。

② 若是 MCP4822 是在關閉狀態，則

- 將通道設定值放入 `MCP4822_SDI`，以準備傳出。
- 開啟 MCP4822。
- 將 `MCP4822_CLK` 設定為低態，已準備產生升緣。

③ 若 MCP4822 是在開啟狀態，則

- 切換 `MCP4822_CLK` 狀態，產生升緣，以輸出一個位元的資料。
- 若目前的 `MCP4822_CLK` 是高態，則指向下一個位元，並把下一個位元放入 `MCP4822_SDI`，以準備輸出。

11-4 類比溫度感測實習

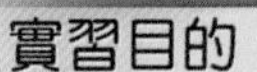

實習目的

KTM-626

在本單元裡將設計 LM35 類比溫度感測電路，並在 LCD 上顯示偵測到的溫度。當然，必須使用 MCP3202 將 LM35 的類比信號轉換成數位信號，才能在 LCD 上展示。而 LM35 溫度感測器對於溫度的影響是 10m/℃，也就是每 1℃的變動，LM35 的輸出將會產生 10mV 的變動。

新增專案與設計檔案

KTM-626

開啟 Quartus II，並按 1-2 節的說明，新增專案與設計檔案，相關資料如下：

- 專案資料夾：D:\CH11\CH11_LM35_ADC_1
- 專案名稱：CH11_LM35_ADC_1
- 晶片族系(Family)：Cycolne III
- 接腳數(Pin count)：240
- 晶片名稱：EP3C16Q240C8
- VHDL 設計檔：CH11_LM35_ADC_1.vhd

電路設計

KTM-626

在新建的 CH11_LM35_ADC_1.vhd 編輯區裡按下列設計電路，再按 Ctrl + S 鍵，請記得將 11-2 節中的 MCP3202_Driver.vhd 與 6-2 節中的 LCM_4bit_driver.vhd 複製到本專案的資料夾裡。

```
--LM35 溫度感測器測試+MCP3202 ADC+中文 LCM 顯示
--107.01.01 版
--EP3C16Q240C8 50MHz LEs:15,408 PINs:161 ,gckp31 ,rstP99

Library IEEE;                           --連結零件庫
Use IEEE.std_logic_1164.all;            --引用套件
Use IEEE.std_logic_unsigned.all;        --引用套件
Use IEEE.std_logic_arith.all;           --引用套件

entity CH11_LM35_ADC_1 is
port(gckp31,rstP99:in std_logic;        --系統頻率,系統 reset
    --MCP3202
    MCP3202_Di:out std_logic;
    MCP3202_Do:in std_logic;
    MCP3202_CLK,MCP3202_CS:buffer std_logic;

    --LCD 4bit 介面
    DB_io:inout std_logic_vector(3 downto 0);
    RSo,RWo,Eo:out std_logic

    );
end entity CH11_LM35_ADC_1;

architecture Albert of CH11_LM35_ADC_1 is
    -- =ADC=
    component MCP3202_Driver is
    port(MCP3202_CLK_D,MCP3202_RESET:in std_logic;
        --MCP3202_Driver 驅動 clk,reset 信號
        MCP3202_AD0,MCP3202_AD1:buffer integer range 0 to 4095;
        --MCP3202 AD0,1 ch0,1 值
        MCP3202_try_N:in integer range 0 to 3;--失敗後再嘗試次數
        MCP3202_CH1_0:in std_logic_vector(1 downto 0);--輸入通道
```

```
    MCP3202_SGL_DIFF:in std_logic; --MCP3202 SGL/DIFF
    MCP3202_Do:in std_logic;       --MCP3202 do 信號
    MCP3202_Di:out std_logic;      --MCP3202 di 信號
    MCP3202_CLK,MCP3202_CS:buffer std_logic;
    --MCP3202 clk,/cs 信號
    MCP3202_ok,MCP3202_S:buffer std_logic);
    --Driver 完成旗標 ,完成狀態
end component;

signal MCP3202_CLK_D,MCP3202_RESET:std_logic;
--MCP3202_Driver 驅動 clk,reset 信號
signal MCP3202_AD0,MCP3202_AD1:integer range 0 to 4095;
--MCP3202 AD 值
signal MCP3202_try_N:integer range 0 to 3:=1; --失敗後再嘗試次數
signal MCP3202_CH1_0:std_logic_vector(1 downto 0):="01";--ch1
signal MCP3202_SGL_DIFF:std_logic:='1';--MCP3202 SGL/DIFF 選 SGL
signal MCP3202_ok,MCP3202_S:std_logic;--Driver 完成旗標 ,完成狀態

--中文 LCM 4bit driver(WG14432B5)
component LCM_4bit_driver is
port(LCM_CLK,LCM_RESET:in std_logic;  --操作速率,重置
    RS,RW:in std_logic;               --暫存器選擇,讀寫旗標輸入
    DBi:in std_logic_vector(7 downto 0);--LCM_4bit_driver 資料輸入
    DBo:out std_logic_vector(7 downto 0);--LCM_4bit_driver 資料輸出
    DB_io:inout std_logic_vector(3 downto 0);--LCM DATA BUS 介面
    RSo,RWo,Eo:out std_logic;     --LCM 暫存器選擇,讀寫,致能介面
    LCMok,LCM_S:out boolean  );   --LCM_4bit_driver 完成,錯誤旗標

end component;

signal LCM_RESET,RS,RW:std_logic;
--LCM_4bit_driver 重置,LCM 暫存器選擇,讀寫旗標
signal DBi,DBo:std_logic_vector(7 downto 0);
--LCM_4bit_driver 命令或資料輸入及輸出
signal LCMok,LCM_S:boolean;
--LCM_4bit_driver 完成作業旗標,錯誤信息

signal FD:std_logic_vector(24 downto 0);--除頻器
signal times:integer range 0 to 2047;  --計時器
```

```
--中文 LCM 指令&資料表格式:
--(總長,指令數,指令...資料..........)
--英數型 LCM 4 位元界面,2 列顯示

type LCM_T is array (0 to 20) of std_logic_vector(7 downto 0);
constant LCM_IT:LCM_T:=(
    X"0F",X"06",--中文型 LCM 4 位元界面
    "00101000","00101000","00101000",--4 位元界面
    "00000110","00001100","00000001",
    --ACC+1 顯示幕無移位,顯示幕 on 無游標無閃爍,清除顯示幕
    X"01",X"48",X"65",X"6C",X"6C",X"6F",X"21",X"20",X"20",
    X"20",x"20",X"20",X"20");--Hello!
    --LCM=1:第一列顯示區");-- -=MCP3202 ADC=-

signal LCM_1:LCM_T:=(
    X"15",X"01",            --總長,指令數
    "00000001",             --清除顯示幕
    --第 1 列顯示資料
    X"20",X"2D",X"3D",X"4D",X"43",X"50",X"33",X"32",
    X"30",X"32",X"20",X"41",X"44",X"43",X"3D",X"2D",
    X"20",X"20");-- -=MCP3202 ADC=-

    --LCM=1:第二列顯示區 LM35 測溫度為      ℃
signal LCM_12:LCM_T:=(
    X"15",X"01",            --總長,指令數
    "10010000",             --設第二列 ACC 位置
    --第 2 列顯示資料
    X"4C",X"4D",X"33",X"35",X"B4",X"FA",X"B7",X"C5",
    X"AB",X"D7",X"AC",X"B0",X"20",X"20",X"20",X"20",
    X"A2",X"4A");--LM35 測溫度為      ℃

    --LCM=2:第一列顯示區 LM35 資料讀取失敗
signal LCM_2:LCM_T:=(
    X"15",X"01",            --總長,指令數
    "00000001",             --清除顯示幕
    --第 1 列顯示資料
    X"4C",X"4D",X"33",X"35",X"20",X"20",X"B8",X"EA",
    X"AE",X"C6",X"C5",X"AA",X"A8",X"FA",X"A5",X"A2",
```

```
        X"B1",X"D1");--LM35 資料讀取失敗

    signal LCM_com_data,LCM_com_data2:LCM_T;--LCD 表格輸出
    signal LCM_INI:integer range 0 to 31;  --LCD 表格輸出指標
    signal LCMP_RESET,LN,LCMPok:std_logic;
    --LCM_P 重置,輸出列數,LCM_P 完成
    signal LCM,LCMx:integer range 0 to 7;  --LCD 輸出選項

    signal lm35T:integer range 0 to 1550;  --LM35 溫度值

begin

U2: MCP3202_Driver port map(
        FD(4),MCP3202_RESET,     --MCP3202_Driver 驅動 clk,reset 信號
        MCP3202_AD0,MCP3202_AD1,--MCP3202 AD 值
        MCP3202_try_N,           --失敗後再嘗試次數
        MCP3202_CH1_0,           --輸入通道
        MCP3202_SGL_DIFF,        --SGL/DIFF
        MCP3202_Do,              --MCP3202 do 信號
        MCP3202_Di,              --MCP3202 di 信號
        MCP3202_CLK,MCP3202_CS, --MCP3202 clk,/cs 信號
        MCP3202_ok,MCP3202_S); --Driver 完成旗標 ,完成狀態
--中文 LCM
LCMset: LCM_4bit_driver port map(
            FD(7),LCM_RESET,RS,RW,DBi,DBo,DB_io,
            RSo,RWo,Eo,LCMok,LCM_S);    --LCM 模組

LM35P_Main:process(FD(17))
begin
    if rstP99='0' then                      --系統重置
        MCP3202_RESET<='0';                 --MCP3202_Driver off
        LCM<=0;                             --中文 LCM 初始化
        LCMP_RESET<='0';                    --LCMP 重置
    elsif rising_edge(FD(17)) then
        LCMP_RESET<='1';                    --LCMP 啟動顯示
        if LCMPok='1' then
            if MCP3202_RESET='0' then       --MCP3202_Driver 尚未啟動
                MCP3202_RESET<='1';         --ADC 資料讀取
                times<=400;                 --設定計時
```

```
            elsif MCP3202_ok='1' then   --ADC 讀取結束
                times<=times-1;         --計時
                if times=0 then         --時間到
                    LCM<=1;             --中文 LCM 顯示測量值
                    LCMP_RESET<='0';    --LCMP 重置
                    MCP3202_RESET<='0'; --MCP3202_Driver 準備重新讀取資料
                elsif MCP3202_S='1' then--資料讀取失敗
                    LCM<=2;             --中文 LCM 顯示 LM35 資料讀取失敗
                end if;
            end if;
        end if;
    end if;
end process LM35P_Main;

--LM35:LCM 顯示
LM35T<=MCP3202_AD1*122/100;--5/4095*MCP3202_AD1=1.22*MCP3202_AD1
LCM_12(18)<="0011"&conv_std_logic_vector(LM35T mod 10,4);
-- 擷取小數 1 位
LCM_12(17)<=X"2E";  --.小數點
LCM_12(16)<="0011"&conv_std_logic_vector((LM35T/10) mod 10,4);
-- 擷取個位數
LCM_12(15)<="0011"&conv_std_logic_vector(LM35T/100,4);-- 擷取十位數

--中文 LCM 顯示器--
--中文 LCM 顯示器
--指令&資料表格式:
--(總長,指令數,指令...資料..........)
LCM_P:process(FD(0))
    variable SW:Boolean;                    --命令或資料備妥旗標
begin
    if LCM/=LCMx or LCMP_RESET='0' then
        LCMx<=LCM;                          --記錄選項
        LCM_RESET<='0';                     --LCM 重置
        LCM_INI<=2;                         --命令或資料索引設為起點
        LN<='0';                            --設定輸出 1 列
        case LCM is
            when 0=>
                LCM_com_data<=LCM_IT;   --LCM 初始化輸出第一列資料 Hello!
            when 1=>
```

```
            LCM_com_data<=LCM_1;     --輸出第一列資料
            LCM_com_data2<=LCM_12;  --輸出第二列資料
            LN<='1';                 --設定輸出 2 列
        when others =>
            LCM_com_data<=LCM_2;     --輸出第一列資料
    end case;
    LCMPok<='0';                 --取消完成信號
    SW:=False;                   --命令或資料備妥旗標
elsif rising_edge(FD(0)) then
    if SW then                   --命令或資料備妥後
        LCM_RESET<='1';          --啟動 LCM_4bit_driver_delay
        SW:=False;               --重置旗標
    elsif LCM_RESET='1' then     --LCM_4bit_driver_delay 啟動中
        if LCMok then            --等待 LCM_4bit_driver_delay 完成傳送
            LCM_RESET<='0';      --完成後 LCM 重置
        end if;
    elsif LCM_INI<LCM_com_data(0) and LCM_INI<LCM_com_data'length then
    --命令或資料尚未傳完
        if LCM_INI<=(LCM_com_data(1)+1) then--選命令或資料暫存器
            RS<='0';             --Instruction reg
        else
            RS<='1';             --Data reg
        end if;
        RW<='0';                 --LCM 寫入操作
        DBi<=LCM_com_data(LCM_INI); --載入命令或資料
        LCM_INI<=LCM_INI+1;      --命令或資料索引指到下一筆
        SW:=True;                --命令或資料已備妥
    else
        if LN='1' then           --設定輸出 2 列
            LN<='0';             --設定輸出 2 列取消
            LCM_INI<=2;          --命令或資料索引設為起點
            LCM_com_data<=LCM_com_data2;--LCM 輸出第二列資料
        else
            LCMPok<='1';         --執行完成
        end if;
    end if;
end if;
end process LCM_P;
```

```
--除頻器--
Freq_Div:process(gckP31)                  --系統頻率 gckP31:50MHz
begin
    if rstP99='0' then                    --系統重置
        FD<=(others=>'0');                --除頻器:歸零
    elsif rising_edge(gckP31) then --50MHz
        FD<=FD+1;                         --除頻器:2 進制上數(+1)計數器
    end if;
end process Freq_Div;

end Albert;
```

設計動作簡介

KTM-626

本設計完全由電路自行操作，使用者只要觀察 LCD 的顯示即可，在此電路架構(architecture)裡，包括導入 LCM_4bit_driver 零件與 MCP3202_Driver 零件、主控器(LM35P_Main)、溫度資料電路、LCD_P 控制器(LCM_P)與除頻器等，除控制 LM35P_Main 主控器與溫度資料電路外，在之前的章節裡都介紹過了。

LM35P_Main主控器

KTM-626

LM35P_Main 主控器的功能是控制 MCP3202 轉換 LM35 所偵測的溫度值。當系統重置時，則進行三個動作：

- 重置 MCP3202。
- 初始化 LCD 顯示器。
- 重置 LCD 控制器(LCM_P)。

當 LM35P_Main 主控器重啟後，將隨 FD(17)時脈的升緣，進行下列動作，如圖 13 所示。

1. 重啟 LCMP 控制器。
2. 當 LCD 完成顯示後，若 MCP3202_Driver 尚未啟動，則重啟 MCP3202_Driver，並設定計時器。
3. 當 MCP3202_Driver 完成資料讀取後，若計時器的時間到了，則指定 LCD 所要顯示的內容是量測值，以顯示之。然後重置 LCD 控制器，重置 MCP3202_Driver。

④ 若 MCP3202 資料讀取失敗，則指定 LCD 顯示 MCP3202 資料讀取失敗。

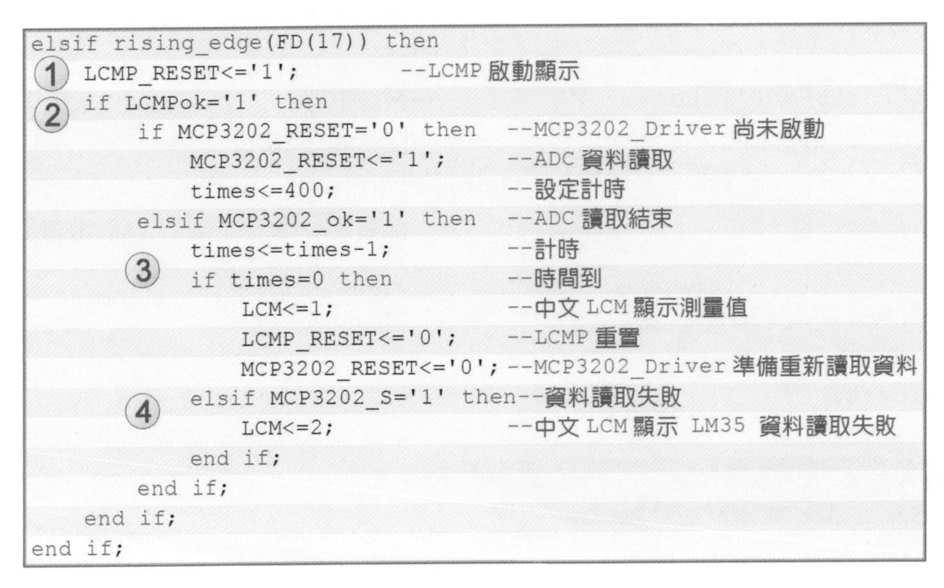

```
elsif rising_edge(FD(17)) then
  LCMP_RESET<='1';          --LCMP 啟動顯示
  if LCMPok='1' then
     if MCP3202_RESET='0' then   --MCP3202_Driver 尚未啟動
        MCP3202_RESET<='1';      --ADC 資料讀取
        times<=400;              --設定計時
     elsif MCP3202_ok='1' then   --ADC 讀取結束
        times<=times-1;          --計時
        if times=0 then          --時間到
           LCM<=1;               --中文 LCM 顯示測量值
           LCMP_RESET<='0';      --LCMP 重置
           MCP3202_RESET<='0'; --MCP3202_Driver 準備重新讀取資料
        elsif MCP3202_S='1' then--資料讀取失敗
           LCM<=2;               --中文 LCM 顯示 LM35 資料讀取失敗
        end if;
     end if;
  end if;
end if;
```

圖13　LM35P_Main 主控器簡介

溫度資料電路

如圖 14 所示，在溫度資料電路裡，進行下列校準與位數萃取，如下說明：

```
--LM35:LCM 顯示
LM35T<=MCP3202_AD1*122/100;
LCM_12(18)<="0011"&conv_std_logic_vector(LM35T mod 10,4);
-- 擷取小數 1 位
LCM_12(17)<=X"2E";  --.小數點
LCM_12(16)<="0011"&conv_std_logic_vector((LM35T/10) mod 10,4);
-- 擷取個位數
LCM_12(15)<="0011"&conv_std_logic_vector(LM35T/100,4);-- 擷取十位數
```

圖14　溫度資料電路

① 在 LM35 電路裡，採用+5V 電源，而資料解析度為 12 位元，所以最小刻度為

$$\frac{5}{4095}=1.22\text{mV}$$

LM35 的溫度感測靈敏度是每℃變化 10mV，若 MCP3202 轉換後的數值為 MCP3202_AD1，則轉換後的電壓為

$$1.22\text{mV}\times \text{MCP3202\_AD1}$$

換算為溫度，則為

(1.22mV×MCP3202_AD1)/10mV=0.122×MCP3202_AD1 ℃

即

(122/1000)×MCP3202_AD1 ℃ 或

LM35T=(122/100)×MCP3202_AD1 (單位為 0.1×℃)

例如 25℃時，LM35 感測到 250mV，經 MCP3202 轉換得到

MCP3202_AD1=250mV/1.22mV=204.9，即

(122/1000)×204.9=24.998 ℃(約 25℃)

LM35T=249 (單位為 0.1×℃)，如圖 15 所示。

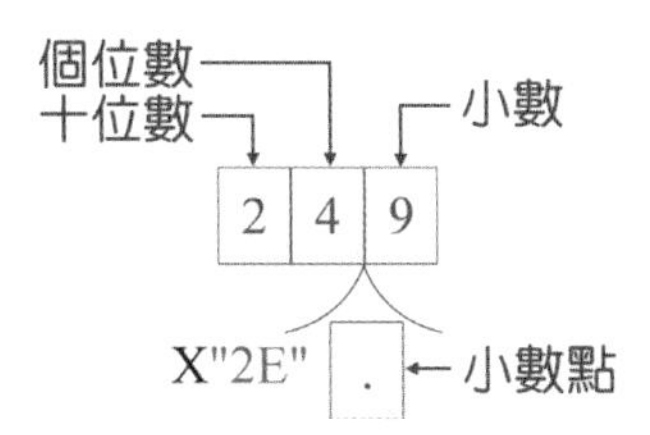

圖15 顯示資料格式

② 取得 LM35T 後，應用 mod 運算萃取個位數，也就是溫度的小數，並應用 conv_std_logic_vector 函數轉成 4 位數的 std_logic_vector。左邊加上 0011 變成 ASCII 碼，在填入 LCD 的位置 18(最右邊)。

③ 在 LCD 的位置 17，放入小數點的 ASCII 碼。

④ 將 LM35T 除 10 取商數，再除 10 取餘數(mod 運算)萃取十位數，也就是溫度的個位數，並應用 conv_std_logic_vector 函數轉成 4 位數的 std_logic_vector。左邊加上 0011 變成 ASCII 碼，在填入 LCD 的位置 16。

⑤ 將 LM35T 除 100 取商數，萃取百位數，也就是溫度的十位數，並應用 conv_std_logic_vector 函數轉成 4 位數的 std_logic_vector。左邊加上 0011 變成 ASCII 碼，在填入 LCD 的位置 15。

後續工作

KTM-626

電路設計完成後，按 Ctrl + S 鍵存檔，再按 Ctrl + L 鍵進行初始編譯。若編譯有錯誤，可循下方紅色錯誤訊息(直接快按兩下)，跳到錯誤處修改之。若編譯成功，在隨即出現的訊息對話盒中，按 確定 鈕關閉之。

緊接著進行接腳配置，按 Ctrl + Shift + N 鍵，開啟接腳配置視窗，再按表 6 配置接腳。

表 6　接腳表

DB_io(3)	DB_io(2)	DB_io(1)	DB_io(0)	Eo	RSo	RWo
219	218	217	216	201	119	200

MCP3202_CLK	MCP3202_CS	MCP3202_Di	MCP3202_Do
223	222	221	220

gckP31	rstP99					
31	99					

完成接腳配置後，按 Ctrl + L 鍵即進行二次編譯，並退回原 Quartus II 編譯視窗。同樣的，完成二次編譯後，在隨即出現的訊息對話盒中，按 確定 鈕關閉之。

燒錄與測試

KTM-626

首先備妥 USB Blaster 下載線，一端插入電腦 USB 埠，另一段插入 EP3C 板上的 JTAG 埠，然後開啟 KTM-626 多功能 FPGA 開發平台之電源。

按 Alt 、 T 、 P 鍵即可開啟燒錄視窗，按 Start 鈕即進行燒錄。很快的，完成燒錄後，按下列操作：

1. 確認 SW9-1 指撥開關已撥到 ON 位置。
2. 記錄 LCD 上所顯示的溫度值。
3. 喝口熱水，再對 LM35 哈幾口氣。
4. 再觀察 LCD 上所顯示的溫度值，有無變化？

11-5 類比電壓量測實習

實習目的

KTM-626

在本單元裡將設計直流電壓表，在 LCD 上顯示兩組量測值，而顯示模式有四種，可按 S1 鍵切換，如表 7 所示。

表 7　顯示模式(按 S1 鍵切換模式)

模式	第二列左邊	第二列右邊
0	CH0: 數值(0~4095)	CH1: 數值(0~4095)
1	CH0: 電壓(0~5)	CH1: 電壓(0~5)
2	CH0: 數值(0~4095)	CH0: 電壓(0~5)
3	CH1: 數值(0~4095)	CH1: 電壓(0~5)

新增專案與設計檔案

KTM-626

開啟 Quartus II，並按 1-2 節的說明，新增專案與設計檔案，相關資料如下：

- 專案資料夾：D:\CH11\CH11_Voltage_ADC_2
- 專案名稱：CH11_Voltage_ADC_2
- 晶片族系(Family)：Cycolne III
- 接腳數(Pin count)：240
- 晶片名稱：EP3C16Q240C8
- VHDL 設計檔：CH11_Voltage_ADC_2.vhd

電路設計

KTM-626

在新建的 CH11_Voltage_ADC_2.vhd 編輯區裡按下列設計電路，再按 Ctrl + S 鍵，請記得將 10-2 節中的 MCP3202_Driver.vhd 與 6-2 節中的 LCM_4bit_driver.vhd 複製到本專案的資料夾裡。

```
--MCP3202 ch0_1 測試+中文 LCM 顯示
--107.01.01 版
--EP3C16Q240C8 50MHz LEs:15,408 PINs:161 ,gckp31 ,rstP99

Library IEEE;                          --連結零件庫
```

```
Use IEEE.std_logic_1164.all;          --引用套件
Use IEEE.std_logic_unsigned.all;      --引用套件
Use IEEE.std_logic_arith.all;         --引用套件

entity CH11_Voltage_ADC_2 is
port(gckp31,rstP99:in std_logic;      --系統頻率,系統 reset
    --MCP3202
    MCP3202_Di:out std_logic;
    MCP3202_Do:in std_logic;
    MCP3202_CLK,MCP3202_CS:buffer std_logic;

    --LCD 4bit 介面
    DB_io:inout std_logic_vector(3 downto 0);
    RSo,RWo,Eo:out std_logic;

    S1:in std_logic                   --顯示選擇按鈕輸入
    );
end entity CH11_Voltage_ADC_2;

architecture Albert of CH11_Voltage_ADC_2 is
   -- =ADC=
   component MCP3202_Driver is
   port(MCP3202_CLK_D,MCP3202_RESET:in std_logic;
       --MCP3202_Driver 驅動 clk,reset 信號
       MCP3202_AD0,MCP3202_AD1:buffer integer range 0 to 4095;
       --MCP3202 AD0,1 ch0,1 值
       MCP3202_try_N:in integer range 0 to 3;--失敗後再嘗試次數
       MCP3202_CH1_0:in std_logic_vector(1 downto 0);--輸入通道
       MCP3202_SGL_DIFF:in std_logic;          --MCP3202 SGL/DIFF
       MCP3202_Do:in std_logic;                --MCP3202 do 信號
       MCP3202_Di:out std_logic;               --MCP3202 di 信號
       MCP3202_CLK,MCP3202_CS:buffer std_logic;
       --MCP3202 clk,/cs 信號
       MCP3202_ok,MCP3202_S:buffer std_logic);
       --Driver 完成旗標 ,完成狀態
   end component;

   signal MCP3202_CLK_D,MCP3202_RESET:std_logic;
          --MCP3202_Driver 驅動 clk,reset 信號
```

```
signal MCP3202_AD0,MCP3202_AD1:integer range 0 to 4095;
        --MCP3202 AD 值
signal MCP3202_try_N:integer range 0 to 3:=1;
        --失敗後再嘗試次數
signal MCP3202_CH1_0:std_logic_vector(1 downto 0);
signal MCP3202_SGL_DIFF:std_logic:='1';
        --MCP3202 SGL/DIFF 選 SGL
signal MCP3202_ok,MCP3202_S:std_logic;
        --Driver 完成旗標 ,完成狀態

--中文 LCM 4bit driver(WG14432B5)
component LCM_4bit_driver is
port(LCM_CLK,LCM_RESET:in std_logic;    --操作速率,重置
     RS,RW:in std_logic;                --暫存器選擇,讀寫旗標輸入
     DBi:in std_logic_vector(7 downto 0);
     --LCM_4bit_driver 資料輸入
     DBo:out std_logic_vector(7 downto 0);
     --LCM_4bit_driver 資料輸出
     DB_io:inout std_logic_vector(3 downto 0);
     --LCM DATA BUS 介面
     RSo,RWo,Eo:out std_logic;--LCM 暫存器選擇,讀寫,致能介面
     LCMok,LCM_S:out boolean);--LCM_8bit_driver 完成,錯誤旗標
end component;

signal LCM_RESET,RS,RW:std_logic;
        --LCM_4bit_driver 重置,LCM 暫存器選擇,讀寫旗標
signal DBi,DBo:std_logic_vector(7 downto 0);
        --LCM_4bit_driver 命令或資料輸入及輸出
signal LCMok,LCM_S:boolean;
        --LCM_4bit_driver 完成作業旗標,錯誤信息

signal FD:std_logic_vector(24 downto 0);--除頻器
signal times:integer range 0 to 2047;  --計時器

--中文 LCM 指令&資料表格式:
--(總長,指令數,指令...資料..........)
--英數型 LCM 4 位元界面,2 列顯示

type LCM_T is array (0 to 20) of std_logic_vector(7 downto 0);
```

```
constant LCM_IT:LCM_T:=(
    X"0F",X"06",--中文型 LCM 4 位元界面
    "00101000","00101000","00101000",--4 位元界面
    "00000110","00001100","00000001",
    --ACC+1 顯示幕無移位,顯示幕 on 無游標無閃爍,清除顯示幕
    X"01",X"48",X"65",X"6C",X"6C",X"6F",X"21",X"20",
    X"20",X"20",x"20",X20"",X"20");--Hello!

--LCM=11:第一列顯示區 -- -=MCP3202 ADC=-
signal LCM_11:LCM_T:=(
    X"15",X"01",          --總長,指令數
    "00000001",           --清除顯示幕
    --第 1 列顯示資料
    X"20",X"2D",X"3D",X"4D",X"43",X"50",X"33",X"32",
    X"30",X"32",X"20",X"41",X"44",X"43",X"3D",X"2D",
    X"20",X"20");-- -=MCP3202 ADC=-

--LCM=1:第二列顯示區 CH0:      CH1:
signal LCM_12:LCM_T:=(
    X"15",X"01",          --總長,指令數
    "10010000",           --設第二列 ACC 位置
    --第 2 列顯示資料
    X"43",X"48",X"30",X"3A",X"20",X"20",X"20",X"20",
    X"20",X"20",X"43",X"48",X"31",X"3A",X"20",X"20",
    X"20",X"20");--CH0:      CH1:

--LCM=21:第一列顯示區       -- -=電壓  測試=-
signal LCM_21:LCM_T:=(
    X"15",X"01",          --總長,指令數
    "00000001",           --清除顯示幕
    --第 1 列顯示資料
    X"20",X"20",X"2D",X"3D",X"B9",X"71",X"C0",X"A3",
    X"20",X"20",X"B4",X"FA",X"B8",X"D5",X"3D",X"2D",
    X"20",X"20");         --  -=電壓  測試=-

signal LCM_22:LCM_T:=(
    X"15",X"01",          --總長,指令數
    "10010000",           --設第二列 ACC 位置
    --第 2 列顯示資料
```

```
    X"43",X"48",X"30",X"3A",X"20",X"2E",X"20",X"20",
    X"20",X"20",X"43",X"48",X"31",X"3A",X"20",X"2E",
    X"20",X"20");         --CH0:      CH1:

--LCM=31:第一列顯示區 -- -=電壓  測試=-
signal LCM_31:LCM_T:=(
    X"15",X"01",          --總長,指令數
    "00000001",           --清除顯示幕
    --第 1 列顯示資料
    X"20",X"20",X"2D",X"3D",X"41",X"44",X"43",X"20",
    X"20",X"20",X"B9",X"71",X"C0",X"A3",X"3D",X"2D",
    X"20",X"20");         --  -=ADC   電壓=-

signal LCM_32:LCM_T:=(
    X"15",X"01",          --總長,指令數
    "10010000",           --設第二列 ACC 位置
    --第 2 列顯示資料
    X"43",X"48",X"30",X"3A",X"20",X"20",X"20",X"20",
    X"20",X"20",X"43",X"48",X"30",X"3A",X"20",X"2E",
    X"20",X"20");         --CH0:      CH1:

--LCM=41:第一列顯示區 -- -=電壓  測試=-
signal LCM_41:LCM_T:=(
    X"15",X"01",          --總長,指令數
    "00000001",           --清除顯示幕
    --第 1 列顯示資料
    X"20",X"20",X"2D",X"3D",X"41",X"44",X"43",X"20",
    X"20",X"20",X"B9",X"71",X"C0",X"A3",X"3D",X"2D",
    X"20",X"20");         --  -=ADC   電壓=-

signal LCM_42:LCM_T:=(
    X"15",X"01",          --總長,指令數
    "10010000",           --設第二列 ACC 位置
    --第 2 列顯示資料
    X"43",X"48",X"31",X"3A",X"20",X"20",X"20",X"20",
    X"20",X"20",X"43",X"48",X"31",X"3A",X"20",X"2E",
    X"20",X"20");         --CH0:      CH1:

--LCM=2:第一列顯示區        資料讀取失敗
```

```
    signal LCM_5:LCM_T:=(
        X"15",X"01",            --總長,指令數
        "00000001",             --清除顯示幕
        --第 1 列顯示資料
        X"20",X"20",X"20",X"20",X"20",X"20",X"B8",X"EA",
        X"AE",X"C6",X"C5",X"AA",X"A8",X"FA",X"A5",X"A2",
        X"B1",X"D1");           --資料讀取失敗

    signal LCM_com_data,LCM_com_data2:LCM_T;--LCD 表格輸出
    signal LCM_INI:integer range 0 to 31;   --LCD 表格輸出指標
    signal LCMP_RESET,LN,LCMPok:std_logic;
    --LCM_P 重置,輸出列數,LCM_P 完成
    signal LCM,LCMx:integer range 0 to 7;   --LCD 輸出選項

    signal LCM_DM:integer range 0 to 3;
    signal S1S:std_logic_vector(2 downto 0);--防彈跳計數器
    signal CH0ADC1,CH0ADC2,CH0ADC3,CH0ADC4:std_logic_vector(7 downto 0);
    --ADC 顯示轉換值
    signal CH1ADC1,CH1ADC2,CH1ADC3,CH1ADC4:std_logic_vector(7 downto 0);
    --ADC 顯示轉換值
    signal CH0V,CH1V:integer range 0 to 511;--電壓值
    signal CH0V3,CH0V2,CH0V1:std_logic_vector(7 downto 0);
    --電壓值顯示轉換值
    signal CH1V3,CH1V2,CH1V1:std_logic_vector(7 downto 0);
    --電壓值顯示轉換值

begin

U2: MCP3202_Driver port map(
            FD(4),MCP3202_RESET,--MCP3202_Driver 驅動 clk,reset 信號
            MCP3202_AD0,MCP3202_AD1,     --MCP3202 AD 值
            MCP3202_try_N,               --失敗後再嘗試次數
            MCP3202_CH1_0,               --輸入通道
            MCP3202_SGL_DIFF,            --SGL/DIFF
            MCP3202_Do,                  --MCP3202 do 信號
            MCP3202_Di,                  --MCP3202 di 信號
            MCP3202_CLK,MCP3202_CS,      --MCP3202 clk,/cs 信號
            MCP3202_ok,MCP3202_S);       --Driver 完成旗標 ,完成狀態
--中文 LCM
```

```
LCMset: LCM_4bit_driver port map(
            FD(7),LCM_RESET,RS,RW,DBi,DBo,DB_io,
            RSo,RWo,Eo,LCMok,LCM_S);
            --LCM 模組

Voltage_Main:process(FD(17))
begin
    if rstP99='0' then          --系統重置
        MCP3202_RESET<='0';     --MCP3202_driver 重置
        LCM<=0;                 --中文 LCM 初始化
        LCMP_RESET<='0';        --LCMP 重置
        MCP3202_CH1_0<="10";    --CH0->CH1 自動轉換同步輸出
        --MCP3202_CH1_0<="00";  --CH0,CH1 輪流轉換輪流輸出
    elsif rising_edge(FD(17)) then
        LCMP_RESET<='1';        --LCMP 啟動顯示
        if LCMPok='1' then      --LCM 顯示完成
            if MCP3202_RESET='0' then  --MCP3202_driver 尚未啟動
                MCP3202_RESET<='1';    --重新讀取資料
                times<=80;             --設定計時
            elsif MCP3202_ok='1' then  --讀取結束
                times<=times-1;        --計時
                if times=0 then        --到
                    LCM<=1+LCM_DM;     --中文 LCM 顯示測量值
                    LCMP_RESET<='0';   --LCMP 重置
                    MCP3202_RESET<='0'; --準備重新讀取資料
                    --MCP3202_CH1_0(0)<=not MCP3202_CH1_0(0);
                    --CH0,CH1 輪流轉換輪流輸出
                elsif MCP3202_S='1' then--資料讀取失敗
                    LCM<=5;            --中文 LCM 顯示 資料讀取失敗
                end if;
            end if;
        end if;
    end if;
end process Voltage_Main;

--按鈕操作--
process(FD(18))
begin
    if rstP99='0' then
```

```
        LCM_DM<=0;  --顯示選擇 0
    elsif rising_edge(FD(18)) then
        if S1S(1)='1' then
            LCM_DM<=LCM_DM+1;--顯示選擇
        end if;

    end if;
end process;

--ADC 轉換顯示
CH0ADC1<="0011"&conv_std_logic_vector(MCP3202_AD0 mod 10,4);
-- 擷取個位數
CH0ADC2<="0011"&conv_std_logic_vector((MCP3202_AD0/10)mod 10,4);
-- 擷取十位數
CH0ADC3<="0011"&conv_std_logic_vector((MCP3202_AD0/100) mod 10,4);
-- 擷取百位數
CH0ADC4<="0011"&conv_std_logic_vector(MCP3202_AD0/1000,4);
-- 擷取千位數
CH1ADC1<="0011"&conv_std_logic_vector(MCP3202_AD1 mod 10,4);
-- 擷取個位數
CH1ADC2<="0011"&conv_std_logic_vector((MCP3202_AD1/10)mod 10,4);
-- 擷取十位數
CH1ADC3<="0011"&conv_std_logic_vector((MCP3202_AD1/100) mod 10,4);
-- 擷取百位數
CH1ADC4<="0011"&conv_std_logic_vector(MCP3202_AD1/1000,4);
-- 擷取千位數

--電壓值轉換顯示
CH0V<=(MCP3202_AD0*122+500)/1000;
CH0V3<="0011" & conv_std_logic_vector(CH0V/100,4);
--整數部分
CH0V2<="0011" & conv_std_logic_vector((CH0V/10)mod 10,4);
--小數第 1 位部分
CH0V1<="0011" & conv_std_logic_vector(CH0V mod 10,4);
--小數第 2 位部分
CH1V<=(MCP3202_AD1*122+500)/1000;
CH1V3<="0011" & conv_std_logic_vector(CH1V/100,4);
--整數部分
CH1V2<="0011" & conv_std_logic_vector((CH1V/10)mod 10,4);
```

```
--小數第 1 位部分
CH1V1<="0011" & conv_std_logic_vector(CH1V mod 10,4);
--小數第 2 位部分

--LCM 顯示 CH0:ADC  CH1:ADC
LCM_12(7)<=CH0ADC4;        --千位數
LCM_12(8)<=CH0ADC3;        --百位數
LCM_12(9)<=CH0ADC2;        --十位數
LCM_12(10)<=CH0ADC1;       --個位數

LCM_12(17)<=CH1ADC4;       --千位數
LCM_12(18)<=CH1ADC3;       --百位數
LCM_12(19)<=CH1ADC2;       --十位數
LCM_12(20)<=CH1ADC1;       --個位數

--LCM 顯示 CH0:V  CH1:V
LCM_22(7)<=CH0V3;          --整數部分
LCM_22(9)<=CH0V2;          --小數第 1 位部分
LCM_22(10)<=CH0V1;         --小數第 2 位部分

LCM_22(17)<=CH1V3;         --整數部分
LCM_22(19)<=CH1V2;         --小數第 1 位部分
LCM_22(20)<=CH1V1;         --小數第 2 位部分

--LCM 顯示 CH0:ADC  V
LCM_32(7)<=CH0ADC4;        --千位數
LCM_32(8)<=CH0ADC3;        --百位數
LCM_32(9)<=CH0ADC2;        --十位數
LCM_32(10)<=CH0ADC1;       --個位數

LCM_32(17)<-CH0V3;         --整數部分
LCM_32(19)<=CH0V2;         --小數第 1 位部分
LCM_32(20)<=CH0V1;         --小數第 2 位部分

--LCM 顯示 CH1:ADC  V
LCM_42(7)<=CH1ADC4;        --千位數
LCM_42(8)<=CH1ADC3;        --百位數
LCM_42(9)<=CH1ADC2;        --十位數
LCM_42(10)<=CH1ADC1;       --個位數
```

```
LCM_42(17)<=CH1V3;       --整數部分
LCM_42(19)<=CH1V2;       --小數第 1 位部分
LCM_42(20)<=CH1V1;       --小數第 2 位部分

--中文 LCM 顯示器--
--中文 LCM 顯示器
--指令&資料表格式:
--(總長,指令數,指令...資料..........)
LCM_P:process(FD(0))
    variable SW:Boolean;                        --命令或資料備妥旗標
begin
    if LCM/=LCMx or LCMP_RESET='0' then
        LCMx<=LCM;                              --記錄選項
        LCM_RESET<='0';                         --LCM 重置
        LCM_INI<=2;                             --命令或資料索引設為起點
        LN<='0';                                --設定輸出 1 列
        case LCM is
            when 0=>
                LCM_com_data<=LCM_IT;
                --LCM 初始化輸出第一列資料 Hello!
            when 1=>
                LCM_com_data<=LCM_11;   --輸出第一列資料
                LCM_com_data2<=LCM_12;  --輸出第二列資料
                LN<='1';                --設定輸出 2 列
            when 2=>
                LCM_com_data<=LCM_21;   --輸出第一列資料
                LCM_com_data2<=LCM_22;  --輸出第二列資料
                LN<='1';                --設定輸出 2 列
            when 3=>
                LCM_com_data<=LCM_31;   --輸出第一列資料
                LCM_com_data2<=LCM_32;  --輸出第二列資料
                LN<='1';                --設定輸出 2 列
            when 4=>
                LCM_com_data<=LCM_41;   --輸出第一列資料
                LCM_com_data2<=LCM_42;  --輸出第二列資料
                LN<='1';                --設定輸出 2 列
            when others =>
                LCM_com_data<=LCM_5;    --輸出第一列資料
```

```
        end case;
        LCMPok<='0';                        --取消完成信號
        SW:=False;                          --命令或資料備妥旗標
    elsif rising_edge(FD(0)) then
        if SW then                          --命令或資料備妥後
            LCM_RESET<='1';                 --啟動 LCM_4bit_driver_delay
            SW:=False;                      --重置旗標
        elsif LCM_RESET='1' then    --LCM_4bit_driver_delay 啟動中
            if LCMok then
            --等待 LCM_4bit_driver_delay 完成傳送
                LCM_RESET<='0';         --完成後 LCM 重置
            end if;
        elsif LCM_INI<LCM_com_data(0) and
            LCM_INI<LCM_com_data'length then
            --命令或資料尚未傳完
            if LCM_INI<=(LCM_com_data(1)+1) then--選命令或資料暫存器
                RS<='0';                    --Instruction reg
            else
                RS<='1';                    --Data reg
            end if;
            RW<='0';                        --LCM 寫入操作
            DBi<=LCM_com_data(LCM_INI);--載入命令或資料
            LCM_INI<=LCM_INI+1;             --命令或資料索引指到下一筆
            SW:=True;                       --命令或資料已備妥
        else
            if LN='1' then                  --設定輸出 2 列
                LN<='0';                    --設定輸出 2 列取消
                LCM_INI<=2;                 --命令或資料索引設為起點
                LCM_com_data<=LCM_com_data2;--LCM 輸出第二列資料
            else
                LCMPok<='1';                --執行完成
            end if;
        end if;
    end if;
end process LCM_P;

--防彈跳--
process(FD(17))
begin
```

```
    --S1 防彈跳--啟動按鈕
    if S1='1' then
        S1S<="000";
    elsif rising_edge(FD(17)) then
        S1S<=S1S+ not S1S(2);
    end if;
end process;

--除頻器--
Freq_Div:process(gckP31)                    --系統頻率 gckP31:50MHz
begin
    if rstP99='0' then                      --系統重置
        FD<=(others=>'0');                  --除頻器:歸零
    elsif rising_edge(gckP31) then --50MHz
        FD<=FD+1;                           --除頻器:2 進制上數(+1)計數器
    end if;
end process Freq_Div;

end Albert;
```

設計動作簡介

KTM-626

在此電路架構(architecture)裡，包括導入 LCM_4bit_driver 零件與 MCP3202_driver 零件、Voltage_Main 量測主控器(與 11-4 節的 LM35P_Main 主控器幾乎完全一樣)、模式切換電路、顯示資料處理電路、LCD 控制器(LCM_P)、防彈跳電路與除頻器等，在此不重複說明之前的章節裡已介紹過的部分。

模式切換電路

KTM-626

如圖 16 所示，模式切換電路只是個簡單的按鍵控制電路，當 S1 按鍵被按下，且穩定後(防彈跳)，LCM_DM 模式指標加 1，指向下一個模式，而 LCM_DM 是 0~3 的整數，當 LCM_DM 等於 3 之後，再加 1，就恢復 0。

```
process(FD(18))
begin
    if rstP99='0' then
        LCM_DM<=0;  --顯示選擇 0
    elsif rising_edge(FD(18)) then
        if S1S(2)='1' then
            LCM_DM<=LCM_DM+1;--顯示選擇
        end if;

    end if;
end process;
```

圖16 模式切換電路

顯示資料處理電路

在本設計裡，顯示資料的處理是一件大事。首先針對 ADC 轉換後的數值，由於兩個通到都是 12 位元的數值，其範圍為 0~4095。將這個數值轉換成四個位數的 ASCII 碼，而將每個通道轉換後的 ASCII 碼，分別放置在 CH0ADC1~CH0ADC4(通道 0)與 CH1ADC1~CH1ADC4(通道 1)，如圖 17 所示。

```
--ADC 轉換顯示
CH0ADC1<="0011"&conv_std_logic_vector(MCP3202_AD0 mod 10,4); ①
-- 擷取個位數
CH0ADC2<="0011"&conv_std_logic_vector((MCP3202_AD0/10)mod 10,4); ②
-- 擷取十位數
CH0ADC3<="0011"&conv_std_logic_vector((MCP3202_AD0/100) mod 10,4); ③
-- 擷取百位數
CH0ADC4<="0011"&conv_std_logic_vector(MCP3202_AD0/1000,4); ④
-- 擷取千位數
CH1ADC1<="0011"&conv_std_logic_vector(MCP3202_AD1 mod 10,4);
-- 擷取個位數
CH1ADC2<="0011"&conv_std_logic_vector((MCP3202_AD1/10)mod 10,4);
-- 擷取十位數
CH1ADC3<="0011"&conv_std_logic_vector((MCP3202_AD1/100) mod 10,4);
-- 擷取百位數
CH1ADC4<="0011"&conv_std_logic_vector(MCP3202_AD1/1000,4);
-- 擷取千位數
```

圖17 ADC 數值之轉換

以通道 0 為例，如下：

① 將 ADC 轉換後的數值除 10 取餘數，即可得到個位數(0~9 的整數)，將此個位數轉換成 4 位元的 `std_logic_vector`。而在其右邊接上 0011，即為個位數之 ASCII 碼，最後將此 ASCII 碼存入 `CH0ADC1`。

② 將 ADC 轉換後的數值除 10 取商數，再把此商數除 10 取餘數，即可得

到十位數，將此十位數轉換成 4 位元的 std_logic_vector。而在其右邊接上 0011，即為十位數之 ASCII 碼，最後將此 ASCII 碼存入 CH0ADC2。

③ 將 ADC 轉換後的數值除 100 取商數，再把此商數除 10 取餘數，即可得到百位數，將此百位數轉換成 4 位元的 std_logic_vector。而在其右邊接上 0011，即為百位數之 ASCII 碼，最後將此 ASCII 碼存入 CH0ADC3。

④ 將 ADC 轉換後的數值除 1000 取商數，即可得到千位數，將此千位數轉換成 4 位元的 std_logic_vector。而在其右邊接上 0011，即為千位數之 ASCII 碼，最後將此 ASCII 碼存入 CH0ADC4。

在此的電壓值的範圍是 0.00~5.00，也就是整個 1 位、小數 2 位，再加上一個小數點。如圖 18 所示，同樣分為通道 0 與通道 1，以通道 0 為例，如下說明：

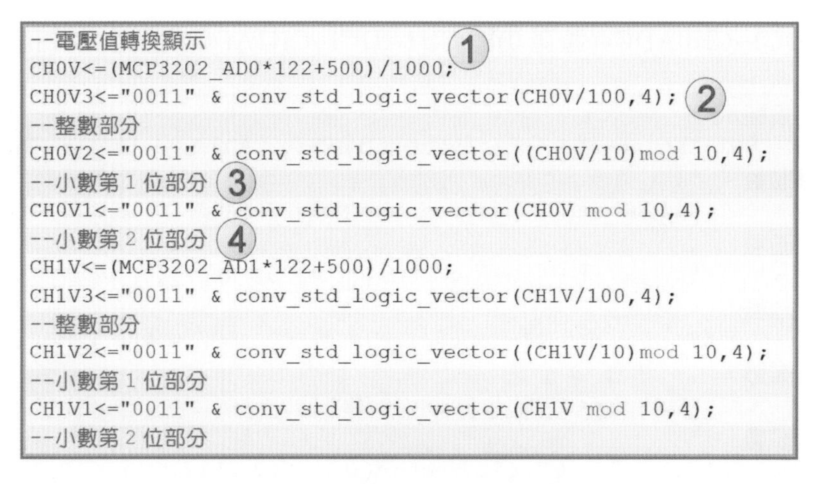

```
--電壓值轉換顯示
CH0V<=(MCP3202_AD0*122+500)/1000;
CH0V3<="0011" & conv_std_logic_vector(CH0V/100,4);
--整數部分
CH0V2<="0011" & conv_std_logic_vector((CH0V/10)mod 10,4);
--小數第 1 位部分
CH0V1<="0011" & conv_std_logic_vector(CH0V mod 10,4);
--小數第 2 位部分
CH1V<=(MCP3202_AD1*122+500)/1000;
CH1V3<="0011" & conv_std_logic_vector(CH1V/100,4);
--整數部分
CH1V2<="0011" & conv_std_logic_vector((CH1V/10)mod 10,4);
--小數第 1 位部分
CH1V1<="0011" & conv_std_logic_vector(CH1V mod 10,4);
--小數第 2 位部分
```


圖18　電壓值轉換顯示資料

① 首先將 ADC 轉換後的數值轉換成電壓值。MCP3202 轉換前的是 0~5V 電壓，轉換後是 0~4095 的數值(MCP3202_AD0)乘以 0.122 就可以了，而在此再加上 0.5 補償。

② 將轉換後的電壓值除 100 取商數，即可得到整數位數，將此整數位數轉換成 4 位元的 std_logic_vector。而在其右邊接上 0011，即為整數位數之 ASCII 碼，最後將此 ASCII 碼存入 CH0V3。

③ 將轉換後的電壓值除 10 取商數，再把此商數除 10 取餘數，即可得到小數的第 1 位，將此數轉換成 4 位元的 std_logic_vector。而在其右邊接上 0011，即為第 1 位小數之 ASCII 碼，最後將此 ASCII 碼存入

CH0V2。

④ 將轉換後的電壓值除 10 取餘數，即可得到小數的第 2 位，將此數轉換成 4 位元的 std_logic_vector。而在其右邊接上 0011，即為第 2 位小數之 ASCII 碼，最後將此 ASCII 碼存入 CH0V1。

後續工作

KTM-626

電路設計完成後，按 Ctrl + S 鍵存檔，再按 Ctrl + L 鍵進行初始編譯。若編譯有錯誤，可循下方紅色錯誤訊息(直接快按兩下)，跳到錯誤處修改之。若編譯成功，在隨即出現的訊息對話盒中，按 確定 鈕關閉之。

緊接著進行接腳配置，按 Ctrl + Shift + N 鍵，開啟接腳配置視窗，先按表 6(11-26 頁)配置接腳，再將 S1 信號配置 131 腳。

完成接腳配置後，按 Ctrl + L 鍵即進行二次編譯，並退回原 Quartus II 編譯視窗。同樣的，完成二次編譯後，在隨即出現的訊息對話盒中，按 確定 鈕關閉之。

燒錄與測試

KTM-626

首先備妥 USB Blaster 下載線，一端插入電腦 USB 埠，另一段插入 EP3C 板上的 JTAG 埠，然後開啟 KTM-626 多功能 FPGA 開發平台之電源。

按 Alt 、 T 、 P 鍵即可開啟燒錄視窗，按 Start 鈕即進行燒錄。很快的，完成燒錄後，按下列操作：

1. 將 SW9-2 指撥開關切到 OFF。
2. 使用兩條杜邦線，分別從 P9-5 連接器的 pH 端連接到 P9-1 連接器的 CH1 端、P9-5 連接器的 pV 端連接到 P9-1 連接器的 CH0 端。即可將水平電位計連接到 MCP3202 的通道 1(CH1)、垂直電位計連接到 MCP3202 的通道 0(CH0)
3. 觀察 LCD 上第二列左邊的 CH0 是否隨垂直電位計的操作而改變值？
4. 當垂直電位計移至最下方，所顯示的 CH0 為多少？______
5. 當垂直電位計移至最上方，所顯示的 CH0 為多少？______
6. 觀察 LCD 上第二列右邊的 CH1 是否隨水平電位計的操作而改變值？
7. 當水平電位計移至最左邊，所顯示的 CH1 為多少？______

8. 當水平電位計移至最右邊，所顯示的 CH1 為多少？_____
9. 按 S1 鍵切換顯示模式，是否按表 7(11-39 頁)改變顯示模式？_____
10. 在不同顯示模式下，重複操作步驟 3 到步驟 8。

11-6 ADC-DAC 轉換實習

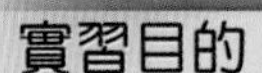

實習目的

在本單元裡將設計一個量測類比電壓，經由 MCP3202 晶片轉換成數位值，並在 LCD 上顯示量測到的值(數位值)。再應用 MCP4822 晶片將這個數位值轉換成類比值，並輸出到 Ao1 與 Ao2。最後使用三電表分別量測 Ao1 對地電壓，以及 Ao2 對地電壓。

新增專案與設計檔案

開啟 Quartus II，並按 1-2 節的說明，新增專案與設計檔案，相關資料如下：

- 專案資料夾：D:\CH11\CH11_ADC_to_DAC_3
- 專案名稱：CH11_ADC_to_DAC_3
- 晶片族系(Family)：Cycolne III
- 接腳數(Pin count)：240
- 晶片名稱：EP3C16Q240C8
- VHDL 設計檔：CH11_ADC_to_DAC_3.vhd

電路設計

在新建的 CH11_ADC_to_DAC_3.vhd 編輯區裡按下列設計電路，再按 Ctrl + S 鍵，請記得將 10-2 節中的 PCM3202_Driver.vhd、10-3 節中的 PCM4822_Driver.vhd 與 6-2 節中的 LCM_4bit_driver.vhd 複製到本專案的資料夾裡。

```
--MCP3202 ch0_1->MCP4822 chA_B 測試+中文 LCM 顯示
--107.01.01 版
--EP3C16Q240C8 50MHz LEs:15,408 PINs:161 ,gckp31 ,rstP99

Library IEEE;                           --連結零件庫
Use IEEE.std_logic_1164.all;            --引用套件
```

```
Use IEEE.std_logic_unsigned.all;    --引用套件
Use IEEE.std_logic_arith.all;       --引用套件

entity CH11_ADC_to_DAC_3 is
port(gckp31,rstP99:in std_logic;    --系統頻率,系統 reset
     --MCP3202 ADC
     MCP3202_Di:out std_logic;
     MCP3202_Do:in std_logic;
     MCP3202_CLK,MCP3202_CS:buffer std_logic;

     --MCP4822 DAC
     MCP4822_SDI,MCP4822_LDAC:out std_logic;--MCP4822 SDI,LDAC 信號
     MCP4822_SCK,MCP4822_CS:buffer std_logic;--MCP4822 SCK,/cs 信號

     --LCD 4bit 介面
     DB_io:inout std_logic_vector(3 downto 0);
     RSo,RWo,Eo:out std_logic

     );
end entity CH11_ADC_to_DAC_3;

architecture Albert of CH11_ADC_to_DAC_3 is
    --MCP3202 ADC--
    component MCP3202_Driver is
    port(MCP3202_CLK_D,MCP3202_RESET:in std_logic;
         --MCP3202_Driver 驅動 clk,reset 信號
         MCP3202_AD0,MCP3202_AD1:buffer integer range 0 to 4095;
         --MCP3202 AD0,1 ch0,1 值
         MCP3202_try_N:in integer range 0 to 3;--失敗後再嘗試次數
         MCP3202_CH1_0:in std_logic_vector(1 downto 0);--輸入通道
         MCP3202_SGL_DIFF:in std_logic;     --MCP3202 SGL/DIFF
         MCP3202_Do:in std_logic;           --MCP3202 do 信號
         MCP3202_Di:out std_logic;          --MCP3202 di 信號
         MCP3202_CLK,MCP3202_CS:buffer std_logic;
         --MCP3202 clk,/cs 信號
         MCP3202_ok,MCP3202_S:buffer std_logic);
         --Driver 完成旗標 ,完成狀態
    end component;
```

```
signal MCP3202_CLK_D,MCP3202_RESET:std_logic;
--MCP3202_Driver 驅動 clk,reset 信號
signal MCP3202_AD0,MCP3202_AD1:integer range 0 to 4095;
--MCP3202 AD 值
signal MCP3202_try_N:integer range 0 to 3:=1;--失敗後再嘗試次數
signal MCP3202_CH1_0:std_logic_vector(1 downto 0):="01";--ch1
signal MCP3202_SGL_DIFF:std_logic:='1';--MCP3202 SGL/DIFF 選 SGL
signal MCP3202_ok,MCP3202_S:std_logic;    --Driver 完成旗標 ,完成狀態

--MCP4822 DAC--
component MCP4822_Driver is
port(MCP4822_CLK,MCP4822_RESET:in std_logic;
    --MCP4822_Driver 驅動 clk,reset 信號
    MCP4822_DAA,MCP4822_DAB:in integer range 0 to 4095;
    --MCP4822 DAC chA0,B1 值
    MCP4822_CHB_A:in std_logic_vector(1 downto 0);--輸入通道
    MCP4822_GA_BA:in std_logic_vector(1 downto 0);--/GA 0x2,1x1
    MCP4822_SHDN_BA:in std_logic_vector(1 downto 0);--/SHDN
    MCP4822_SDI,MCP4822_LDAC:out std_logic;--MCP4822 SDI,LDAC 信號
    MCP4822_SCK,MCP4822_CS:buffer std_logic;--MCP4822 SCK,/cs 信號
    MCP4822_ok:buffer std_logic);              --Driver 完成旗標
end component;

signal MCP4822_CLK,MCP4822_RESET:std_logic;
--MCP4822_Driver 驅動 clk,reset 信號
signal MCP4822_DAA,MCP4822_DAB:integer range 0 to 4095;
--MCP4822 DAC chA0,B1 值
signal MCP4822_CHB_A:std_logic_vector(1 downto 0);--輸入通道
signal MCP4822_GA_BA:std_logic_vector(1 downto 0);--GA 0x2,1x1
signal MCP4822_SHDN_BA:std_logic_vector(1 downto 0);--/SHDN
signal MCP4822_ok:std_logic;           --Driver 完成旗標

--中文 LCM 4bit driver(WG14432B5)
component LCM_4bit_driver is
port(LCM_CLK,LCM_RESET:in std_logic;    --操作速率,重置
    RS,RW:in std_logic;                  --暫存器選擇,讀寫旗標輸入
    DBi:in std_logic_vector(7 downto 0);
    --LCM_4bit_driver 資料輸入
    DBo:out std_logic_vector(7 downto 0);
```

```
        --LCM_4bit_driver 資料輸出
        DB_io:inout std_logic_vector(3 downto 0);
        --LCM DATA BUS 介面
        RSo,RWo,Eo:out std_logic;  --LCM 暫存器選擇,讀寫,致能介面
        LCMok,LCM_S:out boolean    --LCM_4bit_driver 完成,錯誤旗標
        );
end component;

signal LCM_RESET,RS,RW:std_logic;
--LCM_4bit_driver 重置,LCM 暫存器選擇,讀寫旗標
signal DBi,DBo:std_logic_vector(7 downto 0);
--LCM_4bit_driver 命令或資料輸入及輸出
signal LCMok,LCM_S:boolean;  --LCM_4bit_driver 完成作業旗標,錯誤信息

    signal FD:std_logic_vector(24 downto 0);--除頻器
signal FS:integer range 0 to 31;         --頻率選擇
signal times:integer range 0 to 2047;  --計時器

--中文 LCM 指令&資料表格式:
--(總長,指令數,指令...資料..........)
--英數型 LCM 4 位元界面,2 列顯示

type LCM_T is array (0 to 20) of std_logic_vector(7 downto 0);
constant LCM_IT:LCM_T:=(
        X"0F",X"06",--中文型 LCM 4 位元界面
        "00101000","00101000","00101000",--4 位元界面
        "00000110","00001100","00000001",
        --ACC+1 顯示幕無移位,顯示幕 on 無游標無閃爍,清除顯示幕
        X"01",X"48",X"65",X"6C",X"6C",X"6F",X"21",X"20",
        X"20",X"20",x"20",X"20",X"20");--Hello!

--LCM=1:第一列顯示區");-- -=MCP3202 ADC=-
signal LCM_1:LCM_T:=(
        X"15",X"01",                --總長,指令數
        "00000001",                 --清除顯示幕
        --第 1 列顯示資料
        X"20",X"2D",X"3D",X"4D",X"43",X"50",X"33",X"32",
        X"30",X"32",X"20",X"41",X"44",X"43",X"3D",X"2D",
        X"20",X"20");-- -=MCP3202 ADC=-
```

```
    --LCM=1:第二列顯示區 CH0:      CH1:
    signal LCM_12:LCM_T:=(
        X"15",X"01",                    --總長,指令數
        "10010000",                     --設第二列 ACC 位置
        --第 2 列顯示資料
        X"43",X"48",X"30",X"3A",X"20",X"20",X"20",X"20",
        X"20",X"20",X"43",X"48",X"31",X"3A",X"20",X"20",
        X"20",X"20");--CH0:      CH1:

    --LCM=2:第一列顯示區 資料讀取失敗
    signal LCM_2:LCM_T:=(
        X"15",X"01",                    --總長,指令數
        "00000001",                     --清除顯示幕
        --第 1 列顯示資料
        X"20",X"20",X"20",X"20",X"20",X"20",X"B8",X"EA",
        X"AE",X"C6",X"C5",X"AA",X"A8",X"FA",X"A5",X"A2",
        X"AE",X"B1",X"D1");--

    signal LCM_com_data,LCM_com_data2:LCM_T;--LCD 表格輸出
    signal LCM_INI:integer range 0 to 31;   --LCD 表格輸出指標
    signal LCMP_RESET,LN,LCMPok:std_logic;
        --LCM_P 重置,輸出列數,LCM_P 完成
    signal LCM,LCMx:integer range 0 to 7;   --LCD 輸出選項

begin

U1: MCP4822_Driver port map(
      FD(0),MCP4822_RESET, --MCP4822_Driver 驅動 clk,reset 信號
      MCP4822_DAA,MCP4822_DAB,--MCP4822 DAC chA0,B1 值
      MCP4822_CHB_A,              --輸入通道
      MCP4822_GA_BA,              --GA 0x2,1x1
      MCP4822_SHDN_BA,            --/SHDN
      MCP4822_SDI,MCP4822_LDAC,--MCP4822 SDI,LDAC 信號
      MCP4822_SCK,MCP4822_CS, --MCP4822 SCK,/cs 信號
      MCP4822_ok);                --Driver 完成旗標

U2: MCP3202_Driver port map(
      FD(4),MCP3202_RESET,        --MCP3202_Driver 驅動 clk,reset 信號
```

```
        MCP3202_AD0,MCP3202_AD1,--MCP3202 AD 值
        MCP3202_try_N,          --失敗後再嘗試次數
        MCP3202_CH1_0,          --輸入通道
        MCP3202_SGL_DIFF,       --SGL/DIFF
        MCP3202_Do,             --MCP3202 do 信號
        MCP3202_Di,             --MCP3202 di 信號
        MCP3202_CLK,MCP3202_CS, --MCP3202 clk,/cs 信號
        MCP3202_ok,MCP3202_S);  --Driver 完成旗標 ,完成狀態

--中文 LCM
LCMset: LCM_4bit_driver port map(
        FD(7),LCM_RESET,RS,RW,DBi,DBo,DB_io,RSo,RWo,Eo,LCMok,LCM_S);
        --LCM 模組

MCP4822_DAA<=MCP3202_AD0;--CH0:ADC to DAC
MCP4822_DAB<=MCP3202_AD1;--CH1:ADC to DAC

ADC_DAC_Main:process(FD(17))
begin
    if rstP99='0' then  --系統重置
        MCP3202_RESET<='0';      --MCP3202_driver 重置
        LCM<=0;                  --中文 LCM 初始化
        LCMP_RESET<='0';         --LCMP 重置
        MCP3202_CH1_0<="10";     --CH0->CH1 自動轉換同步輸出
        --MCP3202_CH1_0<="00";   --CH0,CH1 輪流轉換輪流輸出
        MCP4822_RESET<='0';
        MCP4822_CHB_A<="10";     --CHA->CHB 自動轉換同步輸出
        MCP4822_GA_BA<="11";     --A:x1 B:x1
        MCP4822_SHDN_BA<="11";   --/SHUTDOWN off
        FS<=0;                   --頻率選擇
    elsif rising_edge(FD(FS)) then
        LCMP_RESET<='1';         --LCMP 啟動顯示
        if LCMPok='1' then       --LCM 顯示完成
            if MCP3202_RESET='0' then   --MCP3202_driver 尚未啟動
                MCP3202_RESET<='1';     --重新讀取資料
                times<=40;              --設定計時
                FS<=0;                  --頻率選擇
            elsif MCP3202_ok='1' then   --讀取結束
                if MCP4822_RESET='0' then
```

```
                MCP4822_RESET<='1'; --啟動 DAC 轉換
            elsif MCP4822_ok='1' then
                FS<=17;                --頻率選擇
                times<=times-1;        --計時
                if times=0 then        --時間到
                    LCM<=1;            --中文 LCM 顯示測量值
                    LCMP_RESET<='0';--LCMP 重置
                    MCP3202_RESET<='0'; --準備重新讀取資料
                    --MCP3202_CH1_0(0)<=not MCP3202_CH1_0(0);
                    --CH0,CH1 輪流轉換輪流輸出
                    MCP4822_RESET<='0';
                elsif MCP3202_S='1' then--資料讀取失敗
                    LCM<=2;            --中文 LCM 顯示 資料讀取失敗
                end if;
            end if;
        end if;
    end if;
  end if;
end process ADC_DAC_Main;

--LCM 顯示
LCM_12(10)<="0011"&conv_std_logic_vector(MCP3202_AD0 mod 10,4);
-- 擷取個位數
LCM_12(9)<="0011"&conv_std_logic_vector((MCP3202_AD0/10)mod 10,4);
-- 擷取十位數
LCM_12(8)<="0011"&conv_std_logic_vector((MCP3202_AD0/100) mod 10,4);
-- 擷取百位數
LCM_12(7)<="0011"&conv_std_logic_vector(MCP3202_AD0/1000,4);
-- 擷取千位數


LCM_12(20)<="0011"&conv_std_logic_vector(MCP3202_AD1 mod 10,4);

-- 擷取個位數
LCM_12(19)<="0011"&conv_std_logic_vector((MCP3202_AD1/10)mod 10,4);
-- 擷取十位數
LCM_12(18)<="0011"&conv_std_logic_vector((MCP3202_AD1/100) mod 10,4);
-- 擷取百位數
LCM_12(17)<="0011"&conv_std_logic_vector(MCP3202_AD1/1000,4);
-- 擷取千位數
```

```
--中文 LCM 顯示器--
--中文 LCM 顯示器
--指令&資料表格式:
--(總長,指令數,指令...資料..........)
LCM_P:process(FD(0))
    variable SW:Boolean;             --命令或資料備妥旗標
begin
    if LCM/=LCMx or LCMP_RESET='0' then
        LCMx<=LCM;                   --記錄選項
        LCM_RESET<='0';              --LCM 重置
        LCM_INI<=2;                  --命令或資料索引設為起點
        LN<='0';                     --設定輸出 1 列
        case LCM is
            when 0=>
                LCM_com_data<=LCM_IT;--LCM 初始化輸出第一列資料 Hello!
            when 1=>
                LCM_com_data<=LCM_1;--輸出第一列資料
                LCM_com_data2<=LCM_12;--輸出第二列資料
                LN<='1';             --設定輸出 2 列
            when others =>
                LCM_com_data<=LCM_2;--輸出第一列資料
        end case;
        LCMPok<='0';                 --取消完成信號
        SW:=False;                   --命令或資料備妥旗標
    elsif rising_edge(FD(0)) then
        if SW then                   --命令或資料備妥後
            LCM_RESET<='1';          --啟動 LCM_4bit_driver_delay
            SW:=False;               --重置旗標
        elsif LCM_RESET='1' then     --LCM_4bit_driver_delay 啟動中
            if LCMok then --等待 LCM_4bit_driver_delay 完成傳送
                LCM_RESET<='0';      --完成後 LCM 重置
            end if;
        elsif LCM_INI<LCM_com_data(0) and LCM_INI<LCM_com_data'length then
        --命令或資料尚未傳完
            if LCM_INI<=(LCM_com_data(1)+1) then--選命令或資料暫存器
                RS<='0';             --Instruction reg
            else
                RS<='1';             --Data reg
```

```
            end if;
            RW<='0';                       --LCM寫入操作
            DBi<=LCM_com_data(LCM_INI);--載入命令或資料
            LCM_INI<=LCM_INI+1;        --命令或資料索引指到下一筆
            SW:=True;                  --命令或資料已備妥
        else
            if LN='1' then             --設定輸出2列
                LN<='0';               --設定輸出2列取消
                LCM_INI<=2;            --命令或資料索引設為起點
                LCM_com_data<=LCM_com_data2;--LCM輸出第二列資料
            else
                LCMPok<='1';           --執行完成
            end if;
        end if;
    end if;
end process LCM_P;

--除頻器--
Freq_Div:process(gckP31)               --系統頻率gckP31:50MHz
begin
    if rstP99='0' then                 --系統重置
        FD<=(others=>'0');             --除頻器:歸零
    elsif rising_edge(gckP31) then --50MHz
        FD<=FD+1;                      --除頻器:2進制上數(+1)計數器
    end if;
end process Freq_Div;

end Albert;
```

設計動作簡介

在此電路架構(architecture)裡，包括導入 LCM_4bit_driver 零件、MCP3202_driver 零件與 MCP4822_driver 零件、ADC_DAC_Main 主控器、顯示資料處理電路、LCD 控制器(LCM_P)與除頻器等，在此不重複說明之前的章節裡已介紹過的部分。

基本上，在此的主控器可說是前一個單元裡(11-4、11-5)的主控器之擴充，基

本結構相同，當系統重置時，進行下列動作：

- 重置 MCP3202_Driver 驅動電路，以準備重新啟動。
- 準備 LCD 的初始化動作。
- 重置 LCD 控制器，而在重啟時就會執行初始化動作。
- 設定 MCP3202 的 CH0、CH1 自動轉換同步輸出。
- 重置 MCP4822_Driver 驅動電路，以準備重新啟動。
- 設定 MCP4822 的 CHA、CHB 自動轉換同步輸出。
- 設定 MCP4822 兩個通道的增益都為 1。若為 2，輸出類比電壓會加倍。
- 設定兩個通道都在動作模式(可以輸出)。
- 將頻率選擇指標設定為 0。

當重啟主控器後，隨時脈 FD(FS)的升緣而動作，如下：

```
elsif rising_edge(FD(FS)) then      ①
 ② LCMP_RESET<='1';                  --LCMP 啟動顯示
    if LCMPok='1' then                --LCM 顯示完成
        if MCP3202_RESET='0' then     --MCP3202_driver 尚未啟動
            MCP3202_RESET<='1';       --重新讀取資料
            times<=40;                --設定計時
            FS<=0;                    --頻率選擇
        elsif MCP3202_ok='1' then     --讀取結束
  ③         if MCP4822_RESET='0' then
                MCP4822_RESET<='1';--啟動 DAC 轉換
            elsif MCP4822_ok='1' then
                FS<=17;               --頻率選擇
                times<=times-1;       --計時
                if times=0 then       --時間到
                    LCM<=1;           --中文 LCM 顯示測量值
                    LCMP_RESET<='0';--LCMP 重置
                    MCP3202_RESET<='0'; --準備重新讀取資料
                    --MCP3202_CH1_0(0)<=not MCP3202_CH1_0(0);
                    --CH0,CH1 輪流轉換輪流輸出
                    MCP4822_RESET<='0';
                elsif MCP3202_S='1' then--資料讀取失敗
                    LCM<=2;           --中文 LCM 顯示 資料讀取失敗
                end if;
            end if;
        end if;
    end if;
end if;
```

圖19　主控器的操作

① FD(FS)的頻率隨 FS 而變，如圖 19 所示。

② 當 FD(FS)的升緣時，則重啟 LCD 控制器，若 LCD 已完成顯示，則繼續進行下列操作。

③ 若 MCP3202 仍在重置狀態，則重啟 MCP3202、重新計時，並設定時脈為 FD(0)，頻率為 25MHz。

④ 若 MCP3202 已完成讀取，而 MCP4822 仍在重置狀態，則重啟 MCP4822。

⑤ 若 MCP4822 完成 DAC 轉換，則重啟 MCP4822，設定時脈為 FD(17)，頻率為 381Hz，並繼續計時。

⑥ 若計時時間到，則 LCD 顯示量測值，然後重置 LCD 控制器、重置 MCP3202(準備重新讀取)、重置 MCP4822。

⑦ 若 MCP3202 讀取資料失敗，則 LCD 顯示資料讀取失敗。

後續工作

KTM-626

電路設計完成後，按 Ctrl + S 鍵存檔，再按 Ctrl + L 鍵進行初始編譯。若編譯有錯誤，可循下方紅色錯誤訊息(直接快按兩下)，跳到錯誤處修改之。若編譯成功，在隨即出現的訊息對話盒中，按 確定 鈕關閉之。

緊接著進行接腳配置，按 Ctrl + Shift + N 鍵，開啟接腳配置視窗，再按表 8 配置接腳。

表 8　接腳表

MCP3202_CLK	MCP3202_CS	MCP3202Di	MCP3202_Do
223	222	221	220
MCP4822_CS	MCP4822_LDAC	MCP4822_SCK	MCP4822_SDI
226	224	232	231
DB_io(3)	DB_io(2)	DB_io(1)	DB_io(0)
219	218	217	216
Eo	RSo	RWo	
201	199	200	
gckP31	rstP99		
31	99		

完成接腳配置後，按 Ctrl + L 鍵即進行二次編譯，並退回原 Quartus II 編譯視窗。同樣的，完成二次編譯後，在隨即出現的訊息對話盒中，按 確定 鈕

關閉之。

燒錄與測試

KTM-626

首先備妥 USB Blaster 下載線，一端插入電腦 USB 埠，另一段插入 EP3C 板上的 JTAG 埠，然後開啟 KTM-626 多功能 FPGA 開發平台之電源。

按 Alt 、 T 、 P 鍵即可開啟燒錄視窗，按 Start 鈕即進行燒錄。很快的，完成燒錄後，備妥三用電表(數字電表更好)，再按下列操作：

1. 確認 SW9-2 指撥開關切到 OFF。
2. 使用兩條杜邦線，分別從 P9-5 連接器的 pH 端連接到 P9-1 連接器的 CH1 端、P9-5 連接器的 pV 端連接到 P9-1 連接器的 CH0 端。即可將水平電位計連接到 MCP3202 的通道 1(CH1)、垂直電位計連接到 MCP3202 的通道 0(CH0)
3. 觀察 LCD 上第二列左邊的 CH0 是否隨垂直電位計的操作而改變值？
4. 觀察 LCD 上第二列右邊的 CH1 是否隨水平電位計的操作而改變值？
5. 將三用電表切換到 DCV 10V 檔位，黑棒接地，紅棒分別量測 P9-2 之 Ao1 與 Ao2，並與 LCD 顯示的值比對，有何差異？

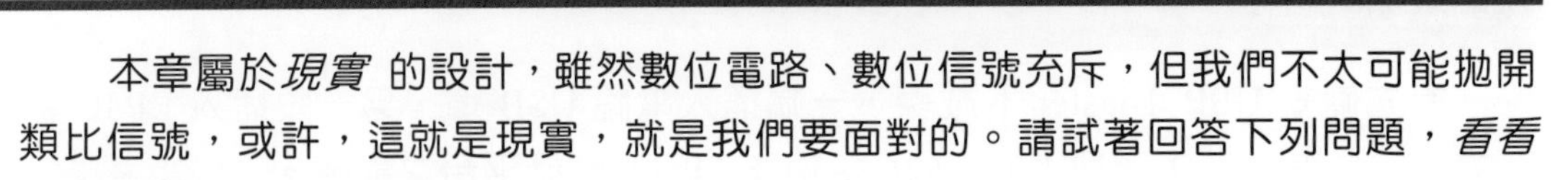

11-7 即時練習

本章屬於*現實* 的設計，雖然數位電路、數位信號充斥，但我們不太可能拋開類比信號，或許，這就是現實，就是我們要面對的。請試著回答下列問題，*看看你學會多少？*

1 試述 MCP3202 的解析度？

2 若 MCP3202 採用+5V 電源，則轉換後的最小刻度是多少？

3 試簡述 MCP3202 的傳輸資料封包？

4 試簡述 MCP4822 的接腳功能？

5 試簡述 MCP4822 的組態位元？

CH 12

搖桿控制機械臂

12-1 認識搖桿與伺服機

12-2 伺服機介面電路設計-1

12-3 搖桿操控機械臂實習

12-4 伺服機介面電路設計-2

12-5 旋轉編碼器控制伺服機實習

12-6 即時練習

12-1 認識搖桿與伺服機

認識搖桿

KTM-626

搖桿(joysticks)較常出現在遊戲機或無人機上的操控上，而在工業控制或自動控制上，搖桿更是實用的裝置。如圖 1 所示，搖桿脫去華麗的外殼，搖桿則是一個機構成分很重的電子零件。在 KTM-626 多功能 FPGA 開發平台的右上角，就設置一個搖桿。

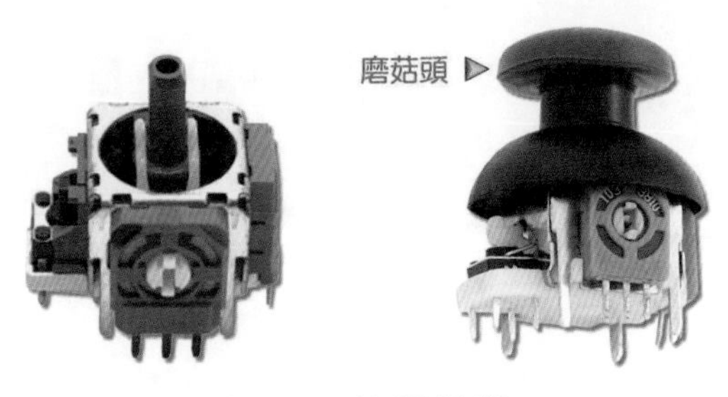

圖1　　搖桿外觀

在搖桿內部，設置兩個電位計(可變電阻器)與一個按鈕，如圖 2 所示。

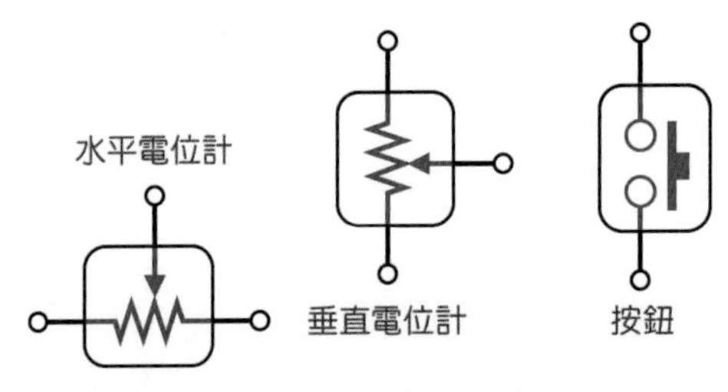

圖2　　搖桿內部電子零件

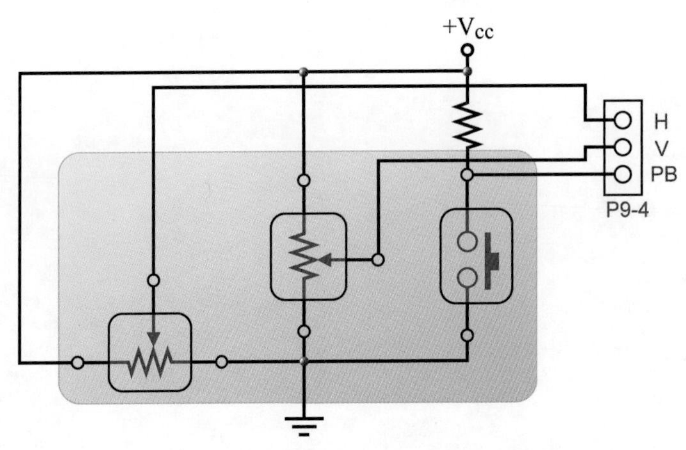

圖3　　KTM-626 多功能 FPGA 開發平台裡的搖桿電路

在 KTM-626 裡，將搖桿裡的三個零件接出，如圖 12-3 所示，其中按鈕開關接成低態動作。而垂直電位計與水平電位計的輸出信號屬於類比信號，必須經過 MCP3202 轉換成數位值，才能接入 FPGA。

由於 MCP3202 只有兩個 ADC 通道，而在 KTM-626 裡有多個類比信號源，如 11 章裡所使用的 LM35、兩個電位計、搖桿裡的電位計等，所以，在此的類比信號源採跳線方式，必須使用杜邦線分別從 P9-4 連接器的 H 端與 V 端連接到 P9-1 連接器的 CH0 端與 CH1 端，才能使用該類比裝置。至於 H 接 CH0、V 接 CH1，或是 H 接 CH1、V 接 CH0 都可以。

認識伺服機

馬達(電動機)不一定是 360 度連續旋轉的！伺服機(Servo Motor)就是一個特例！伺服馬達並不是為了連續旋轉，而是用於精確的角度定位，其內部包含一個低慣性直流馬達、一組減速齒輪與回授電位計，如圖 4 所示，而其額定的定位角度範圍是 0~180 度，至於市售伺服馬達能否達到這麼寬的角度控制，則是另一個課題。

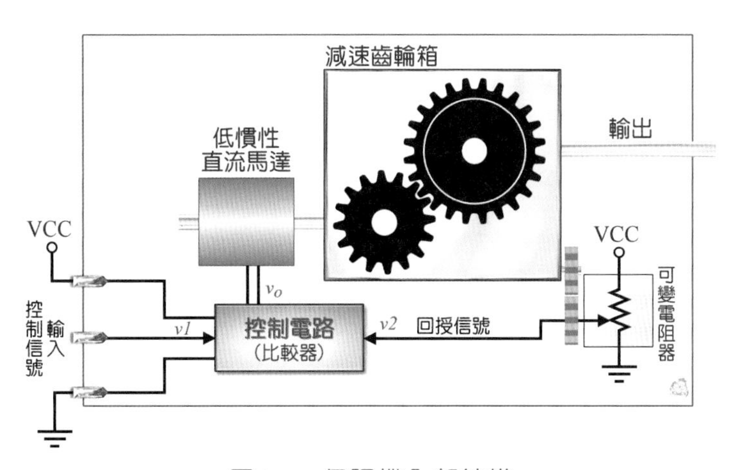

圖4　伺服機內部結構

如圖 5 所示為常見的伺服機，其中左邊的 MG90S 採用金屬齒輪，比較堅固耐用。右邊的 SG90 採用塑膠齒輪，比較便宜。

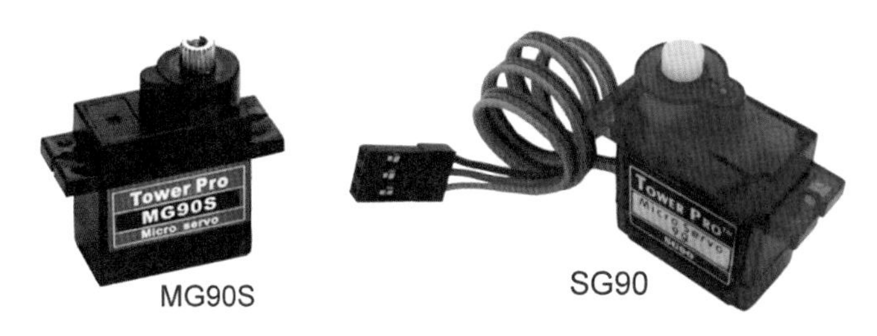

圖5　MG90S 與 SG90 系列伺服馬達

在 KTM-626 多功能 FPGA 的右上方，設置一個雙軸機械臂，這個機械臂是由兩個伺服馬達(在此採用 MG90S)與專用機械臂雲台所構成，而整個機械臂是可插拔的，如圖 6 所示。

圖6　雙軸機械臂

每個伺服機各有三條引接線，如圖 7 所示，依序為 PWM、VCC 與 GND，其中 PWM 為控制信號，VCC 與 GND 提供+5V 電源。這組引接線也很標準化，PWM 線為黃色或橙色，VCC 線為紅色，而 GND 線不是棕色，就是黑色。

圖7　伺服機之引接線

兩個伺服機的引接線都已插入 KTM-626 的 P4-1 連接器上，由上而下分別為第一個伺服機的 PWM、VCC 與 GND，第二個伺服機的 PWM、VCC 與 GND。若沒必要，就不要拔掉，以免不小心插錯。

而在 KTM-626 裡，這兩組引接線之 VCC 連接+5V、GND 接地，第一個伺服馬達的 PWM1 接入 FPGA 的 160 腳、第二個伺服馬達的 PWM2 接入 FPGA 的 159 腳。

伺服機的控制信號

KTM-626

伺服馬達的控制信號是一種脈波寬度調變(PWM)，其週期為 20ms，脈波寬度從 1ms 到 2ms。當脈波寬度為 1ms 時，伺服機轉到 0 度位置；當脈波寬度為 2ms，伺服機轉至 180 度。而脈波寬度從 1ms 到 2ms 之間，將按比例驅動伺服機轉至對應的角度。

12-2 伺服機介面電路設計-1

在此將設計一個 MG90S_Driver 的驅動電路，也就是 PWM 介面電路。

電路設計

KTM-626

完整 MG90S_Driver 之驅動電路設計如下：

```
--MG90S 測試
--107.01.01版
--EP3C16Q240C8 50MHz LEs:15,408 PINs:161 ,gckp31 ,rstP9

Library IEEE;                              --連結零件庫
Use IEEE.std_logic_1164.all;               --引用套件
Use IEEE.std_logic_unsigned.all;           --引用套件

entity MG90S_Driver is
    port(MG90S_CLK,MG90S_RESET:in std_logic;
         --MG90S_Driver驅動clk(25MHz),reset信號
         MG90S_dir:in std_logic;                      --轉動方向
         MG90S_deg:in integer range 0 to 90;          --轉動角度
         MG90S_o:out std_logic);                      --Driver輸出
end entity MG90S_Driver;

architecture Albert of MG90S_Driver is
    signal MG90Servd:integer range 0 to 25010;       --角度換算值
    signal MG90Servs:integer range 0 to 63000;       --servo pwm比率值
    signal MG90Serv:integer range 0 to  500000;      --servo pwm產生器

begin

--角度換算值--0~90--
MG90Servd<=2778*MG90S_deg/10;   --角度換算值+-25000
MG90Servs<=37500+MG90Servd when MG90S_dir='0'
             else 37500-MG90Servd;

--servo pwm產生器--
MG90S_o<='1' when MG90Serv<MG90Servs and MG90S_RESET='1'
              else '0';
```

```
--50Hz 產生器(20ms)
MG90S:process(MG90S_CLK,MG90S_RESET)
begin
    if MG90S_RESET='0' then
        MG90Serv<=0;
    elsif rising_edge(MG90S_CLK) then
        --20ms
        MG90Serv<=MG90Serv+1;
        if MG90Serv=499999 then --f=50Hz, T=20ms
            MG90Serv<=0;
        end if;
    end if;
end process MG90S;

end Albert;
```

設計動作簡介

KTM-626

本驅動電路的設計，主要是依據 MG90S 的資料規格，以產生週期為 20ms、脈波寬度為 1ms~2ms(受控於指定的角度與方向)的 PWM 信號，如圖 8 所示。

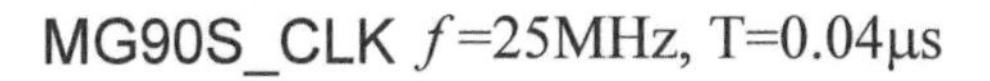

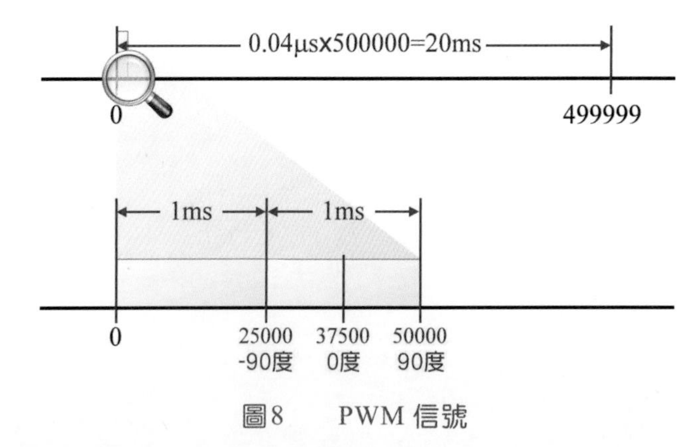

圖8　PWM 信號

在 KTM626 裡，兩個伺服馬達都採用+5V 電源，但 PWM 信號(控制信號)的電源為+3.3V，如圖 9 所示，其中的 Vs 為 3.3V，而非+5V。如此一來，PWM 信號的平均值只為採用+5V 電源之下的 PWM 信號的平均值之 2/3。

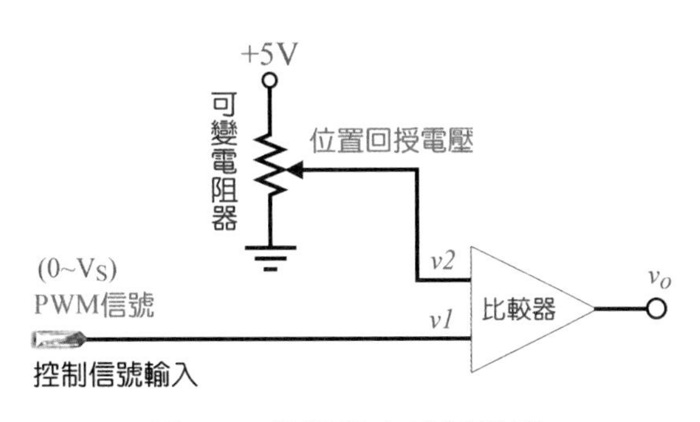

圖9　　伺服機之控制電路

彌補信號電源與裝置電源的差異，若原本計數量 37500 時，伺服機為 0 度，減去 12500，即可將伺服機轉至-90 度、而加上 12500，即可將伺服機轉至 90 度，如圖 8 所示。但信號準位下降為原本的 2/3，所以其平均值也下降為原本的 2/3。如果以 37500 為 0 度，減去 12500，只能將伺服機轉至-45 度、而加上 12500，只能將伺服機轉至 45 度。為了補償準位差，同樣以 37500 為 0 度，再將 12500 調整為 25000。換言之，37500 為 0 度，減去 25000(即 12500)為-90 度；加上 25000(即 62500)為 90 度。如此即可達到 180 度的角度控制，計數值從 125000 到 625000。

本驅動電路的設計，包括五支接腳，如圖 10 所示，其中的 MG90S_CLK 之頻率為 25MHz。

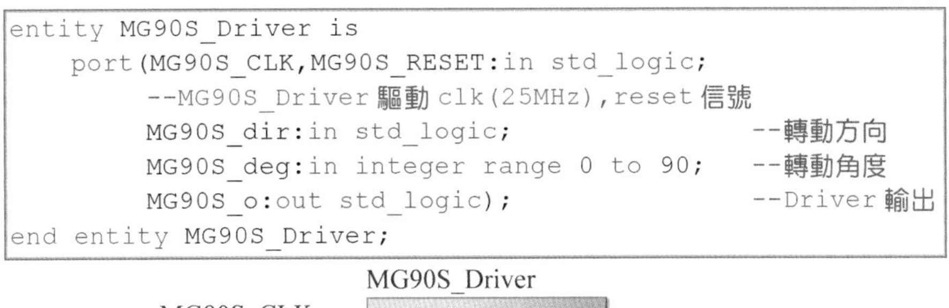

```
entity MG90S_Driver is
    port(MG90S_CLK,MG90S_RESET:in std_logic;
         --MG90S_Driver 驅動 clk(25MHz),reset 信號
         MG90S_dir:in std_logic;                    --轉動方向
         MG90S_deg:in integer range 0 to 90;        --轉動角度
         MG90S_o:out std_logic);                    --Driver 輸出
end entity MG90S_Driver;
```

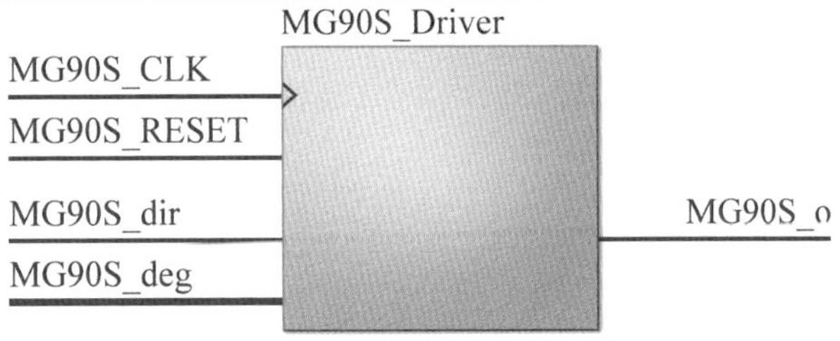

圖10　　MG90S_Driver 之接腳

在內部架構裡，主要由角度轉換值電路、50Hz 產生電路、PWM 產生電路等三部分所構成，如圖 11 所示，如下說明：

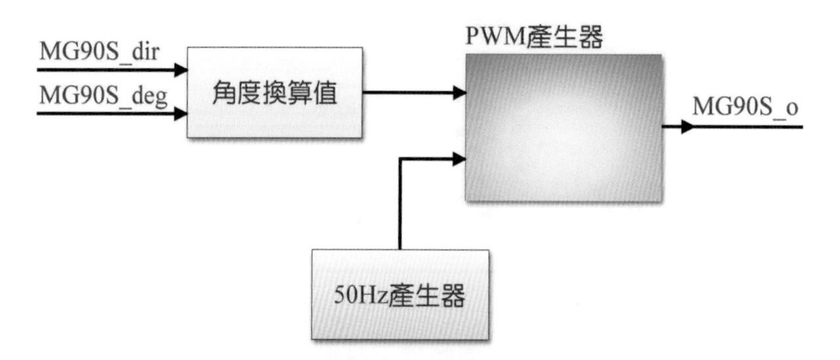

圖11　MG90S_Driver 內部架構

角度換算值電路

角度換算值電路的目的是將指定的角度 (MG90S_deg) 與方向 (MG90S_dir)，轉換成控制脈波寬的計數值 (MG90Servs)，如圖 12 所示。

```
--角度換算值--0~90--
MG90Servd<=2778*MG90S_deg/10;   --角度換算值+-25000
MG90Servs<=37500+MG90Servd when MG90S_dir='0'
              else 37500-MG90Servd;
```

圖12　角度換算值電路

50Hz產生電路

對於 MG90S 伺服機而言，其所操作的脈波之週期為 20ms，而在此使用的時脈 MG90S_CLK 之頻率為 25MHz(即 0.04μs)。若要產生 20ms 週期，則需計數 500000 次，即 0~4999999，如圖 13 所示，而計數值為 MG90Serv。

```
--50Hz 產生器
MG90S:process(MG90S_CLK,MG90S_RESET)
begin
    if MG90S_RESET='0' then
        MG90Serv<=0;
    elsif rising_edge(MG90S_CLK) then
        --20ms
        MG90Serv<=MG90Serv+1;
        if MG90Serv=499999 then--50Hz
            MG90Serv<=0;
        end if;
    end if;
end process MG90S;
```

圖13　50Hz 產生電路

若要產生 PWM 脈波，則以剛才由角度轉換值(MG90Servs)為基準，若角度轉換值大於 50Hz 產生電路的計數值(MG90Serv)，則輸出 PWM 脈波為高態，否則為低態，如圖 14 所示。

```
--servo pwm產生器--
MG90S_o<='1' when MG90Serv<MG90Servs and MG90S_RESET='1'
             else '0';
```

圖14　PWM 產生電路

12-3 搖桿操控機械臂實習

實習目的

在本單元裡將設計一個應用搖桿來操控雙軸機械臂，其中搖桿為類比裝置，需要 ADC(在此使用 MCP3202)，將類比信號轉換為數值。另外，為了更人性化，在此也應用 LCD 顯示兩個軸的值，整個架構如圖 15 所示。很明顯的，在 FPGA 的設計裡，概念上，根本回到早期使用數位 IC 堆疊電路的年代，數位 IC 內部的架構與動作原理，並非設計電路的人所在乎的，而設計工程師只要知道 IC 的用途，以及如何建構出我們的設計目標即可。只是，在此採用先前所設計的軟體 IC (*.vdl)，而非實體的硬 IC。當然，對於軟體 IC 的內部，懂也好，不懂也無所謂，只要會活用就好。實體 IC 與軟體 IC 的差異是：

- 生產時，實體 IC 會隨生產量而增加成本，但軟體 IC 不會增加成本。
- 使用實體 IC 很難更新設計或改版，使用軟體 IC 很容易變更設計或改版。
- 實體 IC 無法修改其內部設計，軟體 IC 可以修改內部設計或新增功能。

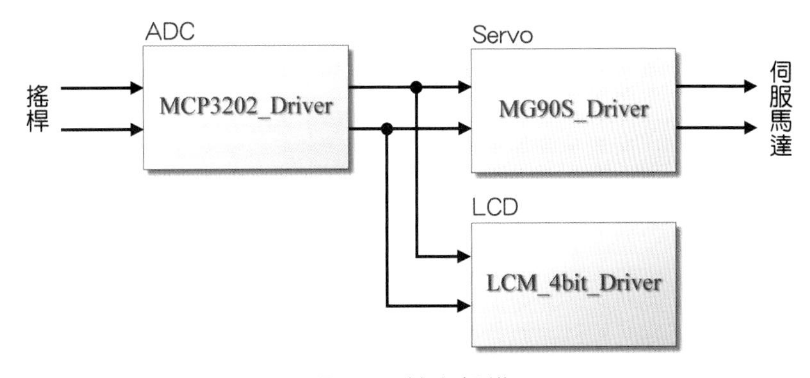

圖15　基本架構

新增專案與設計檔案

KTM-626

開啟 Quartus II，並按 1-2 節的說明，新增專案與設計檔案，相關資料如下：

- 專案資料夾：D:\CH12\CH12_MG90S_1
- 專案名稱：CH12_MG90S_1
- 晶片族系(Family)：Cycolne III
- 接腳數(Pin count)：240
- 晶片名稱：EP3C16Q240C8
- VHDL 設計檔：CH12_MG90S_1.vhd

電路設計

KTM-626

在新建的 CH12_MG90S_1.vhd 編輯區裡按下列設計電路，再按 Ctrl + S 鍵，請記得將 10-2 節中的 MG90S_Driver.vhd、11-2 節中的 MCP3202_Driver.vhd，以及 6-2 節的 LCM_4bit_driver.vhd 複製到本專案的資料夾裡。

```
--搖桿或滑桿(電位計)操控 MCP3202 ch0_1 +MG90S 測試+中文 LCM 顯示
--107.01.01 版
--EP3C16Q240C8 50MHz LEs:15,408 PINs:161 ,gckp31 ,rstP99

Library IEEE;                          --連結零件庫
Use IEEE.std_logic_1164.all;           --引用套件
Use IEEE.std_logic_unsigned.all;       --引用套件
Use IEEE.std_logic_arith.all;          --引用套件

entity CH12_MG90S_1 is
port(gckp31,rstP99:in std_logic;       --系統頻率,系統 reset

    --MG90S--
    MG90S_o0:out std_logic;
    MG90S_o1:out std_logic;

    --MCP3202
    MCP3202_Di:out std_logic;
    MCP3202_Do:in std_logic;
    MCP3202_CLK,MCP3202_CS:buffer std_logic;

    --LCD 4bit 介面
    DB_io:inout std_logic_vector(3 downto 0);
```

```
    RSo,RWo,Eo:out std_logic

    );
end entity CH12_MG90S_1;

architecture Albert of CH12_MG90S_1 is

    --MG90S--
    component MG90S_Driver is
    port(MG90S_CLK,MG90S_RESET:in std_logic;
         --MG90S_Driver驅動clk(25MHz),reset信號
         MG90S_dir:in std_logic;                 --轉動方向
         MG90S_deg:in integer range 0 to 90;     --轉動角度
         MG90S_o:out std_logic);                 --Driver輸出
    end component;
    signal MG90S_CLK,MG90S_RESET:std_logic;
    --MG90S_Driver驅動clk(25MHz),reset信號
    signal MG90S_dir0,MG90S_dir1:std_logic;     --轉動方向
    signal MG90S_deg0,MG90S_deg1:integer range 0 to 90;--轉動角度

-- ==ADC==
    component MCP3202_Driver is
    port(MCP3202_CLK_D,MCP3202_RESET:in std_logic;
         --MCP3202_Driver驅動clk,reset信號
         MCP3202_AD0,MCP3202_AD1:buffer integer range 0 to 4095;
         --MCP3202 AD0,1 ch0,1值
         MCP3202_try_N:in integer range 0 to 3;--失敗後再嘗試次數
         MCP3202_CH1_0:in std_logic_vector(1 downto 0);--輸入通道
         MCP3202_SGL_DIFF:in std_logic;          --MCP3202 SGL/DIFF
         MCP3202_Do:in std_logic;                --MCP3202 do信號
         MCP3202_Di:out std_logic;               --MCP3202 di信號
         MCP3202_CLK,MCP3202_CS:buffer std_logic;
         --MCP3202 clk,/cs信號
         MCP3202_ok,MCP3202_S:buffer std_logic);
         --Driver完成旗標 ,完成狀態
    end component;

    signal MCP3202_CLK_D,MCP3202_RESET:std_logic;
            --MCP3202_Driver驅動clk,reset信號
    signal MCP3202_AD0,MCP3202_AD1:integer range 0 to 4095;
            --MCP3202 AD值
```

```
signal MCP3202_try_N:integer range 0 to 3:=1;
        --失敗後再嘗試次數
signal MCP3202_CH1_0:std_logic_vector(1 downto 0);
signal MCP3202_SGL_DIFF:std_logic:='1';--MCP3202 SGL/DIFF 選 SGL
signal MCP3202_ok,MCP3202_S:std_logic;--Driver 完成旗標 ,完成狀態

--中文 LCM 4bit driver(WG14432B5)
component LCM_4bit_driver is
port(LCM_CLK,LCM_RESET:in std_logic;    --操作速率,重置
    RS,RW:in std_logic;                 --暫存器選擇,讀寫旗標輸入
    DBi:in std_logic_vector(7 downto 0);
    --LCM_4bit_driver 資料輸入
    DBo:out std_logic_vector(7 downto 0);
    --LCM_4bit_driver 資料輸出
    DB_io:inout std_logic_vector(3 downto 0);
    --LCM DATA BUS 介面
    RSo,RWo,Eo:out std_logic;  --LCM 暫存器選擇,讀寫,致能介面
    LCMok,LCM_S:out boolean    --LCM_4bit_driver 完成,錯誤旗標
    );
end component;

signal LCM_RESET,RS,RW:std_logic;
       --LCM_4bit_driver 重置,LCM 暫存器選擇,讀寫旗標
signal DBi,DBo:std_logic_vector(7 downto 0);
       --LCM_4bit_driver 命令或資料輸入及輸出
signal LCMok,LCM_S:boolean;
       --LCM_4bit_driver 完成作業旗標,錯誤信息

signal FD:std_logic_vector(24 downto 0);--除頻器
signal times:integer range 0 to 2047;   --計時器
signal MG90S_degs0,MG90S_degs1:integer range 0 to 2048;
       --轉動角度

--中文 LCM 指令&資料表格式:
--(總長,指令數,指令...資料..........)
--英數型 LCM 4 位元界面,2 列顯示

type LCM_T is array (0 to 20) of std_logic_vector(7 downto 0);
constant LCM_IT:LCM_T:=(
    X"0F",X"06",        --中文型 LCM 4 位元界面
    "00101000","00101000","00101000",--4 位元界面
```

```
        "00000110","00001100","00000001",
        --ACC+1 顯示幕無移位,顯示幕 on 無游標無閃爍,清除顯示幕
        X"01",X"48",X"65",X"6C",X"6C",X"6F",X"21",X"20",
        X"20",X"20",x"20",X"20",X"20");--Hello!

    --LCM=1:第一列顯示區");    -- -=MCP3202 ADC=-
    signal LCM_1:LCM_T:=(
        X"15",X"01",            --總長,指令數
        "00000001",             --清除顯示幕
        --第 1 列顯示資料
        X"20",X"2D",X"3D",X"4D",X"43",X"50",X"33",X"32",
        X"30",X"32",X"20",X"41",X"44",X"43",X"3D",X"2D",
        X"20",X"20");           -- -=MCP3202 ADC=-

    --LCM=1:第二列顯示區 CH0:      CH1:
    signal LCM_12:LCM_T:=(
        X"15",X"01",            --總長,指令數
        "10010000",             --設第二列 ACC 位置
        --第 2 列顯示資料
        X"43",X"48",X"30",X"3A",X"20",X"20",X"20",X"20",
        X"20",X"20",X"43",X"48",X"31",X"3A",X"20",X"20",
        X"20",X"20");           --CH0:      CH1:

    --LCM=2:第一列顯示區 資料讀取失敗
    signal LCM_2:LCM_T:=(
        X"15",X"01",            --總長,指令數
        "00000001",             --清除顯示幕
        --第 1 列顯示資料
        X"20",X"20",X"20",X"20",X"20",X"20",X"B8",X"EA",
        X"AE",X"C6",X"C5",X"AA",X"A8",X"FA",X"A5",X"A2",
        X"B1",X"D1");--LM35 資料讀取失敗

    signal LCM_com_data,LCM_com_data2:LCM_T;--LCD 表格輸出
    signal LCM_INI:integer range 0 to 31;  --LCD 表格輸出指標
    signal LCMP_RESET,LN,LCMPok:std_logic;
    --LCM_P 重置,輸出列數,LCM_P 完成
    signal LCM,LCMx:integer range 0 to 7;  --LCD 輸出選項

begin

U1: MG90S_Driver port map(
```

```
        FD(0),MG90S_RESET,  --MG90S_Driver 驅動 clk(25MHz),reset 信號
        MG90S_dir0,         --轉動方向
        MG90S_deg0,         --轉動角度
        MG90S_o0);          --Driver 輸出

U12: MG90S_Driver port map(
        FD(0),MG90S_RESET,  --MG90S_Driver 驅動 clk(25MHz),reset 信號
        MG90S_dir1,         --轉動方向
        MG90S_deg1,         --轉動角度
        MG90S_o1);          --Driver 輸出

U2: MCP3202_Driver port map(
        FD(4),MCP3202_RESET,--MCP3202_Driver 驅動 clk,reset 信號
        MCP3202_AD0,MCP3202_AD1,--MCP3202 AD 值
        MCP3202_try_N,      --失敗後再嘗試次數
        MCP3202_CH1_0,      --輸入通道
        MCP3202_SGL_DIFF,   --SGL/DIFF
        MCP3202_Do,         --MCP3202 do 信號
        MCP3202_Di,         --MCP3202 di 信號
        MCP3202_CLK,MCP3202_CS, --MCP3202 clk,/cs 信號
        MCP3202_ok,MCP3202_S); --Driver 完成旗標 ,完成狀態
--中文 LCM
LCMset: LCM_4bit_driver port map(
            FD(7),LCM_RESET,RS,RW,DBi,DBo,DB_io,
            RSo,RWo,Eo,LCMok,LCM_S);    --LCM 模組

--ADC 轉角度換算--
MG90S_dir0<='0' when MCP3202_AD0>=2048 else '1';--方向
MG90S_degs0<=MCP3202_AD0-2048 when MG90S_dir0='0'
               else 2048-MCP3202_AD0;
MG90S_deg0<=MG90S_degs0*10/227;                  --0~90

MG90S_dir1<='0' when MCP3202_AD1>=2048 else '1';--方向
MG90S_degs1<=MCP3202_AD1-2048 when MG90S_dir1='0'
               else 2048-MCP3202_AD1;
MG90S_deg1<=MG90S_degs1*10/227;                  --0~90

MG90S_Main:process(FD(17))
begin
    if rstP99='0' then              --系統重置
        MCP3202_RESET<='0';         --MCP3202_driver 重置
```

```
        LCM<=0;                     --中文 LCM 初始化
        LCMP_RESET<='0';            --LCMP 重置
        MCP3202_CH1_0<="10";        --CH0->CH1 自動轉換同步輸出
        --MCP3202_CH1_0<="00";      --CH0,CH1 輪流轉換輪流輸出
        MG90S_RESET<='0';
    elsif rising_edge(FD(17)) then
        LCMP_RESET<='1';            --LCMP 啟動顯示
        MG90S_RESET<='1';
        if LCMPok='1' then          --LCM 顯示完成
            MG90S_RESET<='1';
            if MCP3202_RESET='0' then--MCP3202_driver 尚未啟動
                MCP3202_RESET<='1'; --重新讀取資料
                times<=20;          --設定計時
            elsif MCP3202_ok='1' then   --讀取結束
                times<=times-1;     --計時
                if times=0 then     --時間到
                    LCM<=1;         --中文 LCM 顯示測量值
                    LCMP_RESET<='0';--LCMP 重置
                    MCP3202_RESET<='0'; --準備重新讀取資料
                    --MCP3202_CH1_0(0)<=not MCP3202_CH1_0(0);
                    --CH0,CH1 輪流轉換輪流輸出
                elsif MCP3202_S='1' then--資料讀取失敗
                    LCM<=2;                 --中文 LCM 顯示 資料讀取失敗
                end if;
            end if;
        end if;
    end if;
end process MG90S_Main;

--LCM 顯示
LCM_12(10)<="0011"&conv_std_logic_vector(MCP3202_AD0 mod 10,4);

-- 擷取個位數
LCM_12(9)<="0011"&conv_std_logic_vector((MCP3202_AD0/10)mod 10,4);
-- 擷取十位數
LCM_12(8)<="0011"&conv_std_logic_vector((MCP3202_AD0/100) mod 10,4);
-- 擷取百位數
LCM_12(7)<="0011"&conv_std_logic_vector(MCP3202_AD0/1000,4);
-- 擷取千位數

LCM_12(20)<="0011"&conv_std_logic_vector(MCP3202_AD1 mod 10,4);
-- 擷取個位數
```

```
LCM_12(19)<="0011"&conv_std_logic_vector((MCP3202_AD1/10)mod 10,4);
-- 擷取十位數
LCM_12(18)<="0011"&conv_std_logic_vector((MCP3202_AD1/100) mod 10,4);
-- 擷取百位數
LCM_12(17)<="0011"&conv_std_logic_vector(MCP3202_AD1/1000,4);
-- 擷取千位數

--中文 LCM 顯示器--
--中文 LCM 顯示器
--指令&資料表格式:
--(總長,指令數,指令...資料..........)
LCM_P:process(FD(0))
   variable SW:Boolean;                    --命令或資料備妥旗標
begin
   if LCM/=LCMx or LCMP_RESET='0' then
      LCMx<=LCM;                           --記錄選項
      LCM_RESET<='0';                      --LCM 重置
      LCM_INI<=2;                          --命令或資料索引設為起點
      LN<='0';                             --設定輸出 1 列
      case LCM is
         when 0=>
            LCM_com_data<=LCM_IT;      --LCM 初始化輸出第一列資料 Hello!
         when 1=>
            LCM_com_data<=LCM_1;       --輸出第一列資料
            LCM_com_data2<=LCM_12;     --輸出第二列資料
            LN<='1';                   --設定輸出 2 列
         when others =>
            LCM_com_data<=LCM_2;       --輸出第一列資料
      end case;
      LCMPok<='0';                         --取消完成信號
      SW:=False;                           --命令或資料備妥旗標
   elsif rising_edge(FD(0)) then
      if SW then                     --命令或資料備妥後
         LCM_RESET<='1';             --啟動 LCM_4bit_driver_delay
         SW:=False;                  --重置旗標
      elsif LCM_RESET='1' then--LCM_4bit_driver_delay 啟動中
         if LCMok then               --等待 LCM_4bit_driver_delay 完成傳送
            LCM_RESET<='0'; --完成後 LCM 重置
         end if;
      elsif LCM_INI<LCM_com_data(0) and
            LCM_INI<LCM_com_data'length then
```

```
        --命令或資料尚未傳完
            if LCM_INI<=(LCM_com_data(1)+1) then--選命令或資料暫存器
                RS<='0';                --Instruction reg
            else
                RS<='1';                --Data reg
            end if;
            RW<='0';                    --LCM 寫入操作
            DBi<=LCM_com_data(LCM_INI); --載入命令或資料
            LCM_INI<=LCM_INI+1;         --命令或資料索引指到下一筆
            SW:=True;                   --命令或資料已備妥
        else
            if LN='1' then              --設定輸出 2 列
                LN<='0';                --設定輸出 2 列取消
                LCM_INI<=2;             --命令或資料索引設為起點
                LCM_com_data<=LCM_com_data2;--LCM 輸出第二列資料
            else
                LCMPok<='1';            --執行完成
            end if;
        end if;
    end if;
end process LCM_P;

--除頻器--
Freq_Div:process(gckP31)                --系統頻率 gckP31:50MHz
begin
    if rstP99='0' then                  --系統重置
        FD<=(others=>'0');              --除頻器:歸零
    elsif rising_edge(gckP31) then      --50MHz
        FD<=FD+1;                       --除頻器:2 進制上數(+1)計數器
    end if;
end process Freq_Div;

end Albert;
```

設計動作簡介

KTM-626

在此電路架構(architecture)裡，包括導入 MG90S_Driver 零件、LCM_4bit_driver 零件與 MCP3202_driver 零件，以及 ADC 轉角度換算電路、主控器(MG90S_Main)、LCD 顯示資料電路、LCD_P 控制器(LCM_P)與除頻器等，其中 LCD 顯示相關的部分佔據大部分，若把此部分拿掉，也不會影響整體運作。

當然，關於 LCD 部分，幾乎是從前一個單元裡複製過來的，而在第六章已說明，且一路應用過來，在此照例簡略之。

MG90S_Main主控器

每個設計的主控器的架構都很類似，顧名思義，主控器就是要連接與控制設計裡的每個部分，而在 MG90S_Main 主控器裡，就是操作 MCP3202、MG90S 與 LCD，如下說明：

- 當系統重置時，所有裝置要重置，恢復成預設狀態，包括：
  - LCM 初始化。
  - 重置 LCD 控制器。
  - 重置 MG90S 驅動電路。
  - MCP3202 設定為 CH0、CH1 自動轉換輸出。
- 主控器重啟後，將隨控制時脈(FD(17))，進行下列動作：
  - 重啟 LCD 控制器與 MG90S 驅動電路。
  - 當 LCD 完成顯示後，進行下列動作：
    - 重啟 MG90S 驅動電路。
    - 若 MCP3202 在重置狀態，則重啟之，並開始計時。
    - 若 MCP3202 已完成轉換，則等待計時的時間到，然後讓 LCD 顯示 MCP3202 轉換的值，再重置 LCD 控制器。
    - 若 MCP3202 轉換時發生錯誤，則 LCD 顯示錯誤訊息。

ADC轉角度換算電路

在 ADC 轉角度換算電路裡，主要是要把 MCP3202 讀入的搖桿值(0-4095)，轉換成角度(MG90S_deg)與方向(MG90S_dir)，其中有兩個通道，分別是搖桿的垂直電位計與水平電位計。通道 0 之角度與方向為 MG90S_deg0、MG90S_dir0。通道 1 之角度與方向為 MG90S_deg1、MG90S_dir1，以通道 0 為例，如下說明：

- 設定方向：若讀入的通道 0 之值(MCP3202_AD0)大等於一半(2048)，代表要正轉，則設定 MG90S_dir0 為 0；否則為反轉設定 MG90S_dir0 為 1。
- 調整角度值：若是正轉，則讀入的通道 0 之值減去 2048，才是轉動的角度值(MG90S_deg**s**0)；若是反轉，則以 2048 減去讀入的通道 0 之值，才是轉動的角度值。

- 換算角度值：將 MG90S_deg**s**0 乘 10 除 227，換算為角度值(MG90S_deg0)。例如 90 度時，不管正轉還是反轉，MG90S_deg**s**0 都是 2047，2047×10/227 約為 90。

後續工作

KTM-626

電路設計完成後，按 Ctrl + S 鍵存檔，再按 Ctrl + L 鍵進行初始編譯。若編譯有錯誤，可循下方紅色錯誤訊息(直接快按兩下)，跳到錯誤處修改之。若編譯成功，在隨即出現的訊息對話盒中，按 確定 鈕關閉之。

緊接著進行接腳配置，按 Ctrl + Shift + N 鍵，開啟接腳配置視窗，再按表 1 配置接腳。

表 1 接腳表

DB_io(3)	DB_io(2)	DB_io(1)	DB_io(0)	Eo	RSo	RWo
219	218	217	216	201	119	200
MCP3202_CLK	MCP3202_CS	MCP3202_Di	MCP3202_Do	MG90S_0	MG90S_1	
223	222	221	220	159	160	
gckP31	rstP99					
31	99					

完成接腳配置後，按 Ctrl + L 鍵即進行二次編譯，並退回原 Quartus II 編譯視窗。同樣的，完成二次編譯後，在隨即出現的訊息對話盒中，按 確定 鈕關閉之。

燒錄與測試

KTM-626

首先備妥 USB Blaster 下載線，一端插入電腦 USB 埠，另一段插入 EP3C 板上的 JTAG 埠，然後開啟 KTM-626 多功能 FPGA 開發平台之電源。

按 Alt 、 T 、 P 鍵即可開啟燒錄視窗，按 Start 鈕即進行燒錄。很快的，完成燒錄後，按下列操作：

1. 確認 SW9-2 指撥開關切到 OFF 處。
2. 使用兩條杜邦線連接 P9-4 連接器的 H 端到 P9-1 連接器的 CH1 端、P9-4

連接器的 V 端到 P9-1 連接器的 CH0 端。

3. 操作搖桿並觀察機械臂的動作與 LCD 的顯示。

12-4 伺服機介面電路設計-2

在此將設計一個 MG90S_Driver2 的驅動電路，基本上，MG90S_Driver2 與 12-2 節的 MG90S_Driver 驅動電路一樣，所不同的是 MG90S_Driver 採用-90、0、90 的控制方式，在此的 MG90S_Driver2 將改為 0-180 的控制方式。

電路設計

KTM-626

完整 MG90S_Driver2 之驅動電路設計如下：

```
--MG90S 測試
--107.01.01 版
--EP3C16Q240C8 50MHz LEs:15,408 PINs:161 ,gckp31 ,rstP9

Library IEEE;                           --連結零件庫
Use IEEE.std_logic_1164.all;            --引用套件
Use IEEE.std_logic_unsigned.all;        --引用套件

entity MG90S_Driver2 is
    port(MG90S_CLK,MG90S_RESET:in std_logic;
        --MG90S_Driver 驅動 clk(25MHz),reset 信號
         MG90S_deg:in integer range 0 to 180;   --轉動角度
         MG90S_o:out std_logic);                    --Driver 輸出
end entity MG90S_Driver2;

architecture Albert of MG90S_Driver2 is
    signal MG90Servd:integer range 0 to 50010; --角度換算值
    signal MG90Servs:integer range 0 to 63000; --servo pwm 比率值
    signal MG90Serv:integer range 0 to  500000;--servo pwm 產生器

begin

--角度換算值--0~180--
MG90Servd<=2778*MG90S_deg/10;   --角度換算值 0~50000
MG90Servs<=12500+MG90Servd;
```

```
--servo pwm 產生器--
MG90S_o<='1' when MG90Serv<MG90Servs and MG90S_RESET='1' else '0';

--50Hz 產生器
MG90S:process(MG90S_CLK,MG90S_RESET)
begin
    if MG90S_RESET='0' then
        MG90Serv<=0;
    elsif rising_edge(MG90S_CLK) then
        --20ms
        MG90Serv<=MG90Serv+1;
        if MG90Serv=499999 then --50Hz
            MG90Serv<=0;
        end if;
    end if;
end process MG90S;

end Albert;
```

設計動作簡介

KTM-626

MG90S_Driver2 為 MG90S_Driver 的簡化版，如圖 16 所示，原本的 MG90S_Driver 有角度與方向的輸入，而在 MG90S_Driver2 裡，只需要角度的輸入。

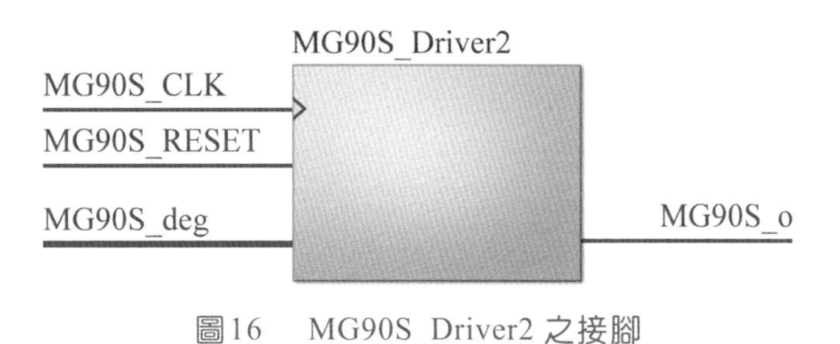

圖16　MG90S_Driver2 之接腳

在此只是把角度換算值的電路修，改如圖 17 所示，如此即可由 0 度到 180 度的變化。

```
--角度換算值--0~180--
MG90Servd<=2778*MG90S_deg/10;   --角度換算值 0~50000
MG90Servs<=12500+MG90Servd;
```

圖17　角度換算值電路

12-5 旋轉編碼器控制伺服機實習

實習目的

KTM-626

在本單元裡將設計一個由旋轉編碼器控制雙軸機械臂的電路，由於旋轉編碼器屬於數位裝置，所以不必使用 ADC(MCP3202)。而在此也不在 LCD 上顯示，所以體積龐大的 LCD 相關碼，也不在出現，使得整個設計簡短許多。

新增專案與設計檔案

KTM-626

開啟 Quartus II，並按 1-2 節的說明，新增專案與設計檔案，相關資料如下：

- 專案資料夾：D:\CH12\CH12_MG90S_2
- 專案名稱：CH12_MG90S_2
- 晶片族系(Family)：Cycolne III
- 接腳數(Pin count)：240
- 晶片名稱：EP3C16Q240C8
- VHDL 設計檔：CH12_MG90S_2.vhd

電路設計

KTM-626

在新建的 CH12_MG90S_2.vhd 編輯區裡按下列設計電路，再按 Ctrl + S 鍵，請記得將 10-4 節中的 MG90S_Driver2.vhd 複製到本專案的資料夾裡。

```
--旋轉編碼器+MG90S 測試
--107.01.01 版
--EP3C16Q240C8 50MHz LEs:15,408 PINs:161 ,gckp31 ,rstP99

Library IEEE;                           --連結零件庫
Use IEEE.std_logic_1164.all;            --引用套件
Use IEEE.std_logic_unsigned.all;        --引用套件
Use IEEE.std_logic_arith.all;           --引用套件

entity CH12_MG90S_2 is
port(gckp31,rstP99:in std_logic;        --系統頻率,系統 reset

    --MG90S--
```

```
    MG90S_o0:out std_logic;
    MG90S_o1:out std_logic;

    APi,BPi,PBi:in std_logic;       --旋轉編碼器
    LED1_2:buffer std_logic_vector(1 downto 0)--LED 顯示
    );
end entity CH12_MG90S_2;

architecture Albert of CH12_MG90S_2 is
    --MG90S--
    component MG90S_Driver2 is
    port(MG90S_CLK,MG90S_RESET:in std_logic;
        --MG90S_Driver 驅動 clk(25MHz),reset 信號
        MG90S_deg:in integer range 0 to 180;   --轉動角度
        MG90S_o:out std_logic);                --Driver 輸出
    end component;
    signal MG90S_CLK,MG90S_RESET:std_logic;
    --MG90S_Driver 驅動 clk(25MHz),reset 信號
    signal MG90S_deg0,MG90S_deg1:integer range 0 to 180:=90;
    --轉動角度

    signal FD:std_logic_vector(24 downto 0);   --除頻器
    signal times:integer range 0 to 2047;      --計時器
    signal APic,BPic,PBic:std_logic_vector(2 downto 0):="000";
    --防彈跳計數器
    signal clrPC,set90,HV:std_logic;    --清除按鈕記錄,設 90 度,軸向
    signal PC:integer range 0 to 3;     --按鈕記錄

begin

U1: MG90S_Driver2 port map(
        FD(0),MG90S_RESET,--MG90S_Driver 驅動 clk(25MHz),reset 信號
        MG90S_deg0,     --轉動角度
        MG90S_o0);      --Driver 輸出

U12: MG90S_Driver2 port map(
        FD(0),MG90S_RESET,--MG90S_Driver 驅動 clk(25MHz),reset 信號
        MG90S_deg1,     --轉動角度
        MG90S_o1);      --Driver 輸出

LED1_2<=HV & not HV;
```

```
--旋轉編碼器按鈕監控--
--軸向變換,設 90 度
process(FD(17),rstP99)
begin
   if rstP99='0' then
      HV<='0';                    --由 0 開始
      set90<='0';                 --不設 90 度
      clrPC<='0';                 --不清除按鈕記錄
      times<=0;                   --計時歸零
      MG90S_RESET<='0';           --重置 MG90S_Driver2
   elsif rising_edge(FD(17)) then -- 偵測到 UD 信號的升緣時
      MG90S_RESET<='1';           --重啟 MG90S_Driver2
      if PC/=0 then               --有按
         times<=times+1;          --計時
         if times=75 then         --計時到
            if PC=1 then          --單按
               HV<=not HV;        --切換軸向
            else                  --雙按
               set90<='1';        --設 90 度
            end if;
            clrPC<='1';           --清除按鈕記錄
         end if;
      else
         times<=0;                --計時歸零
         set90<='0';              --清除設 90 度
         clrPC<='0';              --不清除按鈕記錄
      end if;
   end if;
end process;

--旋轉編碼器按鈕介面電--
--單按 雙按
process(PBic(2),rstP99,clrPC)
begin
   if rstP99='0' or clrPC='1' then
      PC<=0;  --按鈕記錄 0
   elsif rising_edge(PBic(2)) then-- 偵測到 UD 信號的升緣時
      if PC<2 then
         PC<=PC+1;                      --按鈕記錄
      end if;
```

```
    end if;
end process;

--旋轉編碼器旋轉介面電路--
--角度變換 0~180
EncoderInterface:process(APi,PBi,rstP99,set90)
begin
    if rstP99='0' or set90='1' then
        MG90S_deg0<=90;
        MG90S_deg1<=90;
    elsif rising_edge(APic(2)) then--偵測到 UD 信號的升緣時
        if HV='0' then
            if BPi='1' then                 --右旋
                if MG90S_deg0<180 then
                    MG90S_deg0<=MG90S_deg0+1;--加 1 度
                end if;
            else                            --左旋
                if MG90S_deg0>0 then
                    MG90S_deg0<=MG90S_deg0-1;--減 1 度
                end if;
            end if;
        else
            if BPi='0' then                 --左旋
                if MG90S_deg1<180 then
                    MG90S_deg1<=MG90S_deg1+1;--加 1 度
                end if;
            else                            --右旋
                if MG90S_deg1>0 then
                    MG90S_deg1<=MG90S_deg1-1;--減 1 度
                end if;
            end if;
        end if;
    end if;
end process EncoderInterface;

-- 防彈跳電路
Debounce:process(FD(8)) --旋轉編碼器防彈跳頻率
begin
    --APi 防彈跳與雜訊
    if APi=APic(2) then --若 APi 等於 APic 最左邊位元
        APic<=APic(2) & "00";
```

```
        --則 APi 等於 APic(2)右邊位元歸零
    elsif rising_edge(FD(8)) then
        APic<=APic+1;
        --否則隨 F1 的升緣，APic 計數器遞增
    end if;

    --BPi 防彈跳與雜訊
    if BPi=BPic(2) then --若 BPi 等於 BPic 最左邊位元
        BPic<=BPic(2)& "00";
        --則 BPi 等於 BPic(2)右邊位元歸零
    elsif rising_edge(FD(8)) then
        BPic<=BPic+1;
        --否則隨 F1 的升緣，BPic 計數器遞增
    end if;

    --PBi 防彈跳與雜訊
    if PBi=PBic(2) then --若 PBi 等於 PBic 最左邊位元
        PBic<=PBic(2)& "00";
        --則 PBic(2)右邊位元歸零
    elsif rising_edge(FD(16)) then
        PBic<=PBic+1;
        --否則隨 F1 的升緣，PBic 計數器遞增
    end if;
end process Debounce;

--除頻器--
Freq_Div:process(gckP31)              --系統頻率 gckP31:50MHz
begin
    if rstP99='0' then                --系統重置
        FD<=(others=>'0');            --除頻器:歸零
    elsif rising_edge(gckP31) then    --50MHz
        FD<=FD+1;                     --除頻器:2 進制上數(+1)計數器
    end if;
end process Freq_Div;

end Albert;
```

設計動作簡介

KTM-626

在此電路架構(architecture)裡，包括導入 MG90S_Driver2 零件、旋轉編碼器按鈕監控電路、旋轉編碼器旋轉介面電路、防彈跳電路與除頻器等，如下說明：

旋轉編碼器按鈕監控電路的功能，相當本設計的主控器，如下說明：

- 當系統重置時，所有裝置要重置，恢復成預設狀態，包括：
  - HV 信號歸零，由於只有一個旋轉編碼器，不是控制水平伺服機，就是控制控制垂直伺服機，在此應用 HV 信號來切換旋轉編碼器控制哪個伺服機。若 HV=1 代表控制垂直伺服機，則 HV=0 代表控制水平伺服機。
  - set90 信號歸零，若 set90 信號為 1，則設定旋轉編碼器控制垂直伺服機。
  - clrPC 信號歸零，以清除按鈕記錄，按鈕記錄的範圍為 0~3，0 代表沒有按按鈕、1 代表單按、2 代表雙按、3 不會用到。
  - 最後將計時器歸零。
- 主控器重啟後，將隨控制時脈(FD(17))，進行下列動作：
  - 重啟 MG90S。
  - 若有按按鈕(PC 不等於 0)重啟 LCD 控制器與 MG90S 驅動電路。
    - 開始計時。
    - 若計時器計時到 75(時間到)，若按鈕只按一下(PC=1)，則切換目前操控的伺服機(原本是操控水平伺服機，則改為操控垂直伺服機；原本是操控垂直伺服機，則改為水平操控伺服機)。若按鈕連按兩下(PC=2)，則切換操控垂直伺服機。再清除 clrPC，重新計數按鈕狀況。
  - 若沒有按按鈕(PC 等於 0)，則計時器歸零、set90 信號歸零、clrPC 信號歸零，從新開始。

旋轉編碼器按鈕介面電路

旋轉編碼器按鈕介面電路的功能很單純，只是記錄有效的按鈕次數而已。當系統重置或 clrPC 信號為 1 時，則將 PC 歸零。

當按鈕被按下，且穩定時，若 PC 小於 2(之前還沒按兩下)，則 PC+1。

旋轉編碼器旋轉介面電路 KTM-626

旋轉編碼器旋轉介面電路的功能是做為旋轉編碼器的旋轉功能之介面，也就是當我們轉動旋轉編碼器時，電路所要做的反應，如下說明：

- 當系統重置或 set90 信號為 1 時，則兩台伺服馬達都調整到 90 度位置。
- 當系統重啟後，隨著旋轉編碼器的 APi 之升緣且穩定後，進行下列動作：
  - 若 HV 信號為 0，表示要操作水平伺服機，如下：
    - 若 BPi 信號為 1，只要水平伺服機的角度小於 180 度，則正轉 1 度(加 1)。若水平伺服機的角度不小於 180 度，則水平伺服機不動。
    - 若 BPi 信號不為 1，只要水平伺服機的角度大於 0 度，則反轉 1 度(減 1)。若水平伺服機的角度不大於 0 度，則水平伺服機不動。
  - 若 HV 信號不為 0，表示要操作垂直伺服機，如下：
    - 若 BPi 信號為 1，只要垂直伺服機的角度小於 180 度，則正轉 1 度(加 1)。若垂直伺服機的角度不小於 180 度，則垂直伺服機不動。
    - 若 BPi 信號不為 1，只要垂直伺服機的角度大於 0 度，則反轉 1 度(減 1)。若垂直伺服機的角度不大於 0 度，則垂直伺服機不動。

後續工作 KTM-626

電路設計完成後，按 Ctrl + S 鍵存檔，再按 Ctrl + L 鍵進行初始編譯。若編譯有錯誤，可循下方紅色錯誤訊息(直接快按兩下)，跳到錯誤處修改之。若編譯成功，在隨即出現的訊息對話盒中，按 確定 鈕關閉之。

緊接著進行接腳配置，按 Ctrl + Shift + N 鍵，開啟接腳配置視窗，再按表 2 配置接腳。

表 2　接腳表

APi	BPi	PBi	LED1_2(1)	LED1_2(0)	MG90S_o0	MG90S_o1
86	85	84	113	114	119	200
gckP31	rstP99					
31	99					

完成接腳配置後，按 Ctrl + L 鍵即進行二次編譯，並退回原 Quartus II 編譯視窗。同樣的，完成二次編譯後，在隨即出現的訊息對話盒中，按 確定 鈕

關閉之。

燒錄與測試

KTM-626

首先備妥 USB Blaster 下載線，一端插入電腦 USB 埠，另一段插入 EP3C 板上的 JTAG 埠，然後開啟 KTM-626 多功能 FPGA 開發平台之電源。

按 Alt 、 T 、 P 鍵即可開啟燒錄視窗，按 Start 鈕即進行燒錄。很快的，完成燒錄後，按下列操作：

1. 轉動旋轉編碼器，看看機械臂有沒有動？哪個伺服馬達轉動？_____
2. 正轉、反轉各幾下，看看伺服馬達有無跟著轉動？_____
3. 按一下旋轉編碼器，再轉動旋轉編碼器，再看看有無改變操作的伺服馬達？_____
4. 連按兩下旋轉編碼器，再轉動旋轉編碼器，再看看變成操作哪個伺服馬達？_____

12-6 即時練習

本章屬於*好玩又實用* 的設計，而 FPGA 的設計並不需要愁眉苦臉，而是放鬆玩堆木。請試著回答下列問題，*看看你學了多少？*

1　試簡述 MG90S 伺服機的連接線？

2　試簡述 MG90S 伺服機的控制信號？

3　試述搖桿內部的結構？

4　試述 MG90S 伺服機內部有哪些裝置？

5　若要在 KTM-626 多功能 FPGA 開發平台裡，應用搖桿控制雙軸機械臂，必須使用杜邦線連接哪些裝置？

CH 13

USB 與藍牙跨平台整合控制實習

13-1 認識 USB 與 UART

近年來，USB 幾乎一統江湖，成為最流行之串列介面。USB 具有向下相容的特性，不管是 USB 3.0 還是 USB 3.1，都可與 USB1.1、USB 2.0 等相通。當然，不同版本的 USB，其傳輸速度不同，而將兩種不同傳輸速度的 USB 裝置連接時，將自動採用較低的傳輸速度。

在 PC/NB、行動裝置(手機或平板)都內建 USB 埠，而小 PC 如樹莓派等，也都以 USB 為主力連接埠。至於單晶片微處理機或 FPGA 等數位裝置裡，很少提供 USB 埠。當然，單晶片微處理機或 FPGA 等的資源並不多，其開發系統鮮有支援直接連接 USB 的介面。

基本上，USB 信號之傳輸採差動線對(D+、D−)，其編碼採用不歸零反向(Non Return to Zero Invert, NRZI)，與一般數位信號不同。若要引接 USB 信號，必須有編/解碼器，將 NRZI 信號轉換為 0/1 準位的數位信號，然後再以串列或並列方式傳輸該信號。在 KTM-626 多功能 FPGA 開發平台裡，內建 USB 埠與 USB-UART 介面電路，其中包含 USB 信號的編/解碼器，以及 UART 串列信號控制器，可將 USB 信號與 FPGA 連接。USB 信號由右邊中間的 CN5-1 連接器(USB Type B)連接，經介面電路後，在 P5-1 連接器，使用短路環，將 TX 信號連接 FPGA 的 **145** 腳、RX 信號連接 FPGA 的 **144** 腳，如圖 13-1 所示。

圖1　USB-UART 線路連接

對於微處理機而言，UART 是最容易接受的串列信號。基本上，UART 屬於雙向非同步串列埠，其中只有 RxD 與 TxD 兩條傳輸線，而沒有同步時脈線，RxD 為接收信號、TxD 為傳送信號，通信雙方必須遵守下列規則：

- 若通信雙方分別為 A、B，則 A 端的 RxD 線必須連接 B 端的 TxD 線，A

端的 TxD 線必須連接 B 端的 RxD 線，這就是所謂的「跳接」。

- 雙方必須約定一個共同的通信協定(protocol)，例如鮑率(Baudrate)、資料長度、同位檢查、停止位元等。其中公定的鮑率如 300、600、1200、2400、4800、9600、19200、38400、76800 等，單位為每秒多少位元(即 bps)。

若信號由 A 端的 TxD 傳出，則由 B 端的 RxD 接收；同時，由 B 端的 TxD 傳出的信號，由 A 端的 RxD 接收。不管是 A 端還是 B 端，各有一個獨立的傳出電路與接收電路，也就是全雙工。

在 UART 的通信協定裡，傳輸線閒置時為高態，當傳輸線由高態降為低態時，即為開始位元(Start)，緊接著依序傳輸 8 個位元，最後把傳輸線釋放為高態，即停止位元(Stop)，如圖 2 所示為沒有同位檢查的 8 位元資料封包。

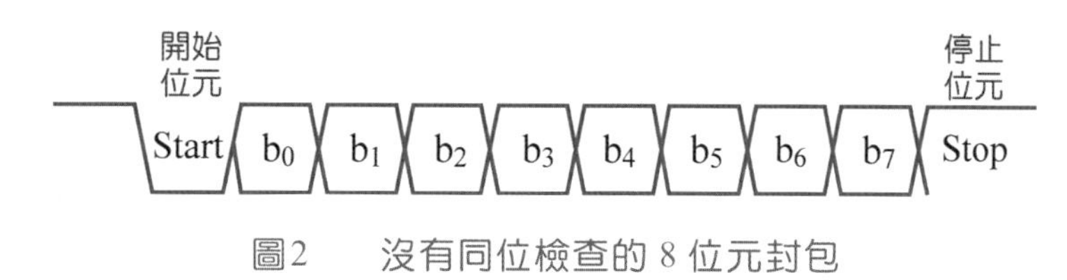

圖2　沒有同位檢查的 8 位元封包

其中資料長度(data length)為 8 位元，可以由低位元先傳(LSB first)，或高位元先傳(MSB first)，只要通信雙方約定即可。另外，資料長度也可是 9 位元，如圖 3 所示，其中的 b_8 可為同位位元。

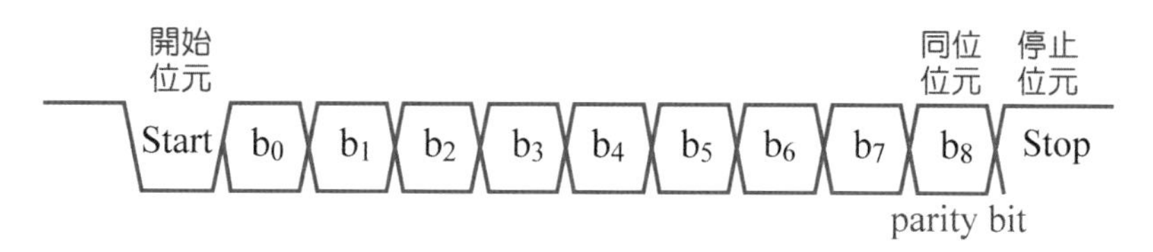

圖3　9 位元封包(包含同位檢查)

同樣的，同位檢查、資料長度也是雙方約定即可。而同位檢查是進行傳輸的資料封包裡有奇數個 1，還是偶數個 1 之檢查，可應用互斥或運算，即可產生同位位元。

13-2 UART 傳輸介面電路設計

在 UART 裡，傳輸介面電路負責將資料透過單一條傳輸線，將資料傳給對方。在此將設計一個 RS232_T1 的驅動電路。

電路設計

KTM-626

完整 RS232_T1 之驅動電路設計如下：

```
--RS232TX
Library IEEE;
Use IEEE.std_logic_1164.all;
Use IEEE.std_logic_unsigned.all;

Entity RS232_T1 is
    Port(clk,Reset:in std_logic;--clk:25MHz
        DL:in std_logic_vector(1 downto 0);
        --00:5,01:6,10:7,11:8 Bit
        ParityN:in std_logic_vector(2 downto 0);
        --0xx:None,100:Even,101:Odd,110:Space,111:Mark
        StopN:in std_logic_vector(1 downto 0);
        --0x:1Bit,10:2Bit,11:1.5Bit
        F_Set:in std_logic_vector(2 downto 0);
        Status_s:out std_logic_vector(1 downto 0);
        TX_W:in std_logic;
        TXData:in std_logic_vector(7 downto 0);
        TX:out std_logic);
end RS232_T1;

Architecture Albert of RS232_T1 is
signal StopNn:std_logic_vector(2 downto 0);
signal Tx_B_Empty,Tx_B_Clr,TxO_W:std_logic;

signal Tx_f,T_Half_f,TX_P_NEOSM:std_logic;
signal TXDs_Bf,TXD2_Bf:std_logic_vector(7 downto 0);
signal Tsend_DLN,DLN:std_logic_vector(3 downto 0);
signal Tx_s:std_logic_vector(2 downto 0);
signal TX_BaudRate:integer range 0 to 20832;
signal BaudRate1234:std_logic_vector(1 downto 0);

begin
Status_s<=Tx_B_Empty & TxO_W;

TxWP:process(TX_W,Reset)
begin
if reset='0' or Tx_B_Clr='1' then
```

```
        Tx_B_Empty<='0';
        TxO_W<='0';
    elsif rising_edge(Tx_W) then
        TXD2_Bf<=TXData;
        Tx_B_Empty<='1';        --Tx_B_Empty='1'表示已有資料寫入(尚未傳出)
        TxO_W<=Tx_B_Empty;      --TxO_W='1'表示資料未傳出又寫入資料(覆寫)
    end if;
    end process TxWP;

    TxP:process(Tx_f,Reset)
    begin
    if Reset='0' then
        Tx_s<="000";
        TX<='1';
        Tx_B_Clr<='0';
    elsif rising_edge(Tx_f) then
        if Tx_s=0 and Tx_B_Empty='1' then --開始位元
            TXDs_Bf<=TXD2_Bf;
            TX<='0';
            Tsend_DLN<="0000";
            TX_P_NEOSM<=ParityN(0);     --Even,Odd,Space or Mark
            Tx_B_Clr<='1';
            T_Half_f<='0';
            Tx_s<="001";
        elsif Tx_s/=0 then
            Tx_B_Clr<='0';
            T_Half_f<=not T_Half_f;
            case Tx_s is
                when "001" =>
                    if T_Half_f='1' then
                        if Tsend_DLN=DLN then
                            if ParityN(2)='0' then --無同位位元
                                Tx_s<=StopNn;
                                TX<='1';            --停止位元
                            else
                                TX<=TX_P_NEOSM;     --同位位元
                                Tx_s<="010";
                            end if;
                        else
                            if ParityN(1)='0' then
                                TX_P_NEOSM<=TX_P_NEOSM xor TXDs_Bf(0);
```

```
                        --Even or Odd
                    end if;
                    TX<=TXDs_Bf(0);          --傳輸資料位元
                    TXDs_Bf<=TXDs_Bf(0) & TXDs_Bf(7 downto 1);
                    Tsend_DLN<=Tsend_DLN+1;
                end if;
            end if;
        when "011" =>
            Tx_s<=StopNn;
            TX<='1';      --停止位元
        when others=>
            Tx_s<=Tx_s+1;
    end case;
  end if;
end if;
end process TxP;

TxBaudP:process(Clk,Reset)
variable f_Div:integer range 0 to 20832;
begin
  if Reset='0' then
    f_Div:=0;Tx_f<='0';
    BaudRate1234<="00";
  elsif rising_edge(clk) then
    if f_Div=TX_BaudRate then
      f_Div:=0;
      Tx_f<=not Tx_f;
      BaudRate1234<=BaudRate1234+1;
    else
      f_Div:=f_Div+1;
    end if;
  end if;
end process TxBaudP;

with (F_Set & BaudRate1234) select
 TX_BaudRate<= --鮑率設定，Clk=25MHz 設定
    20832   when "00000",--300:25000000/((20832+1)*4)=300.0048001
    20832   when "00001",--300
    20832   when "00010",--300
    20832   when "00011",--300
    10416   when "00100",--600
```

```
        10416   when "00101",--600
        10416   when "00110",--600
        10416   when "00111",--600
        5207    when "01000",--1200
        5207    when "01001",--1200
        5207    when "01010",--1200
        5207    when "01011",--1200
        2603    when "01100",--2400
        2603    when "01101",--2400
        2603    when "01110",--2400
        2603    when "01111",--2400
        1301    when "10000",--4800
        1301    when "10001",--4800
        1301    when "10010",--4800
        1301    when "10011",--4800
        650     when "10100",--9600
        650     when "10101",--9600
        650     when "10110",--9600
        650     when "10111",--9600
        324     when "11000",--19200
        325     when "11001",--19200 校正頻率
        324     when "11010",--19200
        325     when "11011",--19200 校正頻率
        162     when "11100",--38400
        162     when "11101",--38400
        161     when "11110",--38400 校正頻率
        162     when "11111",--38400
        0       when others;

with DL select                      --資料長度
  DLN<="0101"   when "00",          --5bit
       "0110"   when "01",          --6bit
       "0111"   when "10",          --7bit
       "1000"   when "11",          --8bit
       "0000"   when others;

with StopN select                   --停止位元
  StopNn<="101" when "10",          --2Bit
          "110" when "11",          --1.5Bit
          "111" when others;        --1Bit
```

```
end Albert;
```

設計動作簡介

KTM-626

本介面電路屬於完整設計，可讓使用者隨需要指定通信協定的參數，包括鮑率(F_Set)、資料長度(DL)、同位檢查(ParityN)與停止位元(StopN)，如圖 4 所示為 RS232_T1 介面電路之接腳。

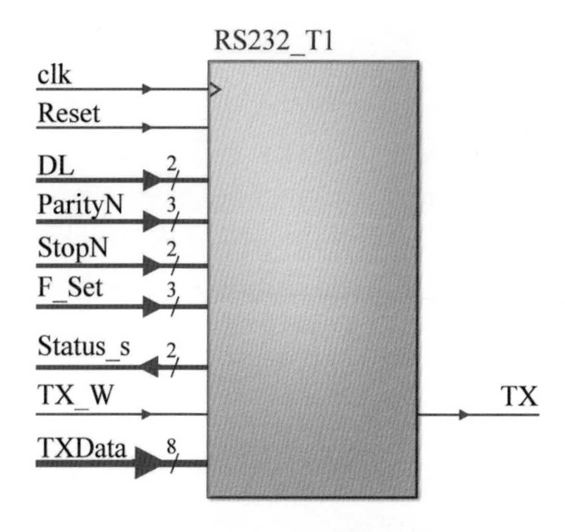

圖4　　RS232_T1 介面電路(軟體 IC)

在此的電路架構(architecture)裡，包括載入資料電路(TxWP)、主控器(TxP)、鮑率處理電路(TxBaudP)、鮑率選擇電路、資料長度選擇電路與停止位元選擇電路，如下說明：

TxWP載入資料電路

KTM-626

如圖 5 所示，在 RS232_T1 介面電路裡，設置一個資料緩衝器(TXD2_Bf)，當我們要把資料(8 位元)透過 UART 傳出之前，必須先將該資料載入資料緩衝器，而主控器會從資料緩衝器複製到工作暫存器(TXDs_Bf)，然後一個位元接一個位元的傳出。

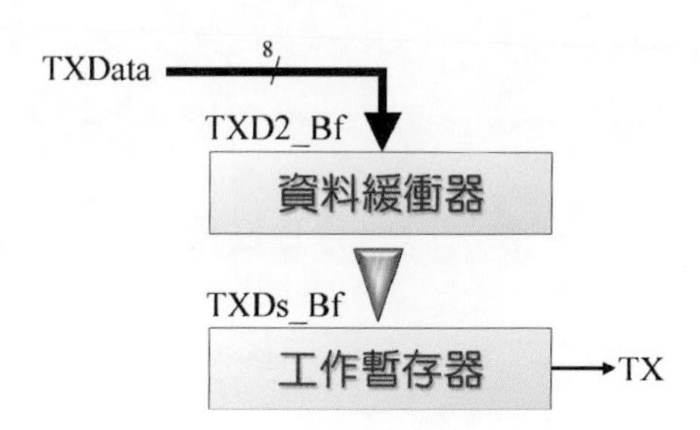

圖5　　資料緩衝器與工作暫存器

Tx_WP 載入資料電路的動作，如下說明：

- 當電路重置或緩衝器清除旗標(Tx_B_Clr)等於 1 時，則資料緩衝器無資料旗標(Tx_B_Empty)與覆寫旗標(TxO_W)歸零。其中緩衝器清除旗標的功能是指示將緩衝器清空(Tx_B_Clr=1)；覆寫旗標的功能是指示，而覆寫(Over Write)是指資料尚未傳完(工作暫存器中仍未傳完)，又有資料要載入。
- 當電路重啟且緩衝器清除旗標(Tx_B_Clr=0)後，將隨 TxW 的升緣，進行下列操作：
  - 將外部資料(TXData)載入資料緩衝器。
  - 設定資料緩衝器裡有新資料。
  - 設定覆寫旗標。

本介面電路提供一個傳輸狀態暫存器(Status_s)供主控器使用，其內容如圖 6 所示。

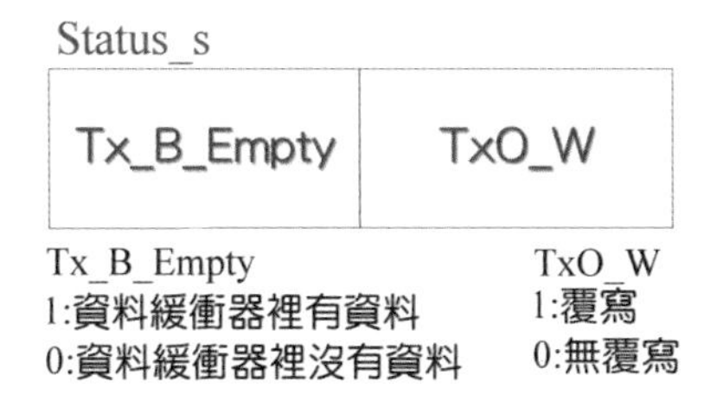

圖6　傳輸狀態暫存器

主控器的功能是執行串列傳輸動作，其動作如下說明：

- 當系統重置時，傳輸狀態(Tx_s)歸零，釋放傳輸線(TX)，緩衝器清空旗標(Tx_B_Clr)歸零。
- 當系統重啟後，隨傳輸時脈(Tx_f)的升緣，進行下列動作：
  - 當傳輸狀態(Tx_s)為 0，且工作暫存器無資料時，準備開始傳輸，如下：
    - 將資料緩衝器裡的資料複製到工作暫存器。
    - 發出開始位元(Tx 線拉低)。
    - 設定資料長度、同位檢查。
    - 設定緩衝器清除旗標為 1(可載入新資料到資料緩衝器)。

- 將半週期信號設定為 0(準備產生半週期信號)。
- 傳輸狀態設定為 001，指向下一個步驟。

■ 當傳輸狀態不為 0 時，則將緩衝器清除旗標歸零，半週期信號反相。

■ 當傳輸狀態為 001，且半週期信號為 1 時，則進行下列動作：

- 若資料已傳輸完成，則傳輸同位位元與停止位元，如下：
  - 若設定沒有同位位元(ParityN(2)為 0)，然後輸出停止位元，而輸出停止位元，會隨停止位元的設定而有所不同。
    - 若停止位元設定為 1 位元(StopNn 為 111)，則下一步將跳至傳輸狀態 111(others)。在 others 狀態裡，只是空耗一個週期，傳輸狀態變為 000，停止傳輸。
    - 若停止位元設定為 1.5 位元(StopNn 為 110)，則下一步將跳至傳輸狀態 110(others)。在 others 狀態裡，只是空耗兩個週期，傳輸狀態才會變為 000，停止傳輸。
    - 若停止位元設定為 2 位元(StopNn 為 101)，則下一步將跳至傳輸狀態 101(others)。在 others 狀態裡，只是空耗三個週期，傳輸狀態才會變為 000，停止傳輸。
  - 若設定同位位元(ParityN(2)不為 0)，則傳出同位位元(TX_P_NEOSM)，再設定傳輸狀態為 010(下一個步驟)。
- 若資料尚未傳輸完畢，則進行資料傳輸與產生同位位元，如下：
  - 若設定有同位位元，則產生同位位元。
  - 將工作暫存器(TXDs_Bf)之 LSB 傳輸出去。
  - 將工作暫存器左旋一位。
  - 已傳輸資料數加 1。

TxBaudP 鮑率處理電路

鮑率處理電路就是一個鮑率產生器，由於鮑率對於 UART 的資料傳輸非常重要！若是 8 位元的資料傳輸，鮑率的誤差範圍應不超過-4.63%~4.57%；若是 9 位元的資料傳輸，鮑率的誤差範圍應不超過-5.19%~5.11%。為了達到這個目標，在此的除頻器，採用四次除頻的平均，其動作如下：

- 當鮑率處理電路重置時，將除頻計數器 f_Div 歸零，Tx_f 傳輸時脈之準位歸零，RaudRate1234 除頻指標歸零。
- 當鮑率處理電路重啟後，將隨工作時脈(Clk)的升緣，進行下列操作：
  - 若計數值已達指定的除頻數(TX_BaudRate)時，則計數器歸零；切換 TX_f 傳輸時脈的狀態，然後指向下一個指定的除頻數。
  - 若計數值未達指定的除頻數，則繼續計數。

鮑率選擇電路 KTM-626

在此應用 F_Set 來選擇鮑率，如表 1 所示。

表 1　鮑率選擇表(基頻為 25Mz)

F_Set	鮑率	F_Set	鮑率
000	300	100	4800
001	600	101	9600
010	1200	110	19200
011	2400	111	38400

資料長度選擇電路 KTM-626

在資料長度選擇電路裡，應用 DL 來選擇資料長度，如表 2 所示。

表 2　資料長度選擇表

DL	資料長度	DL	資料長度
00	5 位元	10	7 位元
01	6 位元	11	8 位元

停止位元選擇電路 KTM-626

在停止位元選擇電路裡，應用 StopN 來選擇停止位元，如表 3 所示。

表 3　停止位元選擇表

StopN	停止位元	StopN	停止位元
10	2 位元	00	1 位元
11	1.5 位元	01	1 位元

或許本介面電路的運作與工作原理，可能有點難懂。但不重要，重要的是如何應用？基本上，本介面電路是要把主控器指定的並列資料，以串列方式傳到別

的平台，除了設定通信雙方遵守的通信協定外，主控器與本介面之間的操作如圖 7 所示。

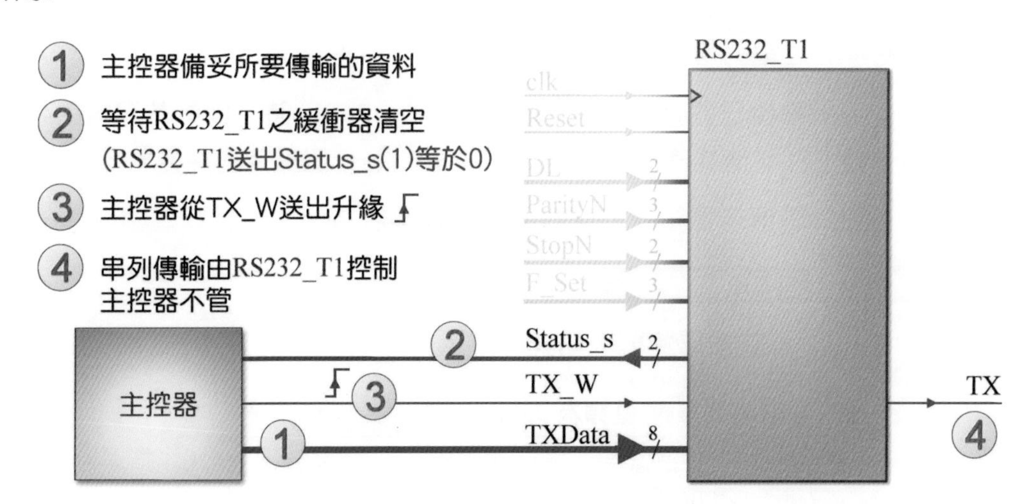

圖7　主控器與本介面之間的操作

13-3 UART 接收介面設計

在 UART 裡，傳輸介面電路負責透過單一條傳輸線接收資料。在此將設計一個 RS232_R2 的驅動電路。

電路設計

KTM-626

完整 RS232_R2 之驅動電路設計如下：

```
--RS232RX
Library IEEE;
Use IEEE.std_logic_1164.all;
Use IEEE.std_logic_unsigned.all;

entity RS232_R2 is
   port(clk,Reset:in std_logic;--clk:25MHz
        DL:in std_logic_vector(1 downto 0);
        --00:5,01:6,10:7,11:8 Bit
        ParityN:in std_logic_vector(2 downto 0);
        --0xx:None,100:Even,101:Odd,110:Space,111:Mark
        StopN:in std_logic_vector(1 downto 0);
        --0x:1Bit,10:2Bit,11:1.5Bit
        F_Set:in std_logic_vector(2 downto 0);
```

```
        Status_s:out std_logic_vector(2 downto 0);
        Rx_R:in std_logic;
        RD:in std_logic;
        RxDs:out std_logic_vector(7 downto 0));
end RS232_R2;

architecture Albert of RS232_R2 is
signal StopNn:std_logic_vector(2 downto 0);
signal Rx_B_Empty,Rx_P_Error,Rx_OW,Rx_R2:std_logic;

signal RDf,Rx_f,Rx_PEOSM,R_Half_f:std_logic;
signal RxD,RxDB:std_logic_vector(7 downto 0);
signal Rsend_RDLNs,RDLN:std_logic_vector(3 downto 0);
signal Rc:std_logic_vector(2 downto 0);
signal Rx_s,Rff,BaudRate1234:std_logic_vector(1 downto 0);
signal RX_BaudRate:integer range 0 to 20832;

begin
Status_s<=Rx_B_Empty & Rx_P_Error & Rx_OW;
RDf<=clk when (Rx_s(0) = Rx_s(1)) else Rx_f;

RxP:process(RDf,Reset)
begin
if Reset='0' then
    Rx_OW<='0';
    Rx_B_Empty<='0';
    Rx_P_Error<='0';
    Rx_R2<=Rx_R;
    Rx_s<="00";
elsif falling_edge(RDf) then
    if Rx_R2/=Rx_R and Rsend_RDLNs/=RDLN then
        if Rx_R='1' then
            Rx_OW<='0';
            Rx_B_Empty<='0';
            Rx_P_Error<='0';
        end if;
        Rx_R2<=Rx_R;
    end if;
    if Rx_s=0 then
        if RD='0' then      --開始位元
            Rx_s<="01";
```

```
            R_Half_f<='1';
            Rx_PEOSM<=ParityN(0);
        end if;
        Rsend_RDLNs<="0000";
    elsif Rx_s="11" then    --停止位元
        Rx_s<=not (RD & RD);
    else
        R_Half_f<=not R_Half_f;
        if R_Half_f='1' then
            if Rsend_RDLNs=RDLN then
                RxDs<=RxDB;
                Rx_B_Empty<='1';                --接收緩衝器有資料
                Rx_OW<=Rx_B_Empty;              --接收緩衝器覆寫
                if ParityN(2)='1' then          --同位位元
                    if RD/=Rx_PEOSM then
                        Rx_P_Error<='1';        --同位檢查錯誤
                    end if;
                    Rx_s<="11";
                else                            --停止位元
                    Rx_s<="00";
                end if;
            else                                --開始位元或資料位元
                RxD<=RD & RxD(7 downto 1);
                Rx_PEOSM<=Rx_PEOSM xor RD;
                Rsend_RDLNs<=Rsend_RDLNs+1; --含開始位元
            end if;
        end if;
    end if;
end if;
end process RxP;

RxBaudP:process(clk,Rx_s)
variable F_Div:integer range 0 to 20832;
begin
    if Rx_s(0)=Rx_s(1) then
        F_Div:=0;Rx_f<='1';
        BaudRate1234<="00";
    elsif rising_edge(clk) then
        if F_Div=RX_BaudRate then
            F_Div:=0;
            Rx_f<=not Rx_f;
```

```
                BaudRate1234<=BaudRate1234+1;
            else
                F_Div:=F_Div+1;
            end if;
        end if;
    end process RxBaudP;

    with (F_Set & BaudRate1234) select
      RX_BaudRate<= --鮑率設定，依 Clk=25MHz 設定
            20832   when
"00000",--300:25000000/((20832+1)*4)=300.0048001
            20832   when "00001",   --300
            20832   when "00010",   --300
            20832   when "00011",   --300
            10416   when "00100",   --600
            10416   when "00101",   --600
            10416   when "00110",   --600
            10416   when "00111",   --600
            5207    when "01000",   --1200
            5207    when "01001",   --1200
            5207    when "01010",   --1200
            5207    when "01011",   --1200
            2603    when "01100",   --2400
            2603    when "01101",   --2400
            2603    when "01110",   --2400
            2603    when "01111",   --2400
            1301    when "10000",   --4800
            1301    when "10001",   --4800
            1301    when "10010",   --4800
            1301    when "10011",   --4800
            650     when "10100",   --9600
            650     when "10101",   --9600
            650     when "10110",   --9600
            650     when "10111",   --9600
            324     when "11000",   --19200
            325     when "11001",   --19200 校正頻率
            324     when "11010",   --19200
            325     when "11011",   --19200 校正頻率
            162     when "11100",   --38400
            162     when "11101",   --38400
            161     when "11110",   --38400 校正頻率
            162     when "11111",   --38400
```

```
        0       when others;

with DL select  --資料長度，含開始位元
  RDLN<="0110"  when "00",  --5bit
        "0111"  when "01",  --6bit
        "1000"  when "10",  --7bit
        "1001"  when "11",  --8bit
        "0000"  when others;

with DL select  --Data Length
  RxDB<="000" & RxD(7 downto 3) when "00",  --5bit
        "00" & RxD(7 downto 2)  when "01",  --6bit
        "0" & RxD(7 downto 1)   when "10",  --7bit
        RxD                     when "11",  --8bit
        "11111111"              when others;

with StopN select
  StopNn<="101" when "10",      --2bit
          "110" when "11",      --1.5bit
          "111" when others;    --1bit

end Albert;
```

設計動作簡介

KTM-626

本介面電路屬於完整設計，可讓使用者隨需要指定通信協定的參數，包括鮑率(F_Set)、資料長度(DL)、同位檢查(ParityN)與停止位元(StopN)，如圖 8 所示為 RS232_R2 介面電路之接腳，與 RS232_T1 大同小異。

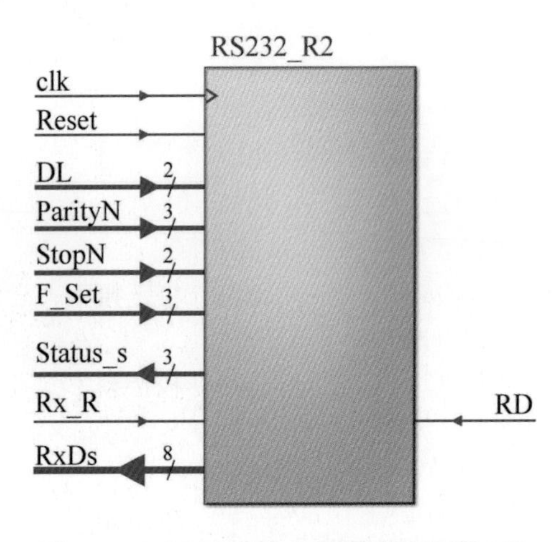

圖8　RS232_R2 介面電路(軟體 IC)

在此的電路架構(architecture)裡，包括載入主控器(RxP)、鮑率處理電路(RxBaudP)、鮑率選擇電路、資料長度選擇電路與停止位元選擇電路，如下說明：

RxP主控器

主控器的功能是執行串列接收動作，其動作如下說明：

- 當系統重置時，同樣是進行初始化的動作，由於尚未進行接收，所以將接收覆寫(Rx_OW)歸零、接收緩衝器無資料旗標(Rx_B_Empty)歸零、接收錯誤旗標(Rx_P_Error)歸零、接收狀態(Rx_s)歸零。另外，載入主機送來的接收需求信號（Rx_R）。
- 當系統重啟後，隨傳輸時脈(RD_f)的升緣，進行下列動作：
  - 當 Rx_R2 不等於 Rx_R(表示尚未進行主機的接收需求)，且所接收的資料量尚未達到既定接收資料長度時，則進行下列動作：
    - 若 Rx_R 為 1(表示主機要求接收資料)，接收覆寫旗標歸零（表示無接收覆寫），接收緩衝器無資料旗標歸零（表示接收緩衝器無資料）、接收錯誤旗標歸零（表示無接收錯誤）。
    - 將 Rx_R 的內容複製到 Rx_R2，表示正要進行主機的接收需求。
  - 當接收狀態(Rx_s)等於 0 時，則進行下列接收開始位元的動作：
    - 若接收線(RD)，已被對方拉低，也就是對方送出一個開始位元，則將接收狀態設定為 01(下一個步驟)、接收半週期信號(R_Half_f)設定為高態、並載入同位檢查設定，準備開始接收資料。
    - 已接收資料長度(Rsend_RDLNs)歸零。
  - 當接收狀態為 11，等待收到停止位元，若接收線 RD 為 0(非停止位元)，則繼續等待。若接收線 RD 為 1(停止位元)，則接收狀態改為 00。
  - 若接收狀態不為 00 或 11，則為接收資料狀態，則進行下列動作：
    - 將切換接收半週期信號的狀態，以產生半週期脈波。
    - 若接收半週期信號為高態，且已接收到既定的資料量，則進行下列動作：
      - ✧ 將完成接收的資料打包為 8 位元格式(RxDB)，再透過 RxDs 接腳(8 位元匯流排)送回主機。

- ✧ 設定接收緩衝器已滿(Rx_B_Empty 旗標設定為 1)。
- ✧ 設定接收覆寫旗標。
- ✧ 若 ParityN(2)為 1，表示要進行同位檢查，則進行下列動作：
  - ➢ 若計算出來的同位位元(Rx_PEOSM)，不等於接收到的位元(即同位位元)，則是錯誤，將接收錯誤旗標(Rx_P_Error)設定為 1。
  - ➢ 將接收狀態變為 11(下一個狀態，接收停止位元)。
- ✧ 若沒有設定同位檢查(ParityN(2)為 0)，則設定接收狀態為 00(下一個步驟，重新接收開始位元)。

◆ 若接收半週期信號為高態，但所接收的資料尚未達到既定的資料量，則進行下列動作：

- ✧ 將接收線 RD 的信號放入 RxD 接收工作暫存器，而接收工作暫存器右移一位。
- ✧ 產生同位位元。
- ✧ 已接收之資料長度加 1。

資料長度選擇電路 RTM-626

在此的資料長度選擇電路包括兩部分，第一部分應與 RS232_T1 裡的資料長度選擇電路一樣，而第二部分是將接收到的資料，打包為 8 位元格式，如圖 9 所示。

```
with DL select  --Data Length
  RxDB<="000" & RxD(7 downto 3) when "00",   --5bit
        "00" & RxD(7 downto 2)  when "01",   --6bit
        "0" & RxD(7 downto 1)   when "10",   --7bit
        RxD                     when "11",   --8bit
        "11111111"              when others;
```

圖9　將接收資料打包為 8 位元格式

同樣的，本介面電路的運作與工作原理，並非重點。重要的還是如何應用？基本上，本介面電路是將以串列方式接收到來自其他平台傳來的資料，然後轉交主控器。除了設定通信雙方遵守的通信協定外，主控器與本介面之間的操作如圖

10 所示。

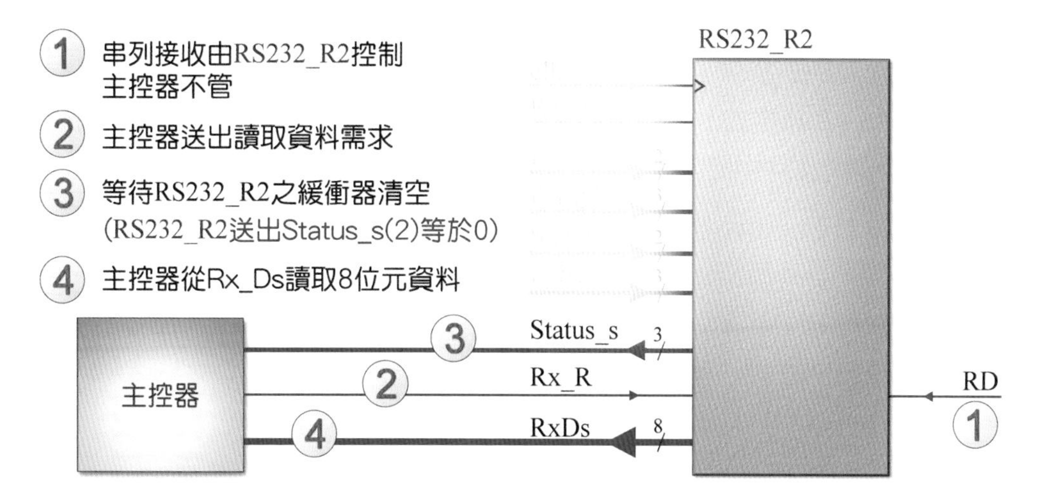

圖10 主控器與本介面之間的操作

13-4 PC 跨平台控制實習

實習目的

在本單元裡將設計雙通道類比電壓量測計，除了在 LCD 上顯示兩個通道的量測值外，也將透過 UART-USB，跨平台送到 PC/NB 上。在此也提供一個簡單的 Windows 程式(CH13_UART_1.exe)，可讓 PC/NB 上，顯示 FPGA 送來的兩個量測值。

新增專案與設計檔案

開啟 Quartus II，並按 1-2 節的說明，新增專案與設計檔案，相關資料如下：

- 專案資料夾：D:\CH13\CH13_UART_1
- 專案名稱：CH13_UART_1
- 晶片族系(Family)：Cycolne III
- 接腳數(Pin count)：240
- 晶片名稱：EP3C16Q240C8
- VHDL 設計檔：CH13_UART_1.vhd

電路設計

KTM-626

在新建的 CH13_UART_1.vhd 編輯區裡按下列設計電路，再按 Ctrl + S 鍵，請記得將 13-2 節中的 RS232_T1.vhd、13-3 節中的 RS232_R2.vhd、11-2 節中的 MCP3202.vhd 與 6-2 節中的 LCM_4bit_driver.vhd 複製到本專案的資料夾裡。

```
--MCP3202 ch0_1 + USB UART 測試+PC+中文 LCM 顯示
--107.01.01 版
--EP3C16Q240C8 50MHz LEs:15,408 PINs:161 ,gckp31 ,rstP99

Library IEEE;                           --連結零件庫
Use IEEE.std_logic_1164.all;            --引用套件
Use IEEE.std_logic_unsigned.all;        --引用套件
Use IEEE.std_logic_arith.all;           --引用套件

entity CH13_UART_1 is
port(gckp31,rstP99:in std_logic;        --系統頻率,系統 reset
    --RS232(UART)
    RD:in std_logic;
    TX:out std_logic;

    --MCP3202
    MCP3202_Di:out std_logic;
    MCP3202_Do:in std_logic;
    MCP3202_CLK,MCP3202_CS:buffer std_logic;
    CHs:buffer std_logic;

    --LCD 4bit 介面
    DB_io:inout std_logic_vector(3 downto 0);
    RSo,RWo,Eo:out std_logic

    );
end entity CH13_UART_1;

architecture Albert of CH13_UART_1 is

   --RS232_T1 & RS232_R2
   --RS232_T1
   component RS232_T1 is
   port(clk,Reset:in std_logic;--clk:25MHz
        DL:in std_logic_vector(1 downto 0);
```

```
    --00:5,01:6,10:7,11:8 Bit
    ParityN:in std_logic_vector(2 downto 0);
    --000:None,100:Even,101:Odd,110:Space,111:Mark
    StopN:in std_logic_vector(1 downto 0);
    --0x:1Bit,10:2Bit,11:1.5Bit
    F_Set:in std_logic_vector(2 downto 0);
    Status_s:out std_logic_vector(1 downto 0);
    TX_W:in std_logic;
    TXData:in std_logic_vector(7 downto 0);
    TX:out std_logic);
end component;
--RS232_R2
component RS232_R2 is
port(Clk,Reset:in std_logic;--clk:25MHz
    DL:in std_logic_vector(1 downto 0);
    --00:5,01:6,10:7,11:8 Bit
    ParityN:in std_logic_vector(2 downto 0);
    --0xx:None,100:Even,101:Odd,110:Space,111:Mark
    StopN:in std_logic_vector(1 downto 0);
    --0x:1Bit,10:2Bit,11:1.5Bit
    F_Set:in std_logic_vector(2 downto 0);
    Status_s:out std_logic_vector(2 downto 0);
    Rx_R:in std_logic;
    RD:in std_logic;
    RxDs:out std_logic_vector(7 downto 0));
end component;

constant DL:std_logic_vector(1 downto 0):="11";
--00:5,01:6,10:7,11:8 Bit
constant ParityN:std_logic_vector(2 downto 0):="000";
--0xx:None,100:Even,101:Odd,110:Space,111:Mark
constant StopN:std_logic_vector(1 downto 0):="00";
--0x>1Bit,10>2Bit,11>1.5Bit
constant F_Set:std_logic_vector(2 downto 0):="010";
--1200 BaudRate

signal S_RESET_T:std_logic;     --Rs232 reset 傳送
signal TX_W:std_logic;          --寫入緩衝區
signal Status_Ts:std_logic_vector(1 downto 0); --傳送狀態
signal TXData:std_logic_vector(7 downto 0);    --傳送資料
```

```
signal S_RESET_R:std_logic;          --Rs232 reset 接收
signal Rx_R:std_logic;               --讀出緩衝區
signal Status_Rs:std_logic_vector(2 downto 0); --接收狀態
signal RxDs:std_logic_vector(7 downto 0);       --接收資料

signal CMDn,CMDn_R:integer range 0 to 3;   --Rs232 傳出數,接收數
--上傳 PC 資料(4 byte)
type pc_up_data_T is array(0 to 3) of std_logic_vector(7 downto 0);
--命令
signal pc_up_data:pc_up_data_T:=
    ("00000000","00000000","00000000","00000000");

-- =ADC=
component MCP3202_Driver is
port(MCP3202_CLK_D,MCP3202_RESET:in std_logic;
    --MCP3202_Driver 驅動 clk,reset 信號
    MCP3202_AD0,MCP3202_AD1:buffer integer range 0 to 4095;
    --MCP3202 AD0,1 ch0,1 值
    MCP3202_try_N:in integer range 0 to 3;--失敗後再嘗試次數
    MCP3202_CH1_0:in std_logic_vector(1 downto 0);--輸入通道
    MCP3202_SGL_DIFF:in std_logic;      --MCP3202 SGL/DIFF
    MCP3202_Do:in std_logic;            --MCP3202 do 信號
    MCP3202_Di:out std_logic;           --MCP3202 di 信號
    MCP3202_CLK,MCP3202_CS:buffer std_logic;
    --MCP3202 clk,/cs 信號
    MCP3202_ok,MCP3202_S:buffer std_logic);
    --Driver 完成旗標 ,完成狀態
end component;

signal MCP3202_CLK_D,MCP3202_RESET:std_logic;
--MCP3202_Driver 驅動 clk,reset 信號
signal MCP3202_AD0,MCP3202_AD1:integer range 0 to 4095;
--MCP3202 AD 值
signal MCP3202_try_N:integer range 0 to 3:=1;
--失敗後再嘗試次數
signal MCP3202_CH1_0:std_logic_vector(1 downto 0);
signal MCP3202_SGL_DIFF:std_logic:='1';
--MCP3202 SGL/DIFF 選 SGL
signal MCP3202_ok,MCP3202_S:std_logic;
--Driver 完成旗標 ,完成狀態
```

```
--中文 LCM 4bit driver(WG14432B5)
component LCM_4bit_driver is
port(LCM_CLK,LCM_RESET:in std_logic;    --操作速率,重置
     RS,RW:in std_logic;                --暫存器選擇,讀寫旗標輸入
     DBi:in std_logic_vector(7 downto 0);
     --LCM_4bit_driver 資料輸入
     DBo:out std_logic_vector(7 downto 0);
     --LCM_4bit_driver 資料輸出
     DB_io:inout std_logic_vector(3 downto 0);
     --LCM DATA BUS 介面
     RSo,RWo,Eo:out std_logic; --LCM 暫存器選擇,讀寫,致能介面
     LCMok,LCM_S:out boolean    --LCM_4bit_driver 完成,錯誤旗標
     );
end component;

signal LCM_RESET,RS,RW:std_logic;
--LCM_4bit_driver 重置,LCM 暫存器選擇,讀寫旗標
signal DBi,DBo:std_logic_vector(7 downto 0);
--LCM_4bit_driver 命令或資料輸入及輸出
signal LCMok,LCM_S:boolean;
--LCM_4bit_driver 完成作業旗標,錯誤信息

signal FD:std_logic_vector(24 downto 0);    --除頻器
signal times:integer range 0 to 2047;       --計時器

--中文 LCM 指令&資料表格式:
--(總長,指令數,指令...資料..........)
--英數型 LCM 4 位元界面,2 列顯示

type LCM_T is array (0 to 20) of std_logic_vector(7 downto 0);
constant LCM_IT:LCM_T:=(
    X"0F",X"06",----中文型 LCM 4 位元界面
    "00101000","00101000","00101000",--4 位元界面
    "00000110","00001100","00000001",
    --ACC+1 顯示幕無移位,顯示幕 on 無游標無閃爍,清除顯示幕
    X"01",X"48",X"65",X"6C",X"6C",X"6F",X"21",X"20",
    X"20",X"20",x"20",X"20",X"20");--Hello!

--LCM=1:第一列顯示區");-- -=MCP3202 ADC=-
signal LCM_1:LCM_T:=(
    X"15",X"01",     --總長,指令數
```

```
        "00000001",         --清除顯示幕
        --第 1 列顯示資料
        X"20",X"2D",X"3D",X"4D",X"43",X"50",X"33",X"32",
        X"30",X"32",X"20",X"41",X"44",X"43",X"3D",X"2D",
        X"20",X"20");-- -=MCP3202 ADC=-

    --LCM=1:第二列顯示區 CH0:        CH1:
    signal LCM_12:LCM_T:=(
        X"15",X"01",            --總長,指令數
        "10010000",             --設第二列 ACC 位置
        --第 2 列顯示資料
        X"43",X"48",X"30",X"3A",X"20",X"20",X"20",X"20",
        X"20",X"20",X"43",X"48",X"31",X"3A",X"20",X"20",
        X"20",X"20");           --CH0:       CH1:

    --LCM=2:第一列顯示區 資料讀取失敗
    signal LCM_2:LCM_T:=(
        X"15",X"01",            --總長,指令數
        "00000001",             --清除顯示幕
        --第 1 列顯示資料
        X"20",X"20",X"20",X"20",X"20",X"20",X"B8",X"EA",
        X"AE",X"C6",X"C5",X"AA",X"A8",X"FA",X"A5",X"A2",
        X"B1",X"D1");           --LM35 資料讀取失敗

    signal LCM_com_data,LCM_com_data2:LCM_T;--LCD 表格輸出
    signal LCM_INI:integer range 0 to 31;  --LCD 表格輸出指標
    signal LCMP_RESET,LN,LCMPok:std_logic;
    --LCM_P 重置,輸出列數,LCM_P 完成
    signal LCM,LCMx:integer range 0 to 7;  --LCD 輸出選項

    signal MCP3202_AD:integer range 0 to 4095;--MCP3202 AD 值

begin

U1: RS232_T1 port map(
        FD(0),S_RESET_T,DL,ParityN,StopN,F_Set,Status_Ts,
        TX_W,TXData,TX);            --RS232 傳送模組
U2: RS232_R2 port map(
        FD(0),S_RESET_R,DL,ParityN,StopN,F_Set,Status_Rs,
        Rx_R,RD,RxDs);              --RS232 接收模組

U3: MCP3202_Driver port map(
```

```
        FD(4),MCP3202_RESET,     --MCP3202_Driver 驅動 clk,reset 信號
        MCP3202_AD0,MCP3202_AD1,--MCP3202 AD 值
        MCP3202_try_N,           --失敗後再嘗試次數
        MCP3202_CH1_0,           --輸入通道
        MCP3202_SGL_DIFF,        --SGL/DIFF
        MCP3202_Do,              --MCP3202 do 信號
        MCP3202_Di,              --MCP3202 di 信號
        MCP3202_CLK,MCP3202_CS, --MCP3202 clk,/cs 信號
        MCP3202_ok,MCP3202_S);  --Driver 完成旗標 ,完成狀態
--中文 LCM
LCMset: LCM_4bit_driver port map(

    FD(7),LCM_RESET,RS,RW,DBi,DBo,DB_io,RSo,RWo,Eo,LCMok,LCM_S);
        --LCM 模組

--上傳 PC 資料
TXData<=pc_up_data(CMDn-1);
--(上傳 ADC)
MCP3202_AD<=MCP3202_AD0 when CHs='0' else MCP3202_AD1; --通道選擇
pc_up_data(1)<=conv_std_logic_vector(MCP3202_AD/256,8);
--上傳 PC 資料 high byte
pc_up_data(0)<=conv_std_logic_vector(MCP3202_AD mod 256,8);
--上傳 PC 資料 low byte

Main:process(FD(17))
begin
    if rstP99='0' then              --系統重置
        Rx_R<='0';                  --取消讀取信號
        TX_W<='0';                  --取消資料載入信號
        S_RESET_T<='0';             --關閉 RS232 傳送
        S_RESET_R<='0';             --關閉 RS232 接收
        CMDn<=2;                    --上傳 2byte(上傳 AD)
        CMDn_R<=1;                  --接收數量(1byte)

        MCP3202_RESET<='0';         --MCP3202_driver 重置
        LCM<=0;                     --中文 LCM 初始化
        LCMP_RESET<='0';            --LCMP 重置
        MCP3202_CH1_0<="10";        --CH0->CH1 自動轉換同步輸出
        --MCP3202_CH1_0<="00";  --CH0,CH1 輪流轉換輪流輸出
    elsif (Rx_R='1' and Status_Rs(2)='0') then --rs232 接收即時處理
        Rx_R<='0';                  --即時取消讀取信號
    elsif rising_edge(FD(17)) then
```

```
        LCMP_RESET<='1';            --LCMP 啟動顯示
        S_RESET_T<='1';             --開啟 RS232 傳送
        S_RESET_R<='1';             --開啟 RS232 接收
        if CMDn>0 and S_RESET_T='1' then
            if Status_Ts(1)='0' then    --傳送緩衝區已空
                if TX_W='1' then
                    TX_W<='0';              --取消傳送資料載入時脈
                    CMDn<=CMDn-1;           --指標指向下一筆資料
                else
                    TX_W<='1';              --傳送資料載入時脈
                end if;
            end if;

        --已接收到 PC 命令
        elsif Status_Rs(2)='1' then     --已接收到 PC 命令
            Rx_R<='1';                  --讀取信號
            --PC 命令解析--
            CHs<=RxDs(0);   --通道選擇
        elsif LCMPok='1' then   --LCM 顯示完成
            if MCP3202_RESET='0' then   --MCP3202_driver 尚未啟動
                MCP3202_RESET<='1';     --重新讀取資料
                times<=20;              --設定計時
            elsif MCP3202_ok='1' then   --讀取結束
                times<=times-1;         --計時
                if times=0 then         --時間到
                    LCM<=1;             --中文 LCM 顯示測量值
                    LCMP_RESET<='0';    --LCMP 重置
                    MCP3202_RESET<='0'; --準備重新讀取資料
                    --MCP3202_CH1_0(0)<=not MCP3202_CH1_0(0);
                    --CH0,CH1 輪流轉換輪流輸出
                    CMDn<=2;            --上傳 2byte(上傳 AD)
                elsif MCP3202_S='1' then--資料讀取失敗
                    LCM<=2;             --中文 LCM 顯示 資料讀取失敗
                end if;
            end if;
        end if;
    end if;
end process Main;

--LCM 顯示
LCM_12(10)<="0011"&conv_std_logic_vector(MCP3202_AD0 mod 10,4);
```

```
-- 擷取個位數
LCM_12(9)<="0011"&conv_std_logic_vector((MCP3202_AD0/10)mod 10,4);
-- 擷取十位數
LCM_12(8)<="0011"&conv_std_logic_vector((MCP3202_AD0/100) mod 10,4);
-- 擷取百位數
LCM_12(7)<="0011"&conv_std_logic_vector(MCP3202_AD0/1000,4);
-- 擷取千位數

LCM_12(20)<="0011"&conv_std_logic_vector(MCP3202_AD1 mod 10,4);

-- 擷取個位數
LCM_12(19)<="0011"&conv_std_logic_vector((MCP3202_AD1/10)mod 10,4);
-- 擷取十位數
LCM_12(18)<="0011"&conv_std_logic_vector((MCP3202_AD1/100) mod 10,4);
-- 擷取百位數
LCM_12(17)<="0011"&conv_std_logic_vector(MCP3202_AD1/1000,4);
-- 擷取千位數

--中文 LCM 顯示器--
--中文 LCM 顯示器
--指令&資料表格式:
--(總長,指令數,指令...資料..........)
LCM_P:process(FD(0))
    variable SW:Boolean;                      --命令或資料備妥旗標
begin
    if LCM/=LCMx or LCMP_RESET='0' then
        LCMx<=LCM;                            --記錄選項
        LCM_RESET<='0';                       --LCM 重置
        LCM_INI<=2;                           --命令或資料索引設為起點
        LN<='0';                              --設定輸出 1 列
        case LCM is
            when 0=>
                LCM_com_data<=LCM_IT;--LCM 初始化輸出第一列資料 Hello!
            when 1=>
                LCM_com_data<=LCM_1;      --輸出第一列資料
                LCM_com_data2<=LCM_12;    --輸出第二列資料
                LN<='1';                  --設定輸出 2 列
            when others =>
                LCM_com_data<=LCM_2;      --輸出第一列資料
        end case;
        LCMPok<='0';                          --取消完成信號
        SW:=False;                            --命令或資料備妥旗標
```

```
    elsif rising_edge(FD(0)) then
        if SW then                          --命令或資料備妥後
            LCM_RESET<='1';                 --啟動 LCM_4bit_driver_delay
            SW:=False;                      --重置旗標
        elsif LCM_RESET='1' then            --LCM_4bit_driver_delay 啟動中
            if LCMok then
            --等待 LCM_4bit_driver_delay 完成傳送
                LCM_RESET<='0';             --完成後 LCM 重置
            end if;
        elsif LCM_INI<LCM_com_data(0) and
                LCM_INI<LCM_com_data'length then
            --命令或資料尚未傳完
            if LCM_INI<=(LCM_com_data(1)+1) then--選命令或資料暫存器
                RS<='0';                    --Instruction reg
            else
                RS<='1';                    --Data reg
            end if;
            RW<='0';                        --LCM 寫入操作
            DBi<=LCM_com_data(LCM_INI); --載入命令或資料
            LCM_INI<=LCM_INI+1;             --命令或資料索引指到下一筆
            SW:=True;                       --命令或資料已備妥
        else
            if LN='1' then                  --設定輸出 2 列
                LN<='0';                    --設定輸出 2 列取消
                LCM_INI<=2;                 --命令或資料索引設為起點
                LCM_com_data<=LCM_com_data2;--LCM 輸出第二列資料
            else
                LCMPok<='1';                --執行完成
            end if;
        end if;
    end if;
end process LCM_P;

--除頻器--
Freq_Div:process(gckP31)                --系統頻率 gckP31:50MHz
begin
    if rstP99='0' then                  --系統重置
        FD<=(others=>'0');              --除頻器:歸零
    elsif rising_edge(gckP31) then --50MHz
        FD<=FD+1;                       --除頻器:2 進制上數(+1)計數器
    end if;
```

```
end process Freq_Div;

end Albert;
```

設計動作簡介

KTM-626

本設計是由 11-5 節裡的設計延伸而來，再加上 UART 的介面動作，將量測資料轉傳到 PC/NB。因此，LCD 的顯示內容，以及電路架構(architecture)裡的 LCD 相關設計，皆與 11-5 節裡的設計完全一樣。整個電路架構，包括導入零件(RS232_T1、RS232_R2、MCP3202_Driver 與 LCM_4bit_driver)、上傳電路、主控器(Main)、LCD 顯示資料電路、LCD 控制器(LCM_P)與除頻器等，除上傳電路與主控器外，在前面的章節裡都介紹過了，在此不贅述。

上傳電路

KTM-626

如圖 11 所示為上傳電路，其目的是將兩個 ADC 通道的轉換值，透過 UART-USB 傳送到 PC/NB。

```
--上傳 PC 資料
TXData<=pc_up_data(CMDn-1);
--(上傳 ADC)
MCP3202_AD<=MCP3202_AD0 when CHs='0' else MCP3202_AD1;--通道選擇
pc_up_data(1)<=conv_std_logic_vector(MCP3202_AD/256,8);
--上傳 PC 資料 high byte
pc_up_data(0)<=conv_std_logic_vector(MCP3202_AD mod 256,8);
--上傳 PC 資料 low byte
```

圖11　上傳電路

在此的 ADC 轉換值為 12 個位元，而上傳時，採 8 位元資料傳輸的方式，所以要分為兩次傳輸，當 CMDn 為 1 時，傳送低 8 位元資料；當 CMDn 為 2 時，傳送高 8 位元資料(其中的高 4 位元為 0)。TXData 就是內接到 RS232_T1 介面電路的 8 位元匯流排。

另外，應用 CHs 信號來選擇傳輸哪個通道的資料，若 CHs 信號為 0，則傳輸 ADC 通道 0 的資料；若 CHs 信號為 1，則傳輸 ADC 通道 1 的資料。

Main主控器

KTM-626

在主控器裡進行各介面電路的信號控制，其動作如下：

- 當系統重置時，進行初始化動作，如下：
  - 對於 RS232_T1 與 RS232_R2 介面電路進行初始化動作：

    - ◆ 將 RX_R 設定為 0，即取消讀取資料需求。
    - ◆ 將 TX_W 設定為 0，即取消載入資料信號。
    - ◆ 重置 RS232_T1 與 RS232_R2 介面電路。
  - ■ 重置 MCP3202_Driver 介面電路，並設定 MCP3202 的兩個通道自動轉換，同步輸出。
  - ■ 對於 LCD 進行初始化，並重置 LCD 控制器。
  - ■ 對於操控信號進行初始化動作：
    - ◆ CMDn 設定為 2，即上傳筆數預設為 2bytes。
    - ◆ CMDn_R 設定為 1，即接收筆數預設為 1bytes。
- 當系統重啟後，若有接收需求信號，但接收緩衝器(Rx_B_Empty)裡沒有資料，接收狀態旗標(Status_Rs(2))為 0。
- 當系統重啟後，隨工作時脈(FD(17))的升緣，進行下列動作：
  - ■ 重啟 LCD 控制器、RS232_T1 介面電路、RS232_R2 介面電路。
  - ■ 若 CMDn 不為 0，且 RS232_T1 介面電路已重啟，則可開始上傳資料，其動作如下：
  - ■ 若傳送緩衝器已沒資料，且載入時脈 TX_W 為高態，就將 TX_W 降為低態，並把 CMDn 剪 1，指向下一筆資料。
  - ■ 若傳送緩衝器已沒資料，且載入時脈 TX_W 為低態，就將 TX_W 改為高態，以產生 TX_W 的升緣，即可將資料載入 RS232_T1 介面電路。
- 當系統重啟後，接收狀態旗標(Status_Rs(2)為 1)指示已收到 PC/NB 傳來的資料(即命令)，則送出接收資料需求(Rx_R)，即可從 RS232_R2 介面電路讀取接收到的 8 位元資料(Rx_Ds)，並將該資料的 bit 0 做為通道選取命令(CHs)。
- 當系統重啟後，且 LCD 已完成顯示(LCMok 為 1)，則進行下列動作：
  - ■ 若 MCP3202 尚未啟動，則啟動之，並設定計時器。
  - ■ 若 MCP3202 已啟動，且 MCP3202 已完成轉換，則進行下列動作：
    - ◆ 若計時的時間到了，驅動 LCD 顯示量測值，然後重置 LCD 控制器與 MCP3202_Driver 介面電路，並上傳 2bytes 資料到 PC/NB。
    - ◆ 若資料讀取失敗(MCP3202_S 為 1)，則驅動 LCD 顯示資料讀取失敗的錯誤訊息。

後續工作

KTM-626

電路設計完成後，按 Ctrl + S 鍵存檔，再按 Ctrl + L 鍵進行初始編譯。若編譯有錯誤，可循下方紅色錯誤訊息(直接快按兩下)，跳到錯誤處修改之。若編譯成功，在隨即出現的訊息對話盒中，按 確定 鈕關閉之。

緊接著進行接腳配置，按 Ctrl + Shift + N 鍵，開啟接腳配置視窗，再按表 4 配置接腳。

表 4　接腳表

DB_io(3)	DB_io(2)	DB_io(1)	DB_io(0)	Eo	RSo	RWo
219	218	217	216	201	119	200

MCP3202_CLK	MCP3202_CS	MCP3202_Di	MCP3202_Do
223	222	221	220

CHs	RD	TX	gckP31	rstP99		
87	145	144	31	99		

完成接腳配置後，按 Ctrl + L 鍵即進行二次編譯，並退回原 Quartus II 編譯視窗。同樣的，完成二次編譯後，在隨即出現的訊息對話盒中，按 確定 鈕關閉之。

燒錄與測試

KTM-626

首先備妥 USB Blaster 下載線，一端插入電腦 USB 埠，另一段插入 EP3C 板上的 JTAG 埠，然後開啟 KTM-626 多功能 FPGA 開發平台之電源。

按 Alt 、 T 、 P 鍵即可開啟燒錄視窗，按 Start 鈕即進行燒錄。很快的，完成燒錄後，按下列操作：

1. 將短路環插入 P5-1 連接器，讓 USB_TX 連接 145、USB_RX 連接 144，如圖 1 所示(13-2 頁)。
2. 使用兩條杜邦線，分別從 P9-5 連接器的 pH 端連接到 P9-1 連接器的 CH1 端、P9-5 連接器的 pV 端連接到 P9-1 連接器的 CH0 端。即可將水平電位計連接到 MCP3202 的通道 1(CH1)、垂直電位計連接到 MCP3202 的通道 0(CH0)。

3. 觀察 LCD 上第二列左邊的 CH0 是否隨垂直電位計的操作而改變值？
4. 觀察 LCD 上第二列右邊的 CH1 是否隨水平電位計的操作而改變值？
5. 使用一條 USB 線(A typr-B type)連接 CN5-1 到 PC/NB。
6. 安裝 PL2303_Prolific_DriverInstaller_v1_12_0 驅動程式(可在隨書光碟中找到)，安裝完成後，開啟 Windows 的裝置管理員，如圖 12 所示，其中的連接埠(COM 和 LPT)裡將列出 Prolific USB-to-Serial Comm Port(COM6)項，表示 PC/NB 已透過 COM6 與 FPGA 連接，當然每台 PC/NB 的狀態不一，所產生的 COM 埠也不一定相同。

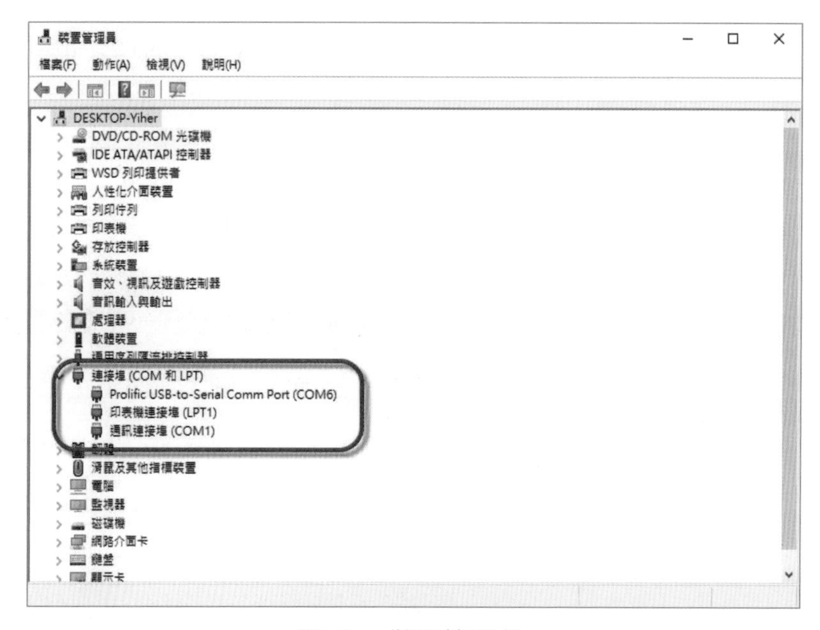

圖12　裝置管理員

7. 執行 CH13_UART_1.exe，開啟如圖 13 所示之對話盒。

圖13　搜尋 RS232

8. 其中顯示的 COM1，並非裝置管理員裡所顯示的 COM Port，按 取消 鈕，即可搜尋下一個 COM Port，直到顯示我們所要連接的 COM Port，再

按 確定 鈕，即可展開程式視窗，如圖 14 所示。

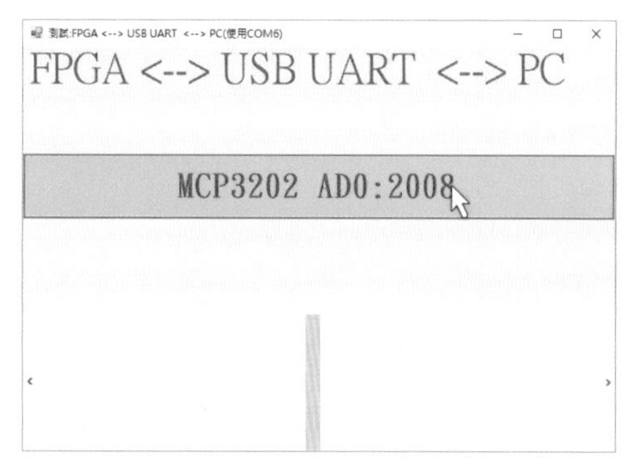

圖14　程式視窗

9. 操作 KTM-626 上的垂直電位計，在觀察視窗裡所顯示的 AD0(即通道 0)的值，是否隨電位計的操作而變，而與 LCD 上左邊顯示的 CH0 值相同？同時視窗下方的捲軸是否也隨之而變。

10. 在視窗裡，指向 MCP3202 AD0:2008 鈕，按一下滑鼠左鍵，可否切換顯示 AD1(通道 1)的值？同樣地，操作水平電位計時，其中顯示的值會隨之改變，下方捲軸也會改變。

CH13_UART_1.exe 可在光碟片中的 PC 資料夾中找到。

13-5 認識藍牙模組

藍牙模組是很普及的短程無線通信裝置，在室內裡，若沒有磚牆阻擋，10 到 20 公尺應可暢通。在 KTM-626 裡設置一個 HC-06 藍牙模組，而在藍牙模組上面有一張貼紙，記載該藍牙模組的 SSID 與密碼，如圖 15 所示。每一台 KTM-626 裡的藍牙模組之 SSID 都不同，而為了方便，其密碼都是 1234。

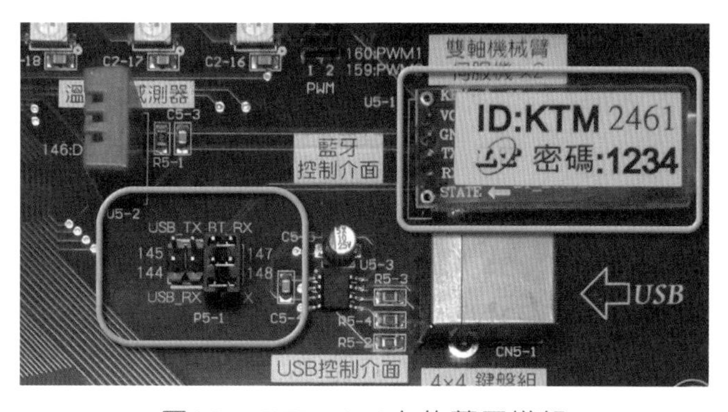

圖15　KTM-626 上的藍牙模組

基本上，在 HC-06 藍牙模組上有 VCC、GND、TX 與 RX 四支接腳，其中 VCC、GND 已連接到+5V 與 GND。如圖 15 所示，若將使用短路環將 P5-1 連接器右邊的 BT_RX 與 147 短路、BT_TX 與 148 短路，即可將 BT_RX 接入 FPGA 的 147 腳，將 BT_TX 接入 FPGA 的 148 腳。

藍牙配對

在使用藍牙模組之前，必須先進行配對，在此將以 Android 手機(或平板)為例，在 KTM-626 開啟電源狀態下，藍牙模組的 LED 會閃爍。然後在手機或平板裡，按鈕開啟設定頁面，如圖 16 所示，也有些手機的設定鈕是或鈕等(不同廠牌圖案不同)，如下說明：

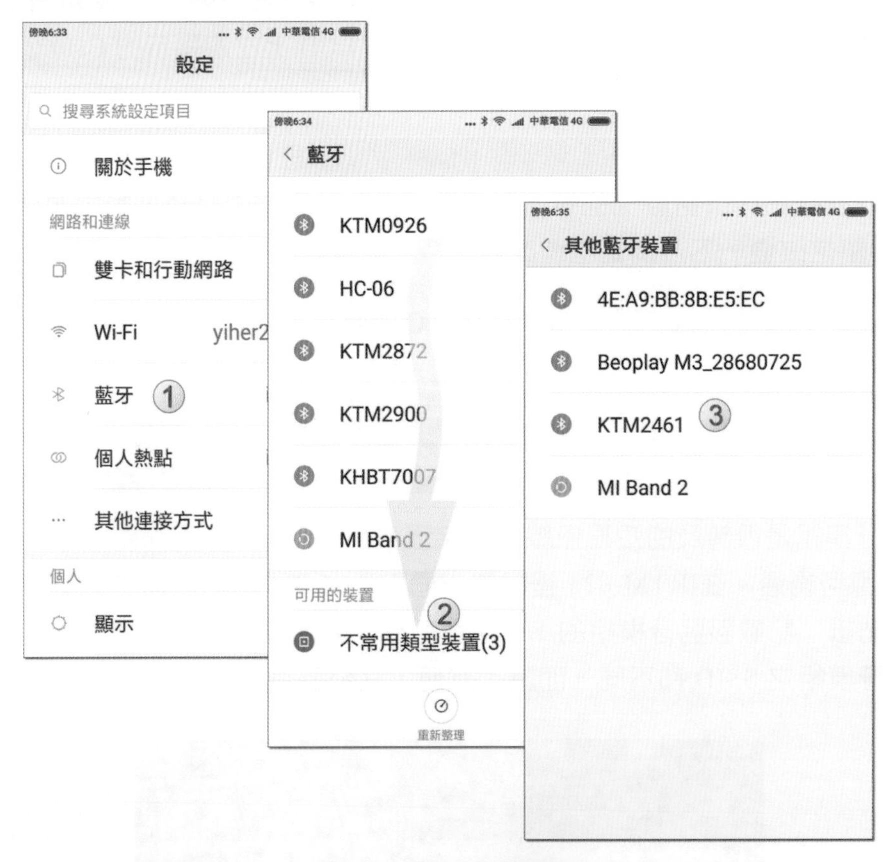

圖16　藍牙設定頁面

① 在設定頁面裡，按一下藍牙，開啟藍牙頁面。

② 在藍牙頁面裡，往下滑到最下面，再按最下面的不常用類型裝置，不同廠牌手機或平板，名稱並不一致。即可開啟其他藍牙裝置頁面。

③ 在其他藍牙裝置頁面裡，將可找到所要配對的藍牙裝置，在此為

KTM2461。按一下 KTM2461 項，開啟配對頁面。

④ 在配對頁面裡，按一下輸入框。

⑤ 輸入密碼(1234)，再按 確定 鈕，即可完成配對。

圖17 輸入密碼

13-6 KTM-626 嘉年華

實習目的

在本單元裡將設計整合 KTM-626 裡所有裝置，自動展示每個裝置的功能，也可應用指撥開關指定所要展示的功能，或使用旋轉編碼器選擇所要展示的功能。另外，在此提供跨平台操控，可在 PC/NB 上，透過 USB 來控制與選擇所要展示的功能。當然，我們也可使用行動裝置(手機/平板)，透過藍牙操控與展示功能。

由於功能太多，光一個主電路(KTN626.vhd)就多達 1111 行！至於所使用的自製零件(軟體 IC)也有 12 個，涵蓋全書的軟體 IC，如表 5 所示。

表 5　零件表

零件	功能簡介
DHT11_Driver.vhd	DHT11 溫濕度感測器介面電路
DM13A_Driver_RGB.vhd	DM13A RGB LED 驅動電路
Keyboard_ep3c16q240c8.vhd	4×4 鍵盤驅動電路
LCM_4bit_driver.vhd	LCD 模組 4 位元介面電路
MCP3202_Driver.vhd	MCP3202 ADC 介面電路
MG90S_Driver.vhd	MG90S 伺服機介面電路
RD232_R2.vhd	UART 接收電路
RGB16x16_ep3c16q240c8.vhd	16×16 RGB 陣列驅動電路
Rotate_encoder_ep3c16q240c8.vhd	旋轉編碼器介面電路
RS232_T1.vhd	UART 傳輸電路
Timer0.vhd	數位時鐘電路
WS2812B_Driver.vhd	WS2812B 串列式 RGB LED 驅動電路

這些軟體 IC 也可應用在其他電路設計裡，每個軟體 IC 內部的架構與動作原理，大多在前面的章節中介紹過了。即便如此，若要徹底了解，也非易事！所幸，IC 畢竟是 IC，管他是軟的還是硬的，只要會應用就好！

在此將有 8 個展示功能，如下：

1. KTM626 嘉年華：同時展示 KTM-626 大部分裝置的展示功能。
2. LED 秀：展示動態單色 LED 水舞。
3. 串列 RGB LED 秀：展示串列式 RGB LED 之艷彩競跑。
4. RGB LED 看板：在 16×16 彩色 LED 陣列上，展現彩色廣告看板功能。
5. 數位溫濕度感測：在中文 LCD 模組上展示感測到的溫濕度。
6. 類比溫度感測：在中文 LCD 模組上展示感測到的溫度。
7. 演奏：演奏音樂。
8. 雙軸機械臂：雙軸機械臂做體操。

這 8 個功能，可使用 4×4 鍵盤、旋轉編碼器或指撥開關來切換選擇，而 LCD 會顯示當時展示的功能。另外，在七段顯示器上的數位時鐘隨時在執行，不受功能切換的影響。如圖 18 所示，指撥開關的功能如下：

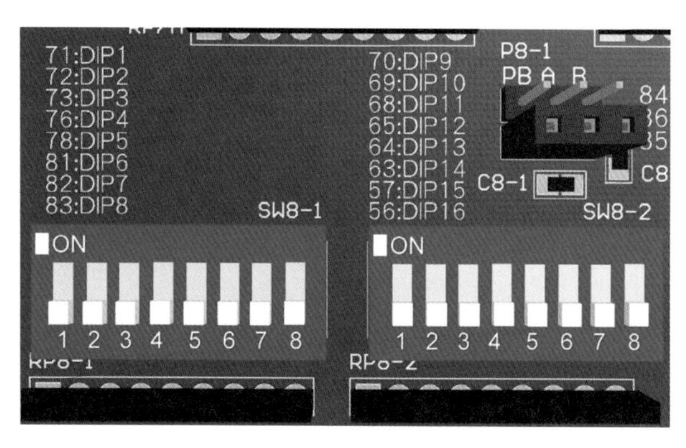

圖18　指撥開關

DIP1

ON(0)　：單選展示項目

OFF(1)　：自動順序切換展示 0~7

DIP2、DIP3

ON(0)、ON(0)　：由 DIP6,DIP7,DIP8 切換展示項目

ON(0)、OFF(1)　：由旋轉編碼器切換展示項目

OFF(1)、ON(0)　：由鍵盤 0~7 切換展示項目

OFF(1)、OFF(1)　：由 Bluetooth 或 USB 遙控展示項目

DIP6、DIP7、DIP8

ON(0)、ON(0)、ON(0)　：KTM626 嘉年華

ON(0)、ON(0)、OFF(1)　：測試 LED16

ON(0)、OFF(1)、ON(0)　：測試蜂鳴器輸出(播放歌曲)

ON(0)、OFF(1)、OFF(1)　：試 DHT11 溫濕度測試 (上傳 DHT11 溫/濕度:2byte)

OFF(1)、ON(0)、ON(0)　：測試 WS2812B

OFF(1)、ON(0)、OFF(1)　：測試 MG90S 雙軸機械臂

OFF(1)、OFF(1)、ON(0)　：測試 RGB16x16

OFF(1)、OFF(1)、OFF(1)：測試 LM35 (上傳 ADC:2byte)

DIP15

ON(0)　：使用 USB 遙控

OFF(1)　：使用藍牙遙控

DIP16

ON(0)　：播放音樂

OFF(1)　：不播放

七段顯示器上的數位時鐘也可應用按鈕開關調整時間：

S7：調時

S8：調分

新增專案與設計檔案

KTM-626

開啟 Quartus II，並按 1-2 節的說明，新增專案與設計檔案，相關資料如下：

- 專案資料夾：D:\CH13\KTM626_2
- 專案名稱：KTM626_2
- 晶片族系(Family)：Cycolne III
- 接腳數(Pin count)：240
- 晶片名稱：EP3C16Q240C8
- VHDL 設計檔：KTM626_2.vhd

電路設計

KTM-626

在新建的 CH13_UART_2.vhd 編輯區裡按下列設計電路，再按 Ctrl + S 鍵，請記得將 12 個軟體 IC(表 5)複製專案資料夾裡。

```
library ieee;
use ieee.std_logic_1164.all;
use ieee.std_logic_unsigned.all;
use ieee.std_logic_arith.all;

entity KTM626 is
port(GCKP31,SResetP99:in std_logic;--系統頻率,系統 reset
    s0,s1,s2,M0,M1,M2:in std_logic;--操作指撥開關
    --UART BT
--  BT_RX:in std_logic;       --RD=BT_RX
--  BT_TX:out std_logic;      --TX=BT_TX
    --UART USB
--  USB_RX:in std_logic;
--  USB_TX:out std_logic;

    --UART BT(跳接)
    BT_RX:out std_logic;
    BT_TX:in std_logic;
    --UART USB(跳接)
    USB_RX:out std_logic;
    USB_TX:in std_logic;
```

```
    --指撥開關 DIP15(57)，切換藍牙/USB
    dip15P57:in std_logic;  --on(0)=USB, off(1)=BT

    --DHT11 i/o
    DHT11_D_io:inout std_logic;
    --LCD 4bit 介面
    DB_io:inout std_logic_vector(3 downto 0);
    RSo,RWo,Eo:out std_logic;
    --LED16 秀
    led16:buffer std_logic_vector(15 downto 0);
    --蜂鳴器輸出
    sound1,sound2:buffer std_logic;
    dip16P56:in std_logic;
    --串列式 LED 信號輸出
    WS2812Bout:out std_logic;
    --MG90S 伺服機輸出
    MG90S_o0:out std_logic;
    MG90S_o1:out std_logic;
    --RGB16x16 輸出
    DM13ACLKo,DM13ASDI_Ro,DM13ASDI_Go:out std_logic;
    DM13ASDI_Bo,DM13ALEo,DM13AOEo:out std_logic;
    Scan_DCBAo:buffer std_logic_vector(3 downto 0);
    --MCP3202 ADC
    MCP3202_Di:out std_logic;
    MCP3202_Do:in std_logic;
    MCP3202_CLK,MCP3202_CS:buffer std_logic;
    --timer0 數位時鐘
    PB7,PB8: in std_logic;                        --調時,調分按鈕
    scan:buffer unsigned(3 downto 0);             --掃瞄信號
    D7data:out std_logic_vector(6 downto 0);      --顯示資料
    D7xx_xx:out std_logic;                        --:閃秒
    --旋轉編碼器_選擇
    APi,BPi,PBi:in std_logic;
    --鍵盤_選擇
    keyi:in std_logic_vector(3 downto 0);         --鍵盤輸入
    keyo:buffer std_logic_vector(3 downto 0)      --鍵盤輸出
    );
end KTM626;

architecture Albert of KTM626 is
-- ================= 宣告零件 ====================
```

```
--UART_T1 & RS232_R2
--UART_T1--
component RS232_T1 is
port(clk,Reset:in std_logic;
    --clk:25MHz
    DL:in std_logic_vector(1 downto 0);
    --00:5,01:6,10:7,11:8 Bit
    ParityN:in std_logic_vector(2 downto 0);
    --000:None,100:Even,101:Odd,110:Space,111:Mark
    StopN:in std_logic_vector(1 downto 0);
    --0x:1Bit,10:2Bit,11:1.5Bit
    F_Set:in std_logic_vector(2 downto 0); --鮑率設定
    Status_s:out std_logic_vector(1 downto 0);
    TX_W:in std_logic;
    TXData:in std_logic_vector(7 downto 0);
    TX:out std_logic);
end component RS232_T1;
--UART_R2--
component RS232_R2 is
port(Clk,Reset:in std_logic;--clk:25MHz
    DL:in std_logic_vector(1 downto 0);
    --00:5,01:6,10:7,11:8 Bit
    ParityN:in std_logic_vector(2 downto 0);
    --0xx:None,100:Even,101:Odd,110:Space,111:Mark
    StopN:in std_logic_vector(1 downto 0);
    --0x:1Bit,10:2Bit,11:1.5Bit
    F_Set:in std_logic_vector(2 downto 0); --鮑率設定
    Status_s:out std_logic_vector(2 downto 0);
    Rx_R:in std_logic;
    RD:in std_logic;
    RxDs:out std_logic_vector(7 downto 0));
end component RS232_R2;
--宣告 UART 常數與信號--
constant DL:std_logic_vector(1 downto 0):="11";
--00:5,01:6,10:7,11:8 Bit
constant ParityN:std_logic_vector(2 downto 0):="000";
--0xx:None,100:Even,101:Odd,110:Space,111:Mark
constant StopN:std_logic_vector(1 downto 0):="00";
--0x>1Bit,10>2Bit,11>1.5Bit
constant F_Set:std_logic_vector(2 downto 0):="101";
--9600 BaudRate
```

```
signal S_RESET_T:std_logic;     --UART 傳輸重置
signal TX_W:std_logic;
signal Status_Ts:std_logic_vector(1 downto 0);
signal TXData:std_logic_vector(7 downto 0);

signal S_RESET_R:std_logic;     --UART 接收重置
signal Rx_R:std_logic;
signal Status_Rs:std_logic_vector(2 downto 0);
signal RxDs:std_logic_vector(7 downto 0);

signal RD:std_logic;
signal TX:std_logic;

signal CMDn,CMDn_R:integer range 0 to 3;--UART 傳出數,接收數
--上傳 PC 資料(4 byte)
type pc_up_data_T is array(0 to 3) of std_logic_vector(7 downto 0);
--命令
signal pc_up_data:pc_up_data_T:=
    ("00000000","00000000","00000000","00000000");

constant hTemp:integer:=28;

--DHT11 數位溫濕度感測器--
--Data format:
--DHT11_DBo(std_logic_vector:8bit):由 DHT11_RDp 選取輸出項
--RDp=5:chK_SUM
--RDp=4 + 3 + 2 + 1 + 0
--4:濕度(整數)+3:濕度(小數)+溫度(整數)+溫度(小數)+同位檢查
--直接輸出濕度(DHT11_DBoH)及溫度(DHT11_DBoT):integer(0~255:8bit)
component DHT11_driver is
    port(DHT11_CLK,DHT11_RESET:in std_logic;
        -- 781250Hz(50MHz/2^6:1.28us:FD(5))操作速率,重置
        DHT11_D_io:inout std_logic;          --DHT11 i/o
        DHT11_DBo:out std_logic_vector(7 downto 0);
        --DHT11_driver 資料輸出
        DHT11_RDp:in integer range 0 to 7; --資料讀取指標
        DHT11_tryN:in integer range 0 to 7;--錯誤後嘗試幾次
        DHT11_ok,DHT11_S:buffer std_logic;
        --DHT11_driver 完成作業旗標,錯誤信息
        DHT11_DBoH,DHT11_DBoT:out integer range 0 to 255);
```

```
        --直接輸出濕度及溫度
end component DHT11_driver;

signal DHT11_CLK,DHT11_RESET:std_logic;
--DHT11_CLK:781250Hz(50MHz/2^6:1.28us:FD(5))操作速率,重置
signal DHT11_DBo:std_logic_vector(7 downto 0);
--DHT11_driver 資料輸出
signal DHT11_RDp:integer range 0 to 7;      --資料讀取指標 5~0
signal DHT11_tryN:integer range 0 to 7:=3; --錯誤後嘗試幾次
signal DHT11_ok,DHT11_S:std_logic;
--DHT11_driver 完成作業旗標,錯誤信息
signal DHT11_DBoH,DHT11_DBoT:integer range 0 to 255;
--直接輸出濕度及溫度

--WS2812B 串列式 LED 驅動器--
component WS2812B_Driver is
    port(WS2812BCLK,WS2812BRESET,loadck:in std_logic;
        --操作頻率,重置,載入 ck
        LEDGRBdata:in std_logic_vector(23 downto 0);
        --色彩資料
        reload,emitter,WS2812Bout:out std_logic);
        --要求載入,發射狀態,發射輸出
end component WS2812B_Driver;

signal WS2812BCLK,WS2812BRESET:std_logic;  --操作頻率,重置
signal loadck,reload,emitter:std_logic;--載入 ck,要求載入,發射狀態
signal LEDGRBdata:std_logic_vector(23 downto 0);--色彩資料

signal FD2:std_logic_vector(3 downto 0);
--WS2812B_Driver 除頻器
signal SpeedS,WS2812BPCK:std_logic;
--WS2812BP 操作頻率選擇,WS2812BP 操作頻率
signal delay:integer range 0 to 127;          --停止時間
signal LED_WS2812B_N:integer range 0 to 127;  --WS2812B 個數指標
constant NLED:integer range 0 to 127:=29;
--WS2812B 個數:30 個(0~29)
signal LED_WS2812B_shiftN:integer range 0 to 7;
--WS2812B 移位個數指標
signal dir_LR:std_logic_vector(15 downto 0);    --方向控制
type LED_T is array(0 to 7) of std_logic_vector(23 downto 0);
--圖像格式
```

```
--圖像
signal LED_WS2812B_T8:LED_T:=(
                "000000001111111100000000",
                "111111110000000000000000",
                "000000000000000011111111",
                "000000000000000000000000",
                "111111111111111100000000",
                "000000001111111111111111",
                "111111110000000011111111",
                "111111111111111111111111");

--MG90S 伺服機驅動器--
component MG90S_Driver is
port(MG90S_CLK,MG90S_RESET:in std_logic;
    --MG90S_Driver 驅動 clk(6.25MHz),reset 信號
    MG90S_dir0:in std_logic;              --轉動方向 0
    MG90S_deg0:in integer range 0 to 90;--轉動角度 0
    MG90S_o0:out std_logic;               --Driver 輸出 0
    MG90S_dir1:in std_logic;              --轉動方向 1
    MG90S_deg1:in integer range 0 to 90;--轉動角度 1
    MG90S_o1:out std_logic);              --Driver 輸出 1
end component MG90S_Driver;
signal MG90S_CLK,MG90S_RESET:std_logic;
--MG90S_Driver 驅動 clk(25MHz),reset 信號
signal MG90S_dir0,MG90S_dir1:std_logic;--轉動方向
signal MG90S_deg0,MG90S_deg1:integer range 0 to 90;
--轉動角度

--RGB16x16 彩色看板--
component RGB16x16_EP3C16Q240C8 is
port(gckp31,RGB16x16Reset:in std_logic;--系統頻率,系統 reset
    --DM13A
    DM13ACLKo:out std_logic;
    DM13ASDI_Ro,DM13ASDI_Go,DM13ASDI_Bo:out std_logic;
    DM13ALEo,DM13AOEo:out std_logic;
    --Scan
    Scan_DCBAo:buffer std_logic_vector(3 downto 0) );
end component RGB16x16_EP3C16Q240C8;

-- ADC --
component MCP3202_Driver is
```

```
port(MCP3202_CLK_D,MCP3202_RESET:in std_logic;
    --MCP3202_Driver驅動clk,reset信號
    MCP3202_AD0,MCP3202_AD1:buffer integer range 0 to 4095;
    --MCP3202 AD0,1 ch0,1值
    MCP3202_try_N:in integer range 0 to 3;  --失敗後再嘗試次數
    MCP3202_CH1_0:in std_logic_vector(1 downto 0);--輸入通道
    MCP3202_SGL_DIFF:in std_logic;  --MCP3202 SGL/DIFF
    MCP3202_Do:in std_logic;         --MCP3202 do信號
    MCP3202_Di:out std_logic;        --MCP3202 di信號
    MCP3202_CLK,MCP3202_CS:buffer std_logic;
    --MCP3202 clk,/cs信號
    MCP3202_ok,MCP3202_S:buffer std_logic);
    --Driver完成旗標 ,完成狀態
end component MCP3202_Driver;

signal MCP3202_CLK_D,MCP3202_RESET:std_logic;
--MCP3202_Driver驅動clk,reset信號
signal MCP3202_AD0,MCP3202_AD1:integer range 0 to 4095;
--MCP3202 AD值
signal MCP3202_try_N:integer range 0 to 3:=1;
--失敗後再嘗試次數
signal MCP3202_CH1_0:std_logic_vector(1 downto 0):="01";--ch1
signal MCP3202_SGL_DIFF:std_logic:='1';
--MCP3202 SGL/DIFF 選SGL
signal MCP3202_ok,MCP3202_S:std_logic;
--Driver完成旗標 ,完成狀態

--timer數位時鐘--
component timer0 is
port(GCKP31,SResetP99,p20s1,p21s2: in std_logic;
    scan:buffer unsigned(3 downto 0);   --掃瞄信號
    D7data:out std_logic_vector(6 downto 0);--顯示資料
    D7xx_xx:out std_logic   );          --:
end component timer0;

--ROTATE_ENCODER-旋轉編碼器--
component ROTATE_ENCODER_EP3C16Q240C8 is
port(gckp31,ROTATEreset:in std_logic;   --系統頻率,系統reset
    APi,BPi,PBi:in std_logic;
    rsw:buffer std_logic_vector(2 downto 0));--3位元計數器
end component ROTATE_ENCODER_EP3C16Q240C8;
```

```
signal ROTATEreset:std_logic;                --重置

--4x4 鍵盤--
component KEYboard_EP3C16Q240C8 is
port(gckp31,KEYboardreset:in std_logic;      --系統頻率,系統 reset
    keyi:in std_logic_vector(3 downto 0);    --鍵盤輸入
    keyo:buffer std_logic_vector(3 downto 0);   --鍵盤輸出
    ksw:out std_logic_vector(2 downto 0)); --0~7 顯示
end component KEYboard_EP3C16Q240C8;
signal KEYboardreset:std_logic;              --重置

--中文 LCM 4bit 驅動器(WG14432B5)
component LCM_4bit_driver is
port(LCM_CLK,LCM_RESET:in std_logic;   --操作速率,重置
    RS,RW:in std_logic;                --暫存器選擇,讀寫旗標輸入
    DBi:in std_logic_vector(7 downto 0);--LCM_4bit_driver 資料輸入
    DBo:out std_logic_vector(7 downto 0);--LCM_4bit_driver 資料輸出
    DB_io:inout std_logic_vector(3 downto 0); --LCM DATA BUS 介面
    RSo,RWo,Eo:out std_logic;       --LCM 暫存器選擇,讀寫,致能介面
    LCMok,LCM_S:out boolean );      --LCM_8bit_driver 完成,錯誤旗標
end component LCM_4bit_driver;

signal LCM_RESET,RS,RW:std_logic;
--LCM_4bit_driver 重置,LCM 暫存器選擇,讀寫旗標
signal DBi,DBo:std_logic_vector(7 downto 0);
--LCM_4bit_driver 命令或資料輸入及輸出
signal LCMok,LCM_S:boolean;
--LCM_4bit_driver 完成作業旗標,錯誤信息

--中文 LCM 指令&資料表格式:
--(總長,指令數,指令...資料..........)
--英數型 LCM 4 位元界面,2 列顯示

type LCM_T is array (0 to 20) of std_logic_vector(7 downto 0);
constant LCM_IT:LCM_T:=(
        X"15",X"06",----中文型 LCM 4 位元界面
        "00101000","00101000","00101000",--4 位元界面
        "00000110","00001100","00000001",
        --ACC+1 顯示幕無移位,顯示幕 on 無游標無閃爍,清除顯示幕
        X"01",X"48",X"65",X"6C",X"6C",X"6F",X"21",
        X"20",X"20",X"20",x"20",X"20",X"20");   --Hello!
```

```
        X"4B",X"54",X"4D",X"36",X"32",X"36",     --KTM626
        X"B9",X"C5",X"A6",X"7E",X"B5",X"D8",     --嘉年華
        X"20");--空白

--LCM=1:第一列顯示區 LEDx16 跑馬燈秀
constant LCM_1:LCM_T:=(
        X"15",X"01",            --總長,指令數
        "00000001",             --清除顯示幕
        --第 1 列顯示資料
        X"4C",X"45",X"44",X"78",X"31",X"36",X"B6",
        X"5D",X"B0",X"A8",X"BF",X"4F",X"A8",X"71",
        X"20",X"20",X"20",X"20");--LEDx16 跑馬燈秀

--LCM=2:第一列顯示區 音樂 IC 及蜂鳴器測試
constant LCM_2:LCM_T:=(
        X"15",X"01",            --總長,指令數
        "00000001",             --清除顯示幕
        --第 1 列顯示資料
        X"AD",X"B5",X"BC",X"D6",X"49",X"43",X"A4",
        X"CE",X"B8",X"C1", --音樂 IC 及蜂鳴器測試
        X"BB",X"EF",X"BE",X"B9",X"B4",X"FA",X"B8",
        X"D5");--音樂 IC 及蜂鳴器測試

--LCM=3:第一列顯示區 DHT11 溫濕度測試
signal LCM_3:LCM_T:=(
        X"15",X"01",            --總長,指令數
        "00000001",             --清除顯示幕
        --第 1 列顯示資料
        X"44",X"48",X"54",X"31",X"31",X"20",X"B7",
        X"C5",X"C0",X"E3", --DHT11 溫濕度測試
        X"AB",X"D7",X"B4",X"FA",X"B8",X"D5",X"20",
        X"20");--DHT11 溫濕度測試

--LCM=32:第二列顯示區 溫度  ℃濕度  %RH
signal LCM_32:LCM_T:=(
        X"15",X"01",            --總長,指令數
        "10010000",             --設第二列 ACC 位置
        --第 2 列顯示資料
        X"B7",X"C5",X"AB",X"D7",X"20",X"20",X"A2",
        X"4A",X"C0",X"E3",--溫度  ℃濕度  %RH
        X"AB",X"D7",X"20",X"20",X"25",X"52",X"48",
```

```
        X"20");--溫度  ℃濕度  %RH

--LCM=4:第一列顯示區 WS2812B RGB 測試
constant LCM_4:LCM_T:=(
        X"15",X"01",          --總長,指令數
        "00000001",           --清除顯示幕
        --第 1 列顯示資料
        X"57",X"53",X"32",X"38",X"31",X"32",X"42",
        X"20",X"52",X"47",  --WS2812B RGB 測試
        X"42",X"20",X"B4",X"FA",X"B8",X"D5",X"20",
        X"20");--WS2812B RGB 測試

--LCM=5:第一列顯示區 機械臂測試
constant LCM_5:LCM_T:=(
        X"15",X"01",          --總長,指令數
        "00000001",           --清除顯示幕
        --第 1 列顯示資料
        X"BE",X"F7",X"B1",X"F1",X"C1",X"75",X"B4",
        X"FA",X"B8",X"D5",  --機械臂測試
        X"20",X"20",X"20",X"20",X"20",X"20",X"20",
        X"20");--機械臂測試

--LCM=6:第一列顯示區 RGB16x16 秀
constant LCM_6:LCM_T:=(
        X"15",X"01",          --總長,指令數
        "00000001",           --清除顯示幕
        --第 1 列顯示資料
        X"52",X"47",X"42",X"31",X"36",X"78",X"31",
        X"36",X"A8",X"71",  --RGB16x16 秀
        X"20",X"20",X"20",X"20",X"20",X"20",X"20",
        X"20");--RGB16x16 秀

--LCM=7:第一列顯示區 LM35 溫度測試
constant LCM_7:LCM_T:=(
        X"15",X"01",          --總長,指令數
        "00000001",           --清除顯示幕
        --第 1 列顯示資料
        X"4C",X"4D",X"33",X"35",X"B7",X"C5",X"AB",
        X"D7",X"B4",X"FA",  --LM35 溫度測試
        X"B8",X"D5",X"20",X"20",X"20",X"20",X"20",
        X"20");--LM35 溫度測試
```

```
    --LCM=72:第二列顯示區 溫度 xxx.x℃
    signal LCM_72:LCM_T:=(
            X"15",X"01",            --總長,指令數
            "10010000",             --設第二列 ACC 位置
            --第 2 列顯示資料
            X"B7",X"C5",X"AB",X"D7",X"20",X"20",
            X"20",X"2E",X"20",X"20",--溫度 xxx.x℃
            X"A2",X"4A",X"20",X"20",X"20",X"20",
            X"20",X"20");--溫度 xxx.x℃

    signal LCM_com_data,LCM_com_data2:LCM_T;
    signal LCM_INI:integer range 0 to 31;
    signal LCMP_RESET,LN,LCMPok:std_logic;
    signal LCM,LCMx:integer range 0 to 7;

--宣告其他信號--
    signal FD:std_logic_vector(30 downto 0);    --除頻器
    signal times:integer range 0 to 2047;       --計時器
    signal S0S,S1S,S2S,M0S,M1S,M2S:std_logic_vector(2 downto 0);
    --S0,S1,S2,M0,M1,M2 防彈跳
    signal MMx,MM,PCswx,rsw,ksw:std_logic_vector(2 downto 0);
    signal LED_LR_dir,SW_CLK,sound1on:std_logic;
    signal LCD_refresh,WS2812BPReset:std_logic;
    signal MG90S_sch,MG90S_s,RGB16x16Reset:std_logic;
    signal autoMM:std_logic_vector(2 downto 0);
    signal lm35T:integer range 0 to 1550;
begin
--連接 RS232 零件--
--RS232 傳送模組
U1: RS232_T1 port map(
        FD(0),S_RESET_T,DL,ParityN,StopN,F_Set,Status_Ts,
        TX_W,TXData,TX);
--RS232 接收模組
U2: RS232_R2 port map(
        FD(0),S_RESET_R,DL,ParityN,StopN,F_Set,Status_Rs,
        Rx_R,RD,RxDs);

--連接 DHT11 零件--
DHT11_CLK<=FD(5);
--DHT11_CLK:781250Hz(50MHz/2^6:1.28us:FD(5))操作速率
```

```
U3: DHT11_driver port map(
        DHT11_CLK,DHT11_RESET,
        --781250Hz(50MHz/2^6:1.28us:FD(5))操作速率,重置
        DHT11_D_io,      --DHT11 i/o
        DHT11_DBo,       --DHT11_driver 資料輸出
        DHT11_RDp,       --資料讀取指標
        DHT11_tryN,      --錯誤後嘗試幾次
        DHT11_ok,DHT11_S,DHT11_DBoH,DHT11_DBoT);
        --DHT11_driver 完成作業旗標,錯誤信息,直接輸出濕度及溫度
--連接 LCM 零件--
LCMset: LCM_4bit_driver port map(
            FD(7),LCM_RESET,RS,RW,DBi,DBo,DB_io,
            RSo,RWo,Eo,LCMok,LCM_S);

--連接 WS2812B 零件--
WS2812BN: WS2812B_Driver port map(
            WS2812BCLK,WS2812BRESET,loadck,LEDGRBdata,
            reload,emitter,WS2812Bout);
    WS2812BRESET<=SResetP99;    --系統 reset

--連接 MG90S 零件--
MG90S: MG90S_Driver port map(
            FD(2),MG90S_RESET,
            --MG90S_Driver 驅動 clk(6.25MHz),reset 信號
            MG90S_dir0,      --轉動方向 0
            MG90S_deg0,      --轉動角度 0
            MG90S_o0,        --Driver 輸出 0
            MG90S_dir1,      --轉動方向 1
            MG90S_deg1,      --轉動角度 1
            MG90S_o1);       --Driver 輸出 1

--連接 RGB16x16 零件--
RGB16x16:RGB16x16_EP3C16Q240C8 port map(
            gckP31,RGB16x16Reset,   --系統頻率,RGB16x16Reset
            --DM13A
            DM13ACLKo,
            DM13ASDI_Ro,DM13ASDI_Go,DM13ASDI_Bo,
            DM13ALEo,DM13AOEo,
            --Scan
            Scan_DCBAo);
```

```
--連接 MCP3202 零件--
U4: MCP3202_Driver  port map(
          FD(4),MCP3202_RESET,--MCP3202_Driver 驅動 clk,reset 信號
          MCP3202_AD0,MCP3202_AD1,--MCP3202 AD 值
          MCP3202_try_N,          --失敗後再嘗試次數
          MCP3202_CH1_0,          --輸入通道
          MCP3202_SGL_DIFF,       --SGL/DIFF
          MCP3202_Do,             --MCP3202 do 信號
          MCP3202_Di,             --MCP3202 di 信號
          MCP3202_CLK,MCP3202_CS, --MCP3202 clk,/cs 信號
          MCP3202_ok,MCP3202_S);  --Driver 完成旗標 ,完成狀態

--連接 時鐘 零件--
U5:timer0 port map(
          GCKP31,SResetP99,PB7,PB8,
          scan, D7data,         --掃瞄信號、顯示資料
          D7xx_xx);             --:閃秒

--連接 旋轉編碼器 零件--
U6:ROTATE_ENCODER_EP3C16Q240C8 port map(
          gckp31,ROTATEreset,     --系統頻率,系統 reset
          APi,BPi,PBi,            rsw );

--連接 4x4 鍵盤 零件--
U7:KEYboard_EP3C16Q240C8 port map(
          gckp31,KEYboardreset,   --系統頻率,系統 reset
          keyi, keyo,             --鍵盤輸入、鍵盤輸出
          ksw);                   --0~7 顯示

--透過 uart 上傳溫度、濕度資料
TXData<=pc_up_data(CMDn-1);
pc_up_data(1)<=  conv_std_logic_vector(DHT11_DBoT,8) when MM="011" else
                 conv_std_logic_vector(MCP3202_AD1/256,8);
                 --上傳 PC 資料 DHT11 溫度 or LM35 ADC
pc_up_data(0)<=  conv_std_logic_vector(DHT11_DBoH,8) when MM="011" else
                 conv_std_logic_vector(MCP3202_AD1 mod 256,8);
                 --上傳 PC 資料 DHT11 濕度 or LM35 ADC

UART_command_Main:process(FD(17))
begin
    if SResetP99='0' then   --系統重置
```

```
        Rx_R<='0';              --取消讀取信號
        TX_W<='0';              --取消資料載入信號
        S_RESET_T<='0';         --關閉 UART 傳送
        S_RESET_R<='0';         --關閉 UART 接收
        CMDn<=0;                --上傳 0byte
        CMDn_R<=1;              --接收數量(1byte)
        PCswx<="000";
    elsif (Rx_R='1' and Status_Rs(2)='0') then --UART 接收即時處理
        Rx_R<='0';                      --即時取消讀取信號
    elsif rising_edge(FD(17)) then
        S_RESET_T<='1';                 --開啟 UART 傳送
        S_RESET_R<='1';                 --開啟 UART 接收
        if CMDn>0 and S_RESET_T='1' then    --上傳
            if Status_Ts(1)='0' then--傳送緩衝區已空
                if TX_W='1' then
                    TX_W<='0';          --取消傳送資料載入時脈
                    CMDn<=CMDn-1;       --指標指向下一筆資料
                else
                    TX_W<='1';          --傳送資料載入時脈
                end if;
            end if;

        --已接收到 UART 命令
        elsif Status_Rs(2)='1' then --已接收到 UART 命令
            Rx_R<='1';                  --讀取信號
            --PC 命令解析--
            PCswx<=RxDs(2 downto 0);--接收 UART 命令
        end if;

        if  (MM="011" and LCD_refresh='1' and DHT11_ok='1') or
            (MM="111" and LCD_refresh='1' and MCP3202_ok='1')
        then CMDn<=2;
            --上傳 2byte(上傳 DHT11 溫濕度)
        end if;
    end if;
end process UART_command_Main;

--on(0)=USB, off(1)=BT(跳接)
RD <= USB_TX    when dip15P57='0' else BT_TX;
USB_RX <= TX    when dip15P57='0' else 'Z';
BT_RX <= TX     when dip15P57='1' else 'Z';
```

```
--功能自動展示切換--
autoswitch:process(FD(30))
begin
    if S0S(2)='0' then
        autoMM<="000";       --從第 1 個功能開始
    elsif rising_edge(FD(30)) then
        autoMM<=autoMM+1;    --下一個功能
    end if;
end process autoswitch;

MMx<=autoMM when S0S(2)='1' else
M2S(2)& M1S(2)& M0S(2)  when S1S(2)='0' and S2S(2)='0' else
    rsw                 when S1S(2)='0' and S2S(2)='1' else
    ksw                 when S1S(2)='1' and S2S(2)='0' else
    PCswx;--執行命令來源:指撥開關或 PC

KTM626_Main:process(FD(17))
begin
    if SResetP99='0' then   --系統重置
        MM<=not MMx;           --虛擬指撥開關不等於實體指撥開關狀態
        led16<=(others=>'1');--關閉 16 個 LED
        LCMP_RESET<='0';
        LCM<=0;
        sound1on<='0';
        sound2<='0';
        DHT11_RESET<='0';
        WS2812BPReset<='0';
        MG90S_RESET<='0';
        RGB16x16Reset<='0';
        MCP3202_RESET<='0';
        ROTATEreset<='0';
        KEYboardreset<='0';
    elsif rising_edge(FD(17)) then
        LCMP_RESET<='1';
        ROTATEreset<='1';
        KEYboardreset<='1';
        if LCMPok='1' then
            if MM/=MMx then -- 切換展示模式
            --實體指撥開關不等於虛擬指撥開關狀態或測試程序停止(偵測 S1)
                MM<=MMx;
```

```
--虛擬指撥開關等於實體指撥開關狀態
DHT11_RESET<='0';          --DHT11_driver 控制旗標
led16<=(others=>'1');      --關閉 16 個 LED
sound1on<='0';             --關閉蜂鳴器 1
sound2<='0';               --關閉蜂鳴器 2(音樂 IC)
WS2812BPReset<='1';        --串列式 LED 控制旗標
MG90S_RESET<='0';          --伺服機控制旗標
RGB16x16Reset<='0';        --RGB 看板控制旗標
MCP3202_RESET<='0';        --ADC 控制旗標
case MMx is                --根據指撥開關狀態
    when "001" =>          --001:LED16 秀
        LED_LR_dir<='0';--設定 LED 方向
        led16<=(others=>'0');--關閉 16 個 LED
        times<=10;         --設定執行 LED16 秀次數
        LCM<=1;            --LCD 顯示
    when "010" =>          --010:蜂鳴器輸出
        LCM<=2;            --LCD 顯示
        times<=200;        --設定執行次數
    when "011" =>          --011:DHT11 溫濕度測試
        LCM<=3;            --LCD 顯示
        times<=800;        --設定執行次數
    when "100" =>          --100:WS2812B 串列式 LED 秀
        WS2812BPReset<='0';
        LCM<=4;            --LCD 顯示
    when "101" =>          --101:MG90S 伺服機秀
        LCM<=5;            --LCD 顯示
        MG90S_dir0<='0';--設定第一台伺服機之轉動方向 0
        MG90S_deg0<=0;     --設定第一台伺服機之轉動角度 0
        MG90S_dir1<='0';--設定第二台伺服機之轉動方向 1
        MG90S_deg1<=0;     --設定第二台伺服機之轉動角度 1
        times<=10;         --設定執行次數
        MG90S_s<='0';      --設定第一台伺服機開始執行
        MG90S_sch<='0';--設定執行正轉
    when "110" =>          --110: RGB16x16 彩色看板秀
        LCM<=6;            --LCD 顯示
    when "111" =>          --111:LM35 類比溫度測試
        LCM<=7;            --LCD 顯示
        times<=500;        --設定執行次數
    when others =>  --000:關閉
        LED_LR_dir<='0';--設定 LED 方向
        led16<=(others=>'0');--關閉 16 個 LED
```

```
                times<=10;          --設定執行 LED16 秀次數

                WS2812BPReset<='0';

                MG90S_dir0<='0';--設定第一台伺服機之轉動方向 0
                MG90S_deg0<=0;  --設定第一台伺服機之轉動角度 0
                MG90S_dir1<='0';--設定第二台伺服機之轉動方向 1
                MG90S_deg1<=0;  --設定第二台伺服機之轉動角度 1
                times<=10;      --設定執行次數
                MG90S_s<='0';   --設定第一台伺服機開始執行
                MG90S_sch<='0';--設定執行正轉

                LCM<=0;         --LCD 顯示

        end case;
    else            -- 執行展示模式
        times<=times-1;
        case MMx is

            --000--
            --  MG90S_dir0=0、  MG90S_deg0=0
            --  MG90S_dir1=0、  MG90S_deg1=0
            --  times=10、MG90S_s=0(第一台)、MG90S_sch=0(正轉)
            --  LCM<=5
            when "000" =>   --101:MG90S 伺服機測試

                if times=0 then
                    times<=10;
                    if LED_LR_dir='1' then
                        led16<=led16(14 downto 0)&not led16(15);
                        --16bit 左旋:強生技法
                        LED_LR_dir<=led16(15) or not led16(14);
                    else
                        led16<=not led16(0)&led16(15 downto 1);
                        --16bit 右旋:強生技法
                        LED_LR_dir<=led16(1) and not led16(0);
                    end if;
                end if;

                if dip16P56='0' then
                    sound2<='1'; ---音樂 IC 連續
```

```
else
    sound2<='0'; ---音樂 IC 不連續
end if;

RGB16x16Reset<='1'; --重啟看板

WS2812BPReset<='1';

MG90S_RESET<='1';
if times=0 then
    times<=3;
    if MG90S_s='0' then
    --操作第一台伺服機
        if MG90S_sch='0' then
        --正轉
            MG90S_deg0<=MG90S_deg0+1;
            if MG90S_deg0=90 then
                MG90S_deg0<=89;
                MG90S_sch<='1';
            end if;
        else
        --反轉
            MG90S_deg0<=MG90S_deg0-1;
            if MG90S_deg0=0 then
                MG90S_deg0<=0;
                MG90S_dir0<=not MG90S_dir0;
                MG90S_sch<='0';
                MG90S_s<=MG90S_dir0;
            end if;
        end if;
    else
    --操作第二台伺服機
        if MG90S_sch='0' then
        --正轉
            MG90S_deg1<=MG90S_deg1+1;
            if MG90S_deg1=90 then
                MG90S_deg1<=89;
                MG90S_sch<='1';
            end if;
        else
        --反轉
```

```
                    MG90S_deg1<=MG90S_deg1-1;
                    if MG90S_deg1=0 then
                        MG90S_deg1<=0;
                        MG90S_dir1<=not MG90S_dir1;
                        MG90S_sch<='0';
                        MG90S_s<=not MG90S_dir1;
                    end if;
                end if;
            end if;
        end if;

    --001--
    --  LED_LR_dir=0、led16=0、times=10
    --  LCM=1
    when "001" =>   --LED16  --來回:強生技法
        if times=0 then
            times<=10;
            if LED_LR_dir='1' then
                led16<=led16(14 downto 0)&not led16(15);
                --16bit 左旋:強生技法
                LED_LR_dir<=led16(15) or not led16(14);
            else
                led16<=not led16(0)&led16(15 downto 1);
                --16bit 右旋:強生技法
                LED_LR_dir<=led16(1)  and not led16(0);

            end if;
        end if;

    --010--
    --times=200、LCM=2
    when "010" =>   --蜂鳴器輸出
        sound2<='1'; ---音樂 IC

    --011--
    --times=800、LCM=3
    when "011" =>   --DHT11 溫濕度測試
        if dip16P56='0' then
            sound2<='1'; ---音樂 IC 連續
        else
            sound2<='0'; ---音樂 IC 不連續
        end if;
```

```
    if DHT11_RESET='0' then--DHT11_driver 尚未啟動
        DHT11_RESET<='1';    --DHT11 資料讀取
        LCD_refresh<='1';    --更新 LCD 旗標設定為 1
    elsif DHT11_ok='1' then  --DHT11 讀取結束
        if LCD_refresh='1' then--更新 LCD 上的溫濕度
            LCMP_RESET<='0'; --重啟 LCD
            LCD_refresh<='0';
            --更新 LCD 旗標設定為 0
            times<=800;
        elsif times=0 then
            DHT11_RESET<='0';
            --DHT11 準備重新讀取資料
        elsif DHT11_S='1' then
        --資料讀取失敗
            null;            --什麼都別做(等待)
        elsif DHT11_DBoT>hTemp then
        --溫度超過 hTemp 度
            sound1on<='1';  --嗶一聲
        else
            sound1on<='0';
        end if;
    end if;

--100--
--WS2812BPReset=0
--LCM=4
when "100"  =>  --WS2812B 串列式 LED 秀
    WS2812BPReset<='1';

    if dip16P56='0' then
        sound2<='1'; --音樂 IC 連續
    else
        sound2<='0'; --音樂 IC 不連續
    end if;

--101--
--MG90S_dir0=0、    MG90S_deg0=0
--MG90S_dir1=0、    MG90S_deg1=0
--times=10、MG90S_s=0(第一台)、MG90S_sch=0(正轉)
--LCM<=5
```

```
                when "101" =>   --101:MG90S 伺服機測試
                    MG90S_RESET<='1';
                    if times=0 then
                        times<=3;
                        if MG90S_s='0' then
                        --操作第一台伺服機
                            if MG90S_sch='0' then
                            --正轉
                                MG90S_deg0<=MG90S_deg0+1;
                                if MG90S_deg0=90 then
                                    MG90S_deg0<=89;
                                    MG90S_sch<='1';
                                end if;
                            else
                            --反轉
                                MG90S_deg0<=MG90S_deg0-1;
                                if MG90S_deg0=0 then
                                    MG90S_deg0<=0;
                                    MG90S_dir0<=not MG90S_dir0;
                                    MG90S_sch<='0';
                                    MG90S_s<=MG90S_dir0;
                                end if;
                            end if;
                        else
                        --操作第二台伺服機
                            if MG90S_sch='0' then
                            --正轉
                                MG90S_deg1<=MG90S_deg1+1;
                                if MG90S_deg1=90 then
                                    MG90S_deg1<=89;
                                    MG90S_sch<='1';
                                end if;
                            else
                            --反轉
                                MG90S_deg1<=MG90S_deg1-1;
                                if MG90S_deg1=0 then
                                    MG90S_deg1<=0;
                                    MG90S_dir1<=not MG90S_dir1;
                                    MG90S_sch<='0';
                                    MG90S_s<=not MG90S_dir1;
                                end if;
```

```
                    end if;
                end if;
            end if;

        --110--
        --LCM=6
        when "110" =>   --RGB16x16 test
            RGB16x16Reset<='1'; --重啟看板

        --111--
        --  times=500、LCM=7
        when "111" =>     --LM35 類比溫度感測
            if MCP3202_RESET='0' then --LM35_driver 尚未啟動
                MCP3202_RESET<='1';  --LM35 資料讀取
                LCD_refresh<='1';
            elsif MCP3202_ok='1' then --LM35 讀取結束
                if LCD_refresh='1' then
                    LCMP_RESET<='0';
                    LCD_refresh<='0';
                    times<=500;
                elsif times=0 then   --時間到
                    MCP3202_RESET<='0';--LM35 準備重新讀取資料
                elsif MCP3202_S='1' then--資料讀取失敗
                    null;               --什麼都不做(等待)
                end if;
            end if;

            if dip16P56='0' then
                sound2<='1';--音樂 IC 連續
            else
                sound2<='0';--音樂 IC 不連續
            end if;

        when others =>       --什麼都不做(等待)
            null;
      end case;
    end if;
  end if;
end if;
end process KTM626_Main;
```

```
--嗶聲--
sound1<=FD(20)and FD(16)and FD(11)and sound1on when MM="010"
           else FD(22)and FD(16) and sound1on;

--DHT11 LCM顯示
LCM_32(16)<="0011" & conv_std_logic_vector(DHT11_DBoH mod 10,4);
-- 擷取濕度之個位數(ASCII)
LCM_32(15)<="0011" & conv_std_logic_vector((DHT11_DBoH/10)mod 10,4);
-- 擷取濕度之十位數(ASCII)
LCM_32(8)<="0011" & conv_std_logic_vector(DHT11_DBoT mod 10,4);
-- 擷取溫度之個位數(ASCII)
LCM_32(7)<="0011" & conv_std_logic_vector((DHT11_DBoT/10)mod 10,4);
-- 擷取溫度之十位數(ASCII)

--LM35 LCM顯示
LM35T<=MCP3202_AD1*122/100;
--5/10mv=500/4095*1000=122*MCP3202_AD1/100 xxx.x
-- MCP3202為12bit ADC(0~4095)，電壓範圍為0~5V
--每個MCP3202刻度5/4095 V，或5/4095*1000 mV=1.22mV
-- LM35每一度改變10mV，即10m/1.22個刻度=10/1.22個刻度
--若要將MCP3202轉換後的值，還原為溫度必須除以這個值

--MCP3202轉換後的值為MCP3202_ADI
--則溫度為MCP3202_ADI/(10/1.22)或MCP3202_ADI*0.122
--若要以小數一位表示，則為MCP3202_ADI*1.22，或MCP3202_ADI*122/100

LCM_72(7)<=X"20" when LM35T<1000
           else "0011" & conv_std_logic_vector(LM35T/1000,4);
--擷取百位數(ASCII)
LCM_72(8)<=X"20" when LM35T<100
           else "0011"&conv_std_logic_vector((LM35T/100)mod 10,4);
--擷取十位數(ASCII)
LCM_72(9)<="0011" & conv_std_logic_vector((LM35T/10)mod 10,4);
--擷取個位數(ASCII)
LCM_72(10)<=X"2E";
--.小數點(ASCII)
LCM_72(11)<="0011" & conv_std_logic_vector(LM35T mod 10,4);
--擷取小數1位(ASCII)

--色彩資料--
LEDGRBdata<=LED_WS2812B_T8((LED_WS2812B_N+LED_WS2812B_shiftN) mod 8)
```

```
    when MMx="100" or MMx="000" else (others=>'0');

--WS2812BP 操作頻率選擇
WS2812BPCK<=FD(8) when SpeedS='0' else FD(17);
--SpeedS=0 快速(97.7KHz)、SpeedS=1 慢速(191Hz)
WS2812BP:process(WS2812BPCK)
begin
    if WS2812BPReset='0' then  --重置
        LED_WS2812B_N<=0;        --從頭開始
        LED_WS2812B_shiftN<=0;  --移位 0
        dir_LR<=(others=>'0');  --15..0
        loadck<='0';
        SpeedS<='0';             --加快操作速率
    elsif rising_edge(WS2812BPCK) then
        if loadck='0' then       --等待載入
            loadck<=reload;
        elsif LED_WS2812B_N=NLED then  --NLED 為 WS2812B 之數量
            SpeedS<='1';                --放慢操作速率
            if emitter='0' then         --已停止發射
                if delay/=0 then        --點亮時間&變化速率
                    delay<=delay-1;     --時間遞減
                else
                    loadck<='0';        --reemitter
                    LED_WS2812B_N<=0;   --從頭開始
                    dir_LR<=dir_LR+1;   --方向控制
                    if dir_LR(7)='1' then
                    --方向控制每 256 個 WS2812BPCK 切換一次方向移位
                        LED_WS2812B_shiftN<=LED_WS2812B_shiftN+1;
                        --移位遞增
                    else
                        LED_WS2812B_shiftN<=LED_WS2812B_shiftN-1;
                        --移位遞減
                    end if;
                    SpeedS<='0';        --加快操作速率
                end if;
            end if;
        else
            loadck<='0';
            LED_WS2812B_N<=LED_WS2812B_N+1;--調整輸出色彩
            delay<=20;      --40;
        end if;
```

```
    end if;
end process WS2812BP;

--中文 LCM 顯示器
--指令&資料表格式:
--(總長,指令數,指令...資料..........)
LCM_P:process(FD(0))
    variable SW:Boolean;                     --命令或資料備妥旗標
begin
    if LCM/=LCMx or LCMP_RESET='0' then--LCM 更新顯示
        LCMx<=LCM;
        LCM_RESET<='0';                      --LCM 重置
        LCM_INI<=2;                          --命令或資料索引設為起點
        LN<='0';                             --設定輸出 1 列
        case LCM is
            when 0=>
                LCM_com_data<=LCM_IT;        --LCM 初始化輸出第一列資料 Hello!
            when 1=>
                LCM_com_data<=LCM_1;         --輸出第一列資料
            when 2=>
                LCM_com_data<=LCM_2;         --輸出第一列資料
            when 3=>
                LCM_com_data<=LCM_3;         --輸出第一列資料
                LCM_com_data2<=LCM_32;       --輸出第二列資料
                LN<='1';                     --設定輸出 2 列
            when 4=>
                LCM_com_data<=LCM_4;         --輸出第一列資料
            when 5=>
                LCM_com_data<=LCM_5;         --輸出第一列資料
            when 6=>
                LCM_com_data<=LCM_6;         --輸出第一列資料
            when 7=>
                LCM_com_data<=LCM_7;         --輸出第一列資料
                LCM_com_data2<=LCM_72;       --輸出第二列資料
                LN<='1';                     --設定輸出 2 列
            when others =>
                LCM_com_data<=LCM_IT;        --輸出第一列資料
        end case;
        LCMPok<='0';
        SW:=False;                       --命令或資料備妥旗標
    elsif rising_edge(FD(0)) then
```

```
        if SW then                      --命令或資料備妥後
            LCM_RESET<='1';             --啟動 LCM_4bit_driver
            SW:=False;                  --重置旗標
        elsif LCM_RESET='1' then        --LCM_4bit_driver 啟動中
            if LCMok then               --等待 LCM_4bit_driver 完成傳送
                LCM_RESET<='0';         --完成後 LCM 重置
            end if;
        elsif LCM_INI<LCM_com_data(0) then --命令或資料尚未傳完
            if LCM_INI<=(LCM_com_data(1)+1) then--選命令或資料暫存器
                RS<='0';                    --IR 指令暫存器
            else
                RS<='1';                    --DR 資料暫存器
            end if;
            RW<='0';                        --LCM 寫入操作
            DBi<=LCM_com_data(LCM_INI); --載入命令或資料
            LCM_INI<=LCM_INI+1;             --命令或資料索引指到下一筆
            SW:=True;                       --命令或資料已備妥
        else
            if LN='1' then
                LN<='0';
                LCM_INI<=2;                 --命令或資料索引設為起點
                LCM_com_data<=LCM_com_data2;--LCM 輸出第二列資料
            else
                LCMPok<='1';                --執行完成
            end if;
        end if;
    end if;
end process LCM_P;

SW_CLK<=FD(19); --防彈跳操作速率
process(SW_CLK) --防彈跳
begin
    --S0 防彈跳
    if S0='0' then
        S0S<="000";
    elsif rising_edge(SW_CLK) then
        S0S<=S0S+ not S0S(2);
    end if;

    --S1 防彈跳
    if S1='0' then
```

```
        S1S<="000";
    elsif rising_edge(SW_CLK) then
        S1S<=S1S+ not S1S(2);
    end if;

    --S2 防彈跳
    if S2='0' then
        S2S<="000";
    elsif rising_edge(SW_CLK) then
        S2S<=S2S+ not S2S(2);
    end if;

    --M0 防彈跳
    if M0='0' then
        M0S<="000";
    elsif rising_edge(SW_CLK) then
        M0S<=M0S+ not M0S(2);
    end if;

    --M1 防彈跳
    if M1='0' then
        M1S<="000";
    elsif rising_edge(SW_CLK) then
        M1S<=M1S+ not M1S(2);
    end if;

    --M2 防彈跳
    if M2='0' then
        M2S<="000";
    elsif rising_edge(SW_CLK) then
        M2S<=M2S+ not M2S(2);
    end if;

end process;

--除頻器--
Freq_Div:process(GCKP31)
begin
    if SResetP99='0' then           --系統 reset
        FD<=(others=>'0');
        FD2<=(others=>'0');
```

```
        WS2812BCLK<='0';            --WS2812BN 驅動頻率
    elsif rising_edge(GCKP31) then --50MHz
        FD<=FD+1;
        if FD2=9 then               --7~12
            FD2<=(others=>'0');
            WS2812BCLK<=not WS2812BCLK;--50MHz/20=2.5MHz T.=. 0.4us
        else
            FD2<=FD2+1;
        end if;
    end if;
end process Freq_Div;

end Albert;
```

設計動作簡介

KTM-626

本設計相當複雜，在此已依裝置順序排列，當然，在 VHDL 設計裡，對於電路的敘述順序，並沒有限制或影響。但為了讓電路設計更具可讀性，在此稍微整理。在電路架構裡，由於使用多個零件，所以光是宣告零件與相關信號，以及零件連接就已佔據不小部分，緊接著是下列電路：

- 上傳電路
- UART 主控器
- USB/藍牙切換電路
- 自動展示電路
- KTM626_Main 主控器
- 嗶聲產生電路
- 顯示資料處理電路
- WS2812B 色彩資料電路
- WS2812BP 控制器
- LCD 控制器
- 防彈跳電路
- 除頻器

在這些電路裡，若之前已介紹過的，在此將忽略。

上傳電路

在上傳電路裡，主要是要把 DHT11 的溫度資料(8 位元)與濕度資料(8 位元)，或把 LM35 的溫度資料(16 位元)，透過 UART 上傳到 PC/NB 或手機平板。若 MM 為 011，則傳輸 DHT11 的溫濕度資料，否則傳輸 LM35 的溫度資料。

```
-- 透過 uart 上傳溫度、濕度資料
TXData<=pc_up_data(CMDn-1);
pc_up_data(1)<=  conv_std_logic_vector(DHT11_DBoT,8) when MM="011" else
                 conv_std_logic_vector(MCP3202_AD1/256,8);
                 --上傳 PC 資料 DHT11 溫度 or LM35 ADC
pc_up_data(0)<=  conv_std_logic_vector(DHT11_DBoH,8) when MM="011" else
                 conv_std_logic_vector(MCP3202_AD1 mod 256,8);
                 --上傳 PC 資料 DHT11 濕度 or LM35 ADC
```

圖19　上傳電路

UART控制器

在此的 UART 控制器同時進行 RS232_T1 與 RS232_R222 介面電路的操控，如下：

- 當系統重置時，分別將 RS232_T1 與 RS232_R222 介面電路重置，並將相關信號初始化。
- 當系統重啟後，UART 若有接收信號，則立即處理。
- 當系統重啟後，
  - 分別重啟 RS232_T1 與 RS232_R222 介面電路。
  - 若有上傳需求，則將上傳資料傳輸到 RS232_T1 介面電路。
  - 若有接收資料，則將接收到的資料之低 3 位元(bit2~bit0)，做為功能切換指標(PCswx)。
  - 若 DHT11 的溫濕度資料已備妥，或 LM35 的溫度資料已轉換完成，則設定上傳筆數(CMDn)為 2 筆。

USB/藍牙切換電路

在此的設計裡，並不要同時使用 USB 或藍牙，因此應用指撥開關(DIP15)來切換，如圖 20 所示，當 DIP15 ON 時(0)，使用 USB，USB 的 TX 信號連接 RS232_R2 介面電路的 RD、USB 的 RX 信號 RS232_T1 介面電路連接 TX。當 DIP15 OFF 時(1)，使用藍牙，藍牙的 TX 信號連接 RS232_R2 介面電路的 RD、藍牙的 RX

信號 RS232_T1 介面電路連接 TX。

```
--on(0)=USB, off(1)=BT(跳接)
RD <= USB_TX    when dip15P57='0' else BT_TX;
USB_RX <= TX    when dip15P57='0' else 'Z';
BT_RX <= TX     when dip15P57='1' else 'Z';
```

圖20　USB/藍牙切換電路

自動展示電路

在自動展示電路裡，如圖 21 所示，使用 FD(30)時脈，頻率為 $50M/2^{31}$Hz，約 43 秒，也就是每個功能展示約 43 秒。

- 當 DIP1 指撥開關切到 ON，且穩定時，自動切換指標(autoMM)設定從第一個展示模式開始；若 DIP1 指撥開關切到 OFF，每隔 43 秒自動切換(自動切換指標加 1)。

```
--功能自動展示切換--
autoswitch:process(FD(30))
begin
    if S0S(2)='0' then
        autoMM<="000";        --從第 1 個功能開始
    elsif rising_edge(FD(30)) then
        autoMM<=autoMM+1;     --下一個功能
    end if;
end process autoswitch;

MMx<=autoMM when S0S(2)='1' else
M2S(2)& M1S(2)& M0S(2)  when S1S(2)='0' and S2S(2)='0' else
    rsw                 when S1S(2)='0' and S2S(2)='1' else
    ksw                 when S1S(2)='1' and S2S(2)='0' else
    PCswx;--執行命令來源:指撥開關或 PC
```

圖21　自動展示電路

PS: 在此的 S0 為 DIP1 指撥開關、S1 為 DIP2 指撥開關、S2 為 DIP3 指撥開關
在此的 M2 為 DIP6 指撥開關、M1 為 DIP7 指撥開關、M0 為 DIP8 指撥開關

- 當 DIP1 指撥開關切到 OFF，且穩定時，則為自動切換模式，autoMM 旗標將做為展示模式(MMx)。
- 若 DIP1 指撥開關切到 ON，DIP2 指撥開關切到 ON、DIP3 指撥開關切到 ON，則以指撥開關 DIP6、DIP7、DIP8 的狀況做為展示模式(MMx)。
- 若 DIP1 指撥開關切到 ON，DIP2 指撥開關切到 ON、DIP3 指撥開關切到 OFF，則以旋轉編碼器的操作值(rsw)做為展示模式(MMx)。

- 若 DIP1 指撥開關切到 ON，DIP2 指撥開關切到 OFF、DIP3 指撥開關切到 ON，則以 4×4 鍵盤的鍵值(ksw)做為展示模式(MMx)。
- 若 DIP1 指撥開關切到 ON，DIP2 指撥開關切到 OFF、DIP3 指撥開關切到 OFF，則以來自 USB 或藍牙的信號(PCsw)做為展示模式(MMx)。

KTM626_Main主控器

KTM626_Main 主控器是一個很龐大的電路，因為其中包含單色 LED 的展示功能、伺服機的展示功能等地操作，包山包海、無役不與，如下說明：

- 當系統重置時，重置所有裝置。
- 當系統重啟後，隨工作時脈(FD(17))的升緣，進行下列動作：
  - 重啟 LCD 控制器。
  - 重啟旋轉編碼器。
  - 重啟 4×4 鍵盤。
  - 若 LCD 控制器已備妥，則進行各展示模式下，LCD 所顯示的內容，與各裝置的初值，如下：
    - 若展示模式(MMx)已變動(剛切換)，則儲存展示模式，重置相關裝置，然後在 LCD 上顯示所要展示的模式，如下：
      - 001 展示模式：設定 LED 秀的初值，並在 LCD 上顯示 LEDx16 跑馬燈秀。
      - 010 展示模式：設定蜂鳴器的執行次數，並在 LCD 上顯示音樂 IC 及蜂鳴器測試。
      - 011 展示模式：設定 DHT11 溫濕度感測的次數，並在 LCD 上顯示 DHT11 溫濕度測試、溫度 25℃濕度 16%RH。
      - 100 展示模式：重置 WS2812B 控制器，並在 LCD 上顯示 WS2812B RGB 測試。請注意，串列式 RGB LED 區塊左上角的指撥開關要切到 ON，才會展示。
      - 101 展示模式：設定兩台伺服機的角度都為 0 度，方向值也是 0，從第一台開始，執行 10 次，並在 LCD 上顯示機械臂測試。
      - 110 展示模式：在 LCD 上顯示 RGB 16x16 秀。
      - 111 展示模式：設定執行 LM35 溫度感測 500 次，並在 LCD

上顯示 LM35 溫度感測、溫度 24.5 ℃。

✧ 000 展示模式：設定各裝置的初值，並在 LCD 上顯示 KTM626 嘉年華。

◆ 若展示模式(MMx)沒有變動，則儲存展示模式，重置相關裝置，再執行設定的展示模式，如下：

✧ 若是 000 展示模式，則有許多裝置要一起動作，如下：

➢ 單色 LED 呈現左、右跑的動作，如圖 22 所示。

```
          if LED_LR_dir='1' then
左旋 ▶      led16<=led16(14 downto 0)&not led16(15);
            --16bit 左旋:強生技法
轉向偵測 ▶  LED_LR_dir<=led16(15) or not led16(14);
          else
右旋 ▶      led16<=not led16(0)&led16(15 downto 1);
            --16bit 右旋:強生技法
轉向偵測 ▶  LED_LR_dir<=led16(1) and not led16(0);
          end if;
```

圖22　LED 左右移(霹靂燈)電路

➢ 若 DIP16 指撥開關 ON，則播放音樂；若 DIP16 指撥開關 OFF，則不播放音樂。

➢ 重啟 RGB 16x16 看板，開始展示。

➢ 重啟 WS2812B 控制器，串列式 RGB LED 開始展示。

➢ 第一台伺服機由 0 度開始，每次轉動 1 度，直 90 度後反轉-90 度，再轉到 0 度，如圖 23 所示。

```
if MG90S_sch='0' then
--正轉
    MG90S_deg0<=MG90S_deg0+1;
    if MG90S_deg0=90 then
        MG90S_deg0<=89;
        MG90S_sch<='1';
    end if;
else
--反轉
    MG90S_deg0<=MG90S_deg0-1;
    if MG90S_deg0=0 then
        MG90S_deg0<=0;
        MG90S_dir0<=not MG90S_dir0;
        MG90S_sch<='0';
        MG90S_s<=MG90S_dir0;
    end if;
end if;
```

圖23　第一台伺服機的動作電路

   - 緊接著第二台伺服機由 0 度開始，每次轉動 1 度，直 90 度後反轉-90 度，再轉到 0 度。
- ✧ 若是 001 展示模式，則執行單色 LED 左右移(霹靂燈)，如圖 22 所示(前一頁)。
- ✧ 若是 010 展示模式，只要將高態信號加在音樂 IC 電路上(sound2)，即可演奏音樂，在此不受 DIP16 指撥開關影響。
- ✧ 若是 011 展示模式，則進行下列動作：
   - 若 DIP16 指撥開關 ON，則播放音樂。
   - 若 DHT11 示在重置狀態，則重啟之，並設定 LCD 的更新旗標為 1。
   - 若 DHT11 已讀取溫濕度資料，且 LCD 的更新旗標為 1，則重置 LCD 控制器，並設定 LCD 的更新旗標為 0，設置計時量。
   - 若計時時間到，重置 DHT11。
   - 若測得的溫度高於設定的溫度，則嗶一聲。
- ✧ 若是 100 展示模式，則進行下列動作：
   - 重啟 WS2812B 控制器。
   - 若 DIP16 指撥開關 ON，則播放音樂。
- ✧ 若是 101 展示模式，則進行下列動作：
   - 重啟 MG90S 伺服機。
   - 第一台伺服機由 0 度開始，每次轉動 1 度，直 90 度後反轉-90 度，再轉到 0 度。
   - 第二台伺服機由 0 度開始，每次轉動 1 度，直 90 度後反轉-90 度，再轉到 0 度。
- ✧ 若是 110 展示模式，則重啟 RGB 16x16 看板。
- ✧ 若是 111 展示模式，則進行下列動作：
   - 若 MCP3202 在重置狀態，則重啟 MCP3202，以讀取/轉換 LM35 溫度資料。再將 LCD 的更新旗標為 1。
   - 若 MCP3202 已完成讀取溫度資料，且 LCD 的更新旗標為 1，則重置 LCD 控制器，並設定 LCD 的更新旗標為 0，設置計時量。

- 若計時時間到，重置 MCP3202。
- 若 DIP16 指撥開關 ON，則播放音樂。

嗶聲產生電路 KTM-626

若是 010 展示模式，則所產生的嗶聲為 24Hz、381Hz 與 12KHz 之混頻；若不是 010 展示模式，則所產生的嗶聲為 6Hz 與 381Hz 之混頻，如圖 24 所示。

```
--- 嗶聲 --
sound1<=FD(20)and FD(16)and FD(11)and sound1on when MM="010"
             else FD(22)and FD(16)  and sound1on;
```

圖24 嗶聲產生電路

後續工作

KTM-626

電路設計完成後，按 Ctrl + S 鍵存檔，再按 Ctrl + L 鍵進行初始編譯。若編譯有錯誤，可循下方紅色錯誤訊息(直接快按兩下)，跳到錯誤處修改之。若編譯成功，在隨即出現的訊息對話盒中，按 確定 鈕關閉之。

緊接著進行接腳配置，按 Ctrl + Shift + N 鍵，開啟接腳配置視窗，再按表 6 配置接腳。

表 6 接腳表

APi	BPi	BT_RX	BT_TX	D7data(6)
86	85	147	148	171
D7data(5)	D7data(4)	D7data(3)	D7data(2)	D7data(1)
173	174	175	176	177
D7data(0)	D7xx_xx	DB_io(3)	DB_io(2)	DB_io(1)
181	168	219	218	217
DB_io(0)	DHT11_D_io	dip15P57	dip15P56	DM13ACLKo
216	146	57	56	186
DM3ALEo	DM13AOEo	DM13ASDI_Bo	DM13ASDI_Go	DM13ASDI_Ro
188	185	194	187	189
Eo	GCKP31	keyi(3)	keyi(2)	keyi(1)
201	31	137	139	142
keyi(0)	keyo(3)	keyo(2)	keyo(1)	keyo(0)
143	132	133	134	135

led16(15)	led16(14)	led16(13)	led16(12)	led16(11)
114	113	112	111	110
led16(10)	led16(9)	led16(8)	led16(7)	led16(6)
108	107	106	103	102
led16(5)	led16(4)	led16(3)	led16(2)	led16(1)
101	100	94	95	93
led16(0)	M0	M1	M2	MCP3202_CLK
87	83	82	81	223
MCP3202_CS	MCP3202_Di	MCP3202_Do	MG90S_o0	MG90S_o1
222	221	220	159	160
PB7	PB8	PBi	RSo	RWo
118	117	84	199	200
s0	s1	s2	scan(3)	scan(2)
71	72	73	167	166
scan(1)	scan(0)	Scan_DCBAo(3)	Scan_DCBAo(2)	Scan_DCBAo(1)
164	161	198	197	196
Scan_DCBAo(0)	sound1	Sound2	SResetP99	USB_RX
195	183	182	99	144
USB_TX	WS2812Bout			
145	184			

完成接腳配置後，按 Ctrl + L 鍵即進行二次編譯，並退回原 Quartus II 編譯視窗。同樣的，完成二次編譯後，在隨即出現的訊息對話盒中，按 確定 鈕關閉之。

燒錄

KTM-626

首先備妥 USB Blaster 下載線，一端插入電腦 USB 埠，另一段插入 EP3C 板上的 JTAG 埠，然後開啟 KTM-626 多功能 FPGA 開發平台之電源。

按 Alt 、 T 、 P 鍵即可開啟燒錄視窗，按 Start 鈕即進行燒錄。完成燒錄後，請進行下列操作：

1. 確認 Windows 已安裝 PL2302 的驅動程式(13-32 頁)，再將另一條 USB 線之一端插入電腦 USB 埠，另一段插入 KTM-626 多功能 FPGA 開發平台之 CN5-1(USB 埠)。
2. 確認串列式 RGB LED 區塊左上角的指撥開關切在 ON 的位置，如此串列式 RGB LED 才會動作。

3. 使用短路環將 P5-1 左邊的 BUS_TX 與 145 短路、BUS_RX 與 144 短路，右邊的 BT_RX 與 147 短路、BT_TX 與 148 短路，如圖 25 所示。

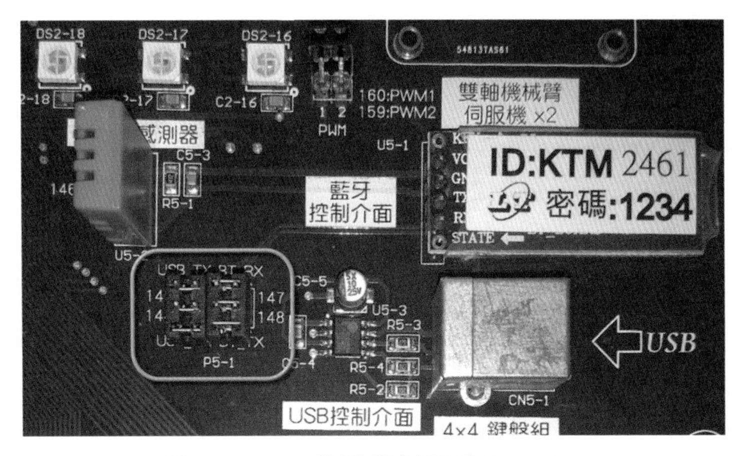

圖25　USB 與藍牙信號接入 FPGA

PC/NB 跨平台控制

若要在此應用桌機或筆電(PC/NB)來操作 KTM-626，按下列操作：

1. 將 DIP1~DIP3 指撥開關切到 ON、OFF、OFF 位置，設定跨平台控制。再將 DIP15 指撥開關切到 ON 位置，設定由 PC/NB 來操作 KTM-626。
2. 將 DIP16 指撥開關切到 ON 位置，才會演奏音樂。
3. 在 Windows 裡執行 FPGA go_V2 程式(隨書光碟中可以找到)，開啟如圖 26 所示之 FPGA 哈哈哈程式視窗。

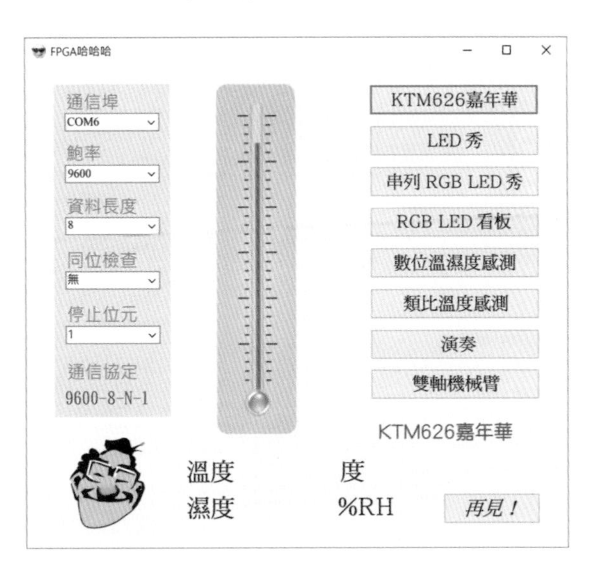

圖26　FPGA 哈哈哈程式視窗

4. 在左邊的通信協定欄位裡，只要在最上面的通信埠欄位裡，指定與 FPGA 連接的通信埠即可，其他欄位保持預設值即可。
5. 操作右邊的按鈕，並觀察 KTM-626 裡，是否隨之而動？同時，在按鈕列下方，也會顯示所操作的項目。
6. 若是執行與溫度、濕度相關的功能，則會與 KTM-626 裡的 LCD 同步顯示量測到的值。
7. 若要關閉程式視窗，則按 再見！ 鈕即可。

手機/平板 跨平台控制

KTM-626

接續前一項操作，若要在此應用 Android 手機或平板來操作 KTM-626，按下列操作：

1. 在 Android 手機或平板裡，安裝 FPGA_go.apk(隨書光碟中可以找到)，安裝完成後，桌面上會出現大家玩 FPGA 圖示。

2. 確定手機或平板的藍牙已與 KTM-626 裡的藍牙配對。
3. 開啟大家玩 FPGA 程式，如圖 27 所示，按一下上方的請選擇藍牙裝置欄位，開啟藍底的藍牙裝置選擇頁面，選擇 KTM-626 裡的藍牙裝置，即可進行連線，並退回前一個頁面。而連線後，KTM-626 裡的藍牙模組之 LED 就不再閃爍。

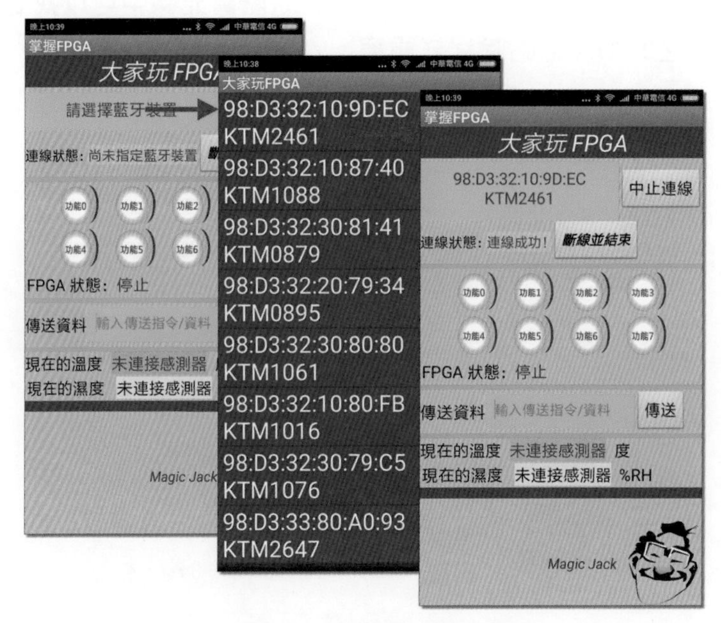

圖27　大家玩 FPGA

4. 將 DIP15 指撥開關切到 OFF 位置，設定由手機/平板來操作 KTM-626。

5. 連線後，即可按 功能0 ~ 功能7 鈕以測試功能。

6. 若要結束，則按 斷線並結束 鈕。

板內控制

KTM-626

若只要在 KTM-626 裡操作，則有四種操作模式控制，如下：

1. 自動切換模式：將 DIP1 指撥開關切換到 OFF 位置，KTM-626 上的各項裝置，將依序執行。

2. 指撥開關切換模式：將 DIP1~DIP3 指撥開關切換為 ON、ON、ON，則 KTM-626 上的各項裝置，將受 DIP6~DIP8 的控制。

3. 旋轉編碼器切換模式：將 DIP1~DIP3 指撥開關切換為 ON、ON、OFF，旋轉旋轉編碼器，則 KTM-626 上的各項裝置將隨之改變。

4. 4×4 鍵盤切換模式：將 DIP1~DIP3 指撥開關切換為 ON、OFF、OFF，則可在 4×4 鍵盤輸入所要操作的功能，KTM-626 上將執行該項功能。

依依不捨，還是要結束！

對於 FPGA 而言，這應該是嶄新的開場，還有許多許多好玩的設計，就像玩積木遊戲一樣，等待我們去體驗與開發。

願，大家都快樂！

13-7 即時練習

本章屬於*跨平台* 的應用，也是擴展 FPGA 的鑰匙。請試著回答下列問題，*看看你學了多少？*

1 試述 UART 之通信有哪些傳輸線？通信雙方應如何連接？

2 試簡述 UART 的通信協定項目？

3 試述 USB 主要有哪兩條傳輸線？USB 採用什麼編碼？

4 試述在 HC-06 藍牙模組有哪些接腳？

5 試簡述在 Andriod 手機上藍牙的配對步驟？

國家圖書館出版品預行編目資料

FPGA 晶片設計實務 / 張義和, 程兆龍編著. – 初版. –
新北市：新文京開發, 2018.05
面；　公分

ISBN　978-986-430-399-1（平裝附光碟片）

1. 積體電路　2. 晶片

448.62　　107005623

FPGA 晶片設計實務　（書號：**C199**）

編　著　者	張義和　程兆龍
出　版　者	新文京開發出版股份有限公司
地　　　址	新北市中和區中山路二段 362 號 9 樓
電　　　話	(02) 2244-8188（代表號）
F　A　X	(02) 2244-8189
郵　　　撥	1958730-2
初　　　版	西元 2018 年 05 月 01 日

建議售價：590 元
法律顧問：蕭雄淋律師
ISBN　978-986-430-399-1

New Wun Ching Developmental Publishing Co., Ltd.

New Age · New Choice · The Best Selected Educational Publications — NEW WCDP

新文京開發出版股份有限公司

新世紀 · 新視野 · 新文京 — 精選教科書 · 考試用書 · 專業參考書